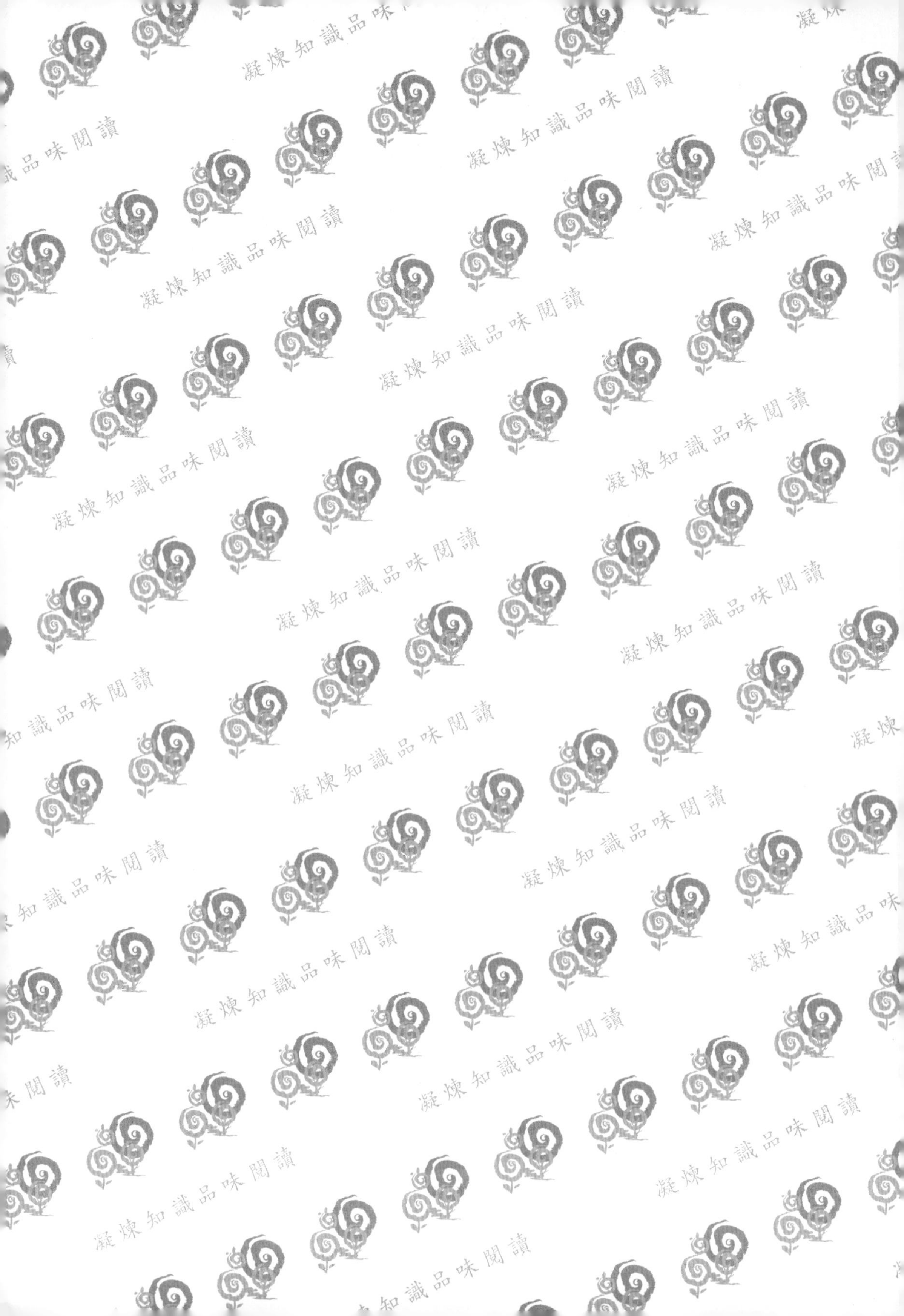

# 資料結構

## 使用Java

| 數位新知 著 |

五南圖書出版公司 印行

# 序

在零與壹的世界，資料浩瀚如星漢。好的程式代表著它是「結構嚴謹，表達完善」。「結構」泛指資料結構，通常是爲了解決某些特定問題而提出，最簡單就是告訴電腦如何儲存、組織這些資料。「表達」則是演算法的運用，所以資料結構和演算法是撰寫程式兩大基石。本書以資料結構爲主，探討它們的相關知識。本書另一個要角就是Java程式語言，從橡樹變成咖啡，即使歷經變革，在程式語言排行榜中，它依然高居第四名。

爲了更好呈現資料結構的概念與作法，提高學習的興趣，每個章節會佐以大量的圖像解說。思考問題的當下，也能利用資料結構處理資料的特性來掌握更多訊息。同樣地，面對問題解決問題，每個章節皆有課後習題，讓自己在學習之外，檢測自己的收穫。

踏上資料結構學習之旅的第一步，就從Java程式語言開始，除了基本的語法之外，如何定義類別、使用建構式初始化物件。隨著資料結構的腳步，基本的一維陣列是起手式，引領大家使用陣列結構，從平面二維到立體三維的，如何計算其位址，矩陣的相加和轉置亦是討論範圍。

隨著章節的演示，鏈結串列從單向到雙向，堆疊和佇列則是利用陣列或鏈結串列來表達。進一步應用堆疊，把運算式以前序、中序、後序呈現。由河內塔問題到老鼠走迷宮來看待遞迴。先進先出的佇列，如何處理雙佇列和優先權。

從線性資料結構跨一步到非線性結構，認識樹而以二元樹的走訪來展開資料的搜尋。由線而面，圖形由深而廣（DFS）或者是由廣而深（BFS）的追蹤，找出最短路徑才能解決問題。

搜尋與排序也是日常生活所見，從交換位置的氣池排序到快速完成排序的合併排序，也納入本書的討論。搜尋資料時，一個一個地找，只適用資料量少；二元或內插搜尋能加速其速度，使用雜湊搜尋得留意資料碰撞的問題。

雖然本書校稿過程力求無誤，唯恐有疏漏，還望各位先進不吝指教！

# 目錄

# 第一章

# Java入門

## ★學習導引★

- 下載Java SE和Eclipse並進行軟體的安裝和環境設定
- 了解Java程式語言的發展
- Java的資料型別有兩大類：基本資料型別和參考資料型別
- 認識運算式中的算術、關係、邏輯運算子
- 學會流程控制的決策、反覆結構，撰寫程式更能上手

# 1.1 Java SE的下載、安裝、設定

如何下載Java？可以選擇去Oracle官網下載Java SE 12或更早的版本。取得JDK軟體之後，完成了軟體的安裝；並進一步檢測Java是否安裝成功。

## 1.1.1 下載JDK

撰寫Java程式當然得找JDK來做搭擋，Oracle官網下載網址：https://www.oracle.com/technetwork/java/javase/downloads/index.html。

**下載、安裝Java SE 12**

**Step 1.** 進入Java SE Downloads網頁，直接按大的圖示鈕「Java DOWNLOAD」準備下載其軟體。

**Step 2.** 進到Java SE下載網頁，欲下載的版本是Java SE Development Kit 12.0.1，同樣要選取「Accept License Agreement」才能下載其檔案。

JDK 12.0.1 checksum

**Java SE Development Kit 12.0.1**

You must accept the Oracle Technology Network License Agreement for Oracle Java SE to download this software.

Accept License Agreement　Decline License Agreement

| Product / File Description | File Size | Download |
|---|---|---|
| Linux | 154.7 MB | jdk-12.0.1_linux-x64_bin.deb |
| Linux | 162.54 MB | jdk-12.0.1_linux-x64_bin.rpm |
| Linux | 181.18 MB | jdk-12.0.1_linux-x64_bin.tar.gz |
| macOS | 173.4 MB | jdk-12.0.1_osx-x64_bin.dmg |
| macOS | 173.7 MB | jdk-12.0.1_osx-x64_bin.tar.gz |
| Windows | 158.49 MB | jdk-12.0.1_windows-x64_bin.exe |
| Windows | 179.45 MB | jdk-12.0.1_windows-x64_bin.zip |

**Step 3.** 滑鼠雙擊檔案「jdk-12.0.1_windows-x64_bin」進行安裝；同樣進入軟體安裝的歡迎畫面，直接按「Next」鈕。

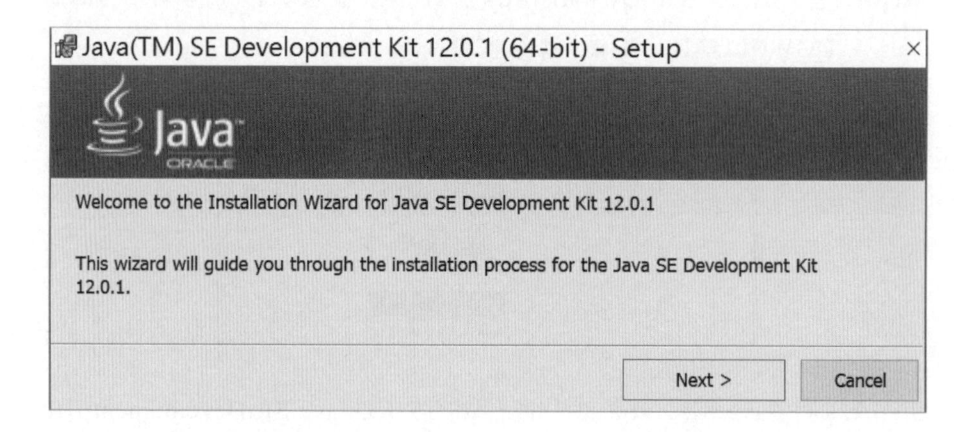


**Step 4.** 顯示安裝軟體的目錄，可以按「Change」鈕變更目錄，此處採預設值，直接按「Next」鈕準備軟體的安裝。

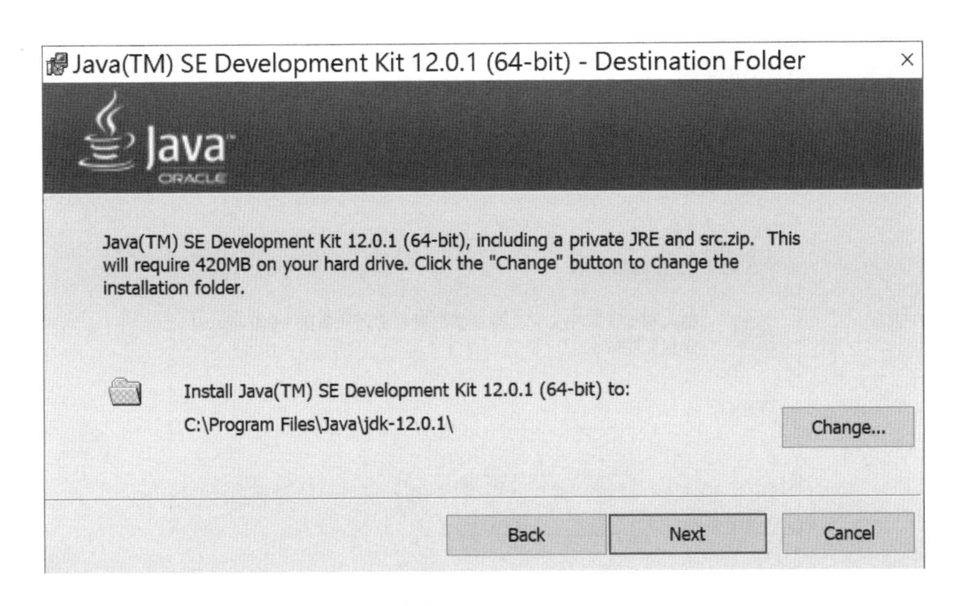


**Step 5.** 顯示軟體安裝成功，按「Close」鈕結束安裝。

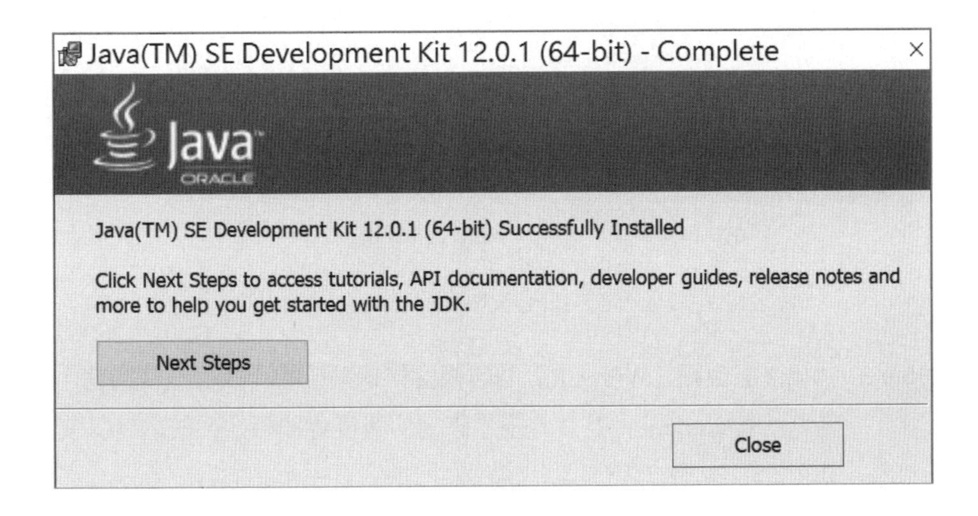


完成JDK的安裝之後，可以利用指令「java」來檢驗它是否安裝成功！如果安裝Java成功，就能進一步設定它的工作環境。

## 更新環境變數PATH

**Step 1.** 啟動「執行」視窗，組合鍵『視窗鍵 + R』並輸入『cmd』指令來啟動命令提示字元視窗。

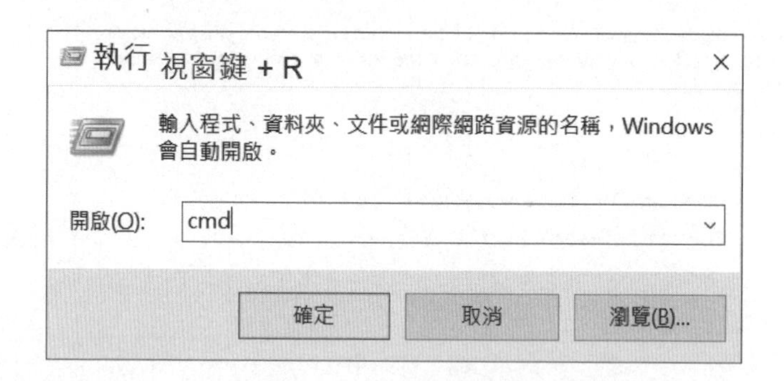


**Step 2.** 輸入「java」指令，可以看到如下的顯示畫面表示Java安裝並無問題。

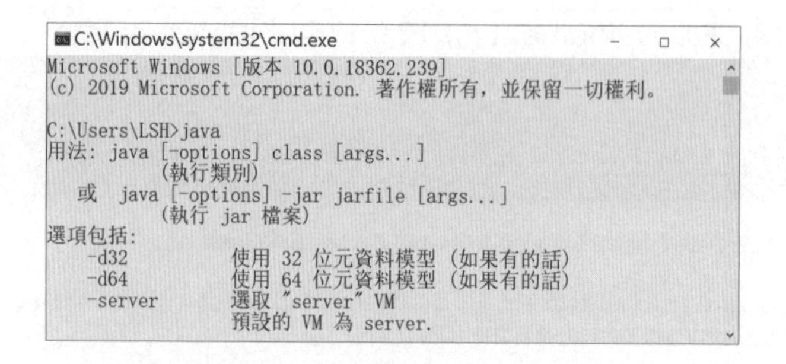


**Step 3.** 同樣以組合鍵【Win + R】開啟視窗作業系統的「執行」交談窗，輸入「sysdm.cpl」指令，按「確定」鈕後會開啟「系統內容」交談窗。

**Step 4.** 切換「進階」標籤，按「環境變數」鈕，進入「環境變數」交談窗。

**Step 5.** 找到系統變數的「Path」並選取，再按「編輯」鈕，進入「編輯環境變數」交談窗。

**Step 6.** 按「新增」鈕，加入安裝Java的執行路徑「C:\Program Files\Java\jdk-12.0.1\bin」。

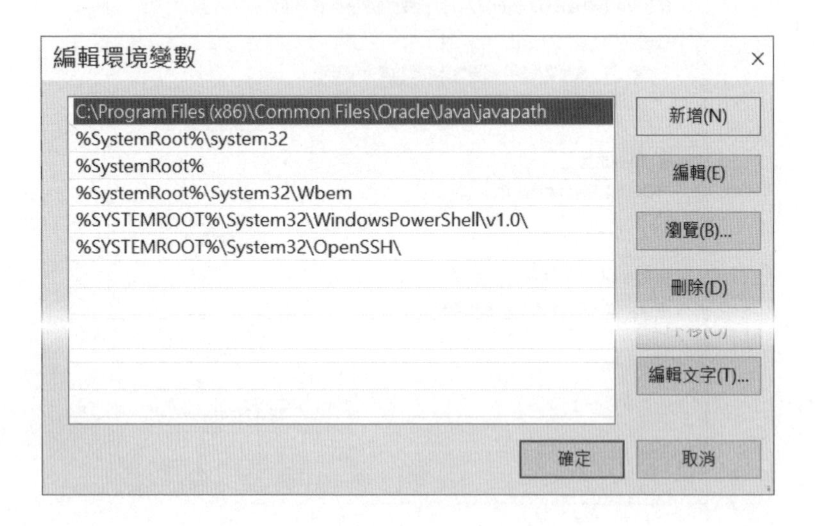


**Step 7.** 加入JDK的執行路徑後，按「上移」鈕移到交談窗最上方；再按「確定」鈕回到上一個交談窗，再連按兩個「確定」鈕關閉「系統內容」交談窗。

**Step 8.** 進行小小測試。輸入「javac-version」，如果顯示了JDK的版本說明開發環境設定成功；若顯示了「'javac'不是內部或外部命令…」，表示環境變數path可能設定錯誤。

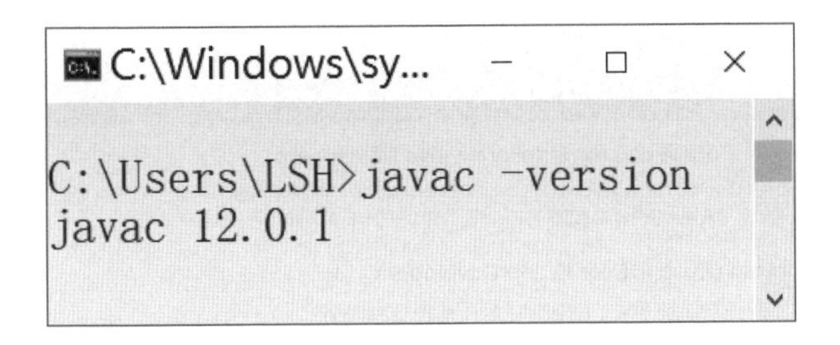


## 1.1.2 Eclipse下載、安裝

使用「記事本」當然可以撰寫Java程式，不過程式碼發生錯誤時不易發現。Eclipse是一套開放原始碼的整合開發環境軟體（IDE）。Eclipse下載網址「https://www.eclipse.org/downloads/」；下載Eclipse軟體後，滑鼠雙擊軟體便能進行安裝程序。

**下載、安裝Eclipse**

**Step 1.** 依前述網址找到欲下載的軟體，按「Download 64 bit」鈕；進入下載頁面，直接按「Download」鈕進行下載。

**Step 2.** 進入Eclipse軟體的安裝畫面，選取欲安裝軟體「Eclipse IDE for

Java Developers」。

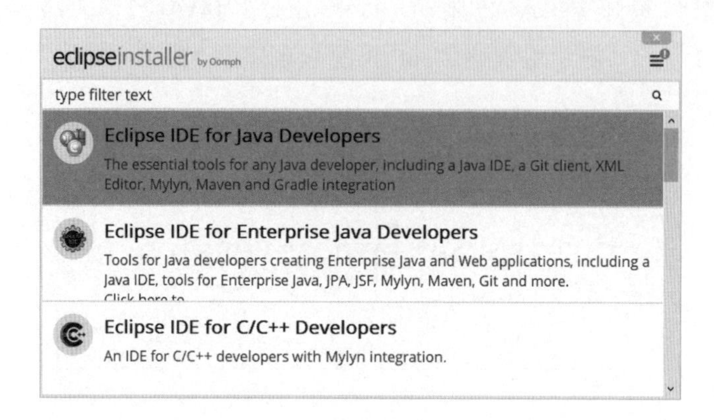


**Step 3.** 停留Eclipse installer交談窗，設定JVM（前面所安裝的Java）和Eclipse安裝路徑，按下方「INSTALL」鈕。

**Step 4.** 按下「Accept Now」鈕，會返回「Step 2」交談窗準備安裝軟體。

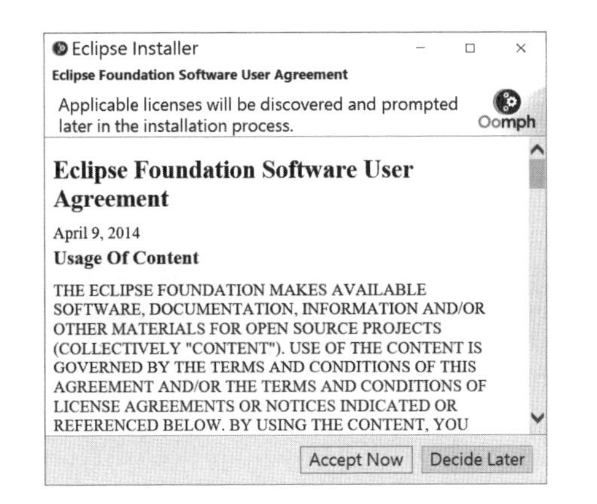


**Step 5.** 確認安裝軟體的版本，按「Accept」鈕繼續安裝。

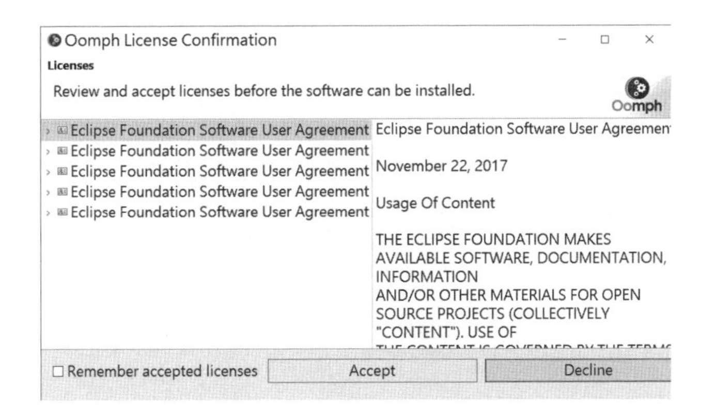


**Step 6.** 進入Certificates交談窗，按「Select All」鈕來勾選上方兩個選項；按「Accept selected」鈕，繼續安裝的程序。

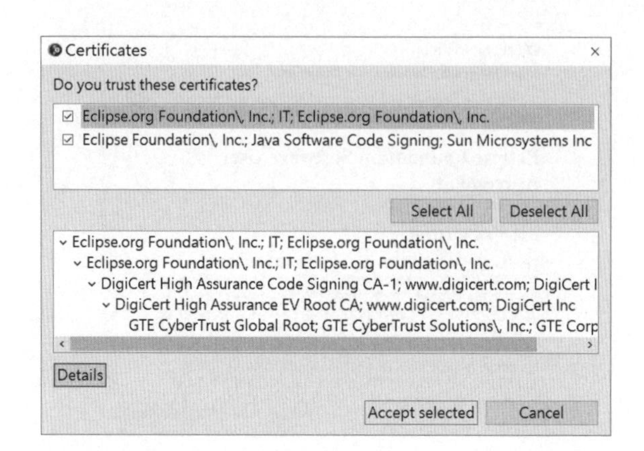


**Step 7.** 完成安裝，原「Step 2」的橘色INSTALL變成綠色LUUNCH鈕，按下它來啓動Eclipse。

## 1.1.3 認識Eclipse工作環境

啓動Eclipse的首要工作是設定它的工作區，「工作區」（workspace）是用來存放程式碼，預設位置爲「C:\Users\使用者名稱\eclipse-workspace」，利用下述操作做簡單說明。

### 設定Eclipse工作區

**Step 1.** Eclipse啓動後會進入工作區的設定，按Browse鈕來變更工作區，按Launch啓動軟體；若要Eclipse記住工作區的位置，不想每次啓動軟體都要詢問一次，可以勾選左下方「Use this as the default and do not ask again」。

Eclipse IDE Launcher
Select a directory as workspace
Eclipse IDE uses the workspace directory to store its preferences and development artifacts.
Workspace: C:\Users\LSH\eclipse-workspace Browse...
Use this as the default and do not ask again
Launch Cancel

**Step 2.** 進入eclipse歡迎畫面，可將取消勾選，如此再一次啟動就看不到此畫面；按X鈕關閉視畫面。

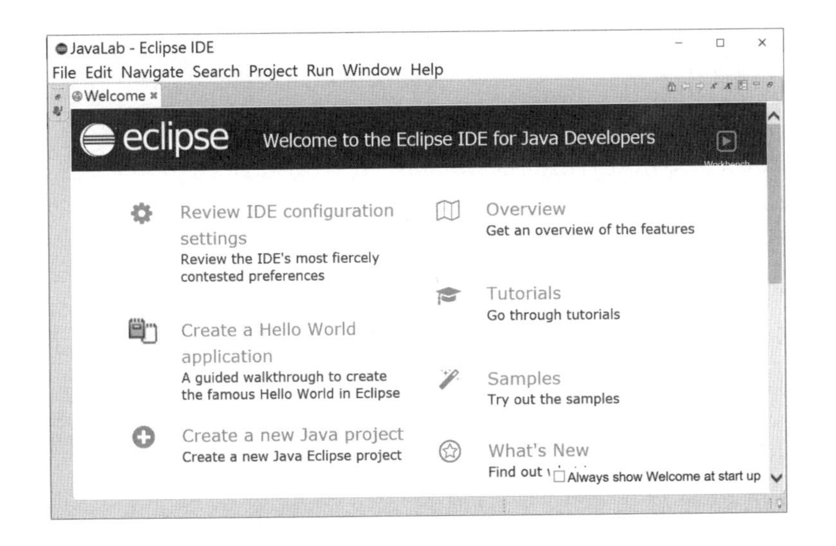


**Step 3.** 進入Eclipse工作環境。

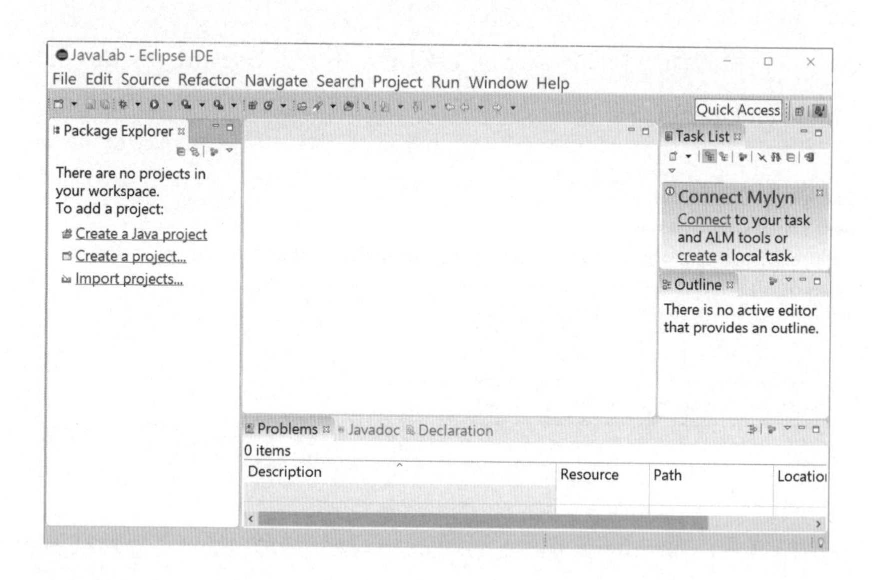


想要變更Eclipse工作區的位置，啓動Eclipse後，執行「File>Switch Workspace>Other」指令，它就會再一次進到「設定Eclipse工作區」操作步驟1的「Eclipse IDE Launcher」交談窗，依據步驟1來變更工作區。

Eclipse工作環境有三個重要的工作區：Package Explorer視窗、工作區、訊息視窗。

**(1) Package Explorer視窗**

用來顯示專案和此專案相關的類別檔；空白工作區會顯示相關訊息，可以利用它們來建立新專案。

**(2) Editor視窗**

提供程式碼編輯器來編寫程式，可利用指令「Windows>Preferences」改變其參數值。

**(3) 各種訊息視窗**

各種訊息視窗能提供不同的訊息，最常見到的是執行程式後，會顯示

Console視窗，並輸出其訊息；各視窗功能可參考下圖。Problems：編譯過程若程式碼發生問題，會在此窗格顯示錯誤訊息。Console：主控台視窗。Eclipse執行Java程式的訊息；由Console視窗輸出程式執行的結果。

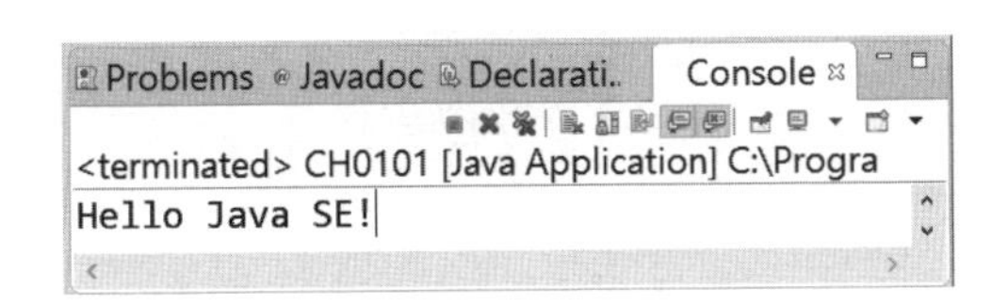


## 1.1.4 Java和Eclipse雙劍合擊

如何使用Eclipse撰寫Java程式？通常在「工作區」資料夾產生新專案，再加入類別檔，其儲存的檔案名稱須與類別名稱相同。有了專案、類別檔，還可以把Editor視窗的字體放大，重設編碼或調整Tab鍵之值。

如何建立新專案？可參考下圖利用Package Explorer視窗產生，或者直接執行指令「File>New>Java Project」皆能建立專案。有了專案之後，才能在專案之下加入類別檔。

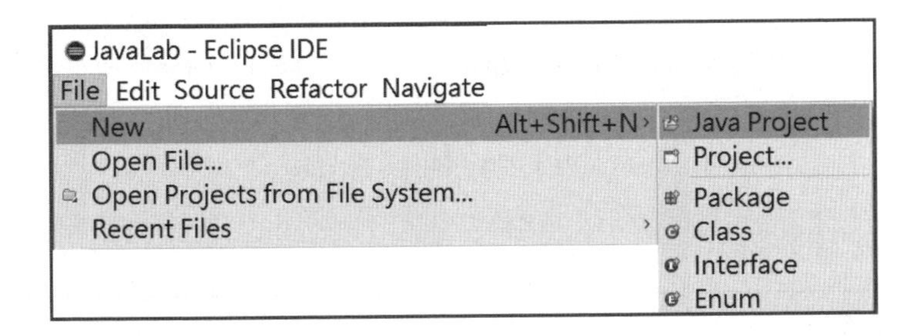


**建立新專案、加入類別檔**

**Step 1.** 從Package Explorer中以滑鼠點選「Create a Java project」來進入其交談窗。

**Step 2.** 給予專案名稱。Project name「CH01」，JRE使用目前安裝的JRE「Use default JRE」，Project layout選「Create separate folders for sources and class files」，按「Finish」鈕。

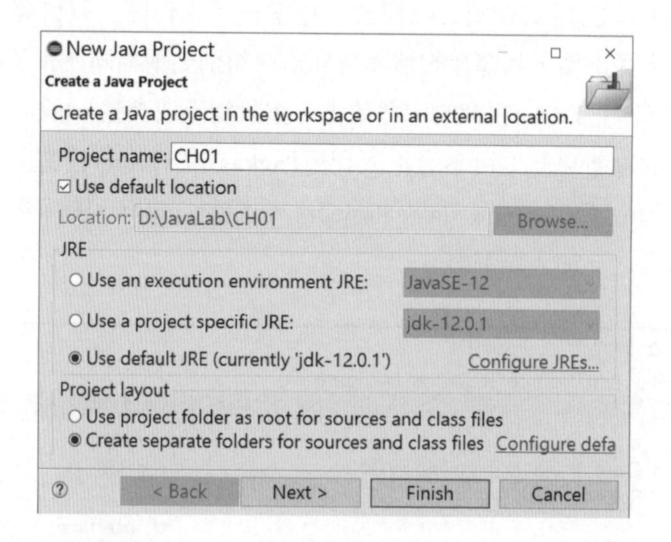


**步驟說明**

Project layout有兩個選項

- Use project folder as root for sources and class files：表示以目前的專案資料夾爲根目錄，程式碼（*.java）和類別碼（*.class）同時存放此目錄之下。

• Create separate folders for sources and class files：會把程式碼存放在「src」資料夾，類別檔會存放「bin」資料夾。

**Step 3.** 執行指令「File>New>Class」來進入其交談窗。

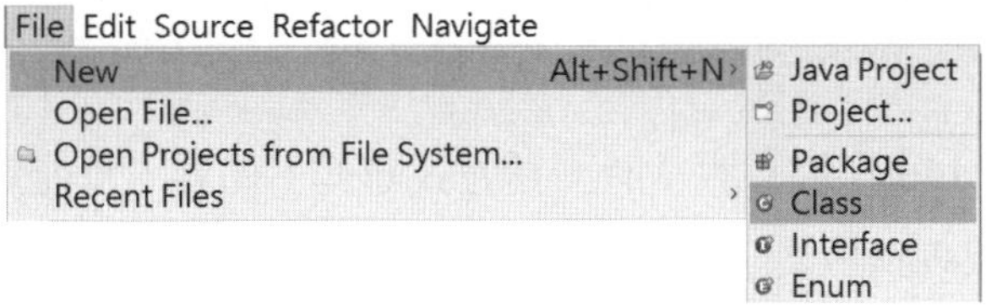

File Edit Source Refactor Navigate
New Alt+Shift+N › Java Project
Open File... Project...
Open Projects from File System... Package
Recent Files › Class
Interface
Enum

**Step 4.** 類別名稱Name「CH0101」，勾選「public static void main(String [] args)」，按「Finish」鈕。

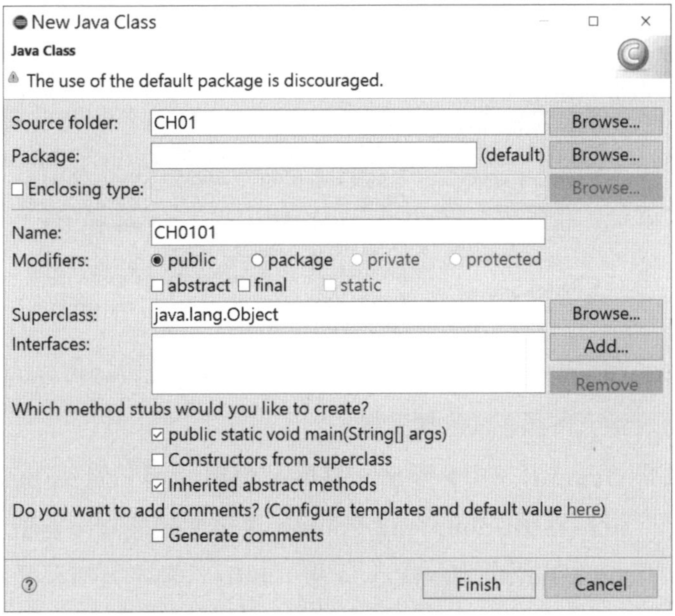

New Java Class
Java Class
The use of the default package is discouraged.
Source folder: CH01 Browse...
Package: (default) Browse...
☐ Enclosing type: Browse...
Name: CH0101
Modifiers: ◉ public ○ package ○ private ○ protected
☐ abstract ☐ final ☐ static
Superclass: java.lang.Object Browse...
Interfaces: Add...
Remove
Which method stubs would you like to create?
☑ public static void main(String[] args)
☐ Constructors from superclass
☑ Inherited abstract methods
Do you want to add comments? (Configure templates and default value here)
☐ Generate comments
Finish Cancel

**Step 5.** 在Editor視窗會顯示方才加入的類別檔。

```
CH0101.java
 1
 2 public class CH0101 {
 3
 4     public static void main(String[] args) {
 5         // TODO Auto-generated method stub
 6
 7     }
 8
 9 }
10
```

如何把Editor字體放大？有兩種方式處理。此外，也能變更參數來改變其字型，或者利用文字過濾器來覓得欲變更的參數。

### 調整Editor字型

**Step 1.** 要改變字體的第一種方式，執行指令「Window>Editor>Zoom In」可將Editor視窗的字體放大，而Zoom Out指令則把字體縮小。

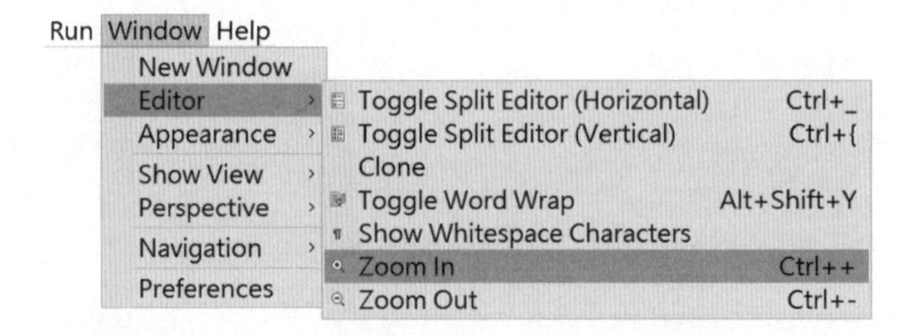


**Step 2.** 要改變字體的第二種方式，執行指令「Windows>Preferences」指令，進入Preferences交談窗。

**Step 3.** 展開General（由➤變⮟）選單，再展開第二層Appearance選單。滑鼠點選Colors and Fonts，再一次展開Java選項；滑鼠選取「Java Editor Text...」，按「Edit」鈕進入字型交談窗，選取所需字型，選取字型樣式，選字型大小，按「確定」鈕回到Preferences交談窗。

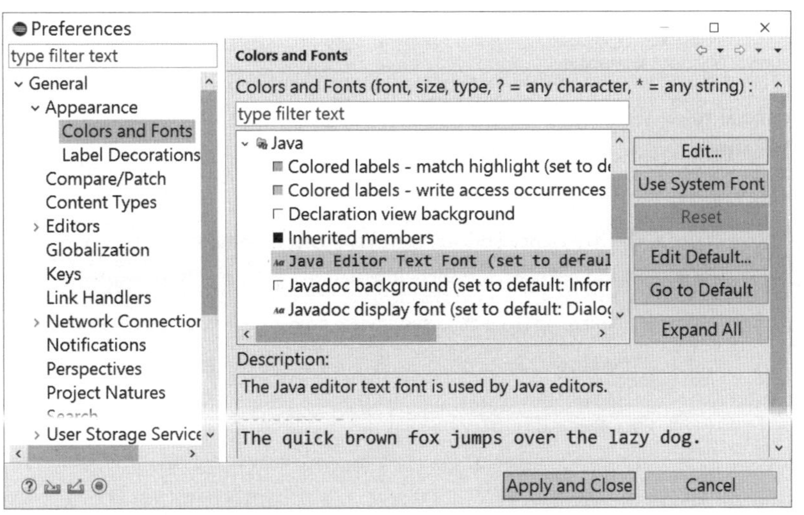


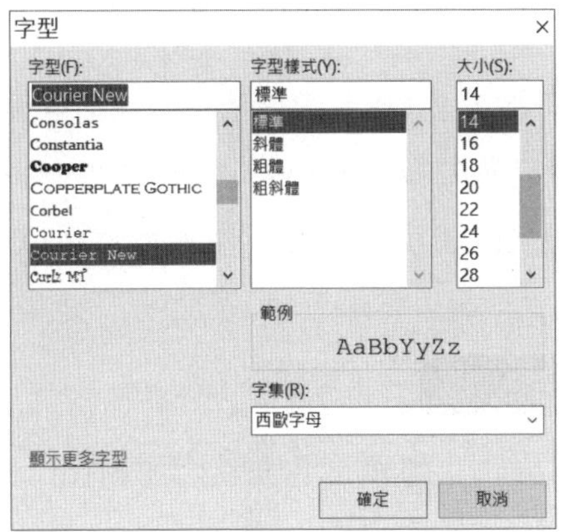


可利用搜尋方式來找到欲變更的相關參數，例如想要將編碼設爲UTF16；相關操作如下。

## 變更Eclipse編碼

**Step 1.** 輸入欲搜尋參數「encoding」會顯示相關參數。選取「Workspace」，變更Text file encoding，選取「Other」，從清單選「UTF-16」。

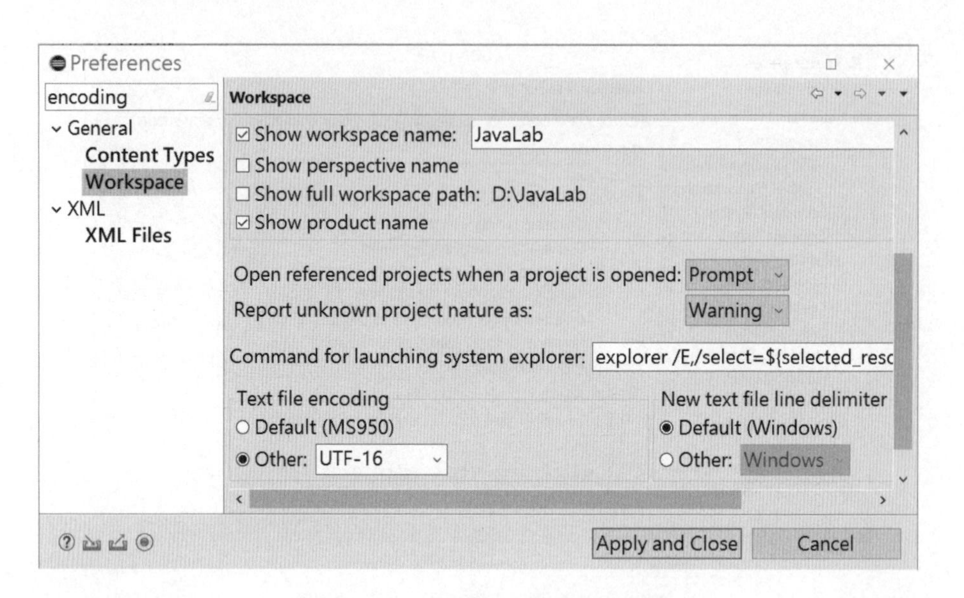


撰寫程式時，若按下【Tab】鍵會依設定值而跳至某個字元，預設值是4個空白字元，或者想要按下Tab鍵後能轉爲空白字元。如何調整？要先把【Tab】鍵轉爲空白字元勾選後，再給予新的「Code Style」並變更其選項。

**調整Tab鍵或轉為空白字元**

**Step 1.** 展開「General」選單，再展開「Editors」選單：選「Text Editors」項目，勾選「Insert spaces for tabs」，再把Tab鍵值由4改爲「3」。

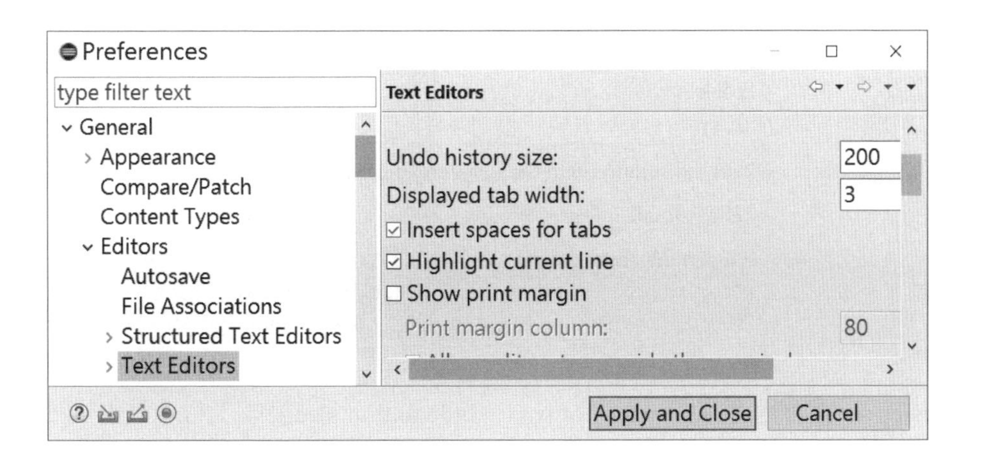


**Step 2.** 展開「Java」選單，再展開「Code Style」；點選「Formatter」，按「New」鈕，進入New Profile交談窗。

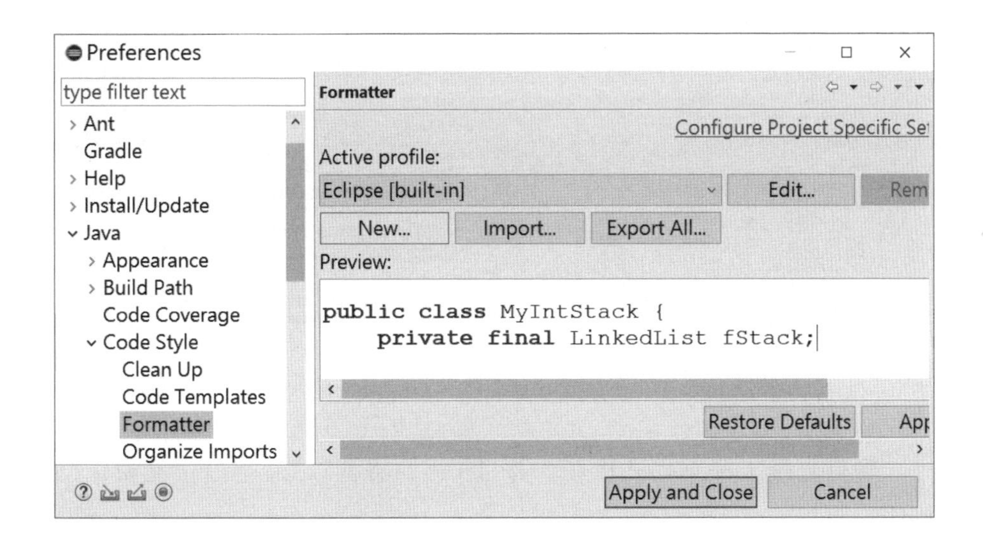


**Step 3.** 輸入Profile name「Java 12」，按「OK」鈕進入Profile 'Java 12'交談窗。

CHAPTER 1

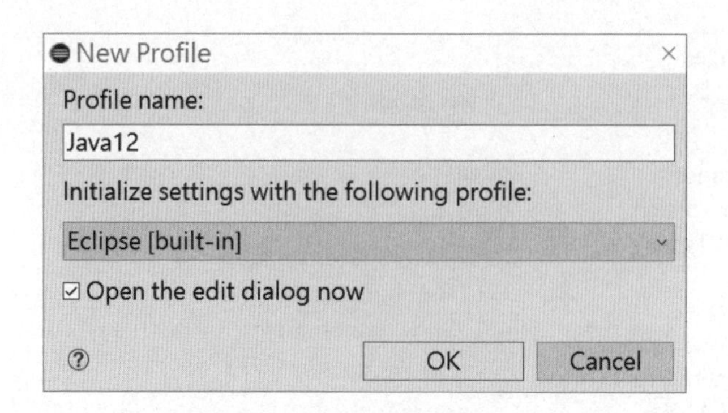


**Step 4.** 選項變更爲「Spaces only」，Indentation size設成「3」，Tab size也是「3」。按「Show whitespace」鈕後能從Preview看到程式碼前方有3個空白字元，按「OK」結束設定回到Preferences交談窗，按下「Apply and close」來結束所有設定。

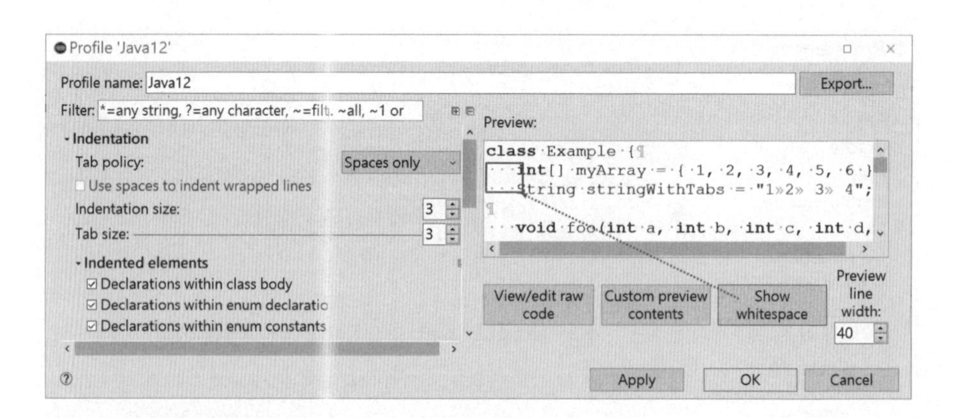


變更之後，撰寫程式碼時，按【Tab】鈕會以3個空白字元做跳格動作。

# 1.2 撰寫、編譯程式

利用Eclipse的Editor來編寫程式要多加利用它的輔助功能，不但可以減少程式碼出錯的機會，也能提昇撰寫程式的效率。

那麼，程式碼要從何處開始？程式撰寫在main()主程式中，也就是由顯示「TODO Auto-generated method stub」之處。

```
public class CH0101 {
   public static void main(String[] args){
      //TODO Auto-generated method stub
   }
}
```

## 1.2.1 編寫程式碼

Eclipse的Editor可提供函式庫中類別的成員和方法，也可以追蹤到它是屬於哪一個套件，一起來認識它們。

**提供套件、類別名稱**

**Step 1.** 輸入「Sys」之後再按【Alt + /】顯示開頭與Sys有關的套件，可移動上↑、下↓方向鍵來選取所需的類別，再按【Enter】鍵即可。

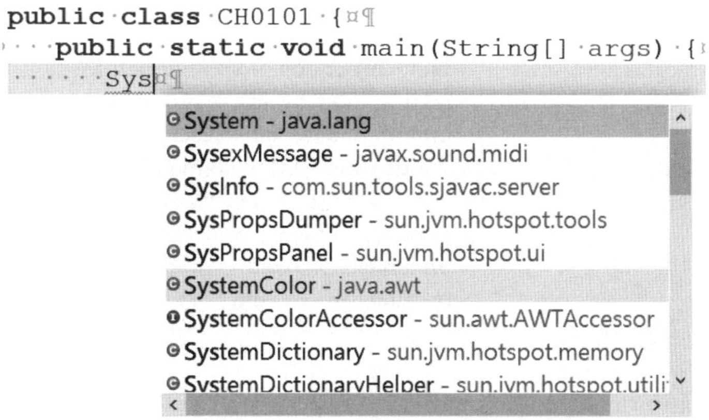

```
public class CH0101 {
   public static void main(String[] args) {
      Sys
```

System - java.lang
SysexMessage - javax.sound.midi
SysInfo - com.sun.tools.sjavac.server
SysPropsDumper - sun.jvm.hotspot.tools
SysPropsPanel - sun.jvm.hotspot.ui
SystemColor - java.awt
SystemColorAccessor - sun.awt.AWTAccessor
SystemDictionary - sun.jvm.hotspot.memory
SystemDictionaryHelper - sun.jvm.hotspot.utili

**Step 2.** 完成「System」之後，再按「.」（半形DOT）會列出System套件有關的類別，依據步驟1方式選取「out」再按【Enter】鍵或滑鼠雙擊「out」屬性。

```
public class CH0101 {
    public static void main(String[] args) {
        System.
```

```
class : Class<java.lang.System>
err : PrintStream - System
in : InputStream - System
out : PrintStream - System
arraycopy(Object arg0, int arg1, Object arg2, in
clearProperty(String key) : String - System
console() : Console - System
currentTimeMillis() : long - System
exit(int status) : void - System
```

**Step 3.** 完成「System.out.pri」之後，會列出out類別有關的方法，依據步驟1方式選取「println()」再按【Enter】鍵或滑鼠雙擊「println()」方法。

```
public class CH0101 {
    public static void main(String[] args) {
        System.out.pri
```

```
print(long l) : void - PrintStream
print(Object obj) : void - PrintStream
print(String s) : void - PrintStream
printf(String format, Object... args) : PrintStrean
printf(Locale l, String format, Object... args) : Pr
println() : void - PrintStream
println(boolean x) : void - PrintStream
println(char x) : void - PrintStream
println(char[] x) : void - PrintStream
```

**Step 4.** 在println()方法輸入想要輸出的訊息「"Hello! Java SE!"」。

```
public class CH0101 {
    public static void main(String[] args) {
        System.out.println("Hello! Java SE!");
    }
}
```

輸出字串時要用雙引號「"」前後裹住；對於Java來說，每行的敘述（Statement）終了，要以半形分號「;」說明此行敘述已完結。

## 1.2.2 編譯程式

如何編譯撰寫好的程式，在功能表「Run」有兩種方法可供選擇；Run或Debug指令。

Project Run Window
Run Ctrl+F11
Debug F11
Coverage Ctrl+Shift+F11

這兩個指令有何差別？指令Run直接解譯；而Debug指令除了解譯之外含有偵錯功能。直接按快速鍵【Ctrl + F11】，如果程式並無錯誤，就會從Console視窗輸出訊息。

## 1.2.3 匯入Java程式

想要匯入某個已撰寫好的Java程式，例如本書的範例檔，可利用Eclipse匯入的功能。

**匯入Java程式**

**Step 1.** 先關閉目前的專案；從Package Explorer視窗，在專案名稱「CH01」按滑鼠右鍵，從展開清單中，執行「Close Project」指令，關閉目前所開啓的專案。

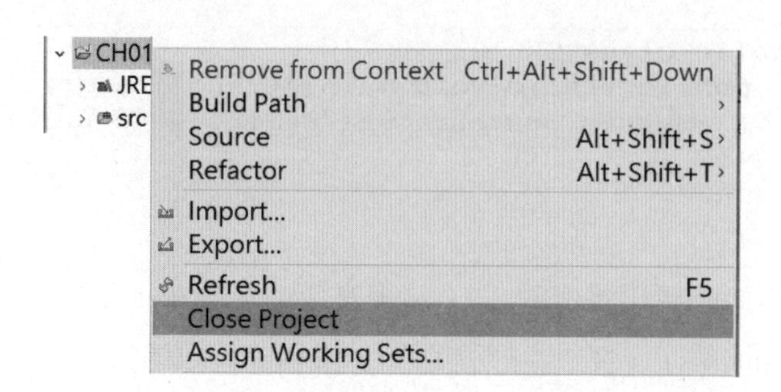


**Step 2.** 執行「File>New>Java Project」指令來建立一個新的專案。

**Step 3.** 執行「File>Import」指令，進入其交談窗。

**Step 4.** 展開「General」選單，選取「File System」，按「Next」鈕。

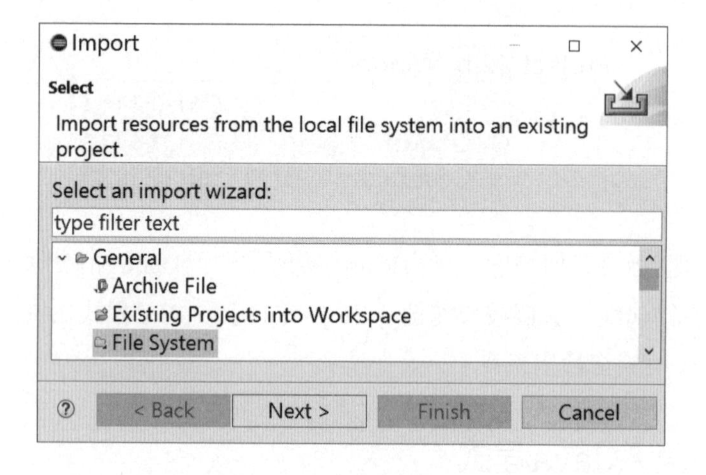


**Step 5.** 按「Browse」鈕來取得欲匯入的檔案位置，勾選欲匯入的java程式或者按「Select All」來選取所有檔案。存放程式的資料夾是「CH03/src」，按「Finish」鈕來完成程序。

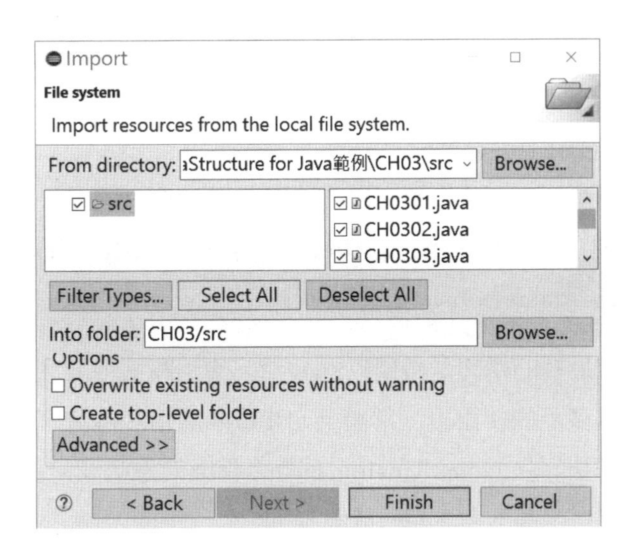


## 1.2.4 開啓舊專案

如何開啓已關閉的舊專案？參考下圖，專案CH01、CH03為關閉狀態。要開啓CH01專案，依據下方右圖的操作：以滑鼠雙擊CH01專案之後，展開CH01的專案資料夾（由➤變▼），再展開src資料夾，滑鼠雙擊「CH0101.java」程式，就會載入到Editor視窗。

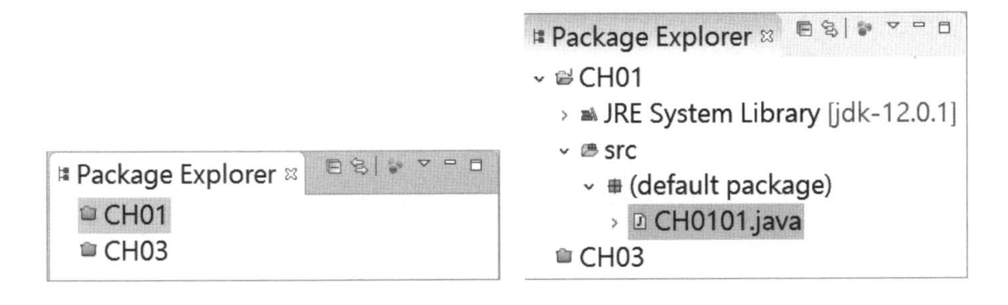


# 1.3 簡介Java程式語言

Java是如何誕生的？探訪Java的前半生！從程式語言的觀點來看，它具備了哪些特色？一起來認識它。

## 1.3.1 Java的前半生

Java爲何叫Java？可知道它原來的名稱是什麼？昇陽（Sun）公司在1990年12月組了「綠色專案」（Green Project），由Patrick Naughton、Mike Sheridan與James Gosling主持。

綠色專案最初的構想是希望以Star7撰寫應用程式而取名爲Oak，希望在消費性數位產品的使用上，掌握下一波電腦應用的趨勢。卻沒想到Oak名稱已經被註冊了，James Gosling看著工程師們邊喝咖啡邊討論著新的名稱，最後靈機一動而有了Java這個名稱。

隨著時間的腳步，第一個網路瀏覽器Mosaic在1993年誕生了。爲了展現使用者與網頁的互動性，Green Team利用Java Applet的技術，讓瀏覽器具有多媒體的互動效果。1995年5月23日，正式命名爲Java的程式語言閃亮登場，在全球資訊網（World Wide Web）的帶動下一片欣榮。Java 2 Platform（簡稱J2SE 1.2）於1998年12月4日由昇陽公司發布，所謂「JDK」（Java Development Kit）是指Java開發版本，其平台名稱爲J2SE，它包含了JDK與Java程式語言；大家比較熟悉「Java 2」這個名稱則從J2SE 1.2一直延用到之後各個版本。

隨著Java市場的擴展，昇陽公司在1999年6月的Java One大會上，展示了Java新架構，依據應用開發的不同層級有三種版本：

- J2SE（Java 2 Platform, Standard Edition）：Java各應用平台的基礎。
- J2EE（Java 2 Platform, Enterprise Edition）：以Java SE爲基礎，定義了一系列的服務、API、協定等。
- J2ME（Java 2 Platform, Micro Edition）：以小型數位設備上開發及部署應用程式爲平台。

下表簡單說明Java版本的沿革。

| 資料結構 | 釋出日期 | 名稱 |
|---|---|---|
| Java 1.3 | 2000/05/08 | Kestrel |
| Java 1.4 | 2002/02/13 | Merlin |
| Java 5.0 | 2004/09/29 | Tiger |
| Java SE 6 | 2006/12/11 | Mustang |
| Java SE 7 | 2011/07/28 | Dolphin |
| Java SE 8 | 2014/03/18 | 無 |
| Java SE 9 | 2017/09/21 | 無 |

爲什麼Java SE 7延遲4年之久才推出新版本？除了昇陽公司本身營收不好，技術也陷入瓶頸，終於在2010年中Oracle（甲骨文）公司併購了昇陽，Java也正式成爲Oracle所屬。一連串的轉折之下，才於2011年7月釋出Java SE 7。

## 1.3.2 Java SE概觀

Java 2的稱呼在進入Java SE 6之後就不再有「2」。Java SE可以分成四個部分：JVM、JRE、JDK與Java語言。想要開發Java程式，當然得取得JDK（Java SE Development Kits），JDK除了包含「Java執行環境」（Java SE Runtime Environment，簡稱JRE）之外，開發過程中亦需要的一些工具程式，就像是javac、java等。一份寫好的Java程式必須藉助Java虛擬機器（Java Virtual Machine，簡稱JVM）才能運行。JVM通常由JRE提供，爲了確保Java程式能正常執行，安裝JRE是必然的。

那麼Java語言呢？它並非只是Java SE的一部分，當我們撰寫Java程式，強大API的支援，能讓編寫程式做到事半功倍之效，就像資料的輸入輸出、字串、使用者視窗介面等，這些元件有了API就無須重複開發。

## 1.3.3 Java虛擬機器

Java虛擬機器（JVM）究竟提供了什麼服務？認識它之前得先知道Java程式如何被執行。寫好的Java程式（或稱作原始程式碼）經過編譯之後是中介格式的「位元碼」（Byte code）。若進一步想要執行此位元碼就是（*.class），其平台要裝有JVM才能解譯此機器碼完成程序。

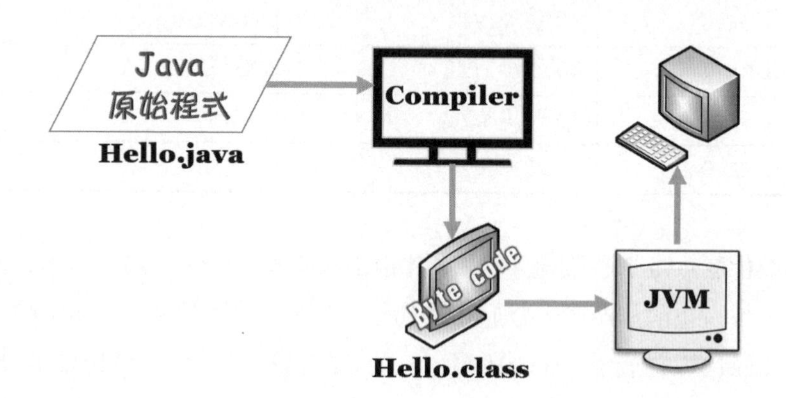


我們視Java是跨平台的程式語言JVM有密切關係。簡單來說，Java是建立在軟體平台上的程式語言，任何的作業系統（Windows、Unix/Linux或Solaris），只要搭載JVM（Java虛擬機器）的執行環境，就能實現「編譯一次，任意執行」的跨平台理想。

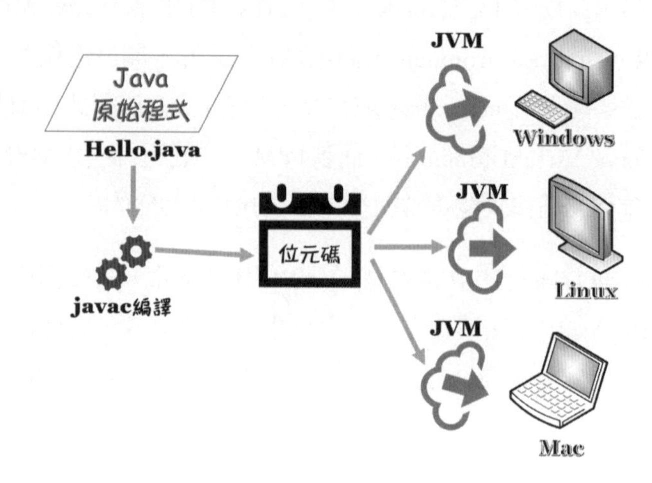

## 1.3.4 Java撰寫風格

依據下圖，Java程式的檔名和類別名稱要相同，這是撰寫Java程式首先要留意之處。

```
CH0101.java
CH01/src/CH0101.java
1
2 public class CH0101 {
3    public static void main(String[] args) {
4       System.out.println("Hello! Java SE!");
5    }
6 }
7
```

由於Java程式支援物件導件，程式就是由類別所組成，構成類別的語法如下：

```
存取修飾詞 class 類別名稱 {
    程式敘述;
}
```

◈ 存取修飾詞：用來限定能夠存取的範圍，修飾詞有public、private、protected三種，而public表示對外公開，皆可存取。

◈ 宣告類別要用關鍵字「class」，而類別名稱則要以英文字母為開頭，可搭配數字，但對Java而言，英文大小寫是不同名稱。

◈ 產生類別之後要有左、右大括號「{ }」來產生程式區塊，由左括號「{」表示類別區塊的開始，以右括號「}」表示類別區塊的結束。

例一：宣告一個類別為CH0101，表示檔名就以「CH0101.java」儲存。

```
public class CH0101 {
    . . .
}
```

有了類別之後，程式要有主程式才能進行編譯；它是程式的進入點。所以，類別區塊會有以main()方法所組成的第二層區塊，要撰寫的程式碼就由main()主程式的區塊開始。

```
public class CH0101 {
   public static void main(String[] args){
      . . .
   }
}
```

◈ main()方法和存取修飾詞public之間有兩個關鍵字，第一個「static」說明main()是一個靜態方法，第二個關鍵字「void」表示靜態方法main()不需要回傳值。

◈ 「String[] args」爲主程式main()的參數。

那麼main()方法要做什麼？例一：在螢幕上輸出訊息。

```
// 範例CH0101.java
public class CH0101 {
   public static void main(String[] args){
      System.out.println("Hello! Java SE!");
   }
}
```

由簡短的範例可以得知，程式碼就是一行行的「敘述」（Statement），敘述的末端要以分號「;」結束。當單行敘述太長時可適時利用「分隔符號」來折成多行。

```
// 範例CH0101.java
public class CH0101 {
    public static void main(String[] args){
        System.out.println("Hello Java SE !");
    }
}
```

某些情形下會爲程式下「註解」（Comment）來說明此行某些程式碼的作用，讓我們閱讀程式更易了解。當Java編譯器看到這些註解文字會直接忽略，而註解概分兩種方式：單行註解和多行註解。

參考下圖，單行註解以雙斜線「//」開始，它可以放在行的開頭或程式碼的末端。

```
  public static void main(String[] args) {
     //println()方法會在螢幕上輸出文字
     System.out.println("Hello! Java SE!");
```

多行註解文字以「/*」開始註解內容，它可以多行，再以「*/」結束註解內容，如下圖所示。

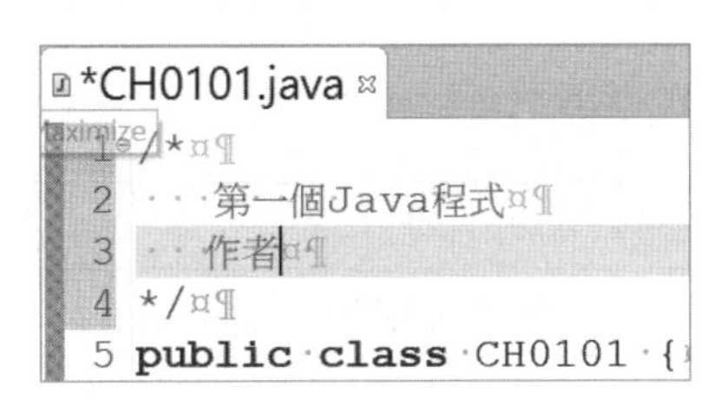

# 1.4 Java基本語法

儲存資料對於Java來說，不同的資料須用適用的資料型別來存放。從記憶體的儲存觀點來看，Java程式語言有兩種資料型別：

➢ 基本資料型別（Primitive Data Types）：資料儲存於記憶體本身，它涵蓋所有的數值型別，也包括了布林、整數、浮點數。

➢ 參考資料型別（Reference Data Types）：字串、陣列、類別等；只儲存物件的記憶體位址。

## 1.4.1 基本型別

Java的基本資料型別分成兩大類，就布林（Boolean）型別和數值（Numeric）型別。布林資料型別包含兩種值，分別是true和false。

Java的數值型別包含了整數（Integer）和浮點數（Floating）兩種。「整數資料型別」（Integral Data Type）是表示資料中只有整數，不含小數位數。依據儲存容量的不同，它包含char（字元）、byte（位元組）、short（短整數）、int（整數）、long（長整數），下表認識它的儲存空間。

| Java | 空間 | 儲存範圍 |
| --- | --- | --- |
| char | 2 Bytes | 0～65535 |
| byte | 1 Byte | －128～127 |
| short | 2 Bytes | －32,768～32,767 |
| int | 4 Bytes | －2,147,483,648～2,147,483,647 |
| long | 8 Bytes | －9,223,372,036,854,775,808～223,372,036,854,775,807 |

整數資料型別中較為特殊的是「char」（字元），它可以用來表示單一的Unicode字元，可能是一個英文字母或是一個中文字。如何表示單一字元，必須以單引號「‘’」將字元前後括住，例一：

```
char single = 'J';
System.out.println(single);
```

某些情形下會配合char型別配合「跳脫序列」（Escape Sequence）表示，下表列舉相關字元。

| 跳脫序列 | 字碼 | 字元 |
|---|---|---|
| \b | \u0008 | Backspace |
| \t | \u0009 | Tab |
| \n | \u000a | 換行 |
| \f | \u000c | 換頁 |
| \r | \u000d | 歸位 |

除了整數外，數值運算時有可能產生了含有小數的數值。此時，浮點數就得上場囉！以下表做簡單介紹。

| 型別 | 空間 | 儲存範圍 |
|---|---|---|
| float | 4 Bytes | －3.4029E+38～+3.4029E+38 |
| double | 8 Bytes | －1.79769E+308～+1.79769E+308 |

## 1.4.2 識別項和關鍵字

資料要取得存放空間，才能儲存或運算；這個「存放空間」通常指向電腦的記憶體，而空間大小和儲存資料的類型（Type）有關。如何取得此存放空間，就是使用「變數」（Variable）；它會隨著程式的執行來改變其值。

變數要賦予名稱，爲「識別項」（Identifier）之一種。程式中宣告變數後，系統會配置記憶體空間。識別項包含了變數、常數、物件、類別、方法等，命名規則（Rule）必須遵守下列規則：

- 不可使用Java關鍵字來命名。
- 名稱的第一個字元使用英文大、小寫字母或底線「_」字元、「$」符號。
- 名稱中的其他字元可以包含英文字元、十進位數字和底線。
- 名稱的長度不受限制。

對於初學者來說，只要遵循上述規定即可。不過，Java對於識別項的慣例，有兩項要求得知悉：

- PascalCasing：例如「MyComputer」。
- camelCasing：例如「myComputer」。

Java的命名慣例中會區分英文字元的大小寫，所以識別項爲「birthday」、「Birthday」、「BIRTHDAY」是三個不同的名稱。下述的識別項對Java來說也是不正確的名稱。

```
Birth day      //變數不正確，中間有空白字元
const          //以關鍵字爲名稱
5_number       //以數字爲開頭字元
```

關鍵字（keyword）對於Java編譯器來說，具有特殊意義，所以它會預先保留而無法作爲識別項。下表列舉這些關鍵字。

| | | | | | |
|---|---|---|---|---|---|
| abstract | assert | base | boolean | break | byte |
| continue | catch | char | class | const | do |
| finally | default | double | else | enum | extends |
| instanceof | final | float | for | goto | false |
| implements | if | case | int | import | interface |
| native | long | new | package | private | public |
| protected | return | short | static | strictfp | super |
| synchronized | switch | transient | throw | throws | this |
| struct | try | volatile | true | void | while |

### 1.4.3 使用變數

由於Java屬於「嚴格型別」（Strong-Typed）程式語言，使用變數前須做宣告並指定資料型別。宣告變數的作用是為了取得記憶體的使用空間，才能儲存或運算後的資料。宣告變數的語法如下：

```
資料型別 變數名稱;
```

一個變數只能存放一份資料，存放的資料值為「變數值」。宣告變數的同時可以利用「=」等號運算子指定變數的初值，例一：

```
int number = 25;
float result = 356.78F;
```

◈ 指定變數值含有小數時，其預設型別是double，若指定為float，要在數值後面加上後置字元f或F。

例二：宣告變數的資料型別是long的話，也要加上後置字元l或L。

```
long num2 = 78_655_322L;
```

◈ 數值很大時，可加入底線「_」來增強閱讀性。

歸納上列敘述，使用變數時所具備的基本屬性，以下表做簡單歸納。

| 屬性 | 說明 |
|---|---|
| 名稱（name） | 能在程式碼中予以識別 |
| 資料型別（DataType） | 決定變數值可存放的記憶體空間 |
| 位址（Address） | 存放變數的記憶體位址 |
| 值（Value） | 暫存於記憶體的資料，隨程式執行而改變 |
| 生命週期（Lifetime） | 變數值使用時的存活時間 |
| 適用範圍（Scope） | 宣告變數後能存取的範圍 |

對於主控台應用程式而言，使用的變數若宣告於Main()主程式中，它是一個「區域變數」（Local Variable）。只適用於Main()主程式之範圍，離開了主程式，區域變數會結束它的生命週期。

某些情形下，希望應用程式於執行過程中數值變數的值維持不變，以常數（Constant）來代替是一個較好的方式。Java有兩種形式的常數，一個是「字面常數」（Literal），如同先前宣告變數的當下給予變數值，但它會隨著程式的執行，有可能改變其值。

另外就是「具名常數」要使用，須以關鍵字「final」為開頭，宣告常數的同時要給予初值，語法如下：

```
final 資料型別 常數名稱 = 常數值;
```

同樣地，常數名稱得遵守識別項的規範，以常數宣告圓周率$\pi$的敘述如下：

```
final double PI  = 3.141596;
```

範例CH0102.java

```
01import java.util.*;
02public class CH0102 {
03   public static void main(String[] args) {
04       final float Square = 3.0579F;
05       System.out.print("請輸入坪數-->");
06       Scanner floor = new Scanner(System.in);
07       float number = floor.nextFloat();
08       float area = number * Square;
09       System.out.printf("%.2f 坪 = %f 平方公尺",
```

```
10          number, area);
11       floor.close();
12    }
13}
```

**輸出結果**

```
請輸入坪數-->27.6
27.60 坪 = 84.398041 平方公尺
```

**程式解說**

◈ 第1行：取得輸入資料時須匯入「java.lang」套件。

◈ 第6行：以Scanner類別之物件配合「System.in」取得輸入資料。

◈ 第7行：利用nextFloat()方法將輸入資料轉爲float型別。

◈ 第9～10行：以printf()方法輸出含有格式的資料。

## 1.4.4 輸入和輸出

撰寫Java主控台應用程式，要處理輸入、輸出的問題，要以「java.base」模組下的「java.lang」套件做配合。它會自動載入，交由「System」類別，配合欄位「in」和「out」執行標準資料流。由主控台輸入資料時，必須指定Scanner類別的物件取得輸入資料，而使用Scanner類別必須以「import」敘述來匯入套件「java.util.Scnaner」。如何產生其物件，先來認識語法：

```
Scanner 物件名稱 = new Scanner(System.in);
```

◈ 以new運算子來產生Scanner類別的物件實體。

有了Scanner物件就可以呼叫相關的方法來取得使用者輸入的資料，

參考下表的簡單說明。

| Scanner成員方法 | 說明 |
| --- | --- |
| next() | 取得使者用輸入的字串，不含Tab及空白字元 |
| nextLine() | 取得整行輸入的字串，含Tab及空白字元 |
| nextInt() | 將輸入資料轉爲整數數值 |
| close() | 關閉不再使用的Scanner物件 |

取得輸入資料之後，方法nextShort()能轉爲短整數，nextLong()轉爲長整數，nextFloat()轉爲單精確度浮點數，nextDouble()則是轉爲倍精確度浮點數。

例一：取得輸入資料並轉爲整數。

```
import java.util.Scanner;
Scanner input = new Scanner(System.in);
System.out.print("請輸入兩個數值，以空白字元分隔-->");
int num1 = input.nextInt();
int num2 = input.nextInt();
```

◈ 變數num1會接收第一個輸入值，再呼叫nextInt()方法轉爲整數；變數num2則是接收第二個輸入值。

輸出資料時，System類別下的欄位「out」會去呼叫「PrintStream」類別相關方法，參考下表的做簡單說明。

| PrintStream類別 | 說明 |
| --- | --- |
| print()方法 | 把資料在螢幕上顯示 |
| println()方法 | 在螢幕上顯示資料並換行 |
| printf()方法 | 配合格式化字元輸出資料 |
| format()方法 | 配合格式化字元輸出資料 |

先熟悉方法printf()的語法：

```
printf(String format, Object... args);
```

◈ format：配合參數args指定欲轉換的格式。

有哪些可轉換的格式？下表列舉常用的字元。

| 轉換字元 | 說明 | 轉換字元 | 說明 |
|---|---|---|---|
| %c | 轉換爲字元 | %s | 轉換爲字串 |
| %d | 轉換十進位整數 | %x | 轉換十六進位整數 |
| %o | 轉換八進位數值 | %b | 轉換爲布林值 |
| %f | 轉換爲浮點數 | %a | 轉換爲十六進位浮點數 |
| %e | 轉換爲科學記號 | %g | 轉換爲浮點數 |
| %% | 輸出%百分號 | %n | 換行 |

使用格式化字元須以「%」字元爲開頭，再指定欲輸出的資料型別，例如%d表示輸出整數值。爲了讓輸出的資料更易閱讀，還可以配合其語法加入其它參數：

```
%[argument_index$][flags][width][.precision]conversion
```

◈ argument_index$：參數序號。

◈ flags：控制旗標，其參數參考下表。

◈ width：指定的欄寬。

◈ .precision：欲輸出的小數位數。

◈ conversion：轉換格式列於上方表格。

| 旗標 | 說明 | 簡例/結果 |
|---|---|---|
| 0 | 不足欄寬，前方空白補零 | printf("%04d", 12) 0012 |
| , | 顯示千位符號 | printf("%,d", 1234) 1,234 |
| - | 靠左對齊 | printf("<%-4d>", 12) <12 > |
| + | 正數顯示符號 | printf("%+d", 12) +12 |
| 空格 | 正數前方顯示空白 | printf("<% d>", 12) < 12> |
| ( | 負數以左括號表示 | printf("%(d", -12) (12) |

某些情形下，也直接匯入System類別，再回頭瞧瞧先前的簡例：

```
import java.util.Scanner;
import static java.lang.System.*; //以static敘述匯入靜態類別
Scanner input = new Scanner(in);  //省略了System類別
out.print("請輸入兩個數值，以空白字元分隔-->");
int num1 = input.nextInt();
int num2 = input.nextInt();
```

## 1.5 運算式

程式語言中，經由運算產生新值，而運算式（Expression）是運算元和運算子結合而成。「運算元」（Operand）是被運算子處理的資料，包含變數、常數值等；「運算子」（Operator）指的是運用一些數學符號，例如+（加）、−（減）、*（乘）、/（除）等；運算子會針對特定的運算元進行處理程序，如下敘述：

```
total = A + (B * 6);
```

上述運算式中，運算元包含了變數total、A、B和數值6。=、+、()、*則是運算子。運算式可由多個運算元配合運算子來組成；若運算子只使用一個運算元，稱「一元」（Unary）運算子，兩個運算元就是「二元」（Binary）運算子；「? :」則是Java程式語言中唯一的三元運算子。Java提供的運算子，概分下述幾項：

- 算術運算子：使用於數值計算。
- 指定運算子：簡化加、減、乘、除的運算子。

➢ 關係運算子：比較兩個運算式，並傳回true或false的比較結果。
➢ 邏輯運算子：使用於流程控制，將運算元做邏輯判斷。

要注意的地方是「=」（等號）運算子的作用是指派、設定爲，非數學運算式中「相等」的作用。最常見的作法就是把等號右邊的數值指定給等號左邊的變數使用。

```
int number;      //將變數number宣告爲整數資料型別
number = 125;    //將左邊的數值「125」指派給變數「number」
```



## 1.5.1 算術運算子

算術運算子用來執行加、減、乘、除的計算，簡介使用的運算子以下表簡介。

| 運算子 | 簡例 | 說明 |
|---|---|---|
| + | x = 20 + 30 | 將兩個運算元，也可當正號使用 |
| − | x = 45 − 20 | 將兩個數值相減，可當負號使用 |
| * | x = 25 * 36 | 將兩個數值相乘 |
| / | x = 50 / 5 | 將兩個數值相除 |
| % | x = 20 % 3 | 相除後取所得餘數，x = 2 |

運算式中有多個運算子時，秉持的原則就是「由左而右，先乘除後加減，有括號優先」。一元運算子的用法較爲特殊，它可以配合加、減運算子，形成遞增或遞減運算子，下列敘述做簡單示範。

```
int num1 = 5; int num2 = 10;
++num1;//遞增運算子：表示運算元本身會自行加1
--num2;//遞減運算子：表示運算元本身會自行減1
```

◈ 使用遞增或遞減運算子時，運算子放在運算元前，稱「前置」運算；運算子放在運算元之後，即是「後置」運算。

指派運算子用來簡化加、減、乘、除的運算式；例如，將兩個運算元相加，敘述如下：

```
C:\Windows\system...
jshell> int num1 = 25, num2 = 30;

num1 ==> 25
num2 ==> 30

jshell> num1 = num1 + num2;
num1 ==> 55
```

可以使用指派運算子做修改：

```
num1 += numb2;
```

原本是num1與num2相加後，再指定給num1變數儲存，透過指派運算子可簡化敘述；下表列舉指派運算子。

| 運算子 | 簡例 | 說明 |
|---|---|---|
| = | op1 = op2 | 將運算元op2指定給變數op1儲存 |
| += | op1 += op2 | op1、op2相加後，再指定給op1 |
| -= | op1 -= op2 | op1、op2相減後，再指定給op1 |
| *= | op1 *= op2 | op1、op2相乘後，再指定給op1 |
| /= | op1 /= op2 | op1、op2相除後，再指定給op1 |
| %= | op1 %= op2 | op1、op2相除後，所得餘數指定給op1 |

## 1.5.2 關係運算子

關係運算子用來比較兩邊的運算式，包含字串、數值等，再回傳true或false的結果，應用於流程控制，透過下表認識它們。

| 運算子 | 簡例 | 結果 | 說明（op1 = 20, op2 = 30） |
|---|---|---|---|
| == | op1 == op2 | false | 比較兩個運算元是否相等 |
| >（大於） | op1 > op2 | false | op1是否大於op2 |
| <（小於） | op1 < op2 | true | op1是否小於op2 |
| >=（大於等於） | op1 >= op2 | false | op1是否大於或等於op2 |
| <=（小於等於） | op1 <= op2 | true | op1是否小於op2 |
| !=（不等於） | op1 != op2 | true | op1是否不等於op2 |

## 1.5.3 邏輯運算子

程式的控制流程要做邏輯判斷時，Java提供邏輯運算子：在兩個運算式之間進行關係判斷，也能與關係運算子合用，回傳「眞（true）」與「假（false）」兩種值。先認識它使用的語法：

```
結果 = 運算式1 邏輯運算子 運算式2
```

將運算元進行邏輯判斷，回傳true或false的結果，下表說明。

| 運算子 | 運算式1 | 運算式2 | 結果 | 說明 |
|---|---|---|---|---|
| &（且） | true | true | true | 兩邊運算式爲true才會回傳true |
| | true | false | false | |
| | false | true | false | |
| | false | false | false | |
| \|（或） | true | true | true | 只要一邊運算式爲true就會回傳true |
| | true | false | true | |
| | false | true | true | |
| | false | false | false | |

| 運算子 | 運算式1 | 運算式2 | 結果 | 說明 |
|---|---|---|---|---|
| ^（互斥） | true | true | false | ^運算子（XOR, eXclusive OR）當兩個運算元的值不相同時回傳true，否則就爲false |
| | true | false | true | |
| | false | false | true | |
| | false | false | false | |
| !（否） | true | -- | false | 將運算式反相，所得結果與原來相反 |
| | false | -- | true | |

兩個邏輯運算子如何運作？通常採取「快捷運算」（Short-circuit evaluation）作法：

- &&(AND)運算：運算式1以false回傳，就不會繼續對運算式2做判斷。
- ||(OR)運算：運算式1若回傳true，就不會繼續對運算式2做判斷。

# 1.6 流程結構

編寫程式時，依據由上而下（Top-Down）的設計策略，將較複雜的內容分解成小且較簡單的問題，產生「模組化」程式碼，由於程式邏輯僅有單一的入口和出口，所以能單獨運作。所以討論結構化的程式會包含下列三種流程控制：

- 循序結構（Sequential）：由上而下的程式敘述，這也是前述章節最爲常見的處理方式，例如：宣告變數後，設定變數的初值。
- 決策結構（Selection）：決策結構是一種條件選擇敘述，依據條件可以單一條件做單向或雙向判斷；或者在多重條件下只能擇一。
- 反覆結構（Iteration）：反覆結構就是迴圈控制，在條件符合下重覆執行，直到條件不符合爲止。例如，拿了1000元去超市購買物品，直到錢花光了，才會停止購物動作。

## 1.6.1 單一條件選擇

決策結構依據其條件做選擇；條件分為「單一條件」和「多重條件」。處理單一條件，if/else敘述能提供單向或雙向選擇的處理；多重條件情形下，要回傳單一結果，switch/case敘述則是處理法寶。

我們常常會說：「如果明天下雨，就搭公車吧！」。句中點出「下雨」是單一條件，「下了雨」表示條件成立，只有一個選擇「搭公車」，就像if敘述，語法如下：

```
if(條件運算式) {        //如果有下雨
    true程式敘述;       //就去搭公車
}
```

◈ 使用if敘述可使用一對大括號{ }來產生程式區段；如果只有敘述一行可以將區段省略。

◈ 「條件運算式」可搭配關係運算子。若條件成立（true）才會進入程式區段敘述；若條件不成立（false）就不會進入區段敘述。

「如果明天下雨，就搭公車去上課；沒有下雨的話，就騎單車」。表示下雨是單一條件；沒有下雨條件就不成立。此時有兩種選擇：下了雨，符合條件（true）就搭公車；不下雨就不符合條件（false），只好改騎單車。當單一條件有雙向選擇時，得採用if/else敘述，語法如下：

```
if(條件運算式) {
    true程式敘述;
}
else {
    false程式敘述;
}
```

若條件的運算結果符合（true），就進入if區段敘述；若運算結果不符合（false），就執行else的區段敘述。同樣地，else的敘述有多行，要加上{}（大括號）形成區段。if/else敘述的簡例如下：

```
// 範例CH0103.java
import static java.lang.System.*;
if(score >= 60)
   out.println("Passing...");
else
   out.println("Failed!!!");
```

◈ 以import敘述加上static關鍵字來匯入System類別後，直接以欄位名稱呼叫輸出訊息的相關方法。

◈ score的變數值要大於或等於60（true），輸出"Passing"，grade變數值小於60的話（false）則輸出"Failed"。

if/else敘述也可以使用「? :」條件運算子來簡化其內容。它屬於三元運算子，運算時需要三個運算元而稱之，語法如下：

```
條件式 ? true敘述 : false敘述
```

◈ 條件式符合時，執行「?」運算子後的敘述。

◈ 條件不符合則執行「:」運算子後的敘述。

例如：將前一個範例CH0103.java以條件運算子來表達。

```
// 範例CH0104.java
int score = 75;
var result =(score >= 60) ? "Passing" : "Failed";
out.println(result);
```

◈ Java允許區域變數以var關鍵字來宣告，執行時讓編譯器指派合宜的資料型別給result變數使用。

◈ 條件運算後的結果交給變數result，再以println()方法輸出結果。

## 1.6.2 多條件時

處理多個條件時，if/else敘述能化身爲巢狀if；不過，對於初學者而言會增加程式撰寫的困難度。因此，if/else敘述就演化爲「if/else if/else」敘述，它能列示多個條件，先認識它的語法：

```
if(條件運算1){
    //符合條件運算1敘述;
}
else if(條件運算2){
    //符合條件運算2敘述;
}
else{
    //上述條件運算皆不符合的敘述;
}
```

◈ 「if/else if」敘述會將條件逐一過濾，經過運算找到符合條後就不會再往下執行。

例如：將分數依其高低分成六個等級，列於下表。

| 分數 | 顯示級別 |
| --- | --- |
| 分數大於等於90 | 給予「優」 |
| 分數大於等於80 | 給予「佳」 |
| 分數大於等於70 | 給予「好」 |
| 分數大於等於60 | 給予「可」 |
| 分數低於60 | 給予「加油」 |

以if/else if敘述來判別分數的級別。

```
// 範例CH0105.java
int score = 78;
if(score >= 90)          //條件一
   out.println("優");
else if(score >= 80)    //條件二
   out.println("佳");
else if(score >= 70)    //條件三
   out.println("好");
else if(score >= 60)    //條件四
   out.println("可");
else                          //上述條件皆不符合
   out.println("加油");
```

### 1.6.3 switch/case敘述

針對多個條件，也可採用「switch/case」敘述來解決問題，先來看看其語法。

```
switch(運算式){
   case 值1:
      程式區段1;
      break;
   case 值2:
      程式區段2;
      break;
...
```

```
    case 值n:
        程式區段n;
        break;
    default:
        程式區段n+1;
        break;
}
```

- switch敘述會形成一個區段，其運算式可為數值或字串。
- 每個case標籤都得指定一個常數值，但不能以相同的值給兩個case敘述使用；其資料型別必須和運算式相同。
- 執行switch敘述，會進入case區段去尋找符合的值，case敘述相符者，以break敘述離開switch區段之敘述。
- 若沒有任何的值符合case敘述，會跳到default敘述，執行其他區段敘述。

例如：輸入某個月份就告訴我們它的天數，switch/case敘述就能派上用場。

```
// 範例CH0106.java
switch(month) {
    case 4: case 6: case 9: case 11:
        out.printf("%d 月有30天", month);
        break;
    case 2:
        out.printf("%d 月有28或 29天", month);
        break;
```

```
    default:
        out.printf("%d 月有31天", month);
        break;
}
```

◈ switch敘述依據輸入的變數值month來做判斷；由於4、6、9、11月皆為30天；而2月可能有28或29天，使用case敘述來輸出相關的天數，其餘就配合default敘述來顯示31天。

### 1.6.4 迴圈

迴圈就是一種重複處理的流程結構，其邏輯性就如同生活中的「如果…就持續…」的情形相同。當程式中某一條件成立時會重複執行某一段敘述，我們把這種流程結構稱為「迴圈」。因為重複處理的流程會依附著設定的條件運算，假如條件設計不當，會造成「無窮迴圈」現象，設計時必須小心注意！一般來說，它們包含：

➢ for和加強式for迴圈：for迴圈以計數器控制迴圈執行之次數，加強式for迴圈讀取集合的每個物件。

➢ while迴圈：前測試迴圈。條件判斷true的情形下進入迴圈執行，直到條件為false才離開迴圈。

➢ do/while迴圈：後測試迴圈。進入迴圈先執行敘述，再做條件運算。

使用for迴圈時必須有計數器、條件運算和控制運算式來完成重複計次的工作，語法如下：

```
for(計數器; 條件運算式; 控制運算式){
    //程式敘述;
}
```

◈ 計數器：控制for迴圈次數，宣告數變後須做初始化設定；第一次進入迴圈會被執行一次。

◈ 條件運算式：條件運算成立（true）時，進入區段內重複執行其敘述，直到條件爲false時才會停止並離開迴圈。

◈ 控制運算式：條件運算式爲true才會執行，配合for迴圈的計數器做遞增或遞減運算。

例一：使用for迴圈最經典的範例就是把數字累加。

```
// 範例CH0107.java
int total = 0;
for(int i = 1; i <= 10; i++) {
   total += i;
}
out.printf("數字1+2+...+10 = %3d", total);
```

◈ 區域變數「i」只能在for迴圈內使用，當for迴圈結束，表示它的生命週期也終止。

◈ for迴圈讀取計數器「i」的值進行累加動作，再交給變數total儲存。

如果並不知道迴圈要執行幾次，那麼while迴圈或do-while迴圈就是較好的處理方式，語法如下：

```
while(條件運算式){
   //執行條件爲true敘述;
}
```

進入while迴圈，必須先檢查條件運算式，符合時會執行迴圈內的敘述；若不成立就跳離迴圈。因此迴圈內的某一段敘述必須能改變條件運算式的值來結束迴圈，否則會形成無窮盡迴圈。

例二：以while迴圈求取兩個數的GCD。

```
// 範例CH0108.java
public class CH0108 {
  public static void main(String[] args) {
      int remain;//餘數
      out.print("輸入兩個整數，以空白鍵分隔-->");
      Scanner input = new Scanner(in);//取得輸入資料
      int divisor = input.nextInt();    //取得除數
      int divided = input.nextInt();    //取得被除數
      while (divided != 0){              //被除數不能為0
         remain = divisor % divided; //求取餘數
         divisor = divided; //被除數(divided)更換成除數
                                (divisor)
         divided = remain;  //將前式所得餘數更換為除數
                                (divisor)
      }
      out.printf("最大公因數：%d", divisor);
      input.close();
  }
}
```

◈ 取得輸入資料的物件input，利用空白鍵分開兩個輸入的數值。

◈ 條件運算式的被除數「divided != 0」情形下（true），進入迴圈執行敘述。當「divided = 0」表示條件不成立，就會離開while迴圈。

◈ 將兩數相除來取得餘數，如果餘數為0，則除數（divisor）就是這兩個整數的最大公因數。

while迴圈是先做條件運算，再進入迴圈執行敘述；而do/while迴圈恰好相反，先執行敘述，再做條件運算。對於do/while迴圈來說，敘述至少會被執行一次，而while迴圈在條件運算不符合的情形下不會進入迴圈。

do/while迴圈的語法如下：

```
do{
   //程式敘述;
}while(條件運算);
```

◈ 不要忘記條件運算之後要有「;」字元來結束迴圈。

例三：do/while迴圈最常用來詢問是否繼續某個動作。

```
// 範例CH0109.java
do {    //do/while迴圈只執行了一次
   out.print("輸入1~10的整數來計算階乘--> ");
   number = input.nextInt();
} while (number < 1 || number > 10);
int limit = number, total = 1;
while(limit > 0) {    //while迴圈重覆執行直到limit大於0
   total *= limit;
   limit--;
}
```

◈ do/while迴圈至少會執行一次，它會判斷輸入的值是否在1~10之間。

◈ while迴圈會計算階乘，直到變數limit小於0才會中止迴圈。

## 1.6.5 其他敘述

一般來說，break敘述用來中斷迴圈的執行，continue敘述則是暫停目前執行的敘述，它會回到目前敘述的上一個區段，讓程式繼續執行下去。因此，可以在for、while、do/while迴圈中的程式敘述中加入break或是continue敘述，利用一個簡單的範例來說明這二者間的差異。

```
// 範例CH0110.java
for (count = 0; count <= 20; count++){
   if (count % 2 == 0)//找出奇數
       continue;         //繼續迴圈
   total += count;
   if (total > 60) //第二個if敘述
      break;           //中斷迴圈
   out.printf("Count = %2d, Total = %2d%n", count, total);
}
```

◈ 第一個if敘述判斷計數器（count）的值，把它除以2，若餘數為0，就不再繼續下一個敘述；它會回到上一層for迴圈繼續迴圈的執行。所以count是偶數「2,4, 6, …」時不做累加；所以for迴圈只把奇數累加。

◈ 第二個if敘述程式區段，當total累加的值大於60時，就以break敘述來中斷整個迴圈的執行而結束應用程式。

# 課後習作

## 一、填充題

1. Java依據應用開發的不同，分為__________、__________、__________三種版本。
2. JDK縮寫是____________________________。
3. Java的原始程式碼，經過編譯之後是中介格式__________。要進一步解譯此「*.class」，其平台要裝有__________才能解譯此機器碼完成程序。
4. Java程式中若要註解，單行註解以________________開始；多行註解以________開始註解內容，再以________結束註解內容。
5. Java程式語言將資料型別分為兩大類：________________和______________；而數值資料型別又分為________________和________________。
6. 浮點數預設的資料型別為______________；使用具名常數，須以關鍵字____________為開頭。
7. 使用Scanner類別產生的物件來取得輸入資料，其方法______________取得整行輸入的字串，方法______________能把資料轉為整數值，方法______________關閉Scanner類別的物件。
8. 多重條件要回傳單一結果，可使用敘述__________________________或____________________來處理。
9. 處理迴圈的敘述，__________敘述會中斷迴圈的執行，______________敘述則是暫停目前執行的敘述，它會回到目前敘述的上一個區段，讓程式繼續執行下去。

## 二、實作題

1. 輸入兩個數值，以三元運算子判斷其大小。

2. 以「if/else if/else」寫一個判斷閏年的程式（西元年份被4或400整除才是閏年）。

3. 使用while迴圈來求取數值101～200偶數累加和。

# 第二章

# 話說資料結構

## ★學習導引★

- 資料、資訊有何不同？先了解它們的不同處
- 資料結構能做什麼？從日常生活中大、小事談起
- 演算法能以文字、虛擬碼和流程圖做為工具，進行分析
- 演算法的效能從Big-O來看時間複雜度

# 2.1 資料是什麼？

什麼是「資料」（Data）？用來表達一個觀念或一件事情的一群文字、數字、符號或圖表。經過處理的資料會因人而異而各有巧妙，也就是大家熟悉的「資訊」（Information）。那麼資料、資料處理和資訊，這三者該如何看待？它們與資料結構有什麼關係？共同來探討之。

## 2.1.1 資料的特性

資料具有什麼特性？我們可以從電腦的微觀角度出發，把儲存資料的單位先做簡單區分，共有五種層次：位元、位元組、欄位、記錄和檔案。

- 位元（Bit）：儲存資料的最小單位，如同機器語言中的0與1。
- 位元組（Byte）：表示一個「字組」（Word）所需的位元數目，通常一個位元組含有八個位元。
- 欄位（Field）：由數個「位元組」（Bytes）構成，為一個獨立且具備某種意義的資料項目，例如身分證資料上的姓名、性別、住址、身分證字等都算是「欄位」示意。
- 記錄（Record）：由幾個彼此相關的「欄位」構成有意義的基本單位，例如姓名、性別、住址、身分證字號、出生年月日等「欄位」可構成一位國民的身分證「記錄」。
- 檔案（File）：由數筆相關的記錄構成，例如國民身分證檔案就是描述所有國民的每筆記錄所構成。

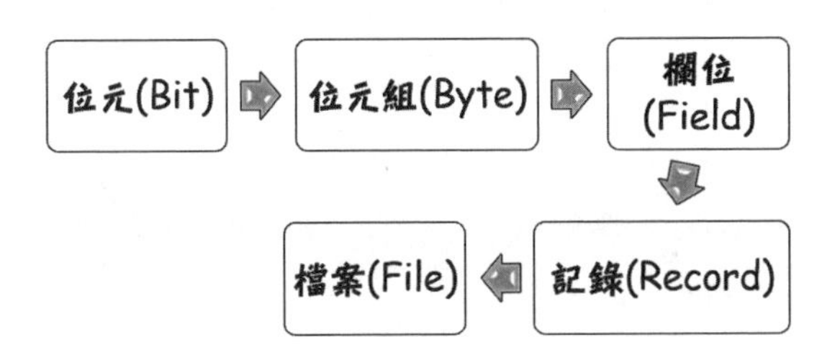

再把鏡頭向外推移，以電腦的處理角度來思考這個問題。所謂「資料」是指可以輸入到計算機中，並且被程式處理的文字、數字、符號或圖表等，它所表達出來的是一種沒有評估價值的基本元素或項目。例如姓名或我們常看到的課表、通訊錄等都可泛稱是一種「資料」（Data）。所以，依照資料的特性，可將資料分爲數值和文數資料兩大類：

- ➢ 數值資料（Numeric Data），例如0、1、2、3～9所組成，配合運算子（Operator）做運算資料。
- ➢ 文數資料（Alphanumeric Data）又稱非數值資料（Non-Numeric Data），像A、B、C、+、*、#等。

| 姓名 | 國文 | 英文 | 數學 |
|---|---|---|---|
| 林大明 | 78 | 91 | 66 |
| 王小風 | 95 | 57 | 87 |

文數資料　　數值資料

## 2.1.2 資料與資訊

將上述的兩大類資料，經過有系統的整理、分析、歸納、篩選處理所提煉出來的文字、數字、符號或圖表，它具有參考價格及提供決策的依據，具備某種有特別意義的文字、數字或符號，就是「資訊」（Information）。分析、處理資料的過程中，利用電腦「速度快」和「容量大」兩大利器，這讓我們處理資料時帶來很大的方便性。

將「資料處理」更嚴謹的看待，就是用人力或機器設備，對資料進行有系統的整理如記錄、排序、合併、整合、計算、統計等，以使原始的資料符合需求，而成爲有用的資訊。所以，可以把「資料元素」（Data Element）視爲資料的基本單位。考量其整體性，性質相同的資料元素形成了資料子集，稱爲「資料物件」，它泛指「資料」。舉個例子來說，學生的成績由姓名、國文、英文和數學來傳遞，更通俗的讀說法是一筆記錄；將多筆資料元素集合，就是學生成績，也就是「資料」。

資料項目

| 姓名 | 國文 | 英文 | 數學 |
| --- | --- | --- | --- |
| 林大明 | 78 | 91 | 66 |
| 王小風 | 95 | 57 | 87 |

資料元素

當然！「資料和資訊的角色並非一成不變」；同一份文件在某種狀況下可能被視爲資料，而在其他狀況下則爲有用的資訊。例如台北市這週的平均氣溫是35℃，這段陳述文字對於高雄市民而言，僅是一項天氣的資料；但居住於台北的市民，表明天氣「炎熱」得提醒自己多補充水分，避免中暑。究竟是「資料」還是「資訊」，會因爲人、事、物而有不同的處理態度。

## 2.1.3 資料的種類

若以電腦的存在層次來區分，還可以把資料分爲(1)基本資料型別、(2)抽象資料型別兩種。

所謂的「基本資料型別」（Primitive Data Type），表示它無法以其他型別來定義資料，或者稱爲「純量資料型別」（Scalar Data Type），幾乎所有的程式語言都會提供一組基本資料，以Java程式語言來說，處理數值的資料型別包含了short（短整數）、int（整數）、float（浮點數）等。

抽象資料型別（Abstract Data Type, ADT）相對於基本資料型別而言，可以看成是定義資料操作的模型，並且利用此模型來定義相關資料的運算及本身屬性所成的集合。而「抽象資料型別」會依其定義來行使它的邏輯特性；也就是說，ADT是一種「資訊隱藏」（Information Hiding），電腦的內部運作和現實無關。例如智慧型手機的品牌琳琅滿目，儲存好朋友的電話號碼時可能是「0900-111-222」或「0900-111222」，無論表達的方式如何，它就是一組0～9的整數集合。

## 2.2 資料結構簡介

對於資料、資料處理有了基本認識之後，大家不免好奇，究竟什麼是資料結構呢？就是把彼此之間存有特定關係的資料元素集合在一起。當我們要求電腦解決問題時，必須以電腦認知的模式來描述問題，資料結構是資料的表示法，包括可加諸於資料的操作。可以把資料結構視爲是最佳化程式設計的方法論，資料結構最主要目的就是將蒐集到的資料有系統、組織地安排，建立資料與資料間的關係，它不僅討論儲存與處理的資料，也考慮到彼此之間的關係與演算法。

### 2.2.1 重新審思程式

學習資料結構與演算法之前，我們重新來審視什麼是「程式」？依據圖靈獎得主Nicklaus Wirth大師的說法：

```
Algorithms + Data Structures = Programs
```

簡單來說，就是「程式 = 演算法 + 資料結構」。「演算法」是藉由程式之邏輯，也就是把各種指令加以組織、以敘述來完成程式。而「資料結構」指的是將各種資料項目予以「結構化」後，作爲個體來使用。

例：Java程式語言撰寫一個找出最大值的小程式。

```
// 範例CH0201.java
import java.util.Scanner;   //匯入「java.util.Scanner」套件
public class CH0201 {
   public static void main(String[] args) {
      Scanner scan = new Scanner(System.in);
      out.print("輸入兩個數值，以空白鍵分隔->");
      int num1 = scan.nextInt();
      int num2 = scan.nextInt();
      //以條件運算子判斷最大值
      int large = (num1 > num2) ? num1 : num2;
      out.println("最大值 = " + large);
      scan.close();
   }
}
```

◈ 簡例中，除了宣告資料項目（整數變數num1、num2）以外的程式敘述，它構成了「演算法」的設計邏輯。若再進一步察看，「條件運算子」用來判斷哪一個值較大則是屬於演算法的細節。

◈ 那麼，程式敘述所使用的資料型別是否就是「資料結構」呢？這些變數缺乏組織性，需用時能即刻宣告一個變數，並非遵循了章法。

如何找出兩個數值中較大的一個？以「條件運算子」進行條件判斷，所以是一個邏輯清楚的「演算法」；繼續以第二個範例來說明陣列。

```
// 範例CH0202.java
int total = 0;
int[] score = {98, 72, 63, 81};//一維陣列
```

```
for(int j = 0; j < score.length; j++)
   total += score[j];
out.println("總分 = " + total);
```

◈ 簡例裡，Java程式語言使用了「陣列資料結構」來儲存多個分數；以一維陣列score存放成績。

◈ 通常陣列結構具有組織性，它可將相同資料型別並具同樣意義的資料加以組織，再以一個陣列名稱表示。

◈ 由於陣列是一種非常「基礎」的資料結構，它能夠存放相同資料型態的資料。以for迴圈讀取陣列元素則屬於演算法的一環。

### 2.2.2 資料結構的分類

依據資料的存在關係，可以把資料結構概分爲四種：①基本結構、②線性結構、③階層結構和④圖形結構。

➢ 基本結構就是集合（Set），它如同數學中的集合關係一樣，資料元素的關係就是「一個集合」，它們之間沒有任何先後次序的關係，著重於資料是否存在或屬於集合的問題。

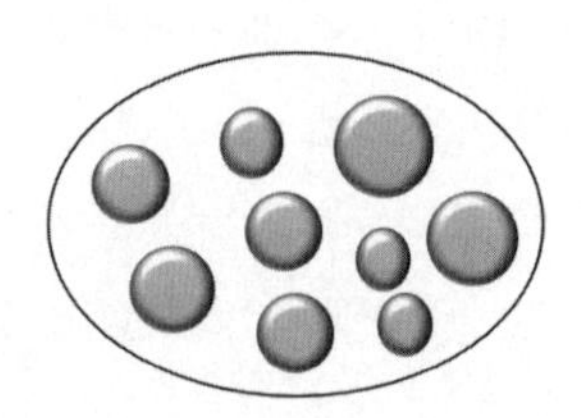

➢ 線性結構：資料元素是一對一的存在關係，它是有序的集合（Ordered set），也就是資料與資料之間是有先後次序的。例如陣列（Array）、串列（List）、堆疊（Stack）與佇列（Queue）等

➢階層結構：結構中的資料元素爲一對多的存在關係，如二元搜尋樹（Binary search tree），其資料具上下的階層化組織。

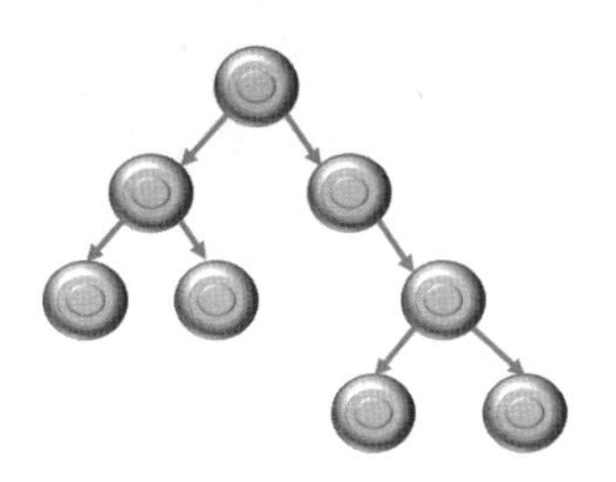

➢圖形結構：資料元素彼此間爲多對多的存在關係，所謂的先後和上下關係，在此類的資料結構中，變得更模糊。

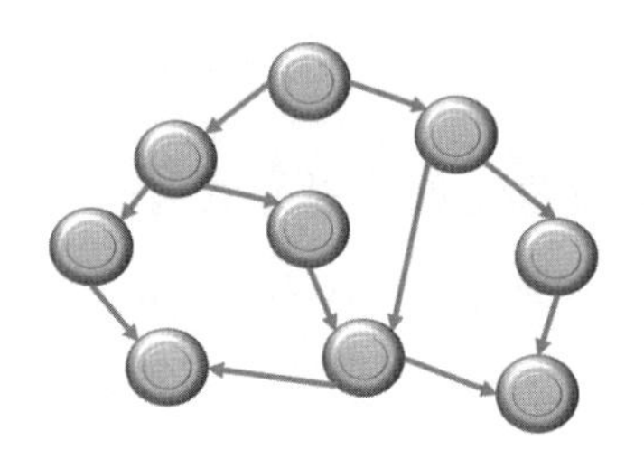

這些資料結構乍看之下好像很抽象，但是在我們日常生活中，卻是隨處可見。像學校的教室座位屬於「二維陣列」；火車把車廂串連成一列來載運乘客的方式可視爲「串列」（List）；從底部向上疊起的碗盤則是「堆疊」（Stack）；排隊買票，先到先買的作法就是「佇列」（Queue）。正準備如火如荼展開的世足賽，其淘汰制就是「樹狀」結構；旅行時，當我們用谷歌大神來查看地圖上的城市或有名的觀光景點，就是不折不扣的「圖形」結構。

### 2.2.3 常見的資料結構

常見的資料結構，利用下表做簡單說明。

| 資料結構 | 說明 |
|---|---|
| 陣列 | 最常用到的資料結構，給予名稱之後能存放較多量資料 |
| 鏈結串列 | 比陣列更有彈性，使用時不必事先設定其大小 |
| 堆疊 | 具有先進後出的特性，如同疊盤子般，資料的取出和放入要在同一邊 |
| 佇列 | 具有先進先出的特性，就像排隊一樣，出、入口可設在不同邊 |
| 遞迴 | 瞭解程式撰寫中常用的遞迴函式，並介紹遞迴可解決的問題 |
| 樹狀結構 | 具有階層關係，類似於族譜的資料型別，屬於非線性集合 |
| 圖形結構 | 跟地圖很相像的資料型別，含有目標地與路徑，爲非線性組合 |

## 2.3 演算法

雖然本書以資料結構爲主題，對一個執行有效率的程式來說，資料結構（Data structure）和演算法（Algorithm），如同天平兩邊的砝碼缺一不可。由此可知，資料結構和演算法是程式設計中最基本的內涵。程式能否快速而有效率的完成預定的任務，取決於是否選對了資料結構，而程式是否能清楚而正確的把問題解決，則取決於演算法。所以我們可以把Nicklaus Wirth大師的說法再進一步闡述：「資料結構加上演算法等於可執行的程式」。所以，將演算法做簡單的定義：

- 演算法用來描述問題並提出解決的方法，以程序式描述爲主，讓人一看就知道是怎麼一回事。
- 使用某種程式語言來撰寫演算法所代表的程序，交由電腦來執行。
- 在演算法中，必須以適當的資料結構來描述問題中抽象或具體的事物，有時還得定義資料結構本身的相關操作。

## 2.3.1 演算法的特性

「演算法」（Algorithm）代表一系列為達成某種目標而進行的工作，通常演算法裡的工作都是針對資料做某種程序的處理過程。在韋氏辭典中演算法被定義為：「在有限步驟內解決數學問題的程序」。

如果運用電腦科學領域，我們可以把演算法定義成：「為了解決某一個工作或問題，需要有限數目的機械性或重覆性指令與計算步驟」。其實日常生活中有許多工作都可以利用演算法來描述，例如員工的工作報告、寵物的飼養過程、學生的功課表等。對於演算法定義有了初步認識後，演算法必須符合下表的五個條件才算完整。

| 演算法特性 | 說明 |
| --- | --- |
| 輸入（Input） | 零個或多個輸入資料，這些輸入必須清楚的描述或定義 |
| 輸出（Output） | 至少會有一個輸出結果，不可以沒有輸出結果 |
| 明確性（Definiteness） | 每一個指令或步驟必須是簡潔明確而不含糊的 |
| 有限性（Finiteness） | 能把問題在有限步驟內解決，不會產生無窮迴路 |
| 有效性（Effectiveness） | 步驟清楚且可行，能讓使用者用紙筆計算而求出答案 |

通常輸入和輸出是比較容易明白；來自於資料處理的作法，有輸入，可能也有輸出，例如：輸入num1、num2、num3三個數值做運算。

```
// 範例CH0203.java
Scanner scan = new Scanner(System.in);
out.print("輸入三個數值，以空白鍵分隔->");
int num1 = scan.nextInt();    //方法nextInt()讀取輸入的整數值
int num2 = scan.nextInt();
```

```
int num3 = scan.nextInt();
System.out.printf("合計 = %d", num1 + num2 + num3);
```

不過某些情形下可能就沒有輸入的指令，例如：入門的「Hello World」程式就直接把訊息顯示於螢幕上。從演算法的要求而言，只有輸出的訊息，並無輸入資料。下述簡例中，直接輸出目前的日期，它的「Input」同樣為零。

```
// 範例CH0204.java
Date thisday = new Date();
out.printf("目前時間：%tF %<tr%n", thisday);
```

◈ 利用Date類別實作物件thisday，再以「%tF」輸出簡短日期2019-08-01，借用「<」運算子配合「%<tr」讓thisday物件，再一次輸出以12小時為單位的時間11:26:05 上午。

什麼情形下會有多個輸出？就是方法的回傳值，直接以運算式回傳結果。下列敘述中定義了兩個靜態方法「CalcAdd」、「CalcMulte」，然後由主程式呼叫這兩個靜態方法，return敘述回傳運算結果並以printf()方法顯示其內容。

```
// 範例CH0205.java
public static void main(String[] args) {
   int num1 = 25;
   int num2 = 37;
   int add = calcAdd(num1, num2);
   int result = calcMulte(num1, num2);
```

```
    out.printf("calcAdd(25, 37) = %d%n", add);
    out.printf("calcMulte(25, 37) = %d%n", result);
}
static int calcAdd(int x, int y){    //靜態方法-兩個數值相加
    return x + y;
}
static int calcMulte(int x, int y){    //靜態方法-兩個數值相乘
    return x * y;
}
```

◈ 宣告了兩個靜態方法「CalcAdd」、「CalcMulte」，然後以return敘述回傳兩個數值相加、相乘的結果。

演算法的每一個步驟都必須定義明確，不能出現定義不清楚。我們使用一段文字描述來表達演算法：

```
敘述1.這次期中考獲得高分者，可以申請獎學金
敘述2.這次期中考分數高於90分者，可以申請獎學金
```

第一個描述的語意含糊，因為「高分者」每個人的解讀並不相同，無法表達其明確性。第二個描述則指出「高於90分者」，表達明確。再來看一個更明確的演算法，以「條件」指令來說：

```
IF a > b THEN
    PRINT(a)
END IF
```

◈ 這是一個單向選擇，變數a若大於b，表示條件成立就輸出變數a。

通常演算法必須在有限的步驟中執行，每一個步驟都得在是可接受的時間內完成。以下列演算法的迴圈來說，有可能寫出不會停止執行的無限

迴圈；這樣的演算法就不符合「有限性」。

```
count <- 3
WHILE count >= 1 DO
   PRINT(count)
END WHILE
```

## 2.3.2 演算法和程式的差異

演算法解決問題的方式是以程序式描述爲主，讓「人」一看就知道是怎麼一回事，表達對象是人，它要有閱讀性。所以演算法做描述時必須講求精準、明確，但不必遵循嚴謹的語法。

撰寫的「程式」則是要讓「電腦」執行，它強調的是執行結果正確性、可維護性及執行效率。經由演算法的分析，可以用某種程式語言來撰寫演算法所代表的程序，並由電腦來執行這個程式。不過一旦要把演算法交付給電腦來執行時，當然就得十分講究，因爲程式語言的邏輯與算術運算是完全依照所給的指令來進行。

這就是爲什麼演算法和程式是有所區別，因爲程式不一定要滿足有限性的要求，例如作業系統或機器上的運作程式，除非當機，否則永遠在「等待迴路」（Waiting Loop），這就違反了演算法五大原則之一的「有限性」。另外，演算法都能夠利用程式流程圖呈現，而程式流程圖所包含的無窮迴路，卻無法利用演算法來表達。

## 2.3.3 常見的演算法工具

接下來的問題是：「什麼方法或語言才能夠最恰當的表達演算法？」事實上，只要清楚、明白、符合演算法的五項基本原則，即使一般文字，虛擬語言（Pseudo-language），表格或圖形、流程圖，甚至於任何一種程式語言都可以作爲表達演算法的工具。

第一種演算方法「使用文字來加以描述」，在某些情形可能會表達不精確，因此較不常用。例如：

步驟一：輸入兩個數值
步驟二：判斷第一個數值是否大於第二個數值
步驟三：判斷正確的話，以第一個數值爲最大值

第二種演算方法就是「流程圖」，常見的流程圖符號以下表做說明。

| 符號 | 名稱 | 功能 |
|---|---|---|
| 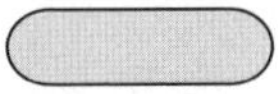 | 開始／結束 | 流程圖的開始或結束 |
|  | 處理程序 | 處理問題的步驟 |
|  | 輸入／輸出 | 處理資料的輸入或輸出的步驟 |
| 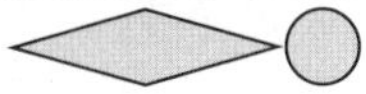 | 決策 | 依據決策符號的條件來決定下一個步驟 |
| | 接點 | 流程圖過大時，作爲兩個流程圖的連接點 |
|  | 流程方向 | 決定流程的走向 |

第三種演算方法就是「虛擬碼」（Pseudocode）或稱「虛擬語言」（Pseudo-Language），它是一種混合自然語言與高階程式語言的特殊語言，是目前設計演算法最常使用的工具。在陳述解題步驟時，其表達方式介於人類口語與程式語法之間，容易轉換成程式指令。以下表列舉循序、選擇和迴圈的虛擬碼寫法。

| 結構 | 關鍵字 | 虛擬碼 | Java語法 |
|---|---|---|---|
| 循序 | 運算式 | k ← x1 + x2 | k = x1 + x2 |
| | = | = | == |
| | mod | mod | % |
| | and | and | && |
| | or | or | \|\| |
| 選擇 | if | if 條件 then<br>end if | if (條件運算式)<br>{<br>true_程式敘述;<br>} |
| | if, else | if 條件 then<br>else<br>end if | if (條件運算式)<br>{<br>true_程式敘述;<br>}<br>else<br>{<br>false_程式敘述;<br>} |
| 迴圈 | while | while 條件 do<br>end while | while (條件運算式)<br>{<br>true_程式敘述;<br>} |
| | for | for (item in range)<br>do<br>end for | for(計數器;條件運算;增減)<br>{<br>true_程式敘述;<br>} |
| | exit | exit for | break |
| | continue | continue | continue |
| 其他 | print | PRINT | print() |
| | return | return | return |

| 結構 | 關鍵字 | 虛擬碼 | Java語法 |
|---|---|---|---|
| 函式 | Function | FUNC 名稱: 回傳值型別<br>RETURN 值 | 回傳值型別 名稱()<br>{<br>函式主體;<br>return 值;<br>} |
| 宣告 | | x <- 0 | x = 0 |
| 陣列 | | A[] | 資料型別[] A = {}; |

這是先前的範例，利用文字描述、流程圖和虛擬碼來溫故而知新。

```
// 範例CH0201.java
Scanner scan = new Scanner(System.in);
out.print("輸入兩個數值，以空白鍵分隔->");
int num1 = scan.nextInt();
int num2 = scan.nextInt();
int large = (num1 > num2) ? num1 : num2; //條件運算子判斷最
大值
out.println("最大值 = " + large);
```

文字描述如下：

```
Input: 連續輸入兩個數值
Output: 輸出最大值
Step 1: 輸入第一個數值並讀取
Step 2: 輸入第二個數值並讀取
Step 3: 如果第1個數值大於第2個數值
Step 4: 條件成立的話，數值1就是最大值，否則就是數值2
```

流程圖如下：

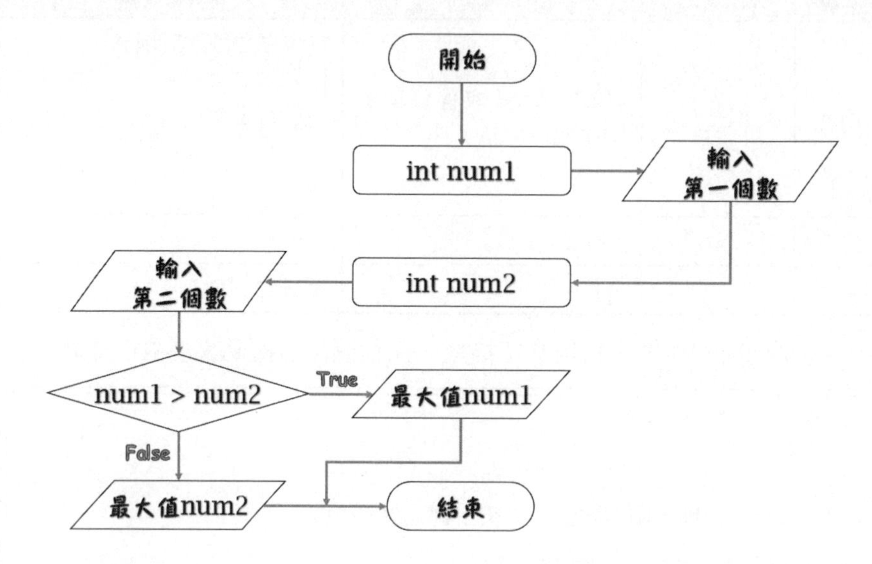


虛擬碼撰寫如下：

```
INPUT:輸入兩個數值
OUTPUT:回傳最大值
num1 ← 0
num2 ← 0
IF num1 > num2 THEN
   PRINT("最大值：", num1)
ELSE
   PRINT("最大值：", num2)
```

# 2.4 分析演算法的效能

從廣義角度來看，資料結構能應用在程式設計的要求上，透過程式的執行效能與速度爲衡量標準。了解每一種元件資料結構的特性，才能將適合的資料結構應用得當，否則非但不能符合程式的設計需求，甚至會讓整體執行效率變的更差。資料結構和演算法是相輔相成的，在解決特定問題的當下，當我們決定採用哪一種資料結構，也就是決定了演算法。

關於演算法的優劣，主要是要看這個演算法占用的電腦資料所需的時間和記憶空間而定，可以從「空間複雜度」和「時間複雜度」這兩方面來考量、分析。

- 空間複雜度（Space complexity）：執行演算法使用的記憶體空間大小。
- 時間複雜度（Time complexity）：決定演算法執行完成所用的時間。

由於電腦硬體設備的發展是日新月異，所以評估效能從程式（或演算法）的角度出發時，以時間複雜度爲主要評估與分析的依據。當資料量變得龐大，空間複雜度的差異性不大，而時間複雜度會有較大的差異，再加上目前的記憶體相當便宜，以資料結構來探討演算法之效能評估，會著重時間複雜度。

## 2.4.1 計算執行次數

資料結構和演算法必須配合程式語言的描述，交由電腦才能執行。要評估一個演算法的好壞，排除了硬體設備之後，有兩種作法：

- 進行實際量測。
- 程式執行時間：指令被執行的次數×指令所需要的時間。

如何測量？先把焦點擺在指令執行的次數。如何計算？可以把演算法中執行次數的多寡當作執行時間。這當中，演算法的迴圈也是程式設計中不可或缺的指令，所以迴圈的計算經常是影響程式時間效能的重要因素。

要計算程式的執行次數；首先上場的要角乃流程控制的「循序結構」。它的執行次數很直觀，就是一行敘述接著下一行敘述，取得敘述行數的加總即可。

例一：

```
int x = 15;                               //敘述1
int y = 20;                               //敘述2
System.out.printf("%d", x + y);           //敘述3
```

例二：方法show()的參數，不管n值爲多少，它只會執行一次。

```
static void show(int number) {    //使用靜態方法
    System.out.println(number);
}
```

第二種計算執行次數的方式爲程式碼含有「條件結構」，它會依據條件運算而走不同的路。一般會以比較次數的敘述和條件敘述的最多行數來取決。下述簡例的執行次數「1 + 1 + 2 = 4」。

```
int x = 10;       //循序結構，執行次數1
int y = 25;
int total = 0;
if (x > y){                          //條件結構的比較敘述，執行次數1
   total = x + y;                  //條件結構的最多次數2
   System.out.println(total);
```

```
}
else        //由於X小於Y，輸出下列敘述
   System.out.printf("%d, %d", x, y);
```

計算執行次數的第三種方式就是程式碼含有迴圈結構。例三：演算法含有for迴圈，執行次數會依據輸入的n值來決定，因此for迴圈的println()敘述執行會有「n」次。

例三：執行n次。

```
for (int j = 1; j <= num; j++)
    System.out.printf("%d", j);
```

例四：2n次。

```
int total = 0;
for (int j = 1; j <= num; j++)
{
    total += j;
    System.out.println(total);
}
```

例五：有一點複雜的狀況，演算法包含兩個for迴圈，所以它是「$2n \times (n-1)$」得到「$2n^2 - 2n$」次。

```
for (int j = 1; j <= num; j++)    //執行次數2n^2 - 2n
{
   for(int k = 1; k < num; k++)
      System.out.printf("Total = %d\n", j * k);
}
```

## 2.4.2 時間複雜度

時間複雜度（Time complexity）是指程式執行完畢所需的時間，概括兩個時間；第一個是編譯時間（Compile Time），使用編譯器編譯程式所需的時間會被忽略。第二個是執行時間（Execution Time），它才是探討的對象。

藉由迴圈執行次數計的簡例，我們知道程式設計裡，決定某程式區段的步驟計數是程式設計師在控制整體程式系統時間的重要因素。不過，決定某些步驟的精確執行次數卻也真是件相當困難的工作。例如程式設計師可以就某個演算法的執行步驟計數來衡量執行時間的標準；先來看看下列兩行指令：

```
int x = 2;
x += 1;
float y = x + 0.3/(float)0.7 * 225;
```

雖然我們都將其視為一個指令，由於涉及到變數儲存型別與運算式的複雜度，它影響了精確的執行時間。與其花費很大的功夫去計算真正的執行次數，不如採用一種漸進式表示法來描述演算法的複雜度，化「概量」來做為執行時間之衡量，這就是「時間複雜度」（Time complexity）。

漸進式表示法可以數學函數來表現，常見的有O（唸作Big-Oh或Big-O）、Ω、$\theta$等三種數學漸近表示函數，利用它們來表示演算法的時間複雜度：

- 最壞狀況：分析所有可能的輸入組合下，最多所需要的時間。程式最高的時間複雜度，稱為Big-O；也就是程式執行的次數一定相等或小於最壞狀況。
- 平均狀況：分析所有可能的輸入組合下，平均所需要的時間。程式平均的時間複雜度，稱為Theta($\theta$)；程式執行的次數介於最佳與最壞狀況之間。

- 最佳狀況：分析對何種輸入資料，所需花費的時間最少。程式最低的時間複雜度，稱爲Omega(Ω)；也就是程式執行的次數一定相等或大於最佳狀況。

## 2.4.3 Big-O

Big-O代表演算法時間函式的上限（Upper bound），在最壞狀況下，演算法的執行時間不會超過Big-O；在一個完全理想狀態下的計算機中，定義T(n)來表示程式執行所要花費的時間：

T(n) = O(f(n))(讀成Big-oh of f(n)或Order is f(n))
若且唯若存在兩個常數c與$n_0$
對所有的n值而言，當$n \geq n_0$時，則$T(n) \leq c*f(n)$均成立

◈ T(n)爲理想狀況下，程式在電腦中實際執行指令次數。

◈ f(n)取執行次數中最高次方或最大的指數項目，也可以稱爲執行時間的成長率（Rate of growth）。

◈ n資料輸入量。

進行演算法分析時，時間複雜度的衡量標準以程式的最壞執行時間（Worse Case Executing Time）爲規模；也就是分析演算法在所有輸入可能的組合下，所需要的最多時間，一般會以O(f(n))表示。(f(n))可以看成是某一個演算法在電腦中所需的執行時間，它始終不會超過某一常數倍的f(n)。若輸入資料量「n」比「$n_0$」多，則時間函數T(n)必會小於等於f(n)；當輸入資料量大到一定程度時，則c*f(n)必定會大於實際執行指令次數。

假設下列多項式各爲某程式片斷或敘述的執行次數，請利用Big-O來

表示時間複雜度。

例一：$4n + 2$

```
4n+2 = O(n)，得到c = 5，n0 = 2，所以4n + 2 ≦ 5n
4*n+2 ≦ c*n    得(c-4)*n ≧ 2(因爲T(n) = O(f(n)))
找出上限時，可以把最大項再加值「1」，所以爲「5n」
當c = 4+1時，則n ≧ 2，所以n0 = 2(因爲n ≧ )
所以c ≧ 5，且n0 ≧ 2時，則4*n+2 ≦ 5*n
```

例二：$10n^2 + 5n + 1$

```
10n^2 + 5n + 1 = O()，得到c = 11，n0 = 6
所以10n^2 + 5n + 1 ≦ 11n^2
10n^2 + 5n + 1 ≦ c * n^2 (因爲T(n) = O(f(n))
得(c-10)n^2 ≧ 5n+1
c = 10+1時，上式爲n^2 ≧ 5n+1，當 n≧ 6時，則 n^2 ≧ 5n+1
得到 n0 = 6(因爲n ≧ n0)
所以c ≧ 11，且n0 ≧ 6時，則10n^2 + 5n + 1 ≦ 11n^2
```

例三：$7 * 2^n + n^2 + n^2 + n$

```
7 * 2^n + n^2 + n = O(2^n)，得到c = 8， = 4
得到7 * 2^n + n^2 + n ≤ 8 *
```

事實上，我們知道時間複雜度事實上只表示實際次數的一個量度的層級，並不是眞實的執行次數。常見的Big-O有下列幾種。

**(1) 常數時間**

O(1)為「常數時間」（Constant time），表示演算法的執行時間是一個倍常數，其執行步驟是固定的，不會因為輸入的值而做改變，標記成「T(n) = 2 ⇨O (1)」。

```
a = 5, b = 10
result = a * b
```

如果存在這樣的演算法，可以在任何大小的資料集合中自由的使用，而忽略資料集合大小的變化。就像電腦的記憶體一般，不考慮整個記憶體的數量，其讀取及寫入所耗費的時間是相同的。如果存在這樣的演算法則，任何大小的資料集合中可以自由的使用，而不需要擔心時間或運算的次數會一直成長或變得很高。

**(2) 線性時間**

O(n)為線性時間（Linear time），當演算法加入迴圈就會變更複雜，得進一步去確認某個特定的指令的執行次數。執行的時間會隨資料集合的大小而線性成長，例如下列演算法有while迴圈，執行的次數依據輸入的n值來決定，所以「T(n) = n⇨O(n)」。

```
int k = 1;
while(k < n)
   k += 1;
```

**(3) 對數時間**

$O(\log_2 n)$稱為對數時間（Logarithmic time）或次線性時間（Sub-linear time），成長速度比線性時間還慢，而比常數時間還快。例如下列演算法有while迴圈，每當j乘以2就愈靠近輸入的n值，所以「$2^x = n$」可以得到「$x = \log_2 n$」，其時間複雜度就是「$O(\log_2 n)$」。

```
int j = 1;
while (j < n)
   j *= 2;
```

**(4) 平方時間**

$O(n^2)$爲平方時間（quadratic time），演算法的執行時間會成二次方的成長，這種會變得不切實際，特別是當資料集合的大小變得很大時。下列演算法中有兩層while迴圈；第一層while迴圈的時間複雜度就是「$O(n)$」，第二層while迴圈再進行迴圈n次，所以所得的時間複雜度就是「$n^2$」。

```
int j = 1, k = 1;
while(j <= n){
   while(k <= n)
      k += 1;
   j += 1;
}
```

可以再想想看，將第一層while迴圈的n變更爲m的話，則時間複雜度就變成「$O(m \times n)$」。

```
int j = 1, k = 1;
while(j <= m){
   while(k <= n)
      k += 1;
   j += 1;
}
```

可以得到結論「迴圈的時間複雜度 = 主迴圈的複雜度 × 該迴圈的執行次數」。

### (5) 指數時間

$O(2^n)$爲指數時間（Exponential time），演算法的執行時間會成二的n次方成長。通常對於解決某問題演算法的時間複雜度爲$O(2^n)$（指數時間），我們稱此問題爲Nonpolynomial Problem。

### (6) 線性乘對數時間

$O(n\log_2 n)$稱爲線性乘對數時間，介於線性及二次方成長的中間之行爲模式。演算法當中會以雙層for或while迴圈，執行次數爲n，但累計以指數呈現。

**動動腦**

假設有一個問題，分別利用上述的七種演算法來解決，最佳與最差方法的關係比較如下：

$$O(1) < O(\log_2 n) < O(n) < O(n \log_2 n) < O(n^2) < O(n^3) < O(2^n)$$

當n≥16時，時間複雜度的優劣比較會有明顯差異。

| 常數 | 線性 | 對數 | 平方 | 指數 | 線性乘對數 | 立方 |
|---|---|---|---|---|---|---|
| | $n$ | $\log_2 n$ | $n^2$ | $2^n$ | $n \log_2 n$ | $n^3$ |
| 1 | 1 | 0 | 1 | 2 | 0 | 1 |
| 1 | 2 | 1 | 4 | 4 | 2 | 8 |
| 1 | 4 | 2 | 16 | 16 | 8 | 64 |
| 1 | 8 | 3 | 64 | 256 | 24 | 512 |
| 1 | 10 | 3.3 | 100 | 1024 | 3.3 | 100 |
| 1 | 16 | 4 | 256 | 65536 | 64 | 256 |

## 2.4.4 Ω（Omega）

Ω也是一種時間複雜度的漸近表示法，它代表演算法時間函式的下限（Lower Bound）；如果說Big-O是執行時間量度的最壞情況，那Ω就是執行時間量度的最好狀況。以下是Ω的定義：

> T(n)= Ω(f(n))(讀作Big-Omega of f(n))
>
> 若且唯若存在大於0的常數c和$n_0$
>
> 對所有的n值而言，n≧$n_0$時，T(n)≧c*f(n)均成立

◈ T(n)為理想狀況下，程式在電腦中實際執行指令次數。

◈ f(n)取執行次數中最高次方或最大的指數項目，也可以稱為執行時間的成長率（Rate of growth）。

◈ n資料輸入量。

若輸入資料量「n」比「$n_0$」多，則時間函數T(n)必會大於等於f(n)；當輸入資料量大到一定程度時，則c*f(n)必定會小於實際執行指令次數。例如「f(n) = 5n + 6」，存在「c = 5, $n_0$ = 1」，對所有n≧1時，5n+5≧5n，因此「f(n) = Ω(n)」而言，n就是成長的最大函數。

假設下列多項式各為某程式片斷或敘述的執行次數，請利用Ω來表示時間複雜度。

例一：3n + 2

> 3n+2 = Ω(n)
>
> 得到c = 3，$n_0$ = 1，使得3n + 2 ≧ 3n
>
> ∴3 * n + 2 ≧ c * n, 得到(3-c)*n≧-2
>
> 要找下限，事實上是找出比3n+2≧3n更小，保留最大的加項，刪除最小的加項
>
> 當c = 3時，並且n > 1，上式即可成立
>
> ∴找到c = 3，$n_0$ = 1(因為n ≧ $n_0$)，則3n+2 ≧ 3n

例二：$200n^2 + 4n + 5$

$200n^2 + 4n + 5 = \Omega(n^2)$

找到c = 200，$n_0$ = 1，使得$200n^2 + 4n + 5 \geq 200n^2$

## 2.4.5 θ（Theta）

介紹另外一種漸近表示法稱爲θ（Theta），它代表演算法時間函式的上限與下限。它和Big-O及Omega比較而言，是一種更爲精確的方法。定義如下：

T(n)= θ(f(n))(讀作Big-Theta of f(n))

若且唯若存在大於0的常數$c_1$、$c_2$和$n_0$

對所有的n值而言，$n \geqq n_0$時，$c_1 * f(n) \leqq T(n) \leqq c_2 * f(n)$均成立

- T(n)爲理想狀況下，程式在電腦中實際執行指令次數。
- f(n)取執行次數中最高次方或最大的指數項目，也可以稱爲執行時間的成長率（Rate of growth）。
- n資料輸入量。
- $c_1 \times f(n)$爲下限，即Ω。
- $c_2 \times f(n)$爲上限，即θ。

若輸入資料量「n」比「$n_0$」多，則存在正常數$c_1$與$c_2$，使$c_1 \times f(n) \leq T(n) \leq c_2 \times f(n)$。T(n)的運算次數會介於或等於$c_2f(n)$與$c_1f(n)$之間，可視爲$c_2 \times f(n)$相當於T(n)的上限，$c_1 \times f(n)$相當於T(n)的下限。

例如：$T(n) = n^2 + 3n$。

$c_1 * n^2 \leqq n^2 + 3*n$

$n^2 + 3*n \leqq c_2 * n^2$

∴找到$c_1=1$，$c_2=2$，$n_0=1$，則$n^2 \leqq n^2+3n \leqq 2n^2$

# 課後習作

## 一、填充題

1. 儲存資料的最小單位＿＿＿＿＿＿，表示一個字組通常是＿＿＿＿＿＿；多個欄位可以組成一筆＿＿＿＿＿＿。
2. 依據資料的特性，可以把資料分兩種：①＿＿＿＿＿＿＿＿＿＿＿＿＿＿、②＿＿＿＿＿＿＿＿＿＿＿＿。
3. 依據資料在電腦裡的儲存層次，分成兩類：①＿＿＿＿＿＿＿＿＿＿＿＿、②＿＿＿＿＿＿＿＿＿＿＿＿＿。
4. 依據Nicklaus Wirth的說法，程式 = ＿＿＿＿＿＿＿＿ + ＿＿＿＿＿＿＿。
5. 依資料的存在關係，把資料結構分為四種：①＿＿＿＿＿＿＿＿＿＿＿＿、②＿＿＿＿＿＿＿＿＿＿、③＿＿＿＿＿＿＿＿＿＿、④＿＿＿＿＿＿＿＿＿＿＿。
6. 演算法須符合的五個條件：①＿＿＿＿＿、②＿＿＿＿＿、③＿＿＿＿＿、④＿＿＿＿＿、⑤＿＿＿＿＿。

## 二、實作與問答

1. 試述演算法與程式流程圖的關係為何？
2. 假設現在有3位同學，每人有5科成績，試求每位同學的總分和平均分數，以及平均分數高於60分的同學。請使用文字描述來表示其演算法，並以Java自訂方法來寫出此程式。
3. 請算出以下程式碼片斷的執行次數。

```
int k = 100000;
while(k >= 5)
   k /= 10;
```

4. 請決定下列的時間複雜度（f(n)表執行次數）

<A> $f(n) = n^2\log n + \log n$

<B> $f(n) = 8 \log \log n$

<C> $f(n) = \log n^2$

<D> $f(n) =4 \log \log n$

<E> f(n) = n/100 + 1000/n^2

<F> $f(n) = n!$

5. 請以演算法設計一個求出介於100到200中所有奇數之總和。

6. 請以演算法設計，輸入一個數值number並計算其階乘值。

# 第三章

# 善用陣列

## ★學習導引★

- 了解資料結構就從陣列開始
- 陣列的維度有一維、二維而多維，它代表陣列能由線形、平面而立體化
- 討論陣列的位址，即使是多維陣列也能化簡成以列或以欄為主
- 關注矩陣，相加、相乘或轉置，認識稀疏矩陣
- 介紹字元陣列和字串，並進一步認識與字串相關的方法

# 3.1 線性結構概觀

從程式語言和電腦的記憶體來看，倘若是單一資料，使用變數來處理當然是綽綽有餘。如果是連續性又複雜的資料，使用單一變數來處理可能就捉襟見肘了！為什麼呢？使用變數時會用掉電腦的記憶體空間，而電腦的記憶體空間有限，必須善加利用。

## 3.1.1 從線性結構開始

未介紹陣列（Array）結構之前，先來認識「線性串列」（Linear List）。它是有次序的資料組合。依實際的運作方式概分兩種，分別是「循序串列」（Sequential List）與「鏈結串列」（Linked List）。線性串列會取用連續的記憶體位置，其特色如下：

- 資料元件屬於連續性資料，依據串列位置來形成一個線性排列。
- 每次存取時，僅有一個資料被存取。
- 它有前後兩個端點，如陣列、鏈結串列、堆疊和佇列。

線性串列的基本操作如下：

(1) x[i]會出現在x[i + 1]之前；取出串列中的第i項；$0 \le i \le n - 1$。

(2) 計算串列的長度。

(3) 由左至右或由右至左讀取串列。

(4) 第i項加入一個新值，i之後的資料都要退後一個位址；原來的第i，i + 1，…，n項變為第i + 1，i + 2，…，n + 1項。

(5) 刪除第i項，i之後的資料都往前一個位址；原來的第i + 1，i + 2，……，n項變為第i，i + 1，……，n – 1項。

## 3.1.2 認識陣列結構

如何實作循序串列？通常以「陣列結構」表達。討論陣列（Array）

之前，想一想為什麼要使用陣列？就以大家熟悉的學科成績來說，王小明這學期的分數可能是這樣：

```
// 範例CH0301.java
int chin = 98;     //國文分數
int eng = 64;      //英文分數
int math = 72;     //數學分數
```

這意味著什麼？若從程式觀點來看，每一個科目須用一個變數來儲存；如果有兩位學生要6個變數，一個班級有20位學生就得需要更多的變數。但電腦的記憶體並非無限資源，所以「陣列」就能派上用場。

陣列（Array）在數學上的定義是指：「同一類型元素所形成的有序集合」。站在程式語言的肩膀上，可以把陣列看作是一個名稱和一塊相連的記憶體位址來儲存型別相同的多個資料。存放於陣列的資料稱為「元素」（Element），並依據索引（Index）順序存放；陣列的大小（Size）或長度（Length）在宣告的當下就得固定下來。首先，認識Java程式語言宣告陣列的語法：

```
資料型別[] 陣列名稱;                  //第1步宣告陣列變數
陣列名稱 = new 資料型別[size];        //第2步配置記憶體
陣列名稱 [索引編號] = 初值;           //第3步指定索引設定元素初值
```

◈ 陣列名稱須遵守識別項的規範。

◈ 宣告陣列之後，須以new運算子配置記憶體空間。

◈ size須在中括號[ ]內，表示陣列長度或存放的陣列元素。

例一：宣告一維陣列score並指定其大小為「3」。

```
int[] score;                   //1.宣告陣列變數
```

```
score = new int[3];        //2.配置記憶體
int[] socre = new int[3]; //將前兩行敘述合爲一
```

◈ 宣告了一個int型別的陣列，再以new運算子取得記憶體空間之配置。

宣告陣列後，它如何存放於記憶體？下圖做說明。

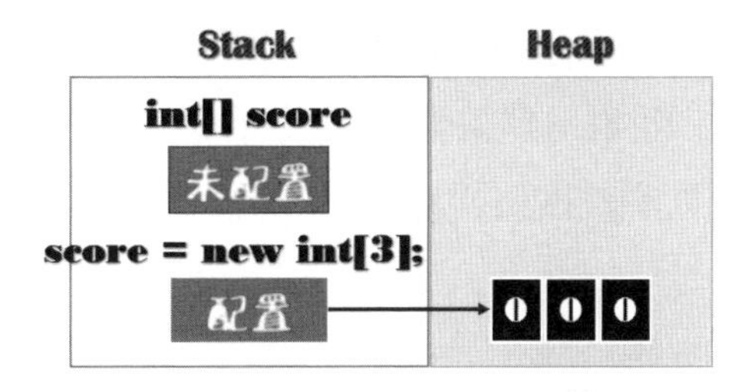


如何設定陣列元素的值？直接以中括號[ ]指定索引編號，語法如下：

```
陣列名稱[索引編號] = 初值;
```

例二：將前一個範例CH0301.java以陣列結構來處理並給予其值：

```
int[] score  = new int[3];//宣告一個可存放三個科目的陣列
score[0] = 98;    //依索引來存放元素，第一個位置存放了98
score[1] = 64;    //第二個位置設定元素的值爲64
score[2] = 71;
```

◈ 宣告了一維陣列score並以new運算子配置記憶體後，依其索引存放元素。

例三：宣告一維陣列時，可使用一對大括號來初始化陣列的元素。

```
int[] score2 = {98, 64, 71}; //宣告陣列並初始化
```

score[3]表示一維陣列score，它存放了3個元素，也說明陣列長度（Length）或大小（Size）爲「3」，以下圖做更清楚的觀察。

| | | | |
|---|---|---|---|
| 元素 | 98 | 64 | 71 |
| 索引(Index) | [0] | [1] | [2] |

以一維陣列來說，一個索引只能存放單一「元素」（Element）；Java的索引從「0」開始，到編號「2」共存放三個元素或三個「項目」（Item）；代表陣列的長度爲「3」；如何讀取陣列的元素？使用for迴圈讀取其內容。

由前述簡例得知，同一組「陣列」（Array）的元素皆具備相同的資料型別（Data Type），屬於有序集合。當然，陣列裡可以包含多個元素，依元素之多寡來取得陣列大小。爲方便資料的存取，可將陣列設計成一維（Dimension）、二維、三維，甚至更多維的陣列。

### 3.1.3 動、靜皆宜的資料結構

「靜態資料結構」（Static Data Structure）或稱爲「密集串列」（Dense List）。它使用連續記憶空間（Contiguous Allocation），儲存有序串列的資料。例如陣列就是非常典型的靜態資料結構。優點就是設計簡單，讀取與修改串列中任一元素的時間都固定。缺點則是刪除或加入資料時，需要移動大量的資料。此外，靜態資料結構的記憶體配置在編譯時，得配置其變數。因此陣列在宣告初期，必須事先配置最大可能的固定記憶體空間，這也會造成記憶體的浪費。

「動態資料結構」（Dynamic Data Structure），如鏈結串列（Linked List），使用的是不連續記憶空間來儲存有序串列。而所謂的「動態記憶體配置」（Dynamic Memory Allocation）是指變數儲存區配置的過程是

在執行（Run Time）時，透過作業系統提供可用的記憶體空間。

動態資料結構的優點是資料的插入或刪除都相當方便，不需要移動大量資料。另外動態資料結構的記憶體配置是在執行時才發生，所以不需事先宣告，能夠充份節省記憶體。缺點就是設計資料結構時較爲麻煩，另外在搜尋資料時，也無法像靜態資料一般可隨機讀取資料，必須循序找到該資料爲止。

## 3.2 簡介陣列維度

陣列（Array）是指一群具有相同名稱及資料型態的變數之集合。陣列依其維度可分爲一維、二維以及多維。若陣列只有一維，稱之爲向量（vector）；陣列爲二維，則稱之爲矩陣（matrix）；三維或多維爲立體結構，陣列具有的特色如下：

- 使用連續的記憶體空間，表明它是有序串列的一種。
- 陣列存放的元素，其資料型別皆相同。
- 支援隨機存取（Random Access）與循序存取（Sequential Access）。
- 操作陣列元素時，無論是插入或刪除，要挪移其他元素。

配合Java語言來探討陣列的維度，就從最基本的一維陣列來展開學習之旅。

### 3.2.1 一維陣列

如何宣告「一維陣列」（One dimensional Array）並初始化，在前面章節已使用Java程式語言來介紹相關語法，以一個簡單範例說明for或for加強迴圈如何讀取一維陣列元素。先認識「加強式for迴圈」（Enhanced for loop）的語法：

```
for(資料型別 物件變數 : 集合) {
    程式敘述;
}
```

- ◈ 物件變數和集合之間使用半形冒號字元「:」。
- ◈ 物件變數，對象包含陣列或物件，它的資料型別必須和集合或陣列相同。
- ◈ 集合（Collection）：集合的資料型別必須和物件變數相同。
- ◈ 加強式for迴圈執行區段敘述時，依據陣列的長度來決定迴圈次數；可搭配break或continue敘述。

例一：以加強式for迴圈讀取陣列元素。

```
// 範例CH0302.java
int[] score = {98, 64, 71};//宣告一維陣列並初始化
for(int item : score) {
   System.out.printf("%3d", item);
```

- ◈ 加強式for迴圈讀取陣列元素「item」，再輸出item即可。

for迴圈同樣能讀取陣列元素，但讀取前須取得陣列長度，可利用Java所提供的內建屬性length來取得。

例二：for迴圈讀取陣列元素，變數total儲存4個元素的加總結果。

```
// 範例CH0303.java
int[] score = {95, 68, 84, 76};
int total = 0;
for(int j = 0; j < score.length; j++)
   total += score[j];
System.out.println("總分 = " + total);
```

- ◈ 宣告一維陣列score，以大括號初始化陣列元素。
- ◈ 取得陣列長度，利用內建屬性「length」。

Java程式語言也有Arrays類別，它來自於「java.base」模組，屬於「java.util」套件，提供操作陣列相關的方法。透過下表來認識它們。

| Arrays方法 | 說明 |
|---|---|
| binarySearch() | 已排序的一維陣列裡依指定位置搜尋某個項目或元素 |
| compare | 比較兩組陣列的順序 |
| copyOf() | 將一維陣列A的所有示素複製到一維陣列B |
| copyOfRange() | 將陣列A指定其範圍的元素複製到陣列B |
| equals() | 在指定範圍比較兩個陣列是否相等 |
| hashCode() | 依其陣列元素回傳其雜湊值 |
| sort() | 依其指定範圍將陣列元素做遞增排序 |
| stream() | 指定陣列爲來源，依其資料流回傳其順序 |

Arrays類別能把陣列元素排序，以下述範例實作。

範例CH0304.java

```
01   public class CH0304 {
02   public static void main(String[] args) {
03      //宣告陣列並初始化元素
04      int[] number = { 82, 173, 124, 58 };
05      out.print("排序前：");
06      for(int element : number)
07         out.printf("%4d", element);
08      Arrays.sort(number);  //sort()方法遞增排序
09      out.print("\n遞增排序：");
10      for (int item = 0; item < number.length; item++)
```

```
11         out.printf("%4d", number[item]);
12      out.println();
13   }
14}
```

### 執行結果

```
排序前：82  173  124  58
遞增排序：58  82  124  173
```

### 程式解說

◈ 第6~7行：加強式for迴圈讀取排序前的陣列元素。

◈ 第8行：由於sort()屬於靜態方法，須加入Arrays類別名稱，並以欲排序的陣列number爲參數進行遞增排序。

◈ 第10~11行：for迴圈讀取排序後元素。

## 3.2.2 二維陣列

陣列中有二對中括號，說明它是二維陣列（Two-dimension Array）。若以m代表列數，n代表行數，它含有「m×n」個元素，一個「3×4」的二維陣列結構示意如下：

| | 第0欄 | 第1欄 | 第2欄 | 第3欄 |
|---|---|---|---|---|
| 第0列 | Ary[0, 0] | Ary[0, 1] | Ary[0, 2] | Ary[0, 3] |
| 第1列 | Ary[1, 0] | Ary[1, 1] | Ary[1, 2] | Ary[1, 3] |
| 第2列 | Ary[2, 0] | Ary[2, 1] | Ary[2, 2] | Ary[2, 3] |

**Tips**

列？行？欄？為避免混淆，本書採用列、欄的稱呼

- 列為Row，方向為橫。
- 欄為Column，方向為直。

如何以程式碼表達二維陣列？Java語法如下：

```
資料型別[][] 陣列名稱;                    //1.宣告二維陣列
陣列名稱 = new 資料型別[列數][欄數]; //2.配置記憶體
```

◈ 宣告二陣列時，其資料型別之後要有兩個中括號來表示它是二維，同樣以new運算子配置記憶體空間。

也可以宣告二維陣列的當下配置記憶體，語法如下：

```
資料型別[][] 陣列名稱 = new 資料型別[列數][欄數];
```

◈ 宣告二維陣列並以new運算子配置列、欄的記憶體。

例一：宣告一個「3×4」二維陣列。

```
int[][] number;              //宣告二維陣列number
number = new int[3][4];      //產生一個4列、3欄的陣列number
```

例二：宣告一個「3×4」二維陣列並初始化，程式碼如下：

```
int[][] number = {{11, 12, 13, 14},
                  {21, 22, 23, 24},
                  {31, 32, 33, 34} };
```

◈ 宣告二維陣列並以大括號初始化，由於列的長度是3，所以第一層大括號內還得有三對大括號來表示列，而每對大括號（列）有四個元素。

| | 第[0]欄 | 第[1]欄 | 第[2]欄 | 第[3]欄 |
|---|---|---|---|---|
| 第[0]列 | 11 | 12 | 13 | 14 |
| 第[1]列 | 22 | 24 | 26 | 28 |
| 第[2]列 | 33 | 35 | 37 | 39 |

**範例說明**

雙層for迴圈讀取二維陣列的元素，先以第一層for迴圈先取得列，再以第二層for迴圈讀取每列的欄元素。

**範例CH0305.java**

```
01   public class CH0305 {
02   public static void main(String[] args) {
03      int[][] number = {{11, 12, 13, 14},
04                        {21, 22, 23, 24},
05                        {31, 32, 33, 34}};
06      int j, k;
07      out.println("***** for *****");
08      for(j = 0; j < number.length; j++){ //先讀列
09         for (k = 0; k < number[j].length; k++) //再讀欄
10            out.printf("%3d", number[j][k]);
11         out.println();
12      }
13      out.println("\n--- 加強式for ---");
14      for(int row[] : number) {
15         for(int elem : row)
16            out.printf("%3d", elem);
```

```
17          out.println();
18       }
19    }
20}
```

### 執行結果

```
***** for *****
 11 12 13 14
 21 22 23 24
 31 32 33 34

--- 加強式for ---
 11 12 13 14
 21 22 23 24
 31 32 33 34
```

### 程式解說

◈ 第3~5行：宣告一個3×4二維陣列並初始化其元素。

◈ 第8~12行：雙層for迴圈，外層for迴圈依「number.length」讀取其列數，再由內層for迴圈以「number[j].length」來讀取每列的欄元素。

◈ 第14~18行：使用加強式雙層for迴圈讀取二維陣列的元素；同樣外層for以「row[]」取得列數，內層for再依據每列row來讀取欄元素elem。

**範例說明**

把各科成績轉化為二維陣列，求得總分。

範例CH0306.java

```
01  public class CH0306 {
02  public static void main(String[] args) {
03     int row, col;                //巢狀for的計數器
04     int[] sum = new int[3];    //存放每個人的總分
05     String[] student = { "Mary", "Tomas", "John" };
06     for(String item : student) //讀取名字
07        out.printf("%8s", item);//設欄寬為8來輸出
08     out.println();
09     int[][] score = {{75, 64, 96}, {55, 67, 39},
10                    {45, 92, 85}, {71, 69, 81} };
11     for (row = 0; row < score.length; row++){
12        for (col = 0; col < score[row].length; col++)
13           out.printf("%8d", score[row][col]);
14        out.println();
15        sum[0] += score[row][0];//第1欄分數相加
16        sum[1] += score[row][1];//第2欄分數相加
17        sum[2] += score[row][2];//第3欄分數相加
18     }
19     out.println("-------------------------");
20     out.printf("合計: %3d %7d %6d",
21           sum[0], sum[1], sum[2]);
22  }
23}
```

執行結果

```
      Mary    Tomas     John
        75       64       96
        55       67       39
        45       92       85
        71       69       81
-----------------------------
合計:  246      292      301
```

程式解說

◈ 第9~10行：產生「4×3」二維陣列並初始化。

◈ 第11~18行：雙層for迴圈讀取二維陣列，外層for迴圈讀取二維陣列的列數，再由內層for迴圈讀取每列的欄分數。

◈ 第15~17行：利用一維陣列sum來分別讀取每一欄將各列加總的分數。

## 3.2.3 多維陣列

當陣列結構超過二維，習慣以多維陣列來稱呼。以三維陣列（Three-dimension Array）來說，代表它有三個註標，是一個「M×N×P」的多維陣列。宣告語法如下：

```
資料型別[][][] 陣列名稱;
陣列名稱 = new 資料型別[M][N][P];
```

◈ M：代表二維陣列個數，N：二維陣列的列數；P為二維陣列的欄數。

◈ 資料型別之後要有三個中括號來表示它是三維陣列。

例一：宣告一個「2×2×3」三維陣列，陣列結構示意圖如下所示。

```
int[][][] Ary = new int[2][2][3];
```

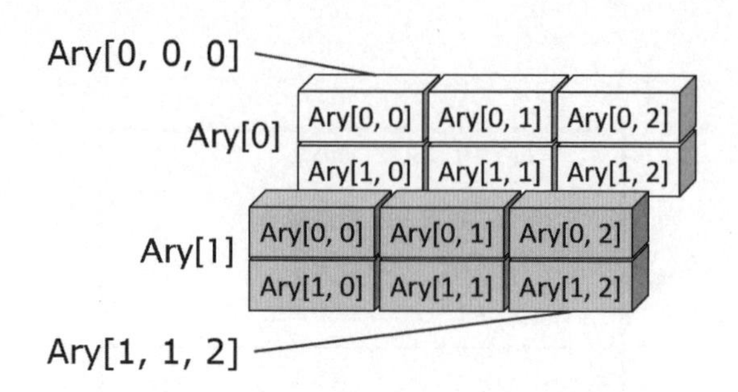


三維陣列究竟是如何組成？就以上課的教室爲例，教室裡有2排桌椅，每一排有3張桌椅，所以一間教室可以容納「2×3 = 6」個學生，當上課的學生大於6時，就要有第二間教室來容納更多學生。所以「2×2×3」三維陣列中第一個「2」可視爲兩個「2×3」的二維陣列。

範例說明

產生一個「2×2×3」三維陣列並以三層for迴圈讀取陣列的元素。

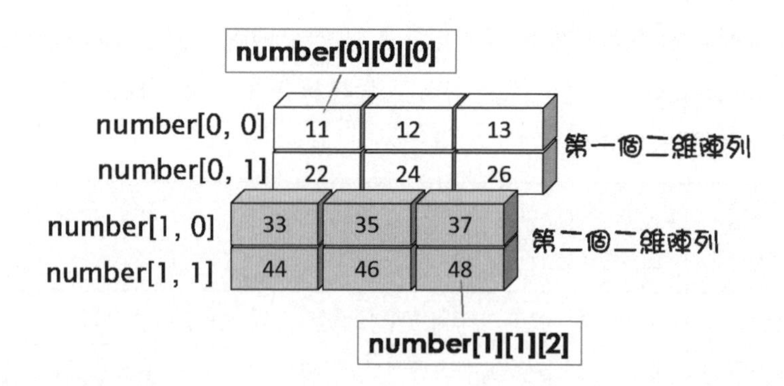


範例CH0307.java

```
01    public class CH0307{
02    public static void main(String[] args) {
03       int[][][] arr3D = new int[][][]{
04          {{11, 12, 13}, {22, 24, 26}},
```

```
05             {{33, 35, 37}, {44, 46, 48}}};
06         out.println("元素：" + arr3D[1][1][1] +
07             ", 屬於第2個表格，位於第2列 第2欄\n");
08         for (int table = 0; table < arr3D.length;
09             table++) {
10           out.printf("----表格<%d> ----\n",
11             table + 1);
12           for (int j = 0; j < arr3D[table].length;
13               j++) {
14             for(int k = 0;
15                 k < arr3D[table][j].length; k++) {
16               //依序輸出多維陣列的元素
17               out.printf("%3d|",
18                 arr3D[table][j][k]);
19             }
20             out.println();    //換行
21           }//end second for-loop
22           out.println();    //換行
23         }//end first for-loop
24     }
25 }
```

執行結果

```
元素：46, 屬於第2個表格，位於第2列 第2欄

----表格<1> ----
 11| 12| 13|
 22| 24| 26|

----表格<2> ----
 33| 35| 37|
 44| 46| 48|
```

**程式解說**

◈ 第3~5行：建立2×2×3三維陣列並初始化，須以參層for迴圈讀取陣列元素。

◈ 第6~7行：直接輸出某個索引位置的元素。

◈ 第8~23行：第一層for迴圈，配合表格變數table來讀取多維陣列的表格索引值。

◈ 第12~21行：第二層for迴圈，讀取每個table中的列變數j。

◈ 第14~19行：第三層for迴圈，配合每列來讀取三維陣列的欄索引，呼叫printf()方法輸出陣列元素。

## 3.2.4 不規則陣列

前述介紹的陣列經過宣告後，陣列大小是固定的。但凡事皆可能有例外，例如從資料庫擷取資料，並不知道有多少筆資料，就無法以固定陣列處理；這種情形下可採用「不規則陣列」方式。「不規則陣列」（A Jagged Array），就是陣列裡的元素也是陣列，所以也有人把它稱爲「陣列中的陣列」或「鋸齒陣列」。由於陣列元素採用參考型別，初始化時爲null；陣列的每一列長度也有可能不同，意味著陣列的每一列也必須實體化才能使用。使用不規則陣列跟其他陣列一樣先做宣告、再以new運算子取得記憶體空間，設定陣列長度；其語法如下：

```
資料型別[][] 陣列名稱 = new 資料型別[陣列大小][];
陣列名稱[0] = new 資料型別[]{...};
陣列名稱[1] = new 資料型別[]{...};
```

◈ 宣告不規則陣列時，資料型別之後是兩個中括號，與二維陣列是有所分別的。

方式一：宣告不規則陣列，共有3列，以new運算子指定每一列的長度，然後再存取個別的陣列元素，敘述如下：

```
int[][] number = new int[3][];    //宣告陣列
number[0] = new int[4];  //初始化第一列陣列，存放4個元素
number[1] = new int[3];
number[2] = new int[5];
```

方式二：宣告陣列的同時完成初始化動作。

```
int[][] number3 = new int[][]
{
    new int[] {11,12,13,14},
    new int[] {22,23,24},
    new int[] {31,32,33,34,35}
};
```

**範例說明**

每位學生選修的科目並不相同，以不規則陣列來處理。

**範例CH0308.java**

```
01   public class CH0308{
02   public static void main(String[] args) {
03      String[][] course = new String[][]
04      {new String[]{"Peter", "英文會話", "程式設計", "國文"},
05       new String[]{"Charles", "國文", "計算機概論"},
06       new String[]
07          {"Johnson", "多媒體論", "應用文", "英文", "數學"}
```

```
08      };
09      for(String one[] : course){ //讀取陣列
10         for (String item : one)
11            out.printf("%s\t", item);
12         out.println();
13      }
14   }
15}
```

### 執行結果

```
Peter   英文會話  程式設計  國文
Charles 國文      計算機概論
Johnson 多媒體論  應用文    英文      數學
```

### 程式解說

◈ 利用不規則陣列存入選修者的名字和科目，再以巢狀for迴圈讀取。

◈ 第3~8行：第一步，宣告不規則陣列course，以new運算子將每列的陣列元素初始化。

◈ 第9~13行：第二步，以加強式for兩層迴圈，依據每列的長度來讀取每欄的元素並輸出結果。

## 3.2.5 淺談陣列的複製

把如何陣列進行複製？Java提供了四種相當容易複製的方式：

➢ 以迴圈複製：由於陣列屬於物件，所以複製陣列時，不能像一般資料型態，直接使用名稱指定的方式來複製陣列。要指定一個陣列內容給另一個陣列時，必須先產生一個新的陣列，再使用迴圈來達成複製效果。

➢ 呼叫靜態方法「System.arraycopy()」做複製。

➢ 呼叫clone()方法。

➢ 呼叫Arrays類別的copyOf()或copyOfRange()方法做複製。

例一：for迴圈產生陣列的複製。

```
// 範例CH0309.java
int[] number = {11, 22, 33, 44, 55, 66, 77, 88};
int len = number.length;    //取得number陣列長度
int[] numAry = new int[len];
out.print("for迴圈讀取並複製到numAry陣列");
for(int j = 0; j < len; j++) {    //方式一：for迴圈複製陣列
   numAry[j] = number[j];
   out.printf("%3d", numAry[j]);
}
```

◈ 以內建屬性length取得number陣列的長度後，for讀取其元素再儲存到另一個陣列numAry來完成複製動作。

◈ 以迴圈來複製陣列的方式是最具彈性的一種方法，能依照陣列的需要來設計。

◈ 經由for迴圈之讀取後，陣列number、numAry的內容相同。

使用靜態方法System.arraycopy()做陣列複製，語法如下：

```
static void arraycopy(Object src, int srcPos,
   Object dest, int destPos, int length)
```

◈ src爲來源陣列；srcPos爲來源陣列的起始位置。

◈ dest是目的陣列；destPos是目的陣列的起始位置。

◈ length：欲複製陣列的範圍。

例二：呼叫靜態方法System.arraycopy()進行陣列複製。

```
// 範例CH0309.java
int[] numAry2 = new int[len];
System.arraycopy(number, 0, numAry2, 2, 6);
```

◈ 設numAry2的長度爲「8」，複製的範圍是從索引2開始，複製6個元素。

例三：呼叫clone()方法直接複製來源陣列的內容。

```
// 範例CH0310.java
int[] numAry3 = new int[len];
numAry3 = number.clone();
```

利用Arrays類別提供的copyOf()做陣列複製或copyOfRange()方法來指定陣列的複製範圍，語法如下：

```
copyOf(int[] original, int newlength);
copyOfRange(int[] original, int from, int to);
```

◈ original：來源陣列。

◈ newlength：指定新陣列的長度

◈ from、to：來源陣列的開始、結束位置。

例四：以copyOfRange()方法指定來源陣列的複製範圍。

```
// 範例CH0310.java
int[] numAry5 = Arrays.copyOfRange(number, 2, 5);
```

◈ 陣列numAry5會輸出{33, 44, 55}。

# 3.3 計算陣列位址

已知陣列是由一連串的記憶體位址組合而成，陣列元素所指向的位址可利用公式進行計算；當陣列維度是「2」以上時還能「以列爲主」或「以欄爲主」做更多討論。

## 3.3.1 一維陣列位址

如果陣列Ary[7]，由於註標只有一個，說明它是「一維陣列」（One-dimension Array），索引0~6，表示它可存放7個元素。以下圖而言，一維陣列Ary[7]的起始位址α爲「12」，每個元素的儲存空間d爲2 Bytes；那麼Ary[2]的位址計算公式就是「α + i * d」，所以「12 + 2 * 2 = 16」。

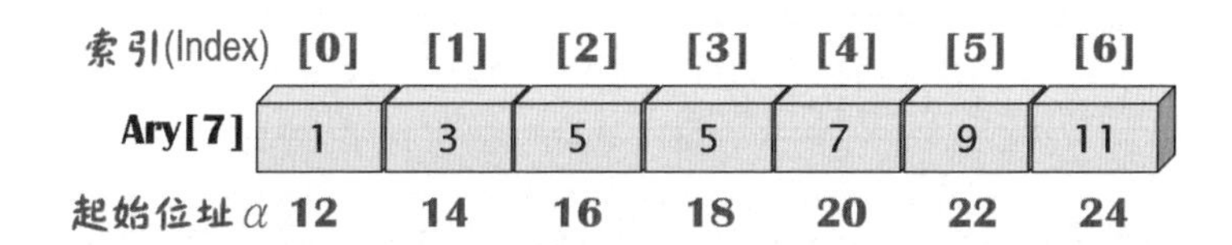


由於記憶體提供陣列的連續性儲存空間，宣告一維陣列之後；得進一步考慮陣列的定址。進一步推導一維陣列Ary[0: μ]，每個元素需d空間，則$Ary_i$的位址以下圖來表示。

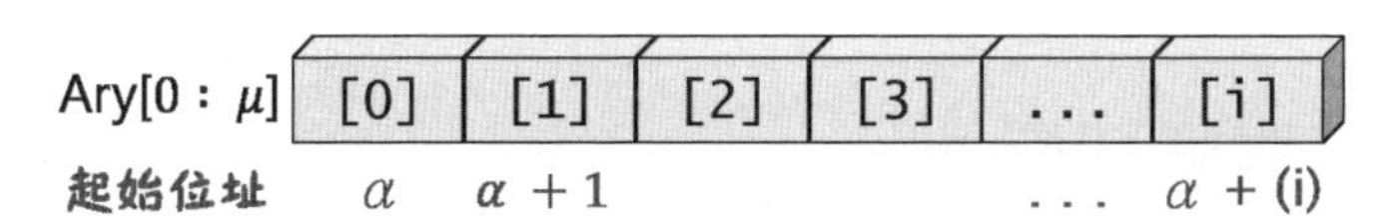


情況一：以索引[0]爲基準點，「α」爲起始位址，「d」每個元素所佔空間，計算一維陣列Ary[0: μ]的位址如下：

```
Loc(Ary_i) = α + i * d   //公式一，以Ary[0]爲基準點
```

情況二：考量起始位址，一維陣列Ary[L: μ]的位址計算如下：

```
Loc(Ary_i) = α + (i - L) * d    //公式二，以Ary[L]爲基準點
```

如果一維陣列並非以Ary[0]爲初始索引（基準點）的話；得進一步假設Ary[L: μ]的初始索引爲「L」，有N個元素，則$Ary_i$的定址會依據起始位址α；取得位址i與L的間距再乘上每個陣列元素所需的空間d。

| Ary[L : $\mu$] | L | L + 1 | L + 2 | ... | [i] |
|---|---|---|---|---|---|
| 起始位址 | $\alpha$ | $\alpha + 1$ | $\alpha + 2$ | ... | $\alpha + (i)$ |

例一：一維陣列A[0:50]，起始位址A[0] = 10，每個元素需2 Bytes，則A[12]的位址爲多少？

```
Loc(Ary_12) = 10 + 12 * 2  = 10 + 24 = 34
```

例二：一維陣列A[-2:20]，起始位址A[-2] = 5，每個元素需2 Bytes，則A[2]的位址爲多少？

```
Loc(Ary_2) = 5 + (2 - (-2)) * 2 = 5 + 8 = 13
```

## 3.3.2 二維陣列位址

若把二維陣列（Two-dimension Array）視爲一維陣列的延伸；它就像學校裡上課的教室，學生人數不多，那麼座位可以隨意擺放。當上課的人數愈來愈多，就得把座位予以排列，才能容納更多的學生。

那麼一個「3×4」的二維陣列，可以存放多少個元素？很簡單，就「3×4 = 12」可以存放12個元素。一個二維陣列，就如同數學的矩陣（Matrix），包含列（Row）、欄（Column）二個註標。如何表示？若

以「i」表示列，「j」爲欄，則第i列、第j欄的元素表示如下：

```
int[][] Ary = new int[3][4];    //以Java宣告3×4二維陣列
Ary[i][j] = 125;
```

**(1) 以列爲主**

二維陣列若採用「以列爲主」（Row Major）；顧名思義，讀取陣列元素「由上往下」，由第一列開始一列列讀入，再轉化爲一維陣列，循序存入記憶體中。也就是把二維陣列儲存的邏輯位置轉換成實際電腦中主記憶體的存儲方式。

二維陣列Ary[0:M−1, 0:N−1]，它是M列×N欄，假設α爲陣列Ary在記憶體中起始位址，d爲每個元素的單位空間。不考量它的起始位址，那麼陣列元素Ary(i, j)與記憶體位址有下列關係：

$$Loc(Ary_{i,j}) = \alpha + (i * N + j) * d$$ //公式一：不考量起始位置

二維陣列Ary[$L_1$：$\mu_1$][$L_2$：$\mu_2$]，有M列×N欄，假設α爲陣列Ary在記憶體中起始位址，d爲每個元素的單位空間。將起始位址納入考量，那麼陣列元素A[i][j]與記憶體位址有下列關係：

$$Loc(Ary_{i,j}) = \alpha + (i - L_1) * N * d + (j - L_2) * d$$ //公式二

要考量陣列的起始位置就必須知道此陣列的大小，所以M列等於「$\mu_1 - L_1 + 1$」，而N欄等於「$\mu_2 - L_2 + 1$」。那麼二維陣列的記憶體空間如何分配？可參考下方的示意圖。

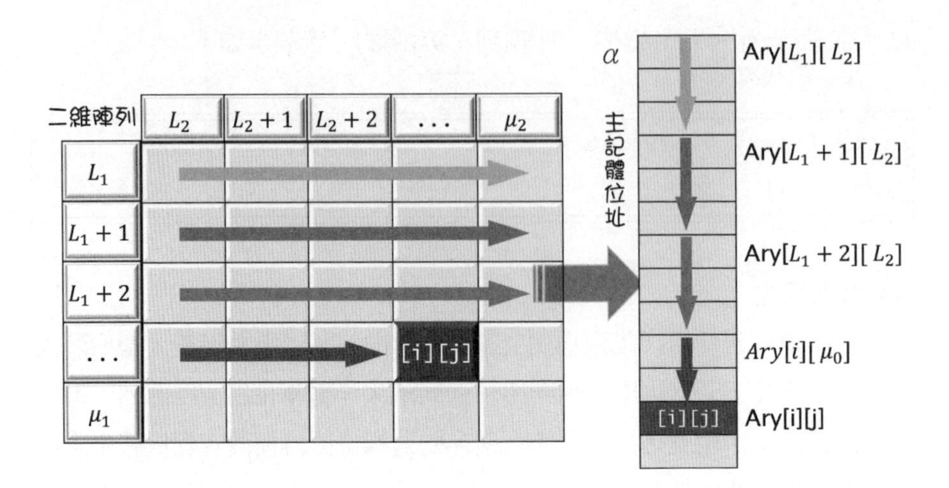


例一：有一個5×5的二維陣列，不考量起始位址，每個元素兩個單位，起始位址爲10，則Ary[3] [2]的位址應爲多少？

```
Loc(Ary3,2) = 10 + (3 * 5 + 2) * 2 = 44
```

例二：有一個5×5的二維陣列，起始位址[1] [1]爲10，以列爲主來存放；每個元素需兩個單位，則Ary[3] [2]的位址？

```
Loc(Ary3,2) = 10 + (3 - 1) * (5 * 2) + (2 - 1) * 2
Loc(Ary3,2) = 10 + 2*10 + 2 = 32
```

例三：有一個二維陣列Ary[−5:4, −3:1]，起始位址[−1] [−2]爲50，以列爲主做存放；每個元素需兩個單位，則Ary[0] [0]的位址？

```
M列 = 4 - (-5) + 1 = 10
N欄 = 1 - (-3) + 1 = 5    //一個10列、5欄的二維陣列
Loc(Ary0,0) = 50 + (0-(-1)) * (5 * 2) + (0-(-2)) * 2
Loc(Ary0,0) = 64
```

轉化為標準式，以公式一計算如下：

```
Ary[-5:4, -3:1] ➡ Ary[0:9, 0:4]
A[-1][-2) ➡ Ary[0][0] ➡ Ary[1][2]
Loc(Ary1,2) = 50 + (1 * 5 + 2) * 2 = 64
```

**(2) 以欄為主**

「以欄為主」（Column Major）的二維陣列要轉為一維陣列時，必須將二維陣列元素「由左往右」，從第一欄開始，一欄欄讀入一維陣列。也就是把二維陣列儲存的邏輯位置轉換成實際電腦中主記憶體的存儲方式。

二維陣列Ary[0:M−1, 0:N−1]，它有M列×N欄，假設α為陣列Ary在記憶體中起始位址，d為每個元素的單位空間。不考量它的起始位址，那麼陣列元素A[i][j]與記憶體位址有下列關係：那麼陣列元素A[i][j]與記憶體位址有下列關係：

```
Loc(Aryi,j) = α + (j * M + i) * d    //公式一：不考量起始位置
```

二維陣列Ary[$L_1$：$\mu_1$, $L_2$：$\mu_2$]，有M列*N欄，假設α為陣列Ary在記憶體中起始位址，d為每個元素的單位空間。考量其起始位址，那麼陣列元素A[i][j)與記憶體位址有下列關係：

```
Loc(Aryi,j) = α + [(j - L2)*M + (i - L1)] * d    //公式二
```

要考量陣列的起始位置就必須知道此陣列的大小，所以M列、N欄的計算方式與「以列為主」相同。那麼二維陣列的記憶體空間如何分配？可參考下方示意圖。

CHAPTER 3

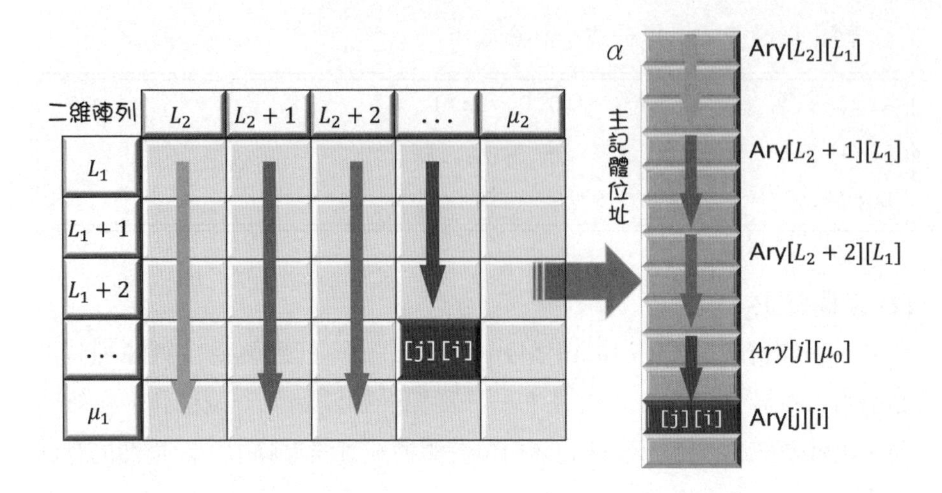


例一：有一個5×5的二維陣列，不考量起始位址，每個元素需兩個單位，起始位址為10，則Ary[3][2]的位址應為多少？

```
Loc(Ary3,2) = 10 + (2 * 5 + 3) * 2 = 36   //公式一
```

例二：有一個二維陣列Ary[−5:4, −3:1]，起始位址[−1][−2]為50，以欄為主做存放；每個元素需兩個單位，則Ary[0][0]的位址？

```
M列 = 4 - (-5) + 1 = 10
N欄 = 1 - (-3) + 1 = 5    //一個10列、5欄的二維陣列
Loc(Ary0,2) = 50 + [(0 - (-2) * 10 + (0 - (-1)] * 2 = 92
```

## 3.3.3 三維陣列位址

將焦點再轉回到教室的座位，當一間教室無法容更多的學生，可以延伸教室的數量。所以陣列的結構會由線、平面而立體化。

若以二維陣列觀點來看，表示有3個二維陣列，每個二維陣列由3×3

個項目構成，二維陣列在幾何的表示上是平面的，考量的是列和欄的關係。三維陣列在幾何的表示上則是立體的，必須以三個註標來完成陣列結構。

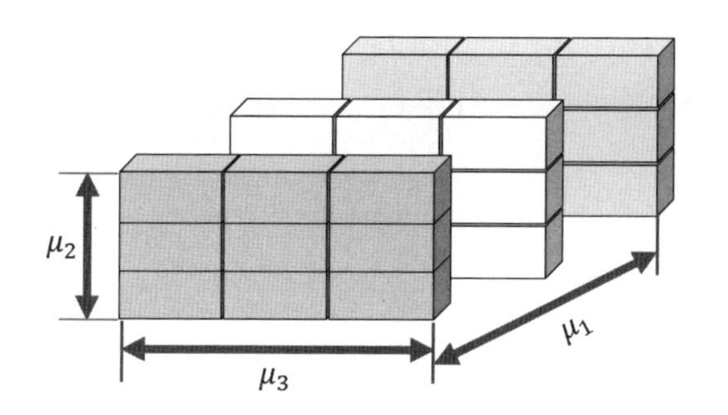


以三維陣列「$\mu_1 \times \mu_2 \times \mu_3$」表示。更通俗的說法，有3個Table，每個Table由「3列×3欄」二維陣列所形成；若Table以「$\mu_1$」表示，而列為「$\mu_2$」則欄以「$\mu_3$」代表。由$\mu_1$個二維陣列「$\mu_2 \times \mu_3$」構成。同樣地，可以將三維陣列表示法視為一維陣列的延伸，以線性方式來處理亦可分成「以列為主」和「以欄為主」兩種。

## (1) 以列為主

「以列為主」情形下，將陣列Ary視為$\mu_1$個「$\mu_2 \times \mu_3$」的二維列陣，每個二維陣列有$\mu_2$個一維陣列，每個一維陣列包含$\mu_3$的元素。另外，$\alpha$為陣列起始位址，每個元素含有d個空間單位。

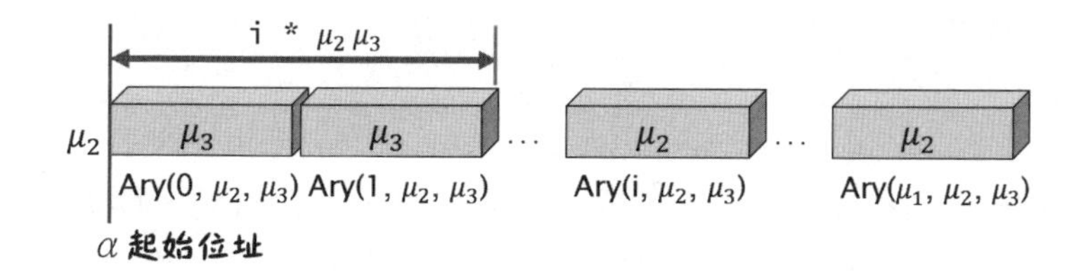


轉換公式時，將Ary[i][j][k]視為一直線排列的第幾個，得到以下位址

計算公式：

```
Loc(Ary_{i,j,k}) = α + ((i-1) * μ2μ3 + (j-1) * μ3 + (k-1)) * d
```

三維陣列Ary[$L_1$ : $\mu_1$, $L_2$ : $\mu_2$, $L_3$ : $\mu_3$]，有O個M列×N欄，假設α為陣列Ary在記憶體中起始位址，d為每個元素的單位空間，計算位址的公式如下：

```
M = μ1 - L1 + 1, N = μ2 - L2 + 1, O = μ3 - L3 + 1
Loc(Ary_{i,j,k}) = α + (i - L1)NOd + (j - L2)Od + (k - L3)d
```

**(2) 以欄為主**

「以欄為主」情形下，陣列Ary有$\mu_3$個「$\mu_1$×$\mu_2$」的二維列陣，每個二維陣列有個一維陣列，每個一維陣列包含$\mu_1$的元素。每個元素有d單位空間，且α為起始位址。

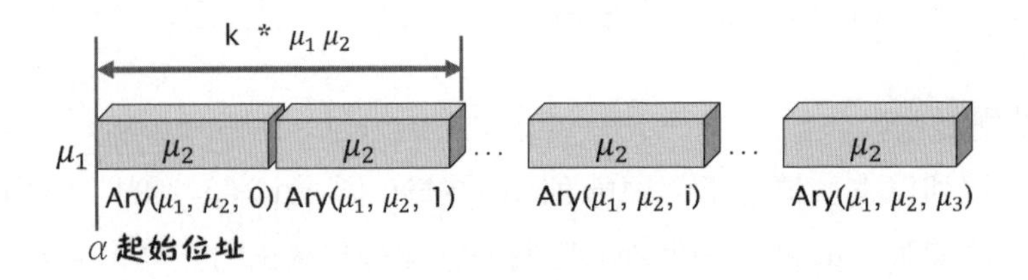


轉換公式時，得到以下位址計算公式：

```
Loc(Ary_{i,j,k}) = α + ((k-1) * μ1μ2 + (j-1) * μ1 + (i-1)) * d
```

三維陣列Ary[$L_1$ : $\mu_1$, $L_2$ : $\mu_2$, $L_3$ : $\mu_3$]，有O個M列×N欄，假設α為陣列Ary在記憶體中起始位址，d為每個元素的單位空間，位址計算如下：

$M = \mu_1 - L_1 + 1,\ N = \mu_2 - L_2 + 1,\ O = \mu_3 - L_3 + 1$

$Loc(Ary_{i,j,k}) = \alpha + (k - L_3)NMd + (j - L_2)Md + (i - L_1)d$

例一：以列為主的三維陣列Ary[2×4×7]，起始位址為120，每個元素只占1 Byte，則Ary[2][2][5]的位址多少？

$Loc(Ary_{2,2,5}) = 120 + ((2-1)*4*7 + (2-1)*7 + (5-1))*1 = 159$

例二：以列為主的三維陣列Ary[−4:6, −3:5, 1:4]，起始位址Ary[−4][−5][2] = 120；每個元素只占1 Byte，則Ary[1][2][2]的位址多少？

```
M = 6-(-4)+1 = 11
N = 5-(-3)+1 = 9
O = 4-1+1 = 4
```

$Loc(Ary_{1,2,2}) = 120 + (1-(-4))*9*4*1 + (2-(-3))*4*1 + 2-1 = 321$

# 3.4 矩陣

矩陣（Matrix）結構類似於二維陣列，由「M×N」的形式來表達矩陣中M列（Rows）和N行（Columns），習慣以大寫的英文字母來表示。例如宣告一個Ary[1:3, 1:4]的二維陣列。

4欄

3列 $\begin{bmatrix} a_{0,0} & a_{0,1} & a_{0,2} & a_{0,3} \\ a_{1,0} & a_{1,1} & a_{1,2} & a_{1,3} \\ a_{2,0} & a_{2,1} & a_{2,2} & a_{2,3} \end{bmatrix}_{3\times4}$

實際上電腦面對於二維陣列所儲存的資料，我們都可以在紙上以陣列的方法表示出來。不過對於資料的存放不同，應把單純儲存在二維陣列中的方法作某些調整。一般而言，資料結構上常用到的矩陣有四種：

- 矩陣轉置（Matrix Transposition）。
- 矩陣相加（Matrix Addition）。
- 矩陣相乘（Matrix Multiplication）。
- 稀疏矩陣（Sparse Matrix）。

## 3.4.1 矩陣相加

從數學的角度來看，矩陣的運算方式可以涵蓋加法、乘積及轉置等。假設A、B都是「M×N」矩陣，將A矩陣加上B矩陣以得到一個C矩陣，並且此C矩陣亦爲（M×N）矩陣。所以，C矩陣上的第i列第j行的元素必定等於A矩陣的第i列第j行的元素加上B矩陣的第i列第j行的元素。以數學式表示：

$$C_{ij} = A_{ij} + B_{ij}$$

假設矩陣A、B、C的M與N都是從0開始計算，因此，A、B兩個矩陣相加等於C矩陣，其表示如下：

$$A = \begin{bmatrix} A_{00} & A_{01} & \cdots & A_{0n} \\ A_{10} & A_{11} & \cdots & A_{1n} \\ \cdots & \cdots & \cdots & \cdots \\ A_{m1} & A_{m2} & \cdots & A_{mn} \end{bmatrix}_{m\times n} + \quad A = \begin{bmatrix} B_{00} & B_{01} & \cdots & B_{0n} \\ B_{10} & B_{11} & \cdots & B_{1n} \\ \cdots & \cdots & \cdots & \cdots \\ B_{m1} & B_{m2} & \cdots & B_{mn} \end{bmatrix}_{m\times n}$$

$$A = \begin{bmatrix} A_{00}+B_{00} & A_{01}+B_{01} & \cdots & A_{0n}+B_{0n} \\ A_{10}+B_{10} & A_{11}+B_{11} & \cdots & A_{1n}+B_{1n} \\ \cdots & \cdots & \cdots & \cdots \\ A_{m1}+B_{m1} & A_{m2}+B_{m2} & \cdots & A_{mn}+B_{mn} \end{bmatrix}_{m\times n}$$

範例說明

將兩個矩陣相加。

$$\begin{bmatrix} 5 & 3 & 2 \\ 11 & 7 & 13 \\ 9 & 13 & 15 \end{bmatrix}_{3\times 3} + \begin{bmatrix} 1 & 6 & 8 \\ 4 & 12 & 16 \\ 9 & 18 & 21 \end{bmatrix}_{3\times 3} = \begin{bmatrix} 6 & 9 & 10 \\ 15 & 19 & 29 \\ 18 & 31 & 36 \end{bmatrix}_{3\times 3}$$

範例CH0311.java

```
01  public class CH0311 {
02  public static void main(String[] args) {
03     int[][] ary1 =
04           {{5, 3, 2}, {11, 7, 13}, {9, 13, 15}};
05     int[][] ary2 =
06           {{1, 6, 8}, {4, 12, 16}, {9, 18, 21}};
07     out.println(" -- 矩陣A -- ");
08     show(ary1);
09     out.println("\n -- 矩陣B -- ");
10     show(ary2);
11     out.println("\n矩陣A + 矩陣B 結果");
12     out.println("---------------");
13     itemAdd(ary1, ary2);
14  }
15  static void show(int[][] source) {//靜態方法-輸出矩陣元素
16     for (int row[] : source){         //讀取陣列的列數
17        for (int item : row)           //讀取陣列的欄元素
18           out.printf("%3d|", item); //輸出陣列元素
19        out.println();
```

```
20        }
21    }
22    static void itemAdd(int[][] source1,
23            int[][] source2){ //定義靜態方法-兩個矩陣相加
24        int[][] matrix = new int[3][3];
25        for (int j = 0; j < 3; j++){     //讀取陣列的列數
26            for (int k = 0; k < 3; k++) {//讀取陣列的欄元素
27             matrix[j][k] = source1[j][k] + source2[j][k];
28             out.printf("%3d|", matrix[j][k]);//輸出陣列元素
29            }
30            out.println();
31        }
32    }
33}
```

## 執行結果

```
-- 矩陣A --
  5|  3|  2|
 11|  7| 13|
  9| 13| 15|
```

```
-- 矩陣B --
  1|  6|  8|
  4| 12| 16|
  9| 18| 21|
```

```
矩陣A + 矩陣B 結果
---------------
  6|  9| 10|
 15| 19| 29|
 18| 31| 36|
```

## 程式解說

◈ 第3~6行：宣告兩個3X3陣列二維陣列，ary1、ary2宣告後並初始化其內容。

◈ 第15~21行：定義靜態方法show()；依傳入的陣列，配合雙層for迴圈來輸出矩陣ary1、ary2內容。

◈ 第22~32行：定義靜態方法itemAdd()，傳入兩個陣列來進行矩陣的相加。

◈ 第27行：空的陣列matrix，儲存兩個陣列source1、source2相加的結果。

## 3.4.2 矩陣相乘

假設矩陣A為「M×N」，而矩陣B為「N×P」，可以將矩陣A乘上矩陣B得到一個（M×P）的矩陣C；所以，矩陣C的第i列第j行的元素必定等於A矩陣的第i列乘上B矩陣的第j行（兩個向量的內積），以數學式表示如下：

$$C_{ij} = \sum_{k=1}^{n} A_{ik} + B_{kj}$$

假設矩陣A、B、C的M與N都是從0開始計算，因此，A、B兩個矩陣相乘等於C矩陣，其表示如下：

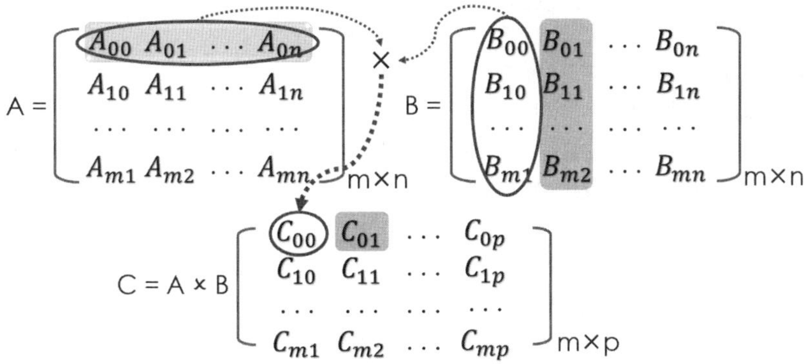

$$A = \begin{bmatrix} A_{00} & A_{01} & \cdots & A_{0n} \\ A_{10} & A_{11} & \cdots & A_{1n} \\ \cdots & \cdots & \cdots & \cdots \\ A_{m1} & A_{m2} & \cdots & A_{mn} \end{bmatrix}_{m \times n} \times \quad B = \begin{bmatrix} B_{00} & B_{01} & \cdots & B_{0n} \\ B_{10} & B_{11} & \cdots & B_{1n} \\ \cdots & \cdots & \cdots & \cdots \\ B_{m1} & B_{m2} & \cdots & B_{mn} \end{bmatrix}_{m \times n}$$

$$C = A \times B \begin{bmatrix} C_{00} & C_{01} & \cdots & C_{0p} \\ C_{10} & C_{11} & \cdots & C_{1p} \\ \cdots & \cdots & \cdots & \cdots \\ C_{m1} & C_{m2} & \cdots & C_{mp} \end{bmatrix}_{m \times p}$$

其中的兩個項目的相乘表示如下：

$$C_{ij} = [A_{i0}\ A_{i1} \ldots A_{in}] \times \begin{bmatrix} B_{0j} \\ B_{1j} \\ \ldots \\ B_{nj} \end{bmatrix}$$

$$= A_{i0} \times B_{0j} + A_{i1} \times B_{1j} + \ldots\ A_{im} \times B_{nj}$$

$$= \sum_{k=1}^{n} A_{ik} \times B_{kj}$$

**範例說明**

矩陣ary1和ary2相乘。

$$\begin{bmatrix} 1 & 2 \\ 3 & 4 \\ 5 & 6 \end{bmatrix} \times \begin{bmatrix} 7 & 9 & 11 \\ 8 & 10 & 12 \end{bmatrix}$$

$$= \begin{bmatrix} (1*7+2*8) & (1*9+2*10) & (1*11+2*12) \\ (3*7+4*8) & (3*9+4*10) & (3*11+4*12) \\ (5*7+6*8) & (5*9+6*10) & (5*11+6*12) \end{bmatrix}$$

$$= \begin{bmatrix} 23 & 29 & 35 \\ 53 & 67 & 81 \\ 83 & 105 & 127 \end{bmatrix}$$

**範例CH0312.java**

```
01   public class CH0312 {
02   public static void main(String[] args) {
03       int[][] ary1 = { { 1, 2 }, { 3, 4 }, { 5, 6 } };
04       int[][] ary2 = { { 7, 9, 11 }, { 8, 10, 12 } };
05       out.println("第一個矩陣 2X3");//呼叫show()方法輸出矩陣
06       show(ary1);
07       out.println("第二個矩陣 3X2");
```

```
08      show(ary2);
09      out.println("兩個矩陣 相乘結果");
10      MatrixMulti(ary1, ary2); //將矩陣ary1、 ary2相乘
11   }
12   //show()方法參考範例CH0309.java
13   static void MatrixMulti(int[][] oneAry,
14         int[][] twoAry){    //兩個矩陣相乘
15      int[][] matrix =
16            new int[oneAry.length][twoAry[0].length];
17      for (int j = 0; j < matrix.length; j++){
18         for (int k = 0; k < matrix[j].length; k++){
19            for(int m = 0; m < twoAry.length; m++) {
20               matrix[j][k] +=
21                     oneAry[j][m] * twoAry[m][k];
22            }
23         }
24      }
25      show(matrix);//輸出相乘後矩陣
26   }
27}
```



## 執行結果

```
第一個矩陣 2X3
    1|    2|
    3|    4|
    5|    6|
第二個矩陣 3X2
    7|    9|   11|
    8|   10|   12|
```

```
兩個矩陣 相乘結果
   23|   29|   35|
   53|   67|   81|
   83|  105|  127|
```

**程式解說**

◈ 第3、4行：宣告兩個矩陣ary1, ary2並初始化。

◈ 第13~26行：定義靜態方法MatrixMulti()來取得兩個矩陣相乘結果，傳入的兩個參數，矩陣ary1、ary2。

◈ 第15~16行：宣告矩陣matrix並配置記憶體，用它來存放兩個矩陣相乘結果；此處二陣陣列長度中的列長度是以oneAry的列長度表示為「oneAry.length」；而欄長度則是twoAry的欄長度表示為「twoAry[0].length」。

◈ 第17~24行：三層for迴圈來處理兩個矩陣的相乘；第一層、第二for迴圈分別讀取矩陣matrix的列、欄數，第三層for迴圈讀取twoAry矩陣的列數；再將兩個相乘的矩陣，依序放入矩陣matrix。

## 3.4.3 矩陣轉置

假設有一個矩陣A為「m×n」，將矩陣A轉置為「n×m」的矩陣B，並且矩陣B的第j列第i行的元素等於A矩陣的第i列第j行的元素，數學式表示如下：

$$A_{ij} = B_{ji}$$

假設矩陣A、B的m與n都是從0開始計算；矩陣A、B的表示如下：

$$A = \begin{bmatrix} A_{00} & A_{01} & \cdots & A_{0n} \\ A_{10} & A_{11} & \cdots & A_{1n} \\ \cdots & \cdots & \cdots & \cdots \\ A_{m1} & A_{m2} & \cdots & A_{mn} \end{bmatrix}_{m\times n} \quad B = A^t = \begin{bmatrix} A_{00} & A_{10} & \cdots & A_{m1} \\ A_{01} & A_{11} & \cdots & A_{m2} \\ \cdots & \cdots & \cdots & \cdots \\ A_{0n} & A_{1n} & \cdots & A_{mn} \end{bmatrix}_{m\times n}$$

## 範例說明

將矩陣A轉置後以矩陣B來儲存。

$$A = \begin{bmatrix} 11 & 12 & 13 & 14 \\ 22 & 24 & 26 & 28 \\ 33 & 36 & 39 & 41 \end{bmatrix} \Rightarrow B = A^t = \begin{bmatrix} 11 & 22 & 33 \\ 12 & 24 & 36 \\ 13 & 26 & 39 \\ 14 & 28 & 41 \end{bmatrix}$$

## 範例CH0313.java

```
01  public class CH0313 {
02  public static void main(String[] args) {
03     int[][] ary1 = {{11, 12, 13, 14},
04                     {22, 24, 26, 28},
05                     {33, 36, 39, 41}};
06     int[][] ary2 = new int[4][3];
07     out.println("------原來矩陣------");
08     show(ary1);
09     out.println("\n--轉置後矩陣--");
10     Transpose(ary1, ary2);
11     show(ary2);
12  }
13  //show()方法參考範例CH0309.java
14  static void Transpose(int[][] source1,
15        int[][] source2) {   //定義靜態方法-將矩陣轉置
16     for(int j = 0; j < source1.length; j++) {
17        for(int k = 0; k < source1[j].length; k++)
```

CHAPTER 3

```
18              source2[k][j] = source1[j][k];
19          }
20      }
21}
```

執行結果

```
------原來矩陣------
   11|   12|   13|   14|
   22|   24|   26|   28|
   33|   36|   39|   41|

---轉置後矩陣---
   11|   22|   33|
   12|   24|   36|
   13|   26|   39|
   14|   28|   41|
```

程式解說

◈ 第3~6行：定義矩陣ary1「3×4」，ary2為「4×3」。

◈ 第14~20行：定義靜態方法Transpose()，依據傳入的矩陣參數以雙層for迴圈將陣列做轉置動作。

## 3.4.4 稀疏矩陣

「稀疏矩陣」（Sparse Matrix）是指矩陣中大部分元素皆為0，元素稀稀落落；例如下列矩陣就是相當典型的稀疏矩陣。

$$\begin{bmatrix} 0 & 0 & 0 & 27 & 0 \\ 0 & 0 & 13 & 0 & 0 \\ 0 & 41 & 0 & 0 & 36 \\ 52 & 0 & 9 & 0 & 0 \\ 0 & 0 & 0 & 18 & 0 \end{bmatrix}_{5\times5}$$

問題來了，如何處理稀疏矩陣？有兩種作法：①直接利用「M×N」的二維陣列來一一對應儲存。②使用三行式（3-Tuple）結構儲存非零元素。

如果直接使用傳統的二維陣列來儲存上述的稀疏矩陣也是可以，但許多元素都是0情形下，十分浪費記憶體空間，虛耗不必要的時間，這是雙重浪費。改進空間浪費的方法就是利用三行式（3-Tuple）的資料結構。同樣地，假設有一個M×N的稀疏矩陣中共有K個非零元素，則必須要準備一個二維陣列Ary[0:K, 1:3]，將稀疏矩陣的非零元素以「Row, Column, Value」的方式存放。

所以要轉化一個5×5的稀疏矩陣，表示如下：

- A[0][1]代表此稀疏矩陣的列數。
- A[0][2]代表此稀疏矩陣的行數。
- A[0][3]則是此稀疏矩陣非零項目的總數。
- 每一個非零項目以（i, j, item-value）表示。其中i為此非零項目所在的列數，j為此非零項目所在的行數，item-value則為此非零項的值。



### 範例說明

歸納之後，可以把5×5稀疏矩陣取得如下結果。

| 列 | 欄 | 值 |
| --- | --- | --- |
| 5 | 5 | 7 |
| 1 | 4 | 27 |
| 2 | 3 | 13 |
| 3 | 2 | 41 |
| 3 | 5 | 36 |
| 4 | 1 | 52 |
| 4 | 3 | 9 |
| 5 | 4 | 18 |

範例CH0314.java

```
01  public class CH0314 {
02  public static void main(String[] args) {
03     int[][] sparse = {
04              { 0,  0,  0, 27,  0 },
05              { 0,  0, 13,  0,  0 },
06              { 0, 41,  0,  0, 36 },
07              {52,  0,  9,  0,  0 },
08              { 0,  0,  0, 18,  0 } };
09     int nonZero = 0; //統計矩陣中非零項目
10     int j, k;
11     out.println("------- 稀疏陣列 -------");
12     for (j = 0; j < sparse.length; j++) {
13        for (k = 0; k < sparse[j].length; k++) {
14           out.printf("%3d|", sparse[j][k]);
15           if (sparse[j][k] != 0)
16              nonZero += 1;
17        }
18        out.println();
19     }
20     int idx = 1; //處理稀疏矩陣
21     int[][] matrix = new int[8][3];
22     matrix[0][0] = sparse.length;
23     matrix[0][1] = sparse.length;
24     matrix[0][2] = nonZero;
25     for (int row = 0; row < sparse.length; row++){
```

```
26          for(int col = 0; col < sparse[row].length; col++){
27             if (sparse[row][col] != 0){
28                matrix[idx][0] = row + 1;
29                matrix[idx][1] = col + 1;
30                matrix[idx][2] = sparse[row][col];
31                idx += 1;
32             }
33          }
34       }
35       out.println("\n--壓縮後的稀疏陣列--" + idx);
36       for (j = 0; j < nonZero + 1; j++){
37          for (k = 0; k < 3; k++)
38             out.printf("%3d|", matrix[j][k]);
39          out.println();
40       }
41    }
42}
```

## 執行結果

```
-------- 稀疏陣列 --------
  0|  0|  0| 27|  0|
  0|  0| 13|  0|  0|
  0| 41|  0|  0| 36|
 52|  0|  9|  0|  0|
  0|  0|  0| 18|  0|
```

```
--壓縮後的稀疏陣列--
  5|  5|  7|
  1|  4| 27|
  2|  3| 13|
  3|  2| 41|
  3|  5| 36|
  4|  1| 52|
  4|  3|  9|
  5|  4| 18|
```

**程式解說**

◈ 第3~8行：建立一個「5×5」稀疏矩陣sparse。

◈ 第12~19行：雙層for迴圈讀取稀疏矩陣sparse，利用變數nonZero統計矩陣中非零的元素。

◈ 第25~34行：將原有的稀疏矩陣進行壓縮，建立一個能存放的二維矩陣matrix；將原有稀疏矩陣的列、欄數和統合非零項目的值存到新矩陣的第一列。

# 3.5 字串簡介

對於Java而言，「字串」屬於文字物件。從字面上解讀，可以解釋成「把字元一個一個串起來」。字串String由「java.lang」套件所提供，實作時使用「" "」雙引號來包裹其內容。由於Java採用Unicode編碼，所以一個字元占記憶體2個Byte（位元組）。至於字串是屬於程式語言中自行定義的抽象資料型態（ADT），也可看成是一種字元陣列的應用方式。現況而言，Java提供了兩種處理字串的類別，分別爲String與StringBuffer類別。

## 3.5.1 String類別建字串

字串的用途相當廣泛，它能傳達比數值資料更多的訊息，例如一個人的名字、一首歌的句子，甚至整個段落的文字。String類別的物件內容是唯讀，所以不適用經常變動的字串。String類別的建構式可以多載，我們可依照不同的參數值來建立字串，下表列舉了常用的建構式。

| String建構式 | 說明 |
| --- | --- |
| String() | 產生一個空字串物件 |
| String(char[] value) | 以字元陣列爲引數，將目前所包含的一連串字元，產生新的String |

| String建構式 | 說明 |
| --- | --- |
| String(char[] value, int offset, int count) | 從字元陣列中，指定位置和字元數來產生新字串 |
| String(StringBuffer buffer) | 以字串暫存區爲參數初始化物件 |
| String(String original) | 以字串爲參數初始化物件 |

使用String型別宣告變數時，記憶體空間就會產生一個字串物件。其實前面的範例裡，其實已經將字串派上戰場，進一步認識String類別建構式之相關語法：

```
String 變數名稱 = "字串內容";
String 物件名稱 = new String("字串內容");
String(char[] value, int offset, int count)
```

- 字串變數名稱同樣遵守識別項的命名規則。
- 指定字串內容時要在前後加上雙引號。
- 以字元陣列爲參數，以參數「offset」爲指定位置（索引），參數「count」爲字元數。

例二：認識String建構函式，以它來建立字串，將字元陣列以字串輸出。

```
// 範例CH0313.java
char[] one = {
   'H', 'a', 'p', 'p', 'y', ' ', 't', 'i', 'm', 'e'};
String word = new String("Masterpiece");
String st1 = new String();    //空字串
String st2 = new String(word);
String st3 = new String(one);
String st4 = new String(one, 6, 4);
```

```
out.printf(
   "st1 = %s%n st2 = %s%n st3 = %s%n st4 = %s%n",
   st1, st2, st3, st4);
```

◈ st1輸出空字串，st2則是「Masterpiece」，而st3把字元陣列變成新字串「Happy! Java」，st4則是從字元陣列中第索引6的位置「t」取出4個字元而輸出「time」。

## 3.5.2 字串的操作

介紹一些常見的字串基本處理方法，包括計算字串連接、長度、比較和轉換等方法，讓您更清楚字串的實際操作模式，下表列舉之。

| String方法 | 說明 |
| --- | --- |
| chartAt() | 取得字串中指定位置的字元 |
| concat | 將兩個字串串接成一個字串 |
| length() | 取得字串長度 |
| CompareTo() | 比較執行個體與指定String物件之排序是否相等 |
| equals() | 比較兩個字串物件實質內容是否相同 |
| getChars() | 指定字串的子字串爲來源，複製到新的字元陣列 |
| indexOf() | 回傳字串中指定字元第一次出現的位置 |
| isEmpty() | 判斷是否爲空字串物件 |
| regionMatches() | 依其指定範圍，比較兩個字串的內容是否相同 |
| valueOf() | 把型別不同的數值轉換爲字串 |
| substring() | 依指定範圍來字串中取得部份字串 |
| replace() | 指定字串來取代字串中符合條件的子字串 |
| toLowerCase() | 將字串轉爲小寫 |
| toUpperCase() | 將字串轉爲大寫 |

例一：利用方法length()取得字串度，配合charAt()方法反轉字串。

```
// 範例CH0315.java
for(int count = word.length() - 1; count >= 0; count--)
   out.printf("%c", word.charAt(count));
```

◈ 字串word原爲「Masterpiece」，配合charAt()方法反轉爲「eceipretsaM」。

CompareTo()方法可依字元的ASCII值進行比較，語法如下：

```
CompartTo(String anotherString)
```

◈ anotherString：要比較的字串，其比較所得結果以下表說明。

| 回傳值 | 條件 |
|---|---|
| 負值 | 表示執行個體的排序次序在anotherString之前 |
| Zero | 表示執行個體的排序次序和anotherString相同 |
| 正值 | 表示執行個體的排序次序在anotherString之後 |

例二：以CompartTo()方法來比較兩個字串的排序是否相同。

```
// 範例CH0315.java
//word = st2 = Masterpiece， st3 = Happy time
out.printf("%nword.compareTo(st2) is %d",
   word.compareTo(st2)); //回傳0
out.printf("%nst2.compareTo(st3) is %d",
   st2.compareTo(st3));
out.printf("%nst3.compareTo(st2) is %d",
   st3.compareTo(st2));
```

◈ 由於字串word和st2兩者的排序相同，所以回傳「0」。

◈ 字串st2的第一個字元「M」的ASCII值是「77」，字串st3的第一個字元「H」的ASCII值「72」；所以M小於H回傳值「5」；反之則回傳「-5」。

方法indexOf()能取得字串中指定字元首次出現的位置，語法如下：

```
indexOf(int ch)
indexOf(int ch, int fromIndex)
```

◈ ch：指定欲取得的字元；fromIndex：用來指定開始位置。

例三：取得字串中某個字元的位置。

```
// 範例CH0315.java
//word = st2 = Masterpiece
out.printf("字元 e之索引 : %d", word.indexOf('e'));
```

◈ 回傳字元「e」位置是4。

方法getChars()能把字串中的部分字串，經由複製而變成字元陣列。

```
getChars(int srcBegin, int srcEnd, char[] dst, int dstBegin)
```

◈ srcBegin、srcEnd：來源字串的起始、結束位置。

◈ des、dstBegin：欲存放的字元陣列，須指定存放的起始位置。

例四：使用方法getChars()將字串「Masterpiece」的子字串「sterp」複製爲字元陣列。

```
// 範例CH0315.java
char[] two = new char[6];    //宣告字元陣列並配置記憶體
word.getChars(2, 7, two, 1);
for(char ch : two)
   out.printf("%c ", ch);
```

◈ 將子字串「sterp」複製到字元陣列two，從索引「1」開始存放，輸出「Δ sterp」，索引「0」會保持空白。

例五：方法substring()可指定索引範圍來取得子字串。

```
// 範例CH0315.java
//st3 = Happy time
out.println("從索引5開始-->" + st3.substring(5));
out.println("索引2~8-->" + st3.substring(2, 8));
```

◈ 從索引「5」開始到最後來取得子字串，會輸出「Δtime」，第一個字元空白。

◈ 從索引「2~8」來取得子字串，輸出「ppy ti」，但不含索引「8」之字元。

## 3.5.3 StringBuffer類別

初值、新增字元或修改字串時，都是在同一個記憶體區塊上，也不會產生另一個新的物件，這就是和字串（String）類別的主要差異。

由於字串類別是字串長度固定、無法更改字串內容和字元順序。但是這樣的「限制」將因為「StringBuffer類別」而獲得解決，當字元和字串「加入」或「插入」到StringBuffer類別的字串時，會自行增加字串空間，讓加入的字元或字串可以容納。通常會多配置一些空間。StringBuffer類別提供了三種建構式。

| StringBuffer建構式 | 說明 |
|---|---|
| StringBuffer() | 無參數，自動配置長度為16 Byte的暫存區記憶體 |
| StringBuffer(int capacity) | 依傳入之整數值配置暫存區記憶體容量 |
| StringBuffer(String str) | 依傳入字串長度加上16 Byte來配置暫存區記憶體容量 |

例一：利用StringBuffer類別之建構式儲存字串。

```
// 範例CH0316.java
StringBuilder buffer = new StringBuilder("Last 
summer!");
out.printf("字串: %s%n長度 = %d%n字串容量 = %d%n%n",
    buffer.toString(), buffer.length(), buffer.
capacity());
```

◈ 實作StringBuffer類別之物件buffer：輸出時須呼叫toString()方法來轉為字串。

◈ 同樣地，方法length()取得字串長度，而capacity()方法能取得字串容量。

◈ 原有的字串長度為「12」，加上基本容量，呼叫capacity()時會輸出「28」。

下表列出與StringBuffer類別有的方法。

| StringBuffer方法 | 說明 |
|---|---|
| append() | 將指定字串新增到另一個字串物件 |
| capacity() | 取得字串容量，基本容量為16個字元，但可隨字串值加大 |
| charAt() | 取得字串中指定位置的字元 |
| getChars() | 將字元陣列依指定位置複製到新的字元陣列 |
| setCharAt() | 依字串的索引值，重設其字元 |
| ensureCapacity() | 直接指定字串的容量 |
| toString() | 將字串物件轉為字串 |

方法append()可以把指定的字串加到某個字串物件，語法如下：

```
append(資料型別 物件);
```

◈ 資料型別：例如char、String、StringBuffer、Object、int、float和double等。

例二：將字元陣列和字串新增到sentence字串物件。

```
// 範例CH0316.java
char[] one = {'A', 'n', ' ', 'a', 'p', 'p', 'l', 'e'};
String word = " a day keeps the doctor away.";
String sentence = new
   StringBuffer().append(one).append(word).toString();
System.out.println(sentence);
```

◈ 將字元陣列one，字串word加到字串sentence，println()函式輸出「An apple a day keeps the doctor away.」

方法getChars()能把字元陣列進行複製，語法如下：

```
getChars(int srcBegin, int srcEnd, char[] dst,
   int dstBegin)
setCharAt(int index, char ch)
```

◈ srcBegin、srcEnd：取得來源字串陣列的起始、結束位置。

◈ dst、dstBegin：儲存字串的目的陣列，指定其起始位置。

◈ index、ch：依索引重設新的字元到字串中。

例三：以方法getChars()複製到新的字元陣列，再以方法setCharAt()修改指定字元。

```
// 範例CH0316.java
char[] two = new char[16];   //空的字元陣列，長度爲16
buffer.getChars(0, buffer.length(), two, 0);
out.printf("第一個字元 -> %c%n", buffer.charAt(0));
```

CHAPTER 3

```
for(char single : two)
   out.printf("%c ", single);
buffer.setCharAt(5, 'S');
out.printf("%n%s", buffer.toString());
```

◈ 呼叫方法getChars()做字元陣列的複製，把來自於buffer物件的字串「Last summer!」，依據其長度把它複製到字元陣列two。

◈ 「buffer.charAt(0)」輸出第一個字元「L」。

◈ 以加強式for迴圈讀取字元，由於two設其長度爲16，而複製buffer字串所產生的字元陣列只有12個，所以輸出後，字元後端會有4個空白字元。

◈ 方法setCharAt()，依索引值，將原是小寫的字元「s」變成大寫「S」。

# 課後習作

## 一、填充題

1. 靜態資料結構又稱爲＿＿＿＿，它使用＿＿＿＿，儲存有序串列的資料。
2. ＿＿＿＿是指變數儲存區配置的過程是在執行（Run Time）時，透過作業系統提供可用的記憶體空間。
3. 陣列結構應具的特色，有：占用＿＿＿＿的記憶體空間，所存放的元素，其＿＿＿＿皆相同。
4. 下列敘述宣告了grade是＿＿＿＿陣列，並以大括號做＿＿＿＿，陣列長度可利用內建屬性＿＿＿＿取得。

```
int[] grade = {51, 63, 92, 75, 84};
```

5. 要把陣列的元素做遞增排序，可使用Java模組＿＿＿＿的＿＿＿＿套件之Arrays類別，呼叫方法＿＿＿＿。
6. 下列敘述宣告了Ary是＿＿＿＿陣列，其中的「3」是＿＿＿＿數，欄數是＿＿＿＿；其中new運算子的作用＿＿＿＿。

```
int[][] Ary = new int[3][4];
```

7. 宣告一個「2×3×4」的三維陣列，如何以撰寫Java其程式碼？
＿＿＿＿。
8. 如何處理稀疏矩陣？有兩種作法：①直接以＿＿＿＿一一對應儲存；②使用＿＿＿＿儲存非零元素。
9. 處理字串的String類別，想要取得字串中指定位置的字元可使用方法

______________，欲知道字串長度則是方法______________；取得部分字串要以方法______________處理。

## 二、實作與問答

1. 下列敘述爲一維陣列，請以for或加強式for迴圈讀取其內容並顯示字串長度。

```
String[] name =
    { "Peter", "Michelle", "Tom", "Rhodes", "Charles" };
```

2. 下表爲各科成績，以二維陣列處理並算出各科總分。

| 國文 | 英文 | 數學 | 總分 |
|---|---|---|---|
| 85 | 78 | 65 | |
| 95 | 88 | 79 | |
| 84 | 76 | 67 | |
| 81 | 73 | 54 | |

3. 將下列「5×6」稀疏矩陣依三行式（3-Tuple）予以壓縮後以表格表示並撰寫相關程式碼。

| | 1 | 2 | 3 | 4 | 5 | 6 |
|---|---|---|---|---|---|---|
| 1 | 0 | 0 | 24 | 0 | 0 | 0 |
| 2 | 0 | 0 | 0 | 35 | 0 | 0 |
| 3 | 17 | 0 | 0 | 0 | 0 | 58 |
| 4 | 0 | 0 | 0 | 0 | 43 | 0 |
| 5 | 0 | 62 | 0 | 0 | 0 | 0 |

4. 陣列「以列為主」順序存放在記憶體內。每個陣列元素占用4個單位的記憶體。若起始位址是100，在下列宣告中，所列元素的存放位置為何？

| (1). Var A = array[-100:1, 1:100]，求A[1, 12]位址 |
| --- |
| (2). Var A = array[5:10, -10:20]，求A[5, -5]位址 |

5. 有一個二維陣列Ary，已知$A_{3,2}$的位址為1110，$A_{3,2}$的位址為1115，且每個元素佔一個位址，則$A_{4,4}$的位址為何？
6. 若Ary[3][3]的位置121，A[6][4]在位置159，則A[4][5]的位置為何？（單位空間d = 1）
7. 陣列Ary[−3:5, −4:2]之起始位址Ary[−3][−4] = 100，以列為主排列，請問A[1][1]所在位址？（d = 1）
8. 宣告陣列Ary[1:3, 1:4, 1:5]以列為主情形下，則Loc(Ary[1][1][1]) = 100，請求出Loc($Ary_{1,2,3}$)？
9. 假設有一三維陣列宣告為A[−3:2, −2:3, 0:4]，A[1][1][1] = 300，且d = 1，試問以欄為主的排列方式下，求出Loc($Ary_{2,2,3}$)的所在位址。

# 第四章

# 鏈結串列

## ★學習導引★

- 簡單介紹Java的類別、物件、屬性和建構式
- 從單向鏈結串列開始，了解其資料結構
- 學會單向鏈結串列基本操作：加入、刪除節點，或者反轉鏈結串列
- 以雙向鏈結串列來新增，刪除節點
- 鏈結串列應用於多項式和稀疏矩陣

# 4.1 類別、物件和其成員

「物件導向程式設計」（Object-Oriented Programming，簡稱OOP）是近年來繼結構化程式設計後相當重要的設計演化；精神是將存在於日常生活中的物件，應用在軟體設計的領域中，進而逐漸演化成一套軟體發展模式（software development model），主要目的是提供軟體的再使用性和可讀性。

物件導向程式設計中眞正導入物件（object）概念，這當中也包含了類別（class）、繼承（inheritance）和方法（method）。再由資料抽象化（data abstraction）衍生出「抽象資料型別」（abstract data type）概念，並豐富了「資訊隱藏」（information hiding）和「訊息」（message）的概念。

## 4.1.1 定義類別、產生物件

Java就是一種純物件導向程式設計語言，通常物件導向程式具有封裝（Encapsulation）、繼承（Inheritance）、多形（Polymorphism）等三種特性。物件導向程式設計（Object-Oriented Programming, OOP）主要讓我們在進行程式設計時，能以一種更生活化、可讀性更高的設計觀念來進行，重點是強調軟體的可讀性（Readability）、重覆使用性（Reusability）與延伸性（Extension），能夠讓程式設計師在設計程式時，能以一種更生活化、可讀性更高的設計觀念來進行程式開發。

要使用Java語言來描述一個類別，關鍵字class不可少，語法如下：

```
存取修飾詞 class 類別名稱 {
    //宣告屬性或是欄位
    //宣告方法
}
```

◈ 存取修飾詞：public表示它的存取範圍是公開的。

◈ 宣告類別必須使用關鍵字「class」。

◈ 類別名稱除了符合識別項的規範外，它也必須成爲儲存Java程式的檔案名稱。

◈ 宣告類別時必須有大括號{ }來產生程式區塊。

對於類別有了概念之後，可以對於類別的「屬性」（Attribute）做更多的描述。可以把類別想像成是建造房屋的藍圖，依據它來建立一間房屋，它的內部可以把牆壁粉刷成白色，綠色地板，紅色沙發。

上述這些描述都屬於靜態，皆是類別的屬性，它們可視爲類別的「成員變數」（Member Variable），在Java程式中也稱爲類別的「欄位」（Field）。如何宣告成員變數，如同宣告一般的變數相同，例一：定義手機的類別，並以屬性定義其顏色和尺寸。

```
// 範例Mobile.java
package CH0401;
public class Mobile {
   String color; //屬性-顏色
   float screen;; //屬性-螢幕大小
}
```

◈ 宣告類別Mobile，定義兩個屬性color和screen來表示顏色和大小。

若藍圖爲類別，實體化就是「建立房屋」。從物件導向的觀點來看，「物件」（Object）是類別的實體，簡單來講，就是依據藍圖能建立多個房屋。

那麼定義了類別之後，如何產生其實體（Instance）？得由主程式Main()來把類別實體化。由於類別屬於參考型別，要實體化物件須使用

new運算子，語法如下：

```
類別名稱 物件名稱;
物件名稱 = new 類別名稱();
```

將前述兩行敘述合併為一行，語法如下：

```
類別名稱 物件名稱 = new 類別名稱();
```

**例一**：繼續範例Mobile，宣告一個smart物件。

```
Mobile smart; //建立Mobile類別的物件smart
smart = new Mobile(); //以new運算子將smart實體化
```

同樣地，將前述兩行合併成一行：

```
Mobile smart = new Mobile();
```

產生物件後，物件的狀態如何被改變？如何利用方法來進行操作？必須利用「.」（半形DOT）運算子存取類別所產生的物件成員，語法如下：

```
物件.屬性;
```

**例二**：延續前一個簡例，產生Mobile類別的物件之後，存取其屬性。

```
// 範例CH0401.java
package CH0401;
public class CH0401 {
   public static void main(String[] args) {
      Mobile smart = new Mobile();
      smart.color = "Black";
      smart.screen = 9.5F;
   }
}
```

◈ Main()主程式中，先實體化類別Mobile，產生物件smart。

### 4.1.2 存取權限、成員方法

宣告類別時，它的成員和方法會因爲存取修飾詞而有不同等級的存取權限，介紹三種常見的存取修飾詞，其的存取範圍整理、歸納於下表。

| 存取權限 | 作用 | 存取範圍 |
|---|---|---|
| public | 公開 | 所有類別皆可存取 |
| private | 私有 | 只適用該類別的成員函數 |
| protected | 保護 | 產生繼承關係的衍生類別 |

在物件導向技術的世界裡，爲了達到「資訊隱藏」目的，可以透過「方法」來封裝物件的成員。存取權限的作用能讓物件掌握成員，控制物件在被允許的情形下才能讓外界使用。爲了保護物件的屬性（欄位）不被外界其他類別所存取，通常會將資料成員宣告爲private；再設方法的存取範圍設爲public，是較妥善的方式！

繼續手機的話題！一支手機要具備哪些功能？除了一般的通話，顯示簡訊之外，若能提供錄音，播放音樂等功能，豈不更好！對於物件導向來說就是定義其「方法」（Method）。複習它的語法：

```
[存取修飾詞] 回傳值型別 methodName(資料型別 參數名稱, . . .){
    程式敘述;
    [return 運算式;]
}
```

◈ 回傳值型別：它必須與return敘述回傳值的型別相同。若方法沒有回傳任何資料，以void取代。

◈ methodName：方法名稱；同樣遵守識別項規範。

◈ 資料型別：定義方法時，接收資料的參數也要有型別。

◈ 參數串列：依據需求設定多個參數來接收資料，每個參數都必須清楚地宣告其資料型別。無任何傳入值，保留括號即可。

◈ return敘述：回傳運算結果。

例一：接續範例CH0401的作法，定義Phone類別的成員方法來取得手機顏色和螢幕大小的訊息！

```
// 範例CH04/Mobile.java
Package CH0401;
class Mobile {
   public void getColor() {//宣告方法-輸出手機顏色
      color = "Black";
      out.println("手機顏色-->" + color);
   }
   public void getScreen(char opt) {//宣告方法-顯示螢幕大小
      switch(opt) {
         case 's':
```

```
                out.print("螢幕大小 = 9.0F");
                break;
            case 'm':
                out.print("螢幕大小 = 9.5F");
                break;
            default:
                out.print("螢幕大小 = 10.2F");
        }
    }
}
```

◈ 定義第一個方法getColor()，沒有傳遞的參數；由於不需要回傳值，所以宣告時的資料型別以「void」表示。

◈ 第二個方法getScreen()，有一個參數；依據傳入的參數來顯示手機螢幕大小。

如何呼叫類別內的成員方法！同樣使用「.」（dot）運算子，語法如下：

```
物件名稱.方法名稱(引數串列);
```

例二：以物件來呼叫成員方法getColor()、getScreen()。

```
smart.getColor();
smart.getScreen('m');    //呼叫成員方法
```

◈ 方法getScreen()要傳入參數。

## 4.1.3 建構式

類別孕育了物件，而物件的生命旅程究竟何時展開？初始化物件得使用「建構式」（Constructor），它對於物件的生命週期有更豐富的描述。如何在類別內定義建構式？宣告如下：

```
[存取修飾詞] 類別名稱(參數串列){
    //程式敘述;
}
```

乍看之下，建構式的定義跟類別的宣告很相似，不過要注意三件事：

- 建構式必須與類別同名稱，存取修飾詞使用public。
- 建構式雖然有參數串列，但是它不能有回傳值，也不能使用void。
- 可依據需求，在類別內定義多個建構式。

大家一定更好奇，範例CH0401並未宣告建構式，如何把物件初始化？事實上，建立類別並以new運算實體化物件，便會叫用預設建構式。所以不含任何參數的建構式稱為「預設建構式」（Default Constructor）。倘若程式中自行定義了建構式，此時編譯器就不會提供預設建構式。

```
public class Mobile{
   float size; //屬性-手機大小
   Mobile(){}    //使用預設建構式
}
```

同樣地，建構式可以利用參數來初始化物件；下述範例說明。

範例CH04/Smart.java

```
01  package CH0401;
02  class Smart {      //宣告類別
03  String color;    //屬性-顏色
04  float screen;    //屬性-螢幕大小
05  Smart(String tint, float size) {//建構式
06     color = tint;
07     screen = size;
08  }
09  public void display() {//成員方法
10     out.printf("手機顏色 -> %s%n螢幕大小 -> %.2f%n",
11     color, screen);
12  }
13}
```

範例CH04/CH0403.java/主程式

```
21   public class CH0403 {
22   public static void main(String[] args) {
23      Smart noteX = new Smart("White", 8.4F);
24      noteX.display();
25      Smart galaY = new Smart("Red", 6.8F);
26      galaY.display();
27   }
28}
```

### 程式解說

- ◈ 第5~8行：定義建構式，依據傳入參數來取得手機顏色和螢幕大小。
- ◈ 第9~12行：定義成員方法，依據屬性Course、Number儲存。
- ◈ 第21~28行：Main()主程式中，產生2個物件noteX、galaY，並依據建構式來帶入兩個以屬性為主的參數。

跟成員方法一樣，建構式可以多載，而多載（overloading）的概念是「名稱相同，但參數不同」。就像在學校選修科目一樣，每位學生可依自己需求來選修不同，可能是這樣：

```
Mary();    //可能沒有選修
Tomas(國文, 英文);
Eric(計概, 數學, 國文, 程式語言);
```

轉化為程式碼來處理每位學生的選修科目時可能需要很多方法，但這不符合模組化的要求。如果使用同一個名稱，但攜帶的參數不同；執行時編譯器依據參數量來呼叫對應的建構式；如此一來不但能簡化程式的設計，也能降低設計的困難度。相同的道理，建立物件時可依據需求讓建構式多載。

## 4.2 單向鏈結串列

什麼是鏈結串列（Linked List）？可以把它想像成一列火車，乘客多就多掛車廂，人少了就以少量車廂行駛。鏈結串列也是一樣，新資料加入就向系統要一塊新節點，資料刪除後，就把節點所占用的記憶體空間還給系統。因為鏈結串列加入或刪除一個節點非常方便，不需要大幅搬動資料，只要改變鏈結的指標即可。

本章節所探討的鏈結串列，其資料結構也是「動態記憶體配置」的一環。如何定義鏈結串列（Linked List）？

- 由一組節點（node）所構成，各節點之間並不一定佔用連續的記憶體空間。
- 各節點的型態不一定相同。
- 插入節點、刪除節點方便；可任意（動態）增加、清除記憶體空間。
- 要留意它支援循序存取，不支援隨機存取。

鏈結串列與陣列有何差異？以下表說明。

| 項目 | 鏈結串列（Linked List） | 陣列（Array） |
| --- | --- | --- |
| 記憶體 | 不需要連續的空間 | 需要連續的空間 |
| 節點型別 | 各node型別不相同 | 各node型別相同 |
| 操作複雜度 | 插入、刪除都爲O(1) | 插入刪除都爲O(n) |
| 空間配置 | 不需預留空間 | 須事先宣告連續空間 |
| 資料分割、連結 | 容易 | 不容易 |
| 存取方式 | 只能循序存取 | 支援隨機與循序存取 |
| 存取速度 | 速度慢 | 速度快 |
| 可靠性 | 差 | 佳 |
| 額外指標空間 | 需要額外的指標空間 | 不需要 |

## 4.2.1 鏈結串列是什麼？

線性串列能藉由陣列來儲存資料，來到鏈結串列就稍有不同；除了儲存資料外，還要「鏈結」後續資料的儲存位址。所以，鏈結串列是由一群「節點」（Node）組成的有序串列集合；節點又稱爲串列節點（List Node）。每一個節點至少包含一個「資料欄」（Data Field）和「鏈結欄」（Linked Field）。「資料欄」存放該節點的資料；鏈結欄存放著指向下一個元素的參考（或者是指標），下圖做簡單示意。

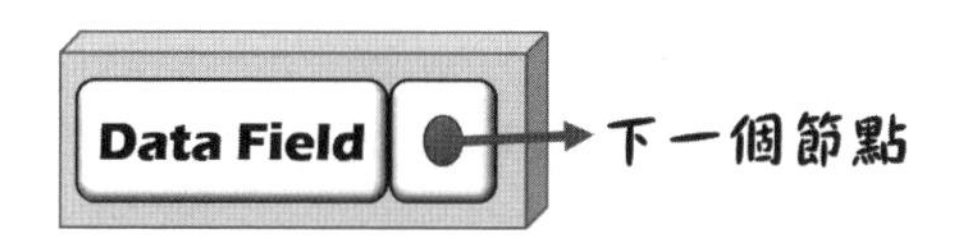


其實線性串列是有頭有尾；所以，可以把鏈結串列（Linked List）的第一個節點視爲「首節點」（Head Node），如同火車頭一般，後面會接連的車廂。那麼，問題來了，尾節點的鏈結欄究竟指向何處？當然是「空的」指標，我們以Null來表示。

不過爲了讓大家更了解鏈結串列的操作，會有兩個比較特別的成員參與，習慣把鏈結串列的第一個節點再附設一個「首鏈結」，但是它不儲存任何資訊。有了首鏈結，表示由它開始就能找到第一個節點，也能藉由它儲存的「鏈結」（或參考、指標）往下一個節點走訪（Traversing）。最後到達鏈結串列的終點，稱爲「尾節點」（Tail Node），除了說明它是鏈結串列的最後一個節點之外，它的鏈結欄會指向「Null」。巡訪串列節點到最後，當鏈結欄指向「Null」不就表明它是最後一個節點。

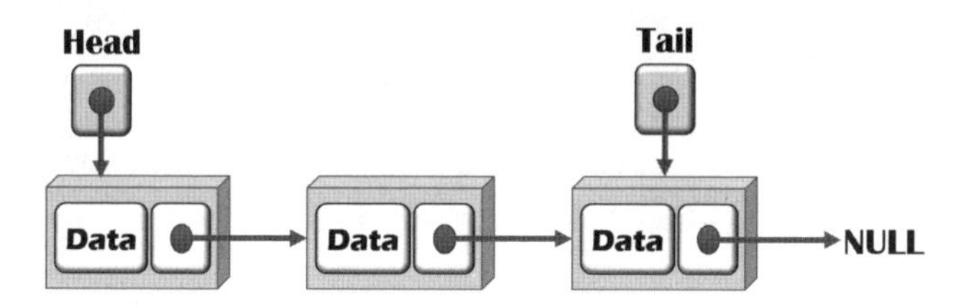


鏈結串列依據其種類，共有三種：

- 單向鏈結串列（Singly Linked List）：每個節點只有一個鏈結欄。
- 雙向鏈結串列（Doubly Linked List）：每個節點含有左、右兩個鏈結欄
- 環狀鏈結串列（Circular Linked List）。

## 4.2.2 定義單向鏈結串列

鏈結串列中最簡單的結構就是「單向鏈結串列」（Singly Linked List），可以把它想像如同一列火車，所有節點串成一列。它只能有單一方向，隨著火車頭前進；比較通俗的說法是尋找某筆資料時只能勇往直前，無法回頭另外查看。我們可以利用Java來模擬鏈結串列的節點。簡例如下：

```
// 範例CH04/Node.java
package SingleLinkedList;
public class Node {
    int item;    //資料欄
    Node next;   //指向下一個節點
    Node(int data){    //建構式
        this.item = data;
        this.next = null;
    }
}
```

◈ 定義建構式，把傳入的參數data指派給屬性item，設next屬性的初值為「null」。

## 4.2.3 節點的新增

在單向鏈結串列中插入新的節點，有四種方式可供選擇：(1)加至最後節點處；(2)加至第一個節點處；(3)指定節點新增項目；(4)指定位置來新增節點。不過，無論是哪一種方式都是把鏈結的參考指向新的節點。

### (1) 加至最後節點處，也就是把新節點加到最後一個節點之後

**Step 1.** 從尾節點插入資料時，將新節點「255」先予以初始化；指向目前節點的參考「current」，把它先指向第一個節點。

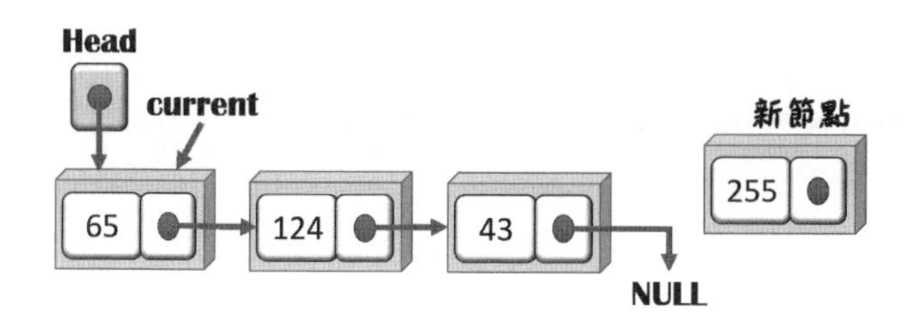


**Step 2.** 串列裡有節點的情形下，while迴圈走訪整個串列，並把參考「current」移向最後一個節點，再把最後節點（指標current所指向的節點）的NEXT鏈結指向新節點。

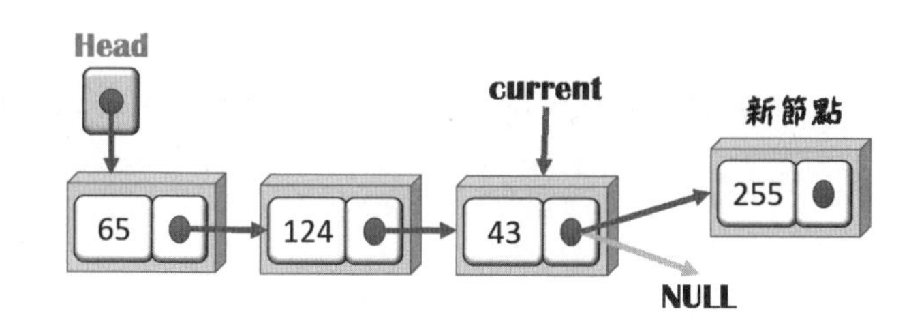


**Step 3.** 此時新節點「255」就加到鏈結串列末端而成爲最後一個節點。

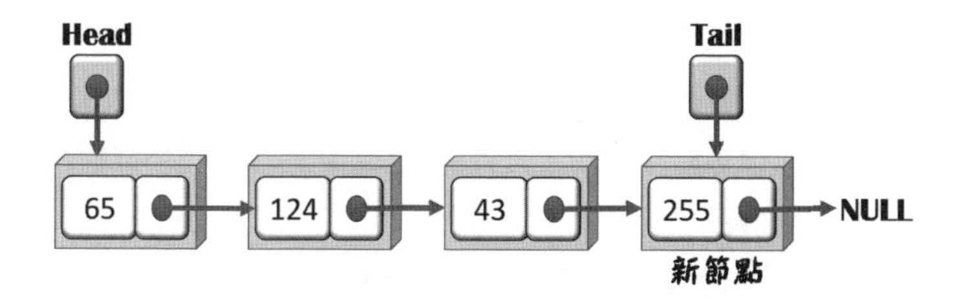

範例CH04/LinkedList.java

```
01   package SingleLinkedList;
02   public class LinkedList {
03   Node first;                              //指向第一個節點的參考
04   public void addLast(int value) {
05      Node current, newNode;         //指向目前節點參考current
06      newNode = new Node(value); //new運算子實體化newNode
07      if(first == null)              //如果第一個節點first是空的
08         first = newNode;            //就把新節點設爲第一個節點
09      else {                         //有第一個節點就走訪
10         current = first;
11         while(current.next != null) //走訪串列到最後節點
12            current = current.next;
13         current.next = newNode; //目前節點next參考指向新節點
14      }
15   }
16}
```

### 程式解說

◈ 定義類別LinkedList並宣告Node類別的物件first，它會以參考來指向串列的第一個節點。

◈ 第4~15行：定義成員方法addLast()，把節點新增到最後一個節點之後，讓它變成最後一個節點。

◈ 第11~12行：while迴圈隨著current參考移向下一個節點，移向串列的最後一個節點處。

**(2) 加至第一個節點處，也就是把新節點插到第一個節點之前**

如何從首節點插入資料？依下圖可以得知，其實是把插入的項目設為第一個節點即可。

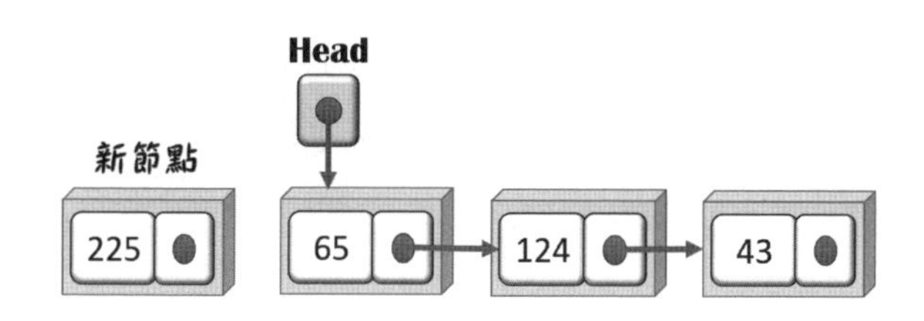


**Step 1.** 將首節點參考「Head」指向要新加入的節點「225」；新節點的鏈結Next指向原有的第一個節點「65」。

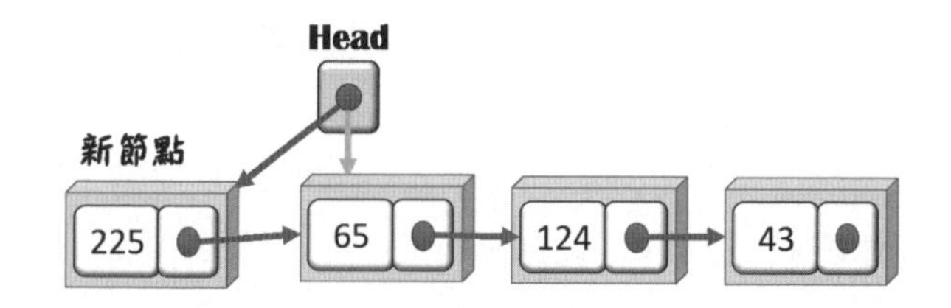


**Step 2.** 最後，新節點「225」加到第一個節點「65」之前，變成第一個節點。

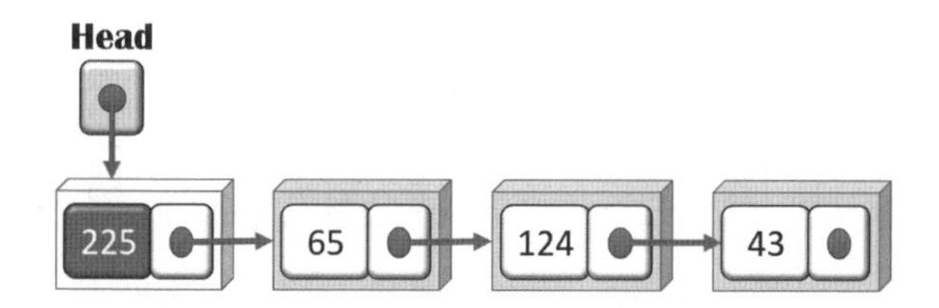

範例CH04/LinkedList.java

```
21   public class LinkedList{
22   public void addHead(int value) {
23      Node newNode = new Node(value);
24      newNode.next = first;
25      first = newNode;
26   }
27}
```

### 程式解說

◈ 第21~27行：定義成員方法addHead()，新增節點到第一個節點之前，使新節點變更為第一個節點。

◈ 第24行：產生新節點newNode，把新節點指標Next指向第一個節點first。

◈ 第25行：變更新節點為第一個節點。

### (3) 新增項目加到指定節點

如何在兩個節點「124」、「43」之間加入新節點「225」？可以先指定節點「124」，再把新節點插入到指定節點之後。

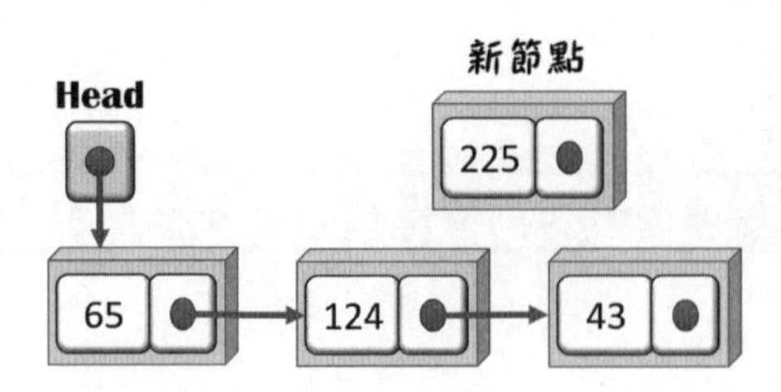


**Step 1.** 設目前節點參考ptr指向第一個節點「65」，然後以while迴圈找到指定節點「124」。

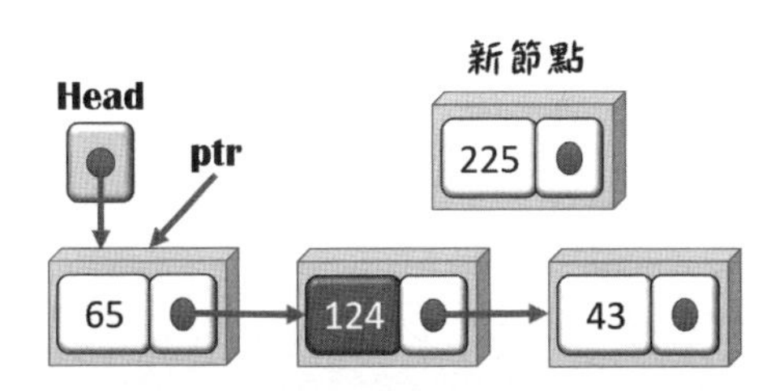


**Step 2.** 新節點「225」配置記憶體空間，其Next參考指向節點「43」；指定節點「124」的Next參考指向新節點。

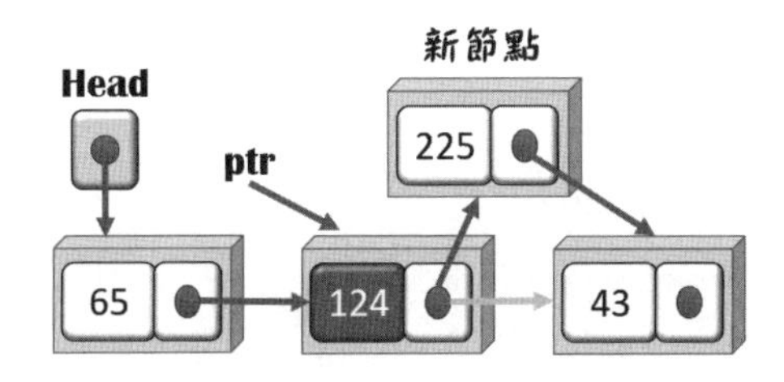


**Step 3.** 新節點「225」加到指定節點「124」之後。

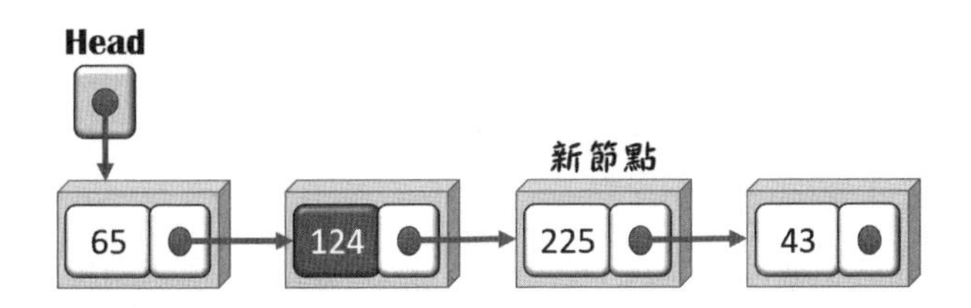


**範例CH04/LinkedList.java**

```
31    public class LinkedList {
32    //省略部分程式碼
33    public void InsertBehind(int data, int special){
34       Node ptr = first; //把參考ptr指向第一個節點
```

```
35        while(ptr != null) {//走訪串列查找指定節點
36           if (ptr.item == special)
37              break;
38           ptr = ptr.next;
39        }
40        if (ptr == null)
41           out.printf("串列中沒有節點[%d]%n", special);
42        else{
43
44           Node newNode = new Node(data);    //1.產生新節點
45           newNode.next = ptr.next;
46           ptr.next = newNode;
47        }
48     }
49     //省略部分程式碼
50}
```

### 程式解說

- ◈ 第33~48行：定義成員方法InsertBehind()，把新節點加到指定節點之後。
- ◈ 第35~39行：指向目前節點參考ptr配合while迴圈的走訪來找到指定節點。
- ◈ 第45行：產生新節點newNode，把新節點參考next指向目前節點ptr的下一個節點。
- ◈ 第46行：目前節點ptr參考next指向新節點。

### (4) 指定位置來新增節點

兩個節點間插入新節點的另一種作法就是指定位置來加入新節點；新節點「225」欲加入指定位置2；也就是新節點插入後，原來的節點「124」向後挪移。

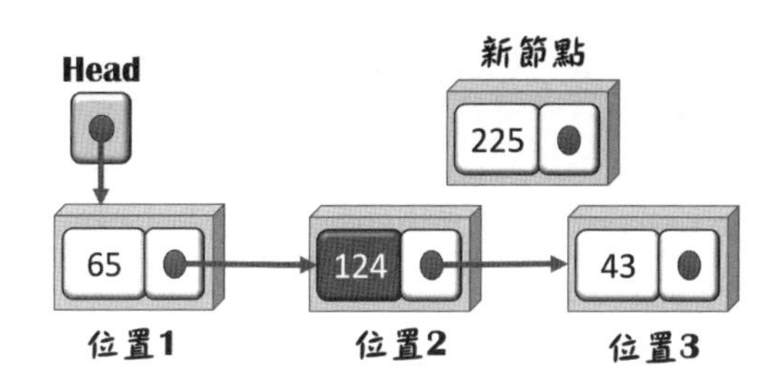


**Step 1.** 目前節點參考ptr指向第一個節點；走訪串列取得指定位置「124」的前一個節點；產生新節點，其參考Next指向指定節點「124」；目前節點「65」Next參考指向新節點。

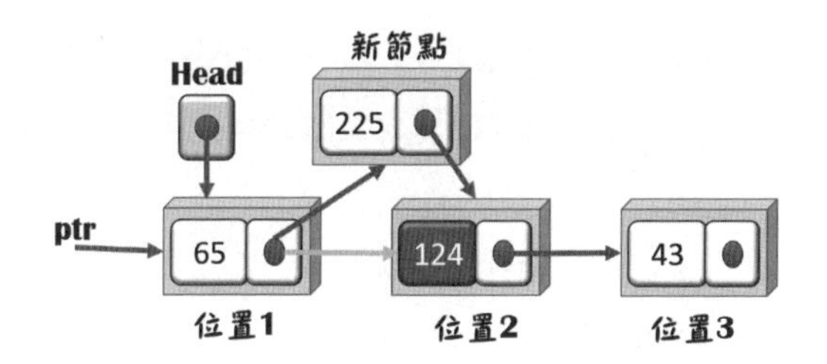


**Step 2.** 新節點「225」加到指定位置2，原有節點「124」的位置變更爲3。

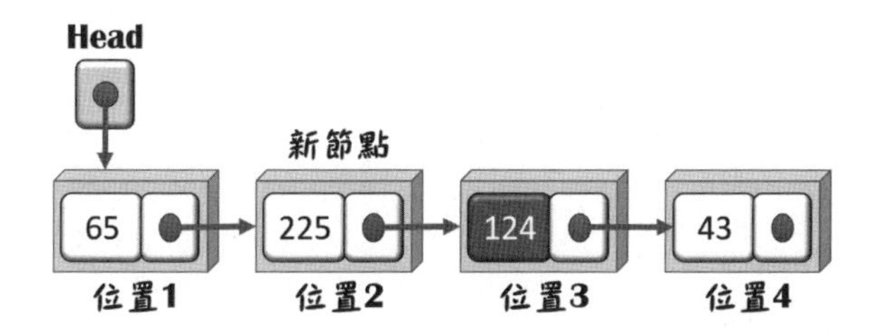

範例CH04/LinkedList.java

```
61 public class LinkedList{
62  //省略程式碼
63  public void InsertAt(int data, int pos){
64     Node newNode;    //新點節
65     int j;
66     //指定位置是「1」，新增的節點會變成第一個節點
67     if (pos == 1)
68        addHead(data);//呼叫addHead()方法加到第1個節點前
69     else{  //找到指定位置的前一個節點(pos - 1)來新增節點
70        Node ptr = first;    //目前節點參考指向第1個節點
71        for (j = 1; j < pos - 1 && ptr != null; j++)
72           ptr = ptr.next;
73        if(ptr == null) //ptr指向欲插入位置的前一個節點
74           out.printf("只有位置<%d>可插入", j);
75        else{
76           //1.產生新節點newNode
77           newNode = new Node(data);
78           //參考next指向目前節點next參考所指的下一個節點
79           newNode.next = ptr.next;
80           //2.目前節點next參考指向新節點
81           ptr.next = newNode;
82        }
83     }
84  }
85  //省略程式碼
86}
```

**程式解說**

- ◈ 第63~84行：定義成員方法InsertAt()，指定位置加入新節點，原有節點向後移動。
- ◈ 第67~68行：若指定位置是「1」就呼叫addHead()方法來新增節點。
- ◈ 第69~83行：指定位置非第一個節點，則以for迴圈來找到位置的前一個節點，並以ptr指向此節點。產生的新節點後，其參考指向原位置的節點，讓新節點加到指定位置。

## 4.2.4 刪除節點

資料結構中，單向鏈結串列中刪除一個節點同樣有下述三種情況：(1)刪除串列的第一個節點：只要把串列首指標指向第二個節點即可。(2)刪除串列後的最後一個節點：只要指向最後一個節點的指標，直接指向Null即可。(3)刪除鏈結串列的中間節點：將欲刪除節點的指標，直接指向Null即可。

**(1) 刪除串列的第一個節點**

要刪除串列的第一個節點就是把鏈結串列的首節點予以刪除。

**Step 1.** 刪除首節點之前，將第一個節點的參考變更為Null，把首節點參考Head指向下一個節點。

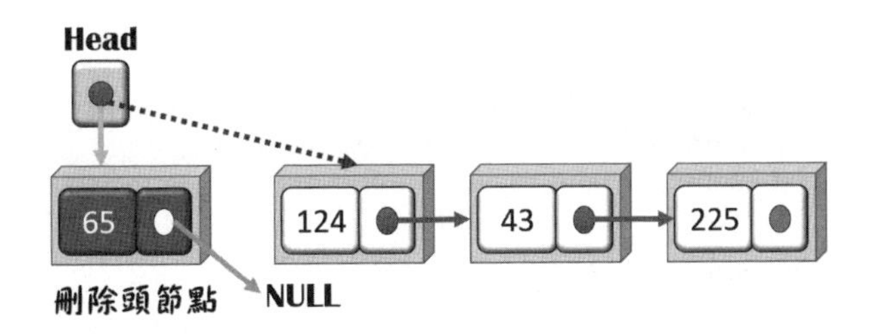


**Step 2.** 再把參考為NULL的第一個節點刪除。

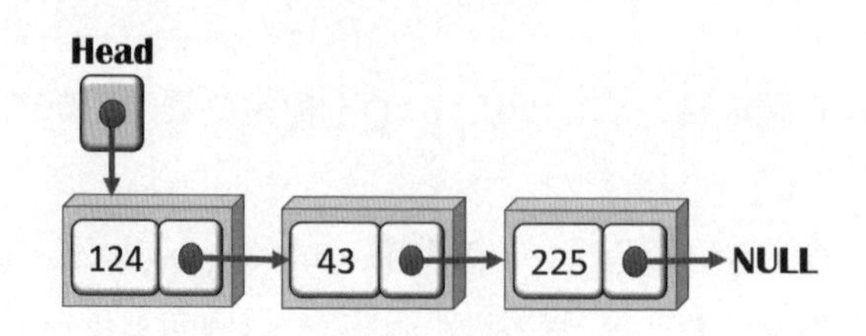


**(2) 刪除最後一個節點**

把最後一個節點的Next鏈結，直接指向Null即可。作法跟刪除首節點雷同，只是把目標轉移到最後一個節點。

**Step 1.** 目前參考ptr指向第一個節點，配合while迴圈走訪到最後一個節點；將節點「43」的Next鏈結指向Null。

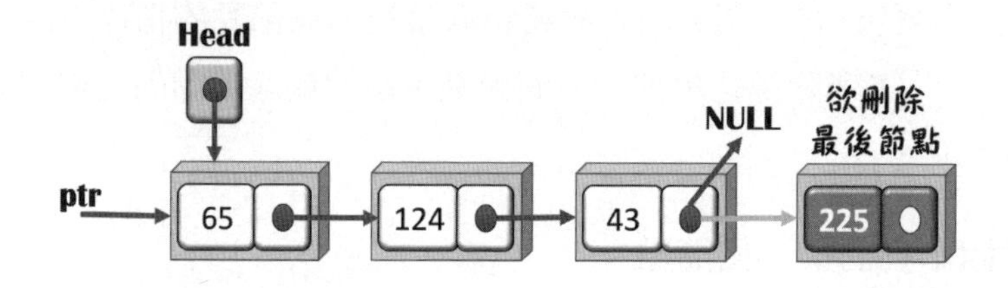


**Step 2.** 最後一個節點變成節點「43」。

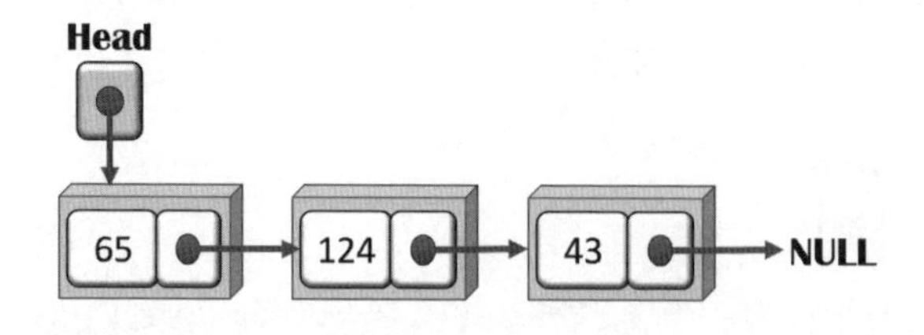


**(3) 刪除鏈結串列的中間節點**

單向鏈結串列中，欲刪除指定節點需要兩個步驟來完成。

**Step 1.** 目前節點參考ptr指向第一個節點，配合while迴圈走訪到欲刪除節點的前一個節點；將欲刪除節點的前一個節點「65」的Next鏈結，重新指向欲刪除節點的下一個節點「43」。

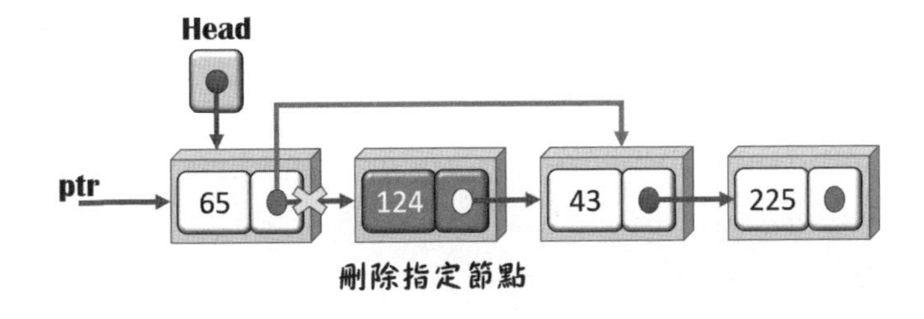


**Step 2.** 把欲刪除節點「124」的Next參考設為Null。

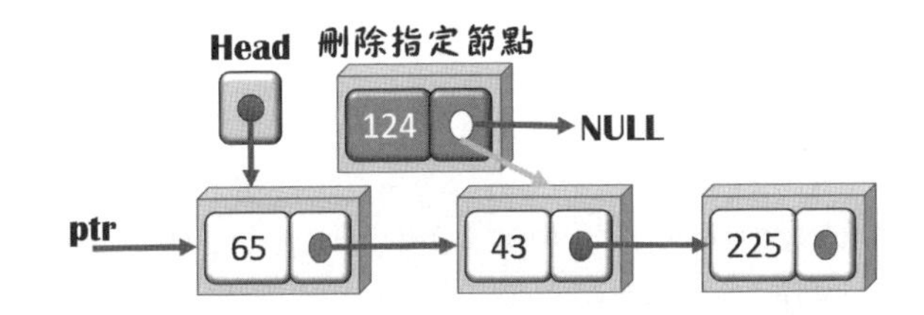


單向鏈結串列中節點的移除就以下述範例LinkedList.java，藉由LinkedList類別的成員方法removeFirst()、removeLast()、removeAt()來實作。



範例CH04/LinkedList.java

```
101    public class LinkedList{
102    public void removeFirst(){
103        //首節點被刪除，設下個節點為第一個節點
104        if(first == null)
105           return;
106        first = first.next;
107    }
108    public void removeLast(){   //刪除最後一個節點
```

```
109        if (first == null)
110           out.println("串列是空的");
111        else if(first.next == null)
112           first = null;
113        else{
114           Node ptr = first;    //目前參考指向第一個節點
115           while (ptr.next.next != null)
116              ptr = ptr.next;
117           ptr.next = null;    //刪除最後節點，next設爲null
118        }
119     }
120     public void removeAt(int data){ //刪除指定節點
121        if(first == null)
122           out.println("串列是空的...");
123        if(first.item == data) //第一個節點被刪除
124           first = first.next;
125        else{    //刪除第一個節點之外的其他節點
126           Node ptr = first;
127           //走訪串列來查找欲刪除節點
128           while (ptr.next != null){
129              //下一個節點的資料符合欲刪除節點
130              if (ptr.next.item == data)
131                 break;
132              ptr = ptr.next;
133           }
134           if (ptr.next == null)
```

```
135             out.printf("串列無此節點[%d]", data);
136          //目前所在節點next指標指向被刪除節點的下一個節點
137          else
138             ptr.next = ptr.next.next;
139       }
140    }
141    //程式碼省略
142 }
```



**程式解說**

- 第102~106行：定義成員方法removeFirst()，刪除串列的第一個節點。若第一個節點被刪除，就設下一個節點為第一個節點。
- 第108~119行：定義成員方法removeLast()，刪除串列的最後一個節點。在串列有節點的情形下，指向目前節點的參考ptr並配合while迴圈走訪到最後一個節點；把成為最後節點的Next鏈結指向null。
- 第120~140行：定義成員方法removeAt()，指定節點予以刪除。
- 第123~124行：若指定節點是第一個節點就直接刪除。
- 第125~139行：其他節點的話，移動參考ptr配合while迴圈找到欲刪除節點，而ptr參考指向前一個節點來完成節點的刪除。

## 4.2.5 反轉鏈結串列

如何把單向鏈結反轉？檢視下圖，由於它具有方向性，走訪時只能向下一個節點移動。但它允許將新節點加到首節點。利用此特性（最先加入的節點會放到最後），把節點做逐一交換，最後取得的尾節點就把它改變成首節點，完成反轉過程。

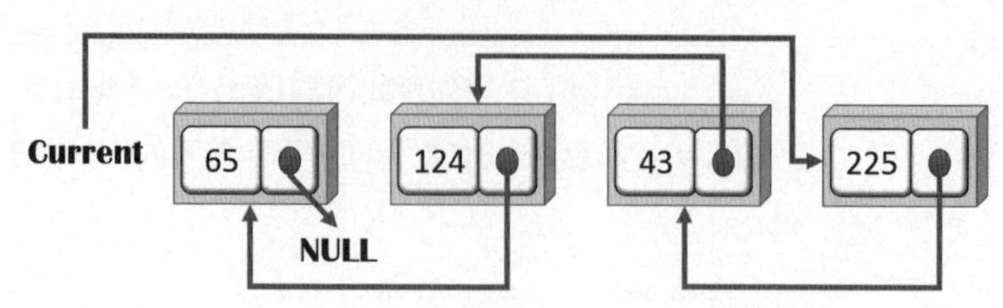


**Step 1.** 原有的鏈結串列，while迴圈配合current參考從第一個節點開始走訪。

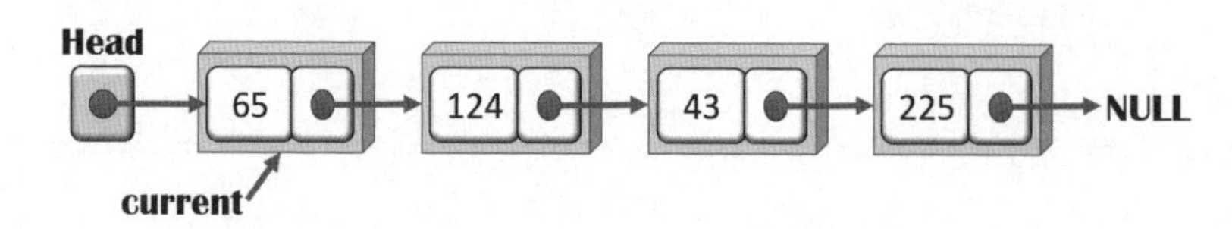


**Step 2.** 將目前節點參考current移向下一個節點，把current參考指向的節點變更為前一個節點，將目前節點的Next鏈結指向前一個節點。

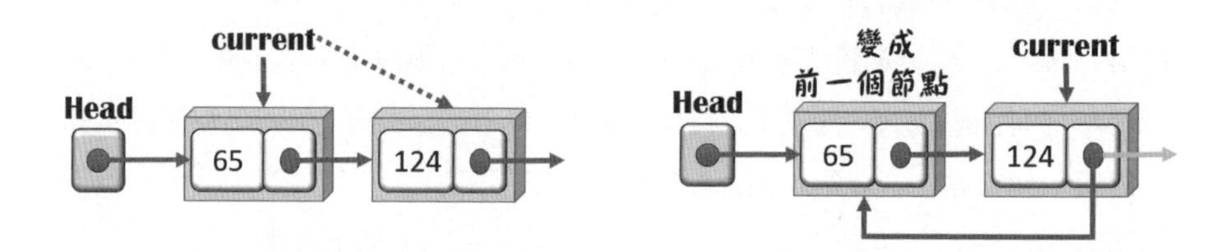


**Step 3.** 完成鏈結串列的反轉，原來的最後節點變成第一個節點。

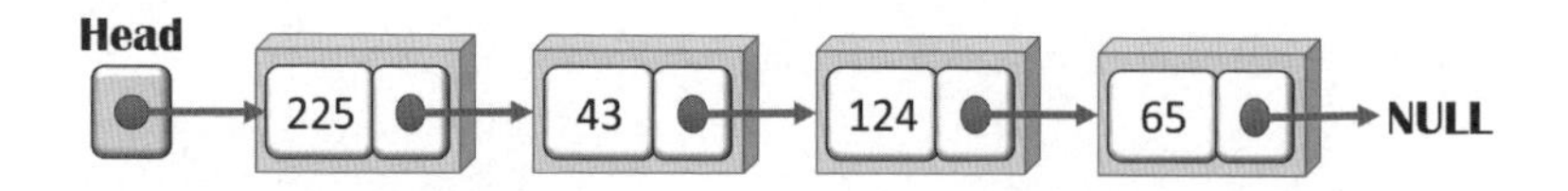


**範例CH04/LinkedList.java**

```
141     public class LinkedList{
142     public void revertNode(){    //previous為上一個節點
143        Node previous = null, current;
```

```
144        while (first != null){
145            current = first;         //由第一個節點開始走訪
146            first = current.next;    //移向下一個節點
147            current.next = previous;
148            previous = current;      //目前指標指向前一個節點
149        }
150        first = previous;
151    }
152    //程式碼省略
153 }
```

**程式解說**

◈ 第142~151行：定義成員方法revertNode()將鏈結串列反轉。

◈ 第147行：目前節點current的next鏈結指向上一個節點。

# 4.3 環狀鏈結串列

從單向鏈結串列結構討論中，我們可以衍生出許多更爲有趣的串列結構，本節所要討論的是環狀串列（Circular List）結構，環狀串列的特點是串列的任何一個節點，都可以達到此串列內的各節點，可做爲記憶體工作區與輸出入緩衝區的處理及應用。

## 4.3.1 定義環狀鏈結串列

單向環狀鏈結串列（Circular Linked List）會把串列的最後一個節點指標指向串列首，整個串列就成爲單向的環狀結構。如此一來便不用擔心串列首遺失的問題了，因爲每一個節點都可以是串列首，也可以從任一個節點來追縱其他節點。參考下圖，建立的過程與單向鏈結串列相似，唯一的不同點是必須要將最後一個節點指向第一個節點。

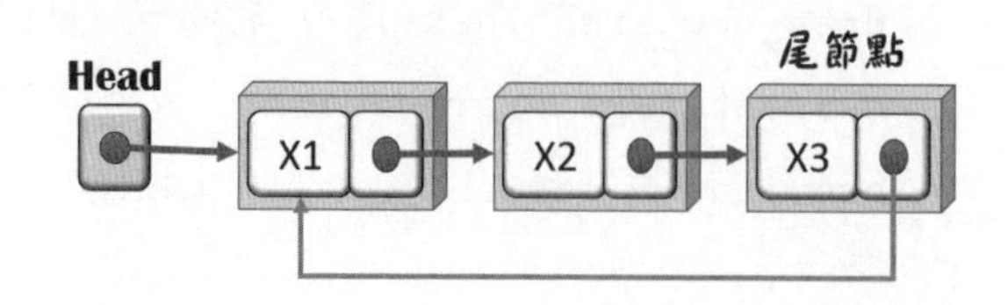


環狀串列可以從串列中任一節點來追蹤所有串列的其他節點，也無所謂哪一個節點是首節點，同時，在環狀串列中的任一節點，都可以輕易找到其前一個節點。關於環狀串列的特點，我們大致做出以下的優、缺點。

| 優點 | 缺點 |
|---|---|
| ● 回收整個串列所需時間是固定的，無關長度<br>● 從任何一個節點追蹤所有節點 | ● 多一個鏈結空間<br>● 插入一個節點需要改變兩個鏈結<br>● 讀取資料比較慢，因爲必須多讀取一個鏈結指標 |

**範例CH04/CircularList.java**

```
01    package CircularLinkedList;
02    public class CircularList {
03    Node first;
04    public CircularList(){    //建構式
05       first = null;
06    }
07    public void display(){
08       Node current;           //指向目前節點
09       if (first == null)
```

```
10          out.println("鏈結串列是空的");
11       else {
12          current = first; //從第一個節點開始準備走訪串列
13          //串列有節點的情形下才讀取節點
14          while (current != null){
15             out.printf("[%d]->", current.item);
16             current = current.next;
17             if (current == first)
18                break;
19          }
20          out.println();
21       }
22    }
23}
```

**程式解說**

◈ 定義環狀單向鏈結串列CircularList()類別，其建構式初始化第一個節點「first」為空值。

◈ 第7~22行：定義成員方法display()配合while迴圈來輸出串列節點內容。

◈ 第17~18行：由於串列是環狀，當指向目前節點「current」的參考回到第一個節點「first」以break敘述來中斷迴圈。

## 4.3.2 節點的新增

單向環狀鏈結串列中並無任何一個節點的鏈結會指向NULL，因此，若有指標為NULL時，說明它是一個空的串列。如何在環狀串列的插入節點？和單向串列的節點插入稍有不同，可以區分兩種情況：①新增項目於

第一個節點之前；②新增項目到最後節點之後。

## (1) 新增項目於第一個節點之前

作法很簡單，就是把新增的節點變成第一個節點；把最後節點的鏈結，把它指向新節點即可。

**Step 1.** 新節點D要插到第一個節點之前；while迴圈配合目前節點參考Current走訪至串列的最後節點「C」。

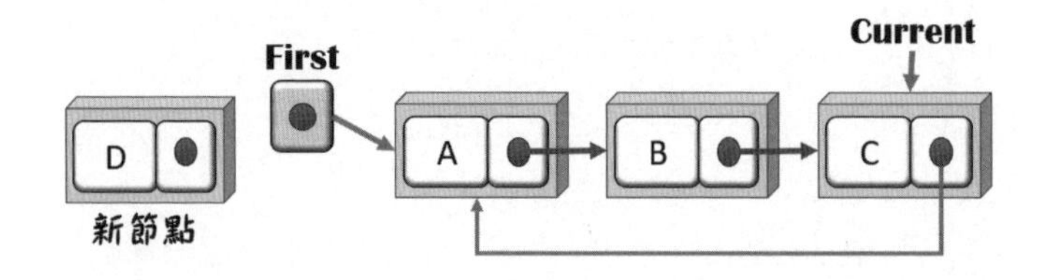


**Step 2.** 將目前節點C（參考Current所指）Next參考指向新節點，First參考指向新節點。

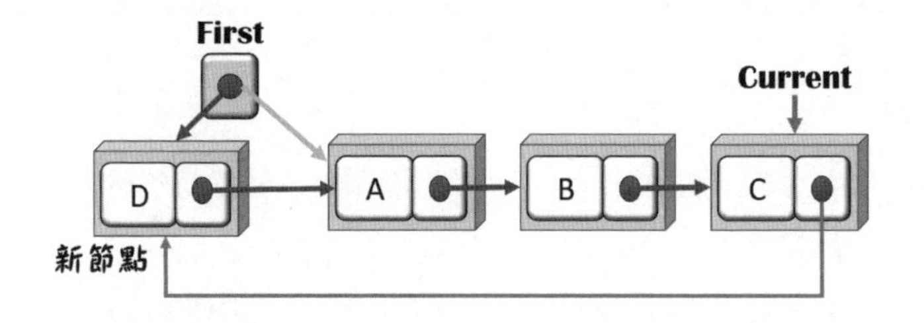


## (2) 新增項目到最後節點之後

作法與「新增項目於第一個節點」的操作不同；除了把新增的節點變成最後節點之外；還要把新節點的鏈結，把它指向第一個節點。

**Step 1.** 新節點D要插到最後節點之後；while迴圈配合目前節點參考Current從第一個節點開始走訪到最後一個節點。

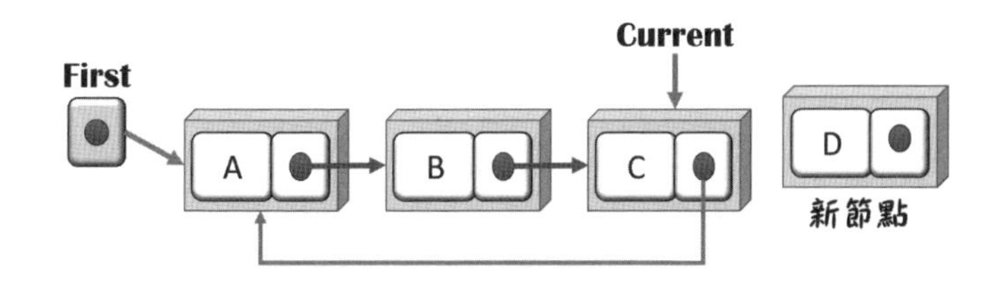


**Step 2.** 將目前節點C（參考Current所指參考Next指向新節點「D」），將新節點「D」的Next指向第一個節點。

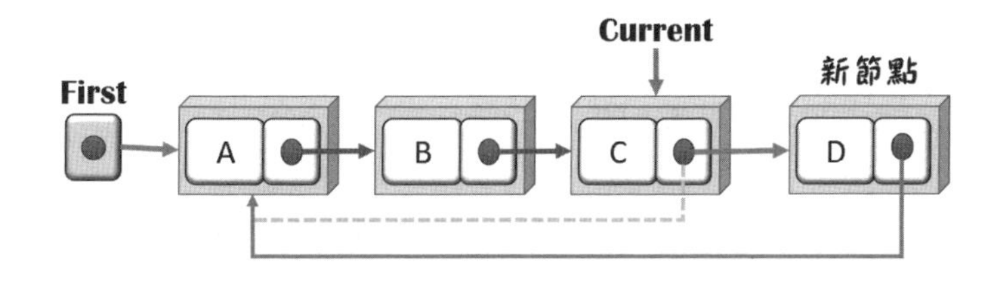


單向環狀鏈結串列中節點的新增繼續以範例CH0407.java來實作，藉由CircularList類別的成員方法addFirst()、addLast()來了解其操作。

範例CH04/CircularList.java

```
31    public class CircularList {
32    //程式碼省略
33    //新增節點到第一個節點之前
34    public void addFirst(int data) {
35       Node newNode = new Node(data);
36       newNode.next = first;
37       //2.目前節點參考指向第一個節點
38       Node current = first;
39       if (first == null)
40          newNode.next = newNode;
41       //目前節點的參考未指向第一個節點的情形下才走訪
```

```
42         Else {
43            while (current.next != first)
44               current = current.next;
45            //目前節點Next指標指向新節點
46            current.next = newNode;
47         }
48         first = newNode;    //設新節點為第一個節點
49      }
50
51      //新增節點到最後一個節點之後
52      public void addLast(int data) {
53         Node current; //指向目前節點的參考current
54         //第1個節點空的，設新節點為第1個節點
55         if (first == null){
56            first = new Node(data);
57            first.next = first;
58         }
59         else {    //有第一個節點就以while迴圈走訪
60            Node newNode = new Node(data);
61            current = first;
62            //走訪串列到最後節點
63            while (current.next != first)
64               current = current.next;
65            //1.目前節點的next鏈結指向新節點
66            current.next = newNode;
67            //2.新節點next鏈結指向首節點
68            newNode.next = first;
69         }
70      }
71      //程式碼省略
72   }
```

### 程式解說

◈ 同樣是在環狀單向鏈結串列CircularList()類別中，實作兩個新增節點的方法addFirst()和addLast()。

◈ 第34~49行：定義成員方法addFirst()，新增節點到第一個節點之前，成爲串列的第一個節點。

◈ 第36行：產生新節點newNode，把新節點參考next指向第一個節點first。

◈ 第42~47行：有第一個節點情形下，while迴圈配合目前節點參考current走訪串列到最後節點，把它的Next鏈結指向新節點。

◈ 第52~70行：定義成員方法addLast()，新增節點到最後一個節點之後，成爲串列的最後一個節點。

◈ 第59~69行：有第一個節點情形下，while迴圈配合目前節點參考current走訪串列到最後節點，把新節點的next鏈結指向第一個節點。

## 4.3.3 節點的刪除

單向環狀串列的節點要如何刪除？依據前面所討論的單向鏈結串列刪除節點的作法，可以區分三種情況：①直接刪除第一個節點；②將最後一個節點刪除。

### (1) 直接刪除第一個節點

直接把鏈結串列的第一個節點刪除，意味著把第二個節點變更爲第一個節點。

**Step 1.** 刪除第一個節點「D」；目前節點參考Current不是指向第一個節點的情形下，while迴圈開始走訪串列到最後節點

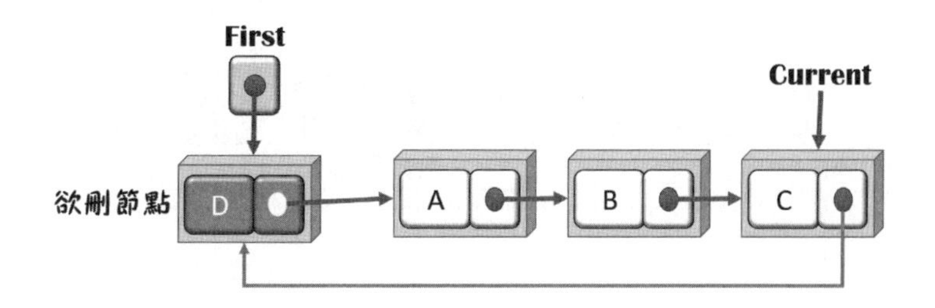

**Step 2.** 將目前節點「C」的Next參考指向第二個節點，變更第二個節點「A」爲第一個節點。

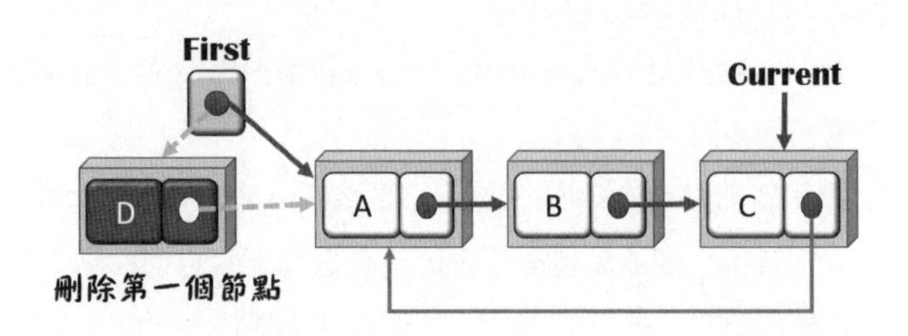


### (2) 直接刪除最後節點

要把鏈結串列的最後一個節點刪除，意味著把串列裡倒數的第二個節點變更爲最後一個節點。

**Step 1.** 設定兩個參考Current、Previous，目前節點參考Current不是指向第一個節點的情形下，while迴圈開始走訪串列到指定節點。

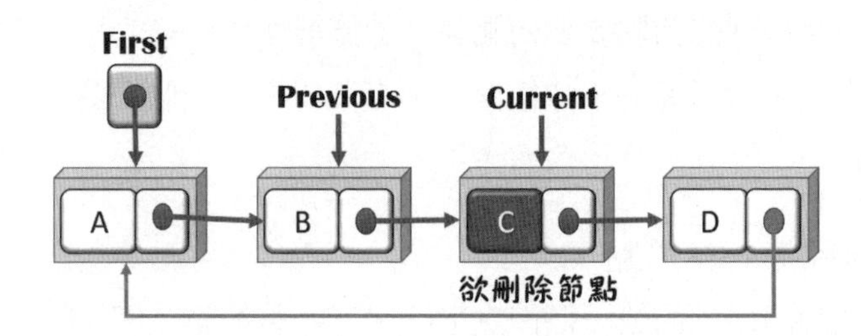


**Step 2.** 前一個節點「B」的Next鏈結指向節點「D」。

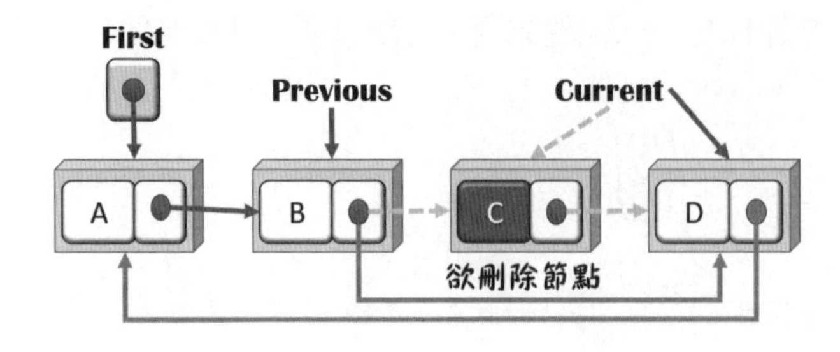

單向環狀鏈結串列中節點的移除，藉由CircularLinkedList類別的成員方法removeAt()來實作移除節點的程序。

範例CH04/CircularLinkedList.java

```
71    public class CircularLinkedList {
72    //省略部分程式碼
73    public void removeAt(int data){    //刪除指定節點
74       Node current, previous;
75       if (first.item == data){
76          current = first;
77          while (current.next != first)
78             current = current.next;
79          out.printf("節點[%d]已被移除", first.item);
80          current.next = first.next;
81          //變更第二個節點為第一個節點
82          first = first.next;
83       }
84       else { //情形二：首節點以外的節點要被刪除
85          current = first;
86          while(current.next != first) {
87             //從目前節點的前一個節點開始
88             previous = current;
89             current = current.next;
90             if(current.item == data){
91                previous.next = current.next;
92                //移向下一個節點
93                current = current.next;
94             }
95          }
```

```
96         }
97     }
98     //程式碼省略
99 }
```

**程式解說**

◈ 第73~97行：定義成員方法removeAt()依據傳入參數值來刪除節點；而刪除節點分兩種情形，刪除第一個節點；刪除其它節點。

◈ 第75~83行：刪除第一個節點；若第一個節點被刪除，指定下一個節點爲第一個節點。

◈ 第78行：將目前節點參考current的next鏈結指向第一個節點的下一個節點，實際上就是第二個節點。

◈ 第84~96行：刪除其它指定節點，目前節點參考current的next鏈結未指向第一個節點情形下以while迴圈走訪。

◈ 第90~94行：找到指定節點，被刪節點的前一個節點鏈結next指向被刪節點的下一個節點。

# 4.4 雙向鏈結串列

另一種常見的鏈結串列就是雙向鏈結串列（Doubly Linked List）。要存取單向鏈結串列必須依循指標方向，從首節點走向尾節點。但如果想在單向鏈結串列做反向走訪，那可就是一件如假包換的大工程。此外，單向鏈結串列的某一個鏈結斷裂，後續的資料就會遺失而無法復原。

爲了解決上述這兩項缺失，存取資料讓方便，雙向鏈結串列允許雙向走訪，同時改善了單向鏈結串列鏈結斷裂的問題。雙向鏈結串列的基本結構和單向鏈結有點相似，每一個節點除了資料欄之外，還包含左、右兩個鏈結欄，一個指向前一個節點，另一個指向後一個節點。至於雙向鏈結串列的優、缺點分析如下：

| | 雙向鏈結串列 |
|---|---|
| 優點 | • 雙向鏈結串列採用雙鏈結欄，已知前一個節點位置，刪除或加入新節點時，執行速度快過單向串列<br>• 雙鏈結欄之故，若鏈結斷落，另一個方向的鏈結欄能快速反向恢復其鏈結 |
| 缺點 | • 雙向串列比單向串列需要多一個鏈結，較浪費記憶體空間<br>• 雙向串列加入新節點得變更四個鏈結，刪除一個節點也要改變兩個鏈結；而單向串列加入新節點，只要改變兩個指標，刪除節點只要改變一個指標即可 |

## 4.4.1 定義雙向鏈結串列

爲了改善單向鏈結串列只能依序走訪的不便性，於是雙向鏈結串列（Doubly Linked List）蘊含而生。它的節點不同於單向鏈結串列，它具有三個欄位，一爲左鏈結（Lnext），二爲資料（DATA），三爲右鏈結（Rnext），其資料結構如下圖所示。

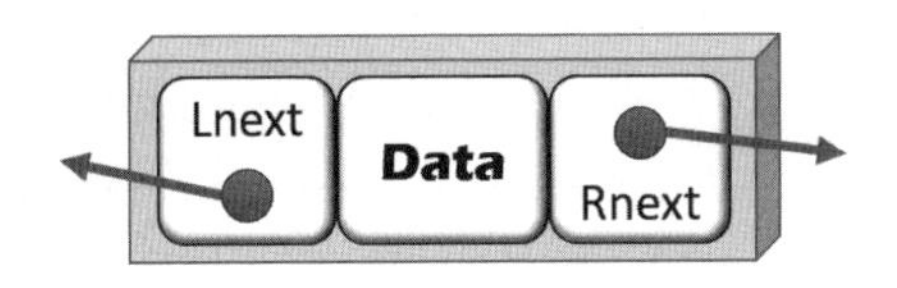


鏈結Lnext指向前一個節點，而另一個鏈結Rnext指向下一個節點。通常在雙向鏈結串列加上一個「首節點」參考，它的資料欄不存放資料。當首節點的Lnext和Rnext分別指向NULL，表示它是一個空串列。

雙向串列可分成環狀和非環狀兩種。另外爲了方便存取，透過下圖先認識資料欄含有資料的雙向鏈結串列。

如何定義雙向鏈結串列？先來撰寫雙向鏈結串列的節點部份。

```
// 範例CH04/Node.java
package DoublyLinkedList;
public class Node {
   int item;              //資料欄
   Node Lnext;            //指向前一個節點
   Node Rlink;            //指向下一個節點
   Node(int data){        //建構式
      this.item = data;
      this.Lnext = null;
      this.Rlink = null;
   }
}
```

◈ 由於是雙向鏈結串列，要有兩個鏈結：Lnext指向前一個節點，Rlink指向下一個節點。

## 4.4.2 新增節點

要在雙向鏈結串列中加入節點，同樣有三種情形可討論：①新增資料到最後節點處、②從第一個節點處加入、③指定位置加入新節點。如何在最後節點加入新項目？它的作法是加入新節點之後，此新節點就會變成鏈結串列的最後節點。

### (1) 新增資料到最後節點處

新增資料到最後一個節點，把新增節點變成最後一個節點。

**Step 1.** 準備加入新節點「84」，進行記憶體空間的配置。

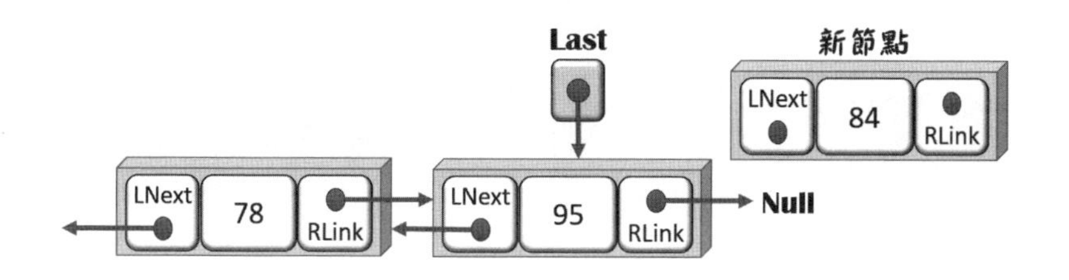


**Step 2.** 將串列的最後節點「95」的右鏈結RLink指向新節點「84」，新節點的左鏈結LNext指向原串列的最後一個節點，並將新節點的右鏈結指向Null，新節點變成最後一個節點。

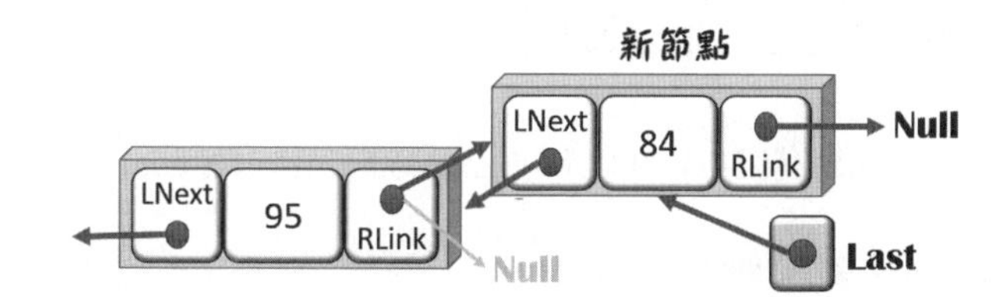


**Step 3.** 實作請參考範例CH04／DoublyList.java成員方法addLast()。

### (2) 從第一個節點處加入

在雙向鏈結串列中加入節點的第二種情形，將新節點「67」新增到原串列的第一個節點前，把它變成第一個節點。

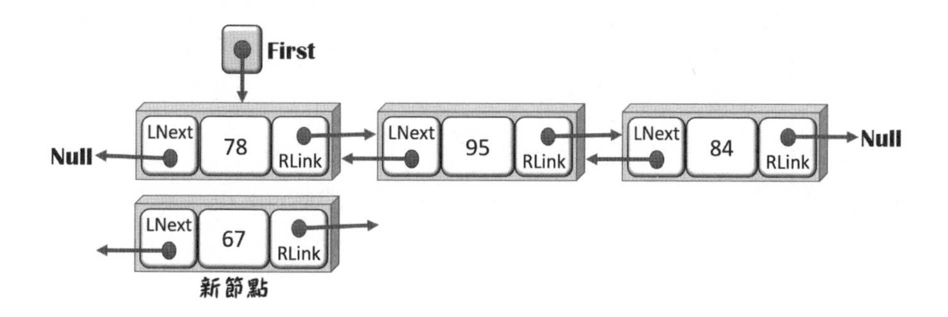

**Step 1.** 將鏈結串列第一個節點「78」的左鏈結LNext指向新節點，把新節點「67」的右鏈結RLink指向串列的第一個節點「78」。

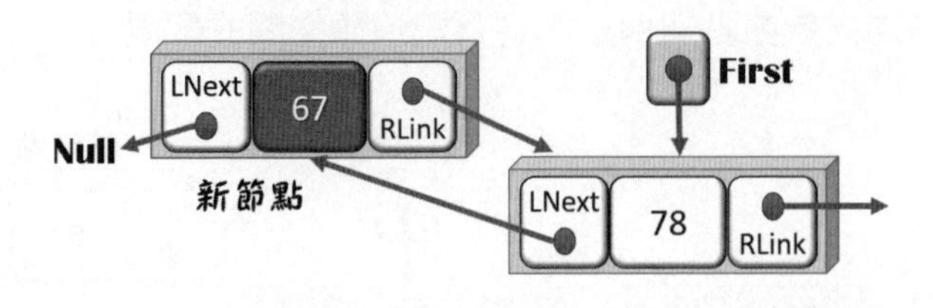


**Step 2.** First參考指向新節點「67」，使它變成第一個節點，完成加入動作。

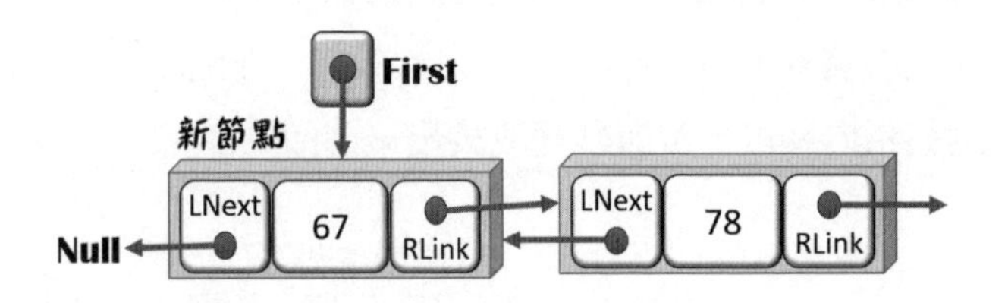


**Step 3.** 實作請參考範例CH04 / DoublyList.java的成員方法addFirst()。

### (3) 指定位置插入新節點

雙向鏈結串列新增節點的第三種可能情況：走訪串列到指定位置的某個節點，將新節點加到此節點之前，原有節點向後移動。

**Step 1.** 新節點「225」欲插人於位置2，位於此處的節點92會向後移動。

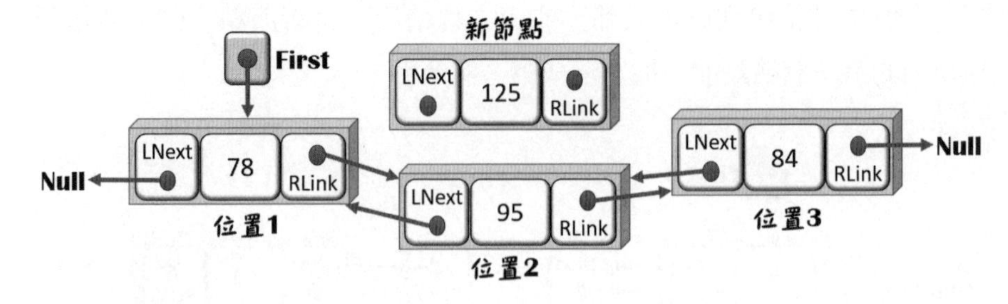


**Step 2.** 將新節點「125」的右鏈結Rlink指向目前節點「95」，新節點的

左鏈結Lnext指向前一個節點「78」，將目前節點「95」的左鏈結Lnext指向新節點「125」，前一個節點「78」的右鏈結Rlink指向新節點「125」。

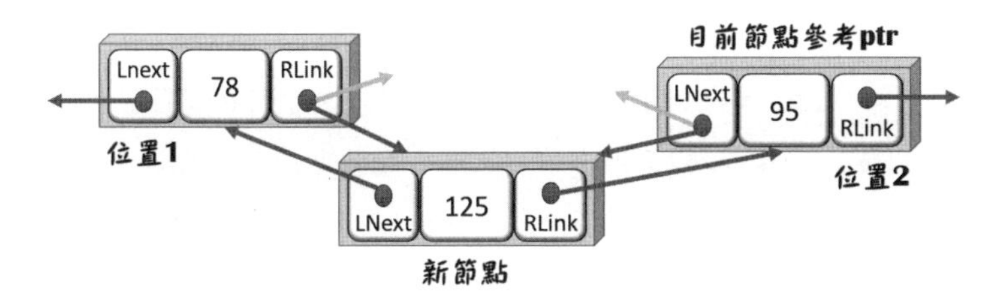


**Step 3.** 最後，新節點「125」會新增到指定位置2，原有節點「95」向後移動。

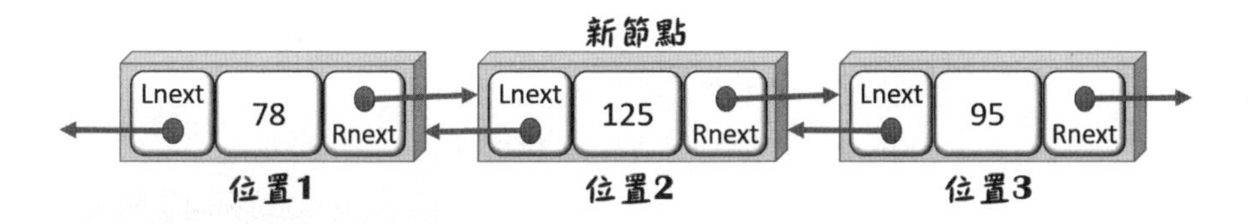


範例CH04/DoublyList.java

```
01    package DoubleLinkedList;
02    public class DoublydList{
03    protected Node first, last;
04    public int count = 0; //統計節點數
05    public DoublyLinkedList() {   //定義建構式
06       first = null; //初始化第一個節點為空值
07       last = null;   //初始化最後一個節點為空值
08    }
09    public void insertAt(int data, int pos){
10       Node newNode;    //新點節
```

```
11        int j;
12        if (pos == 1)
13           addFirst(data);    //呼叫方法加到第一個節點之前
14        else if (pos >= Count)
15           addLast(data);     //呼叫方法加到最後節點之後
16        else {  //找到指定位置的前一個節點來新增節點
17           Node ptr = first;   //目前指標ptr指向新節點
18           //依據傳入位置參數讀取節點
19           for (j = 1; j < pos && ptr != null; j++)
20              ptr = ptr.Rlink;
21           newNode = new Node(data)     //產生新節點newNode
22           newNode.Rlink = ptr;
23           newNode.Lnext = ptr.Lnext;
24           ptr.Lnext = newNode; //目前節點的左鏈結指向新節點
25           //前一個節點的右鏈結Rlink指向新節點
26           newNode.Lnext.Rlink = newNode;
27           count++;
28        }
29     }
30     //程式碼省略
31}
```

執行結果

```
產生節點 --> [78]->[95]->[84]-> 節點數:  3
新節點變成第一個節點
[67]->[78]->[95]->[84]-> 節點數:  4
指定位置新增節點
[67]->[78]->[125]->[95]->[84]-> 節點數:  5
```

**程式解說**

◈ 第4行：屬性count用來統計節點數，初值設爲零。

◈ 第9~28行：定義成員方法insertAt()，依據傳入位置來插入節點。

◈ 第12~13行：指定位置是第一個節點，呼叫addFirst()成員方法把新節點加入後變成第一個節點。

◈ 第14~15行：若指定位置大於屬性count，表示新增到最後一個節點，呼叫addLast()成員方法把新節點加入後變成最後一個節點。

◈ 第16~29行：以for迴圈找出某位置的節點來加入新節點，同時變動相關的左、右鏈結。

◈ 第21~23行：產生新節點之後，把右鏈結Rlink指向目前節點，左鏈結Lnext指向前一個節點。

## 4.4.3 刪除節點

欲刪除雙向鏈結串列的節點，也可區分兩種情況來討論：第一種情形是刪除串列的第一個節點。第二種情形就是刪除鏈結串列的最後節點。

### (1) 刪除串列的第一個節點

**Step 1.** 欲刪除第一個節點「78」。將目前節點參考current指向第二個節點「95」，把第一個節點的右鏈結RLink設爲空值。

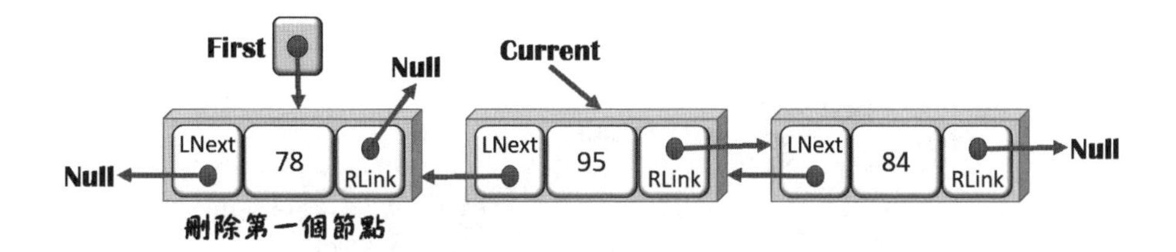


**Step 2.** 參考Current所指的目前節點「95」變更爲第一個節點，First參考指向它，已是第一個節點「95」的左鏈結設爲Null。

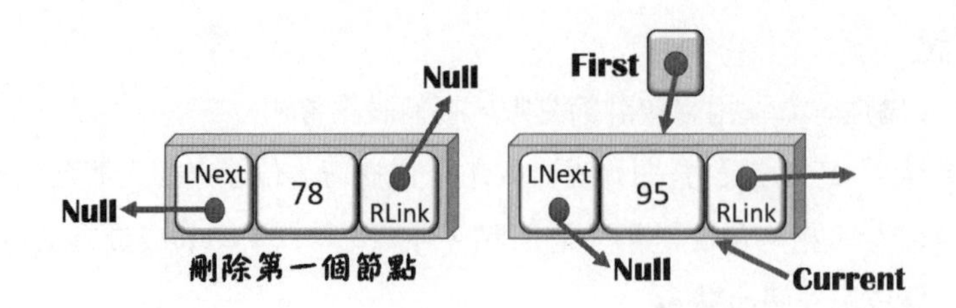


**Step 3.** 實作請參考範例CH04／DoublyList.java的成員方法removeFirst()。

**(2) 刪除鏈結串列的最後節點**

欲刪除雙向串列的節點的第二種情形：刪除此鏈連串列的最後一個節點。

**Step 1.** 欲刪除最後節點「84」，目前節點參考ptr指向倒數第二個節點「95」。

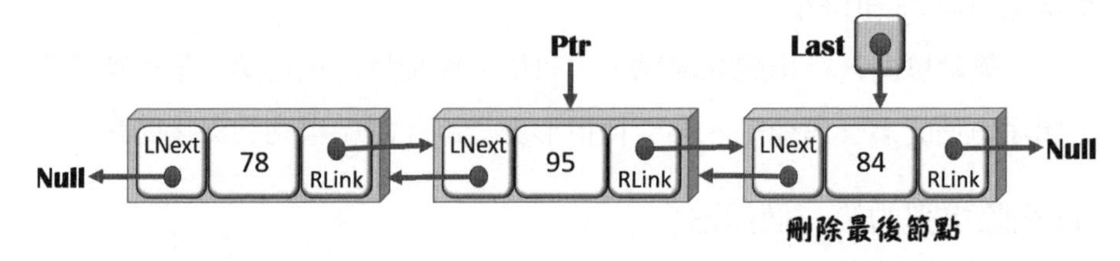


**Step 2.** 設最後節點「84」的左鏈結Lnext爲Null，把參考ptr所指的目前節點「95」設爲最後一個節，Last參考指向它，設最後節點「95」的右鏈結Rlink設爲Null。

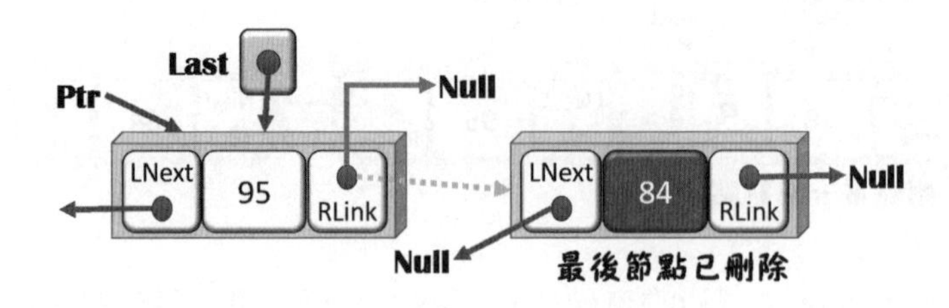

範例CH04/DoublyList.java

```
41    public class DoublyList{
42    //程式碼省略
43    public void removeLast(){
44       if (last == null)
45          WriteLine("串列是空的，無法刪除");
46       else if (count == 1){
47          first = null;
48          last = null;
49          count--;
50       }
51       else {    //狀況3: 刪除最後節點
52          Node ptr = last.Lnext; /
53          last.Lnext = null;
54          last = ptr;
55          last.Rlink = null;
56          count--;
57       }
58    }
59}
```

### 程式解說

◈ 第43~58行：定義成員方法removeLast()來刪除最後節點，以if/else if/else敘述做三種狀況的處理。

◈ 第44~45行：狀況一先判斷是否有最後節點？若無表示它是空串列。

◈ 第46~50行：狀況二是指串列只有一個節點，若被刪除要把指向第一個、最後節點的參考first、last設為空值。

◈ 第51~57行：狀況三則是刪除最後節點：先把目前節點參考ptr指向最後節點的前一個節點，先設欲刪除最後節點的左鏈結為null，把參考ptr所指的目前節點設為最後一個節點，然後把已是最後節點的右鏈結設為null。

## 4.4.4 環狀雙向鏈結

先前介紹過環狀單向鏈結串列，更進一步來認識「雙向環狀鏈結串列」（Circular Doubly Linked List）。以下圖來說，每一個節點除了資料欄之外，同樣有左、右兩個鏈結，分別指向上一個和下一個節點；而最後一個節點的右鏈結會指向第一個節點，第一個節點的左鏈結則會指向最後一個節點，所以其鏈結欄位不會指向Null。

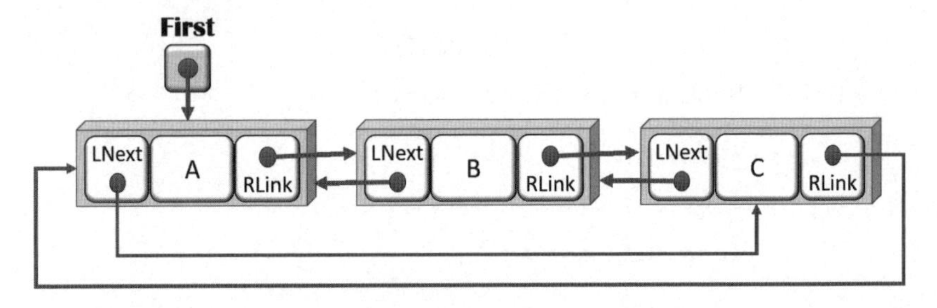


如何將新節點加到環狀雙向的鏈結串列中？第一種作法就是把新節點加到第一個節點之前，使它變成第一個節點。

**Step 1.** 將新節點「C」新增到第一個節點「A」之前。

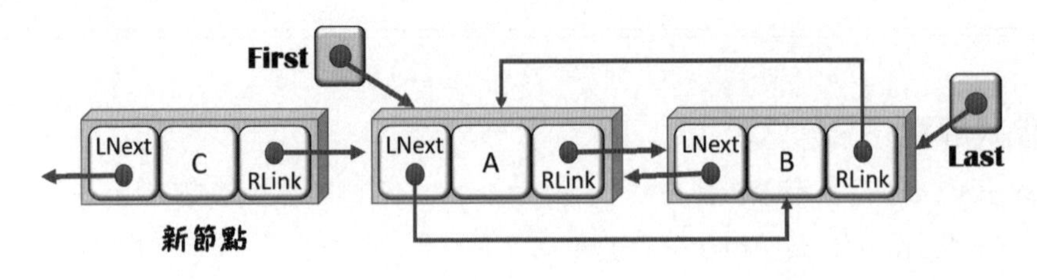


**Step 2.** 將新節點「C」右鏈結指向第一個節點「A」，將第一個節點的左鏈結Lnext指向新節點，設新節點為串列的第一個節點，First參考

指向它。

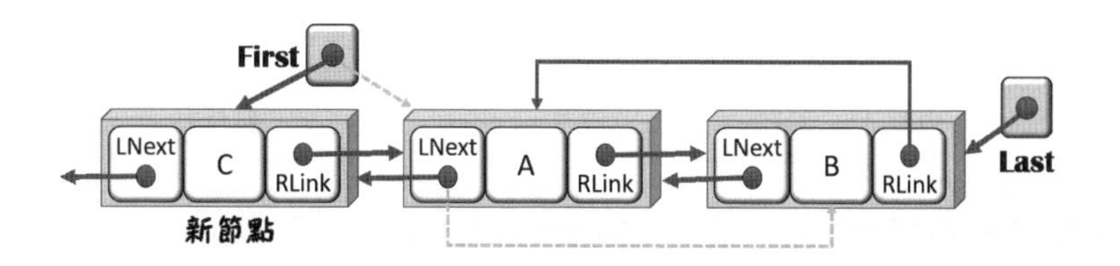


**Step 3.** 第一個節點「C」的左鏈結Lnext指向最後節點「B」，最後節點的右鏈結指向第一個節點「C」。

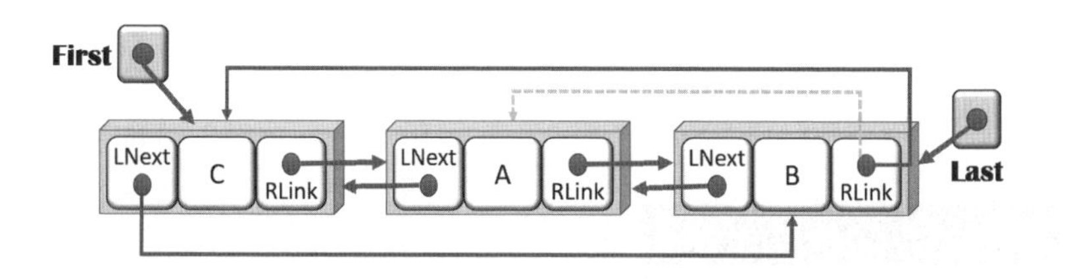


**Step 4.** 實作請參考範例CH04／cdLinkedList.java的成員方法addFirst()。

如何將新節點加到環狀雙向的鏈結串列中？第二種作法就是把新節點加到最後節點之後，使它變成最後一個節點。

**Step 1.** 將新節點「C」新增到最後一個節點「B」之後。

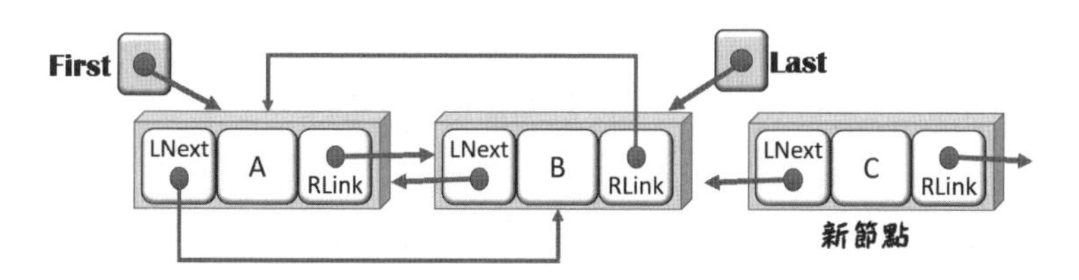


**Step 2.** 將串列最後節點「B」的右鏈結Rlink指向新節點「C」，把新節點的左鏈結Lnext指向串列的原來的最後一個節點「B」，新節點變成最後一個節點。

CHAPTER 4

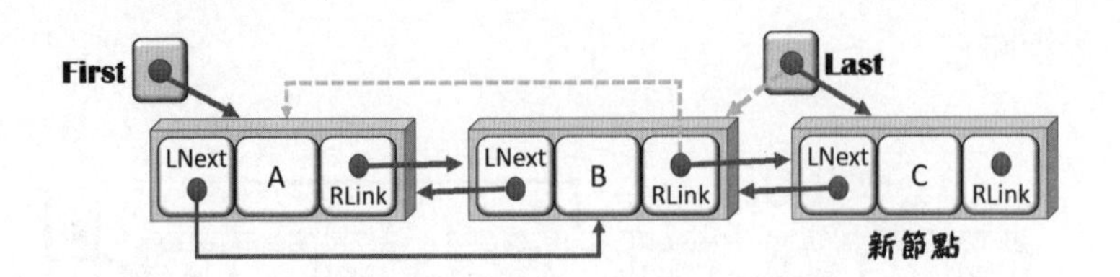


**Step 3.** 把最後節點「C」的右鏈結Rlink指向第一個節點「A」，第一個節點「A」左鏈結Lnext指向最後一個節點「C」。

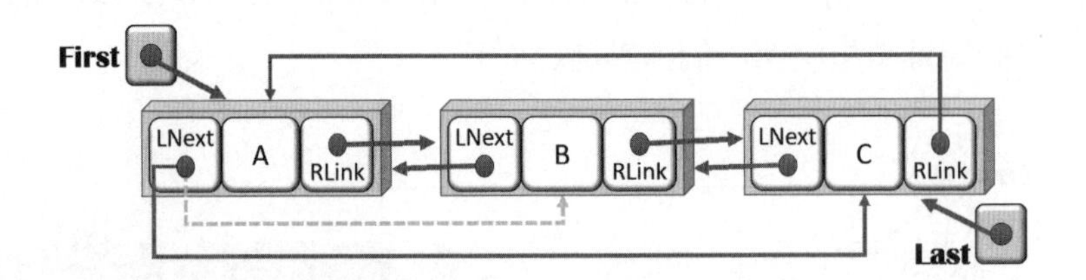


範例CH04/cdLinkedList.java

```
01    package CircularDoublyLinked;
02    public class cdLinkedList{
03    Node first, last;
04    public int count = 0;//屬性, 統計節點數
05    public cdLinkedList() {    //建構式
06       first = null;     //指向第一個節點的參考
07       last = null;      //指向最後一個節點的參考
08    }
09    public void addLast(int data){
10       Node newNode = new Node(data);
11       if (last == null) {
12          first = newNode;
13          last = newNode;
```

```
14        }
15        else {    //串列有節點的話
16           last.RLink = newNode;
17           newNode.LNext = last;
18           last = newNode;
19           last.RLink = first;
20           first.LNext = last;
21        }
22        count++;
23    }
24}
```

## 程式解說

- 定義類別cdLinkedList，設第一個、最後兩個參考來指向其節點，屬性count用來統計節點數。
- 第5~8行：定義建構式--初始化第一個、最後節點為空值。
- 第9~23行：定義成員方法addLast()，把新節點加到最後一個節點之後，變成最後節點。
- 第11~14行：如果最後節點last是空的，就把新節點設給首、尾兩個節點。
- 第15~21行：串列有節點的情形下，先把串列原本最後節點的右鏈結RLink指向新節點；然後將新節點的左鏈結Lnext指向串列的最後一個節點；參考last指向新節點，使它變成最後一個節點；已成為最後節點的右鏈結Rlink指向第一個節點；最後，把第一個節點左鏈結Lnext指向最後一個節點。

如何把環狀雙向的鏈結串列的節點刪除？就以大家較為熟知的兩種作法來討論。第一種作法就是刪除串列的最後一個節點。

**Step 1.** 準備刪除環狀雙向鏈結串列的最後節點「C」。

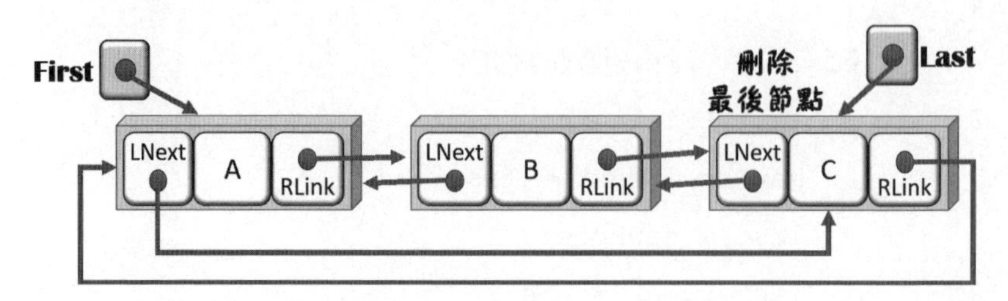


**Step 2.** 目前節點參考ptr指向最後節點的前一個節點「B」，先設最後節點「C」的左鏈結Lnext爲Null，把參考ptr所指的目前節點「B」設爲最後一個節點。

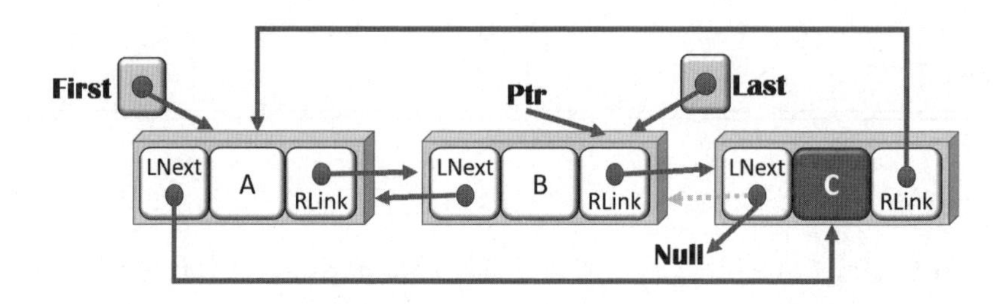


**Step 3.** 最後節點「B」的右鏈結指向第一個節點，第一個節點「A」的左鏈結指向最後節點。

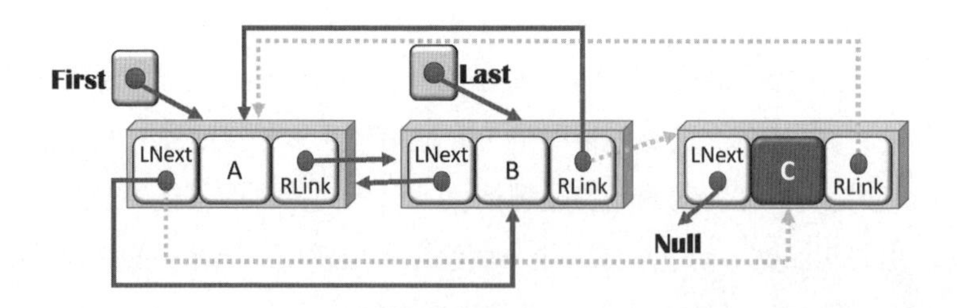


**Step 4.** 實作請參考範例CH04／cdLinkedList.java的成員方法removeLast()。

如何把環狀雙向的鏈結串列的節點刪除？第二種作法就是把刪除串列的第一個節點。

**Step 1.** 準備刪除環狀雙向鏈結串列的第一個節點「A」。

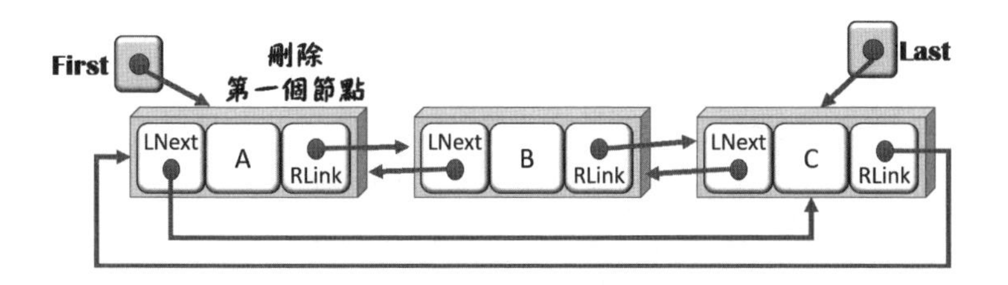


**Step 2.** 目前節點參考current指向第二個節點「B」，第一個節點的右鏈結RLink設爲空值，目前節點「B」變爲第一個節點，First參考指向它。

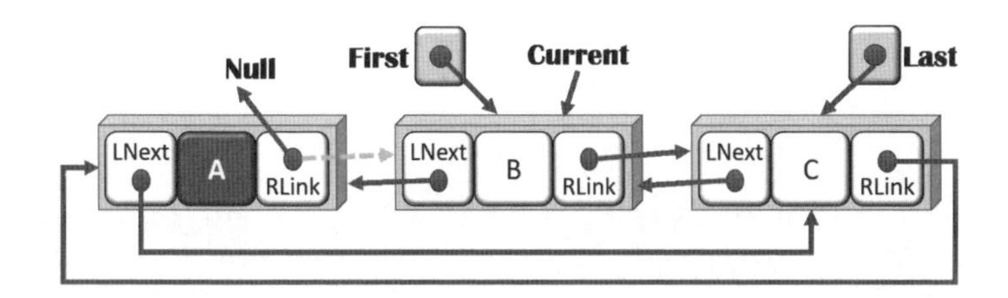


**Step 3.** 已是第一個節點「B」的左鏈結Lnext指向最後節點「C」，最後節點「C」的右鏈結Rlink指向第一個節點「B」。

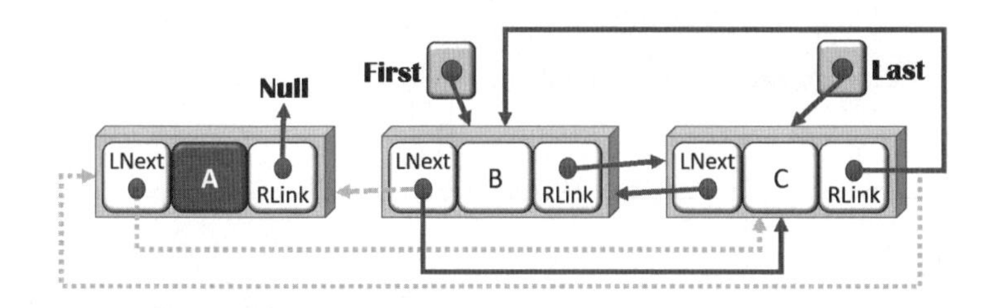


範例CH04/cdLinkedList.java

```
31   public class cdLinkedList {
32   //
33   public void removeLast(){
```

```
34        //狀況1: 先判斷是否有最後節點？若無表示它是空串列
35        if (last == null)
36           WriteLine("串列是空的，無法刪除");
37        else if (count == 1){    //狀況2: 只有一個節點
38           first = null;
39           last = null;
40           count--;
41        }
42        else {    //狀況3: 刪除最後節點
43           Node ptr = last.Lnext;
44           last.Lnext = null;
45           last = ptr;
46           last.Rlink = first;
47           first.Lnext = last;
48           count--;
49        }
50     }
51     //程式碼省略
52}
```

### 程式解說

◈ 第33~50行：定義成員方法removeLast()，用來刪除串列的最後一個節點。

◈ 第43行：先將目前節點參考ptr指向最後節點的前一個節點。

◈ 第44行：然後設最後節點的左鏈結爲null。

◈ 第45行：再把目前節點參考ptr所指的目前節點設爲最後一個節點。

◈ 第46行：已是最後一個節點的右鏈結指向第一個節點。

◈ 第47行：最後，把第一個節點的左鏈結指向最後節點。

# 4.5 鏈結串列的應用

鏈結串列的最大優點是視實際需要才配置記憶體空間，可以減少浪費記憶體空間，因此多項式處理與稀疏矩陣是鏈結串列最普遍的應用範例，效果上會比陣列結構來的節省空間。

## 4.5.1 多項式與單向鏈結串列

一般而言，一元多項式可如此表示：

$$A(x) = a_n x^n + a_{n-1} x^{n-1} + a_{n-2} x^{n-2} + \ldots + a_2 x^2 + a_1 x^1 + a_0$$

◈ $a_n$是第n項的係數，所以完整的多項式共有「n + 1」個係數。

一般來說，使用鏈結串列處理多項式會比用陣列處理多項式來得好，因為使用陣列會有以下兩個缺點：

- 多項式的內容若有所變動，則不論刪除或加入都不易處理。
- 必須事先於記憶體中尋找一塊夠大的空間，將此多項式存入，因而較不具彈性。

如果以鏈結串列來表示多項式的話，多項式只儲存非零項項目，其資料結構可以三個欄位表示，以Java表示如下：

```
// 範例CH04/Node.java
package multinomial;
public class Node {
   int coef;      //多項式非零係數
   int exp;       //多項式指數
   Node next;     //指向下一個節點
   Node(){}       //建構式
```

```
    Node(int data, int pow){    //建構式
        this.coef = data;
        this.exp = pow;
        this.next = null;
    }
}
```

◈ 定義類別Node，然後把屬性Coef、Exp、Next採自動實作方式。

◈ 把建構式多載，第一個爲預設建函式無參數，第二個含有參數。

如果有m個非零項，則可以表示如下：

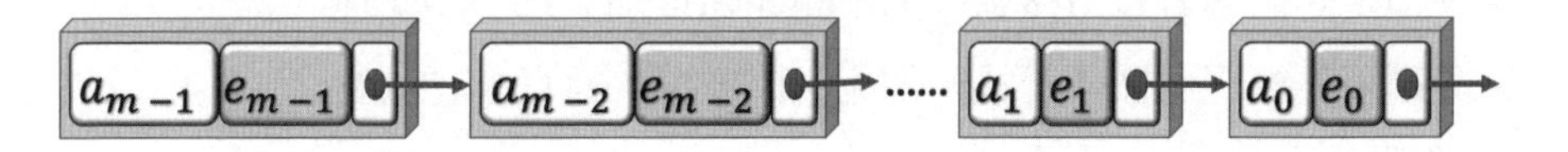


例一：產生一個多項。

```
A = 3X² + 2X + 1
```

使用串列來處理多項式相加，其原理很簡單。例二：先來看看兩個多項式的相加過程。

```
A = 3X² + 2X + 1
B = X² + 3
```

採逐一比較項次，指數相同者相加，指數大者照抄，直到兩個多項式每一項都比較完畢，利用下圖來說明。

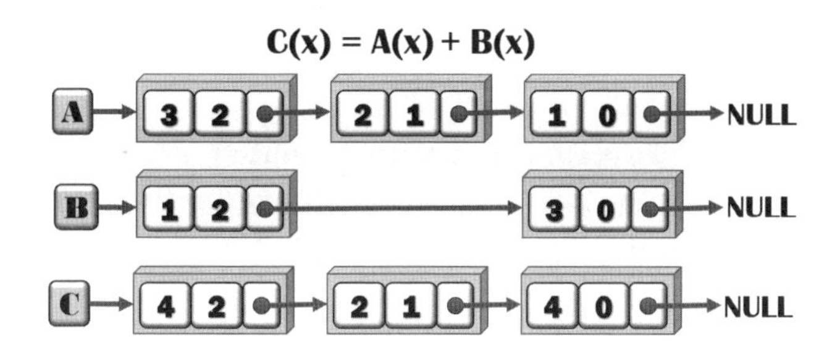


基本上，對於兩個多項式相加，採往右逐一往比較項次，比較冪次大小，當指數冪次大者，則將此節點加到C(X)，指數冪次相同者相加，若結果非零也將此節點加到C(X)，直到兩個多項式的每一項都比較完畢爲止。



範例CH04/Polynomial.java

```
01    package multinomial;
02    public class Polynomial {
03    protected Node item1, item2, result;
04    //建構式初始化指向相關節點的參考
05    public Polynomial() {
06       result = null; //儲存多項式
07       item1 = null;  //儲存第一個多項式
08       item2 = null;  //儲存第二個多項式
09    }
10    public Node createItem(Node A, int data,
11             int pow) {
12       Node current;    //指向目前節點參考
13       Node newNode = new Node(data, pow);
```

```
14        if (A == null) //節點A是空的，就把新節點設為A
15           A = newNode;
16        else {    //有第一個節點就走訪
17           current = A;
18           //走訪串列到最後節點
19           while (current.Next != null)
20              current = current.Next;
21           //目前節點的Next指向新節點
22           current.Next = newNode;
23        }
24        return A;
25     }
26     public Node addItem(){    //兩個多項式相加
27        Node ptr1, ptr2, newNode;
28        Node previous = null;
29        ptr1 = item1;
30        ptr2 = item2;
31        //兩個多項式相加
32        while (ptr1 != null || ptr2 != null) {
33           newNode = new Node();
34           newNode.Next = null;
35           if (ptr1 != null && (ptr2 == null ||
36                 ptr1.exp > ptr2.exp)) {
37              newNode.coef = ptr1.coef;
38              newNode.exp = ptr1.exp;
39             ptr1 = ptr1.Next;
40          }
41          else if (ptr1 == null ||
42                   ptr1.exp < ptr2.exp) {
43             newNode.coef = ptr2.coef;
```

```
44          newNode.exp = ptr2.exp;
45          ptr2 = ptr2.next;
46       }
47       else {   //把兩個指數相同的多項數相加
48          newNode.coef = ptr1.coef + ptr2.coef;
49          newNode.exp = ptr1.Exp;
50          if (ptr1 != null) ptr1 = ptr1.next;
51          if (ptr2 != null) ptr2 = ptr2.next;
52       }
53       //result儲存相加非零結果
54       if (newNode.coef != 0) {
55          if (result == null)
56             result = newNode;
57          else
58             previous.next = newNode;
59          previous = newNode;
60       }
61       else
62          newNode = null;
63    }
64    return result;
65 }
66 public Node showPoly1(){   //取得第一個多項式
67    item1 = createItem(item1, 3, 7);
68    item1 = createItem(item1, 8, 4);
69    item1 = createItem(item1, 1, 3);
70    item1 = createItem(item1, 7, 1);
71    return item1;
72 }
73 public void display(Node result){   //輸出多項式
```

```
74        Node current = null;    //指向目前節點
75        current = result;
76        //串列不是空的情形下讀取節點
77        while (current != null) {
78           out.printf("%dX^%d", current.coef,
79                 current.exp);
80           if (current.next != null &&
81                 current.next.coef >= 0)
82              out.print(" + ");
83           else out.print(" ");
84           current = current.next;
85        }
86        out.println();
87     }
88 }
```

## 執行結果

```
多項式的表示：X^B
多項式一 > 3X^7 + 8X^4 + 1X^3 + 7X^1
多項式二 > 4X^5 + 6X^4 -2X^1
兩個多項式相加結果
3X^7 + 4X^5 + 14X^4 + 1X^3 + 5X^1
```

## 程式解說

◈ 定義類別Polynomial，產生多項式之後，把兩個多項式相加，其建構式把與節點有關的欄位先初始化爲null值。

◈ 第10~25行：定義成員方法createItem()來產生多項式；產生新節點完成記憶體配置之後，若無第一個節點就變成第一個節點，要不然就變成其他節點。

◈ 第26~65行：定義成員方法AddItem()把兩個多項式相加，當兩個多項式確實有節點的情形下以while迴圈走訪，然後比較兩個多項式的指數的大小，再決定是否相加。

◈ 第35~40行：情形一：第一個多項式指數大於第二個多項式，把相關資料放入新節點。

◈ 第41~46行：第二種情形就是第一個多項式指數小於第二個多項式。

◈ 第47~52行：第三種情形就是第一個多項式指數等於第二個多項式，把相同的多項式相加。

◈ 第66~72行：定義成員方法showPoly()來取得第一個多項式。

◈ 第73~87行：定義成員方法display()輸出多項式，並進一步判斷有下一個節點情形下以「+」字元串接多項式。



## 4.5.2 稀疏矩陣與環狀鏈結串列

我們之前曾經介紹過使用陣列結構來表示稀疏矩陣，不過當非零項目大量更動時，需要對陣列中的元素做大規模的移動，這不但費時而且麻煩。其實環狀鏈結串列也可以用來表現稀疏矩陣，而且簡單方便許多。它的資料結構如下：

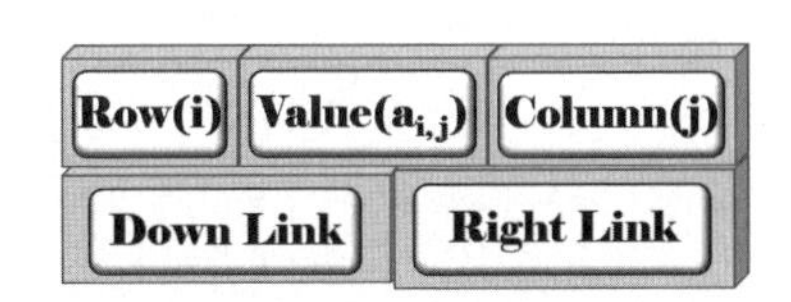


- Row：以i表示非零項元素所在列數。
- Column：以j表示非零項元素所在行數。
- Down：爲指向同一行中下一個非零項元素的指標。
- Right：爲指向同一列中下一個非零項元素的指標。
- Value：表示此非零項的值。

另外在此稀疏矩陣的資料結構中，每一列與每一行必須用一個環狀串列附加一個串列首來表示，請參考下方示意圖。

$$
\begin{pmatrix}
0 & 4 & 11 & 0 \\
-12 & 0 & 0 & 0 \\
0 & -4 & 0 & 0 \\
0 & 0 & 0 & -5
\end{pmatrix}_{4\times 4}
$$

將稀疏矩陣以環狀鏈結串列表示如下：

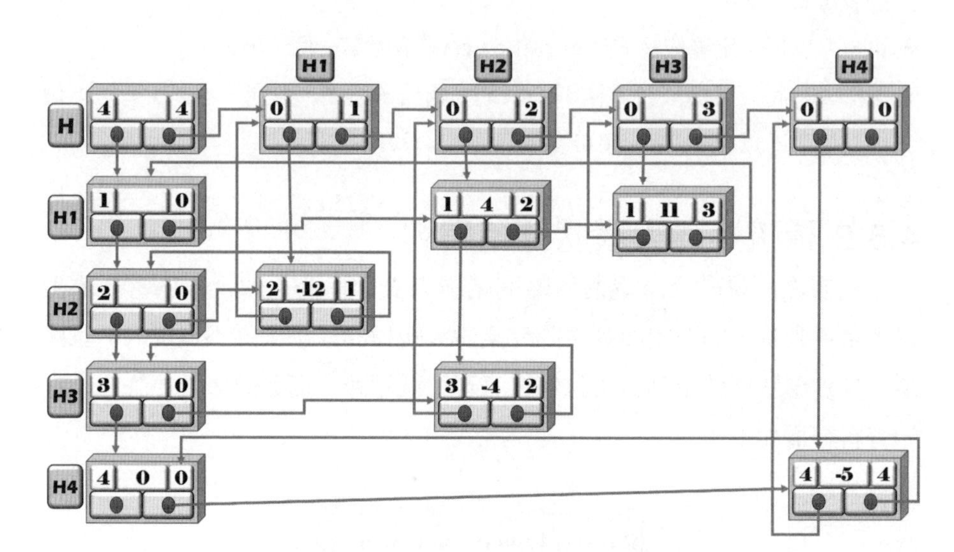

# 課後習作

## 一、選擇題

( ) 1. JAVA宣告類別時，要使用哪一個關鍵字？

(A) final

(B) class

(C) public

(D) this

( ) 2. 對於JAVA來說，類別的成員，加入存取修飾詞「public」，代表的意義？

(A) 不對外公開，只有該類別的成員才能存取

(B) 對外公開，只有繼承的類別才可存取

(C) 對外公開，任何類別皆可存取

(D) 不對外公開，只適用目前所宣告的範圍

( ) 3. 對於建構式的描述，何者不正確？

(A) 把物件初始化

(B) 預設建構式不能有參數

(C) 建構式可以多載（Overloading）

(D) 宣告時，不能跟類別同名稱

( ) 4. 對於單向鏈結串列的描述，何者有誤？

(A) 節點只有單一方向

(B) 鏈結欄用來指向前一個節點

(C) 資料欄儲存資料

(D) 透過指標的移動，能新增或刪除鏈結串的節點

( ) 5. 對於單向環狀鏈結串列的描述，何者正確？

(A) 把串列最後一個節點的指標指向串列首

(B) 只能從串列的第一個節點來追蹤串列的其他節點

(C) 只有第一個節點的指標指向NULL

(D) 把串列最後一個節點的指標指向串列尾

( ) 6. 對於雙向鏈結串列的描述，何者正確？

(A) 雙向鏈結串列不允許雙向走訪

(B) 由於使用雙指標，執行速度較單向鏈結慢

(C) 每個節點除了資料欄外，還包含左、右兩個鏈結欄

(D) 使用雙向鏈結串列能夠節省記憶體空間

## 二、實作與問答

1. 鏈結串列依據其種類，有哪三種？
2. 為什麼單向鏈結串列要設首、尾節點的指標？
3. 在單向鏈結串列插入新的項目，請說明有哪三種方式可供選擇？
4. 單向鏈結串列中，從前端新增節點，輸出其值並統計節點數。
5. 以環狀單向鏈結串列結構實作下列程序。

   (1)新增項目到最後節點，利用Last參考指向最後節點。

   (2)移除第一個節點。

   (3)輸出串列的節點。
6. 右列名稱「Tom、Andy、Vicky、Jan」存放在雙向鏈結串列中，如何以圖形表示？
7. 請說明環狀串列的優缺點。
8. 如何使用環狀串列來表示多項式？試以A = 2X5 + 6X2 + 1說明之。如果使用環狀串列來執行多項式加法，有何優點？

# 第五章

# 堆疊和遞迴

## ★學習導引★

- 堆疊具有先進後出（LIFO）的特性
- 有了堆疊可以運算式由中序轉為前序或後序；或者把前序或後序轉為中序
- 利用遞迴演算法，將大問題拆解成小問題；建立遞迴關係式並找出終止條件

# 5.1 堆疊

堆疊（Stack）是一種資料結構，它也是有序串列的一種。那麼堆疊是什麼？可以把它想像成一堆盤子或者一個單向開口的紙箱，只能從頂部放進物品，拿出物品；堆放於最頂端的物品，可以最先被取出，具有「後進先出」（Last In, First Out, LIFO）的特性。日常生活中也隨處可以看到，例如大樓電梯、貨架上的貨品等，都是類似堆疊的資料結構原理。

## 5.1.1 認識堆疊

一個比較有趣的例子，當我們啟動瀏覽器，進入中央氣象局官方網站，查看天氣預報的路線可能像這樣：

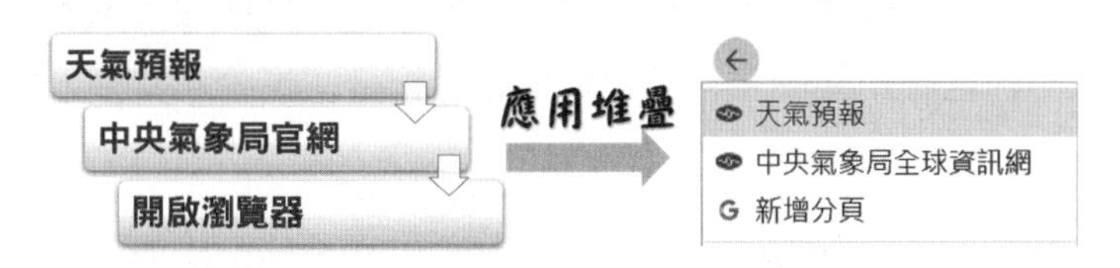


通常瀏覽器的「上一頁」或「下一頁」按鈕會記錄拜訪過的網頁，它們就是以「堆疊」結構來處理。例如進入中央氣象局官網，再進入「天氣預報」網頁；想要回到中央氣象局官方網站，會發現它最先被點擊而停留在「上一頁」的底部；若瀏覽多個網頁，可能要連按好幾個「上一頁」按鈕才能回到其官網。

另外，微軟的文書編輯軟體Word，它的「復原」（Undo）和「重複」兩個按鈕所儲存的操作動作也是以「堆疊」結構來運作。所以，堆疊結構在電腦的應用上可說是相當廣泛，例如遞迴呼叫、副程式的呼叫、CPU的中斷處理（Interrupt Handling）、中序法轉換成後序法、堆疊計算機（Stack Computer）等。

對於堆疊有了初步認識之後，順道了解與它有關的名詞。堆疊允許新增和移除的一端稱爲堆疊「頂端」（Top），而閉合的一端就是堆疊「底端」（Bottom）。「空堆疊」裡通常不會有任何資料元素。從堆疊頂端加入元素稱爲「推入」（push）；反之，從堆疊頂端移除元素稱爲「彈出」（pop）。

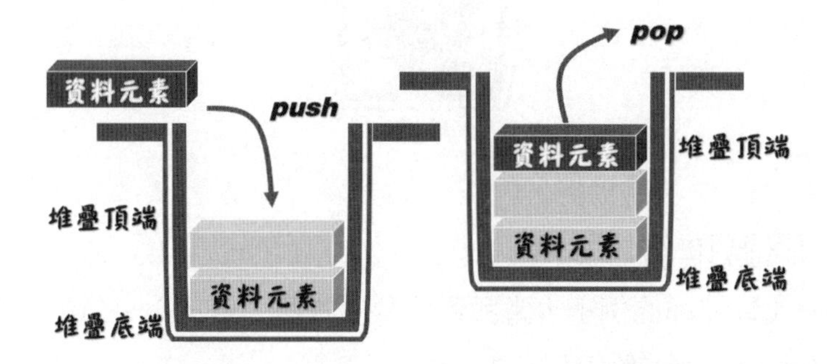


堆疊結構的相關操作，包括新增一個堆疊、將資料加入堆疊的頂、刪除資料、傳回堆疊頂端的資料及判斷堆疊是否是空堆疊；其抽象型資料結構（Abstract Data Type, ADT）如下：

| 只能從堆疊的頂端存取資料<br>資料的存取符合「後進先出」(Last In First Out, LIFO)的原則<br>CREATE：建立一個空堆疊<br>PUSH()：從頂端推入資料，並傳回新堆疊<br>POP()：刪除頂端資料，並傳回新堆疊<br>PEEK()：查看堆疊項目，回傳其值<br>IsEmpty()：判斷堆疊是否爲空堆疊，是則傳回true，不是則傳回false |
|---|

◈ 此處要留意的地方是堆疊在非空的情況下才能一同使用方法peek()和pop()；空的堆疊當然無法移除任何項目或進一步查看其頂端的項目。

如何實作堆疊？有兩種方式：第一種是透過陣列結構；第二種則是利用鏈結串列和，只要維持堆疊後進先出與從頂端讀取資料的兩個基本原則即可。



## 5.1.2 以陣列結構建立堆疊

如何以陣列結構來實做堆疊？首先以陣列來存放元素時得配合堆疊結構來確認堆疊的頂、底端。雖然陣列物件具有存放順序，以push()方法加入元素，而pop()方法則能移除堆疊的元素。

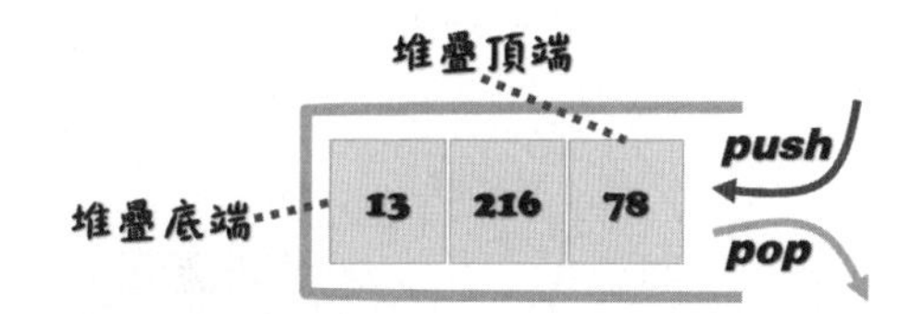


範例CH05/stackforArray.java

```
01    package stack;
02    class stackforArray {
03    public String[] name = new string[5];//屬性name儲存名稱
04    public int index;    //index取得陣列位置
05    stackforArray() {index = 0;}    //建構式
06    public void pushItem(String data){ //將元素從堆疊頂端壓入
07       if (index <= name.length){
08          name[index] = data;  //將元素存入堆疊內
```

```
09          index++;                    //向頂端移動
10       }
11       else
12          out.println("堆疊已滿");
13    }
14    public void popItem(){    //將元素從堆疊頂端彈出
15       if (index > 0){
16          index--;    //向底部移動
17          out.printf("移除項目--> [%s]", name[index]");
18       }
19       else
20          out.println("堆疊已空");
21       out.println();
22    }
23    public void Display(){    //輸出堆疊項目
24       if (index <= 0)
25          out.println("堆疊是空的");
26       else {
27          out.print("堆疊項目→ ");
28          for(int j = 0; j < index; j++)
29             out.printf("%7s", name[j]);
30       }
31       out.println();
32    }
33}
```

範例CH05/CH0501.java

```
41    static void Main(string[] args){
42    stackforArray stk = new stackforArray();
43    stk.pushItem("Mary"); //把項目壓入堆疊
44    stk.pushItem("Tomas");
45    stk.pushItem("Vicky");
46    stk.Display();        //輸出堆疊內容
47    stk.popItem();        //把項目從堆端頂端彈出
48    stk.popItem();
49    stk.popItem();
50    stk.Display();
51}
```

### 執行結果

```
堆疊項目--> Mary  Tomas  Vicky
移除項目--> [Vicky]
移除項目--> [Tomas]
移除項目--> [Mary]
堆疊是空的
```

### 程式解說

- 定義類別stackforArray，宣告兩個屬性，實作三個成員方法。
- 第6~13行：定義成員方法pushItem()將傳入的參數壓入堆疊name中，並以變數index記錄其位置。
- 第14~22行：定義成員方法popItem()將堆疊頂端的元素彈出。
- 第23~32行：定義成員方法Display()把堆疊的項目輸出。
- 第41~52行：Main()主程式中，產生stackforArray類別物件stk，並進一步操作其成員方法。

### 5.1.3 使用鏈結串列

實做堆疊的第二個方式就是採用單向鏈結串列（Singly Linked List）。其節點的實作如下：

```
// 範例CH05∕Node.java
package stack;
class Node {
   int item;    //資料欄
   Node next;  //指向下一個節點
   Node(int data){    //定義建構函式 - 傳入數值
      this.item = data;
      this.next = null;
   }
}
```

如何把堆疊資料壓入堆疊？

**Step 1.** 從空的堆疊開始，並設參考「Top」來指向堆疊頂端節點；若是空的堆疊，壓入的第一個元素就成為第一個節點。

**Step 2.** 加入的第二、第三個元素，第三個元素會推向堆疊頂端。

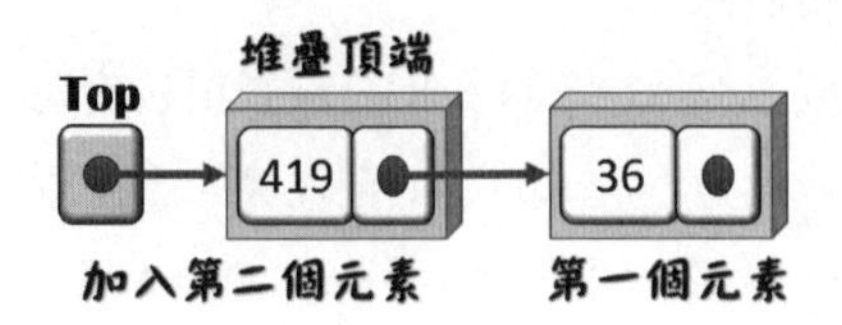

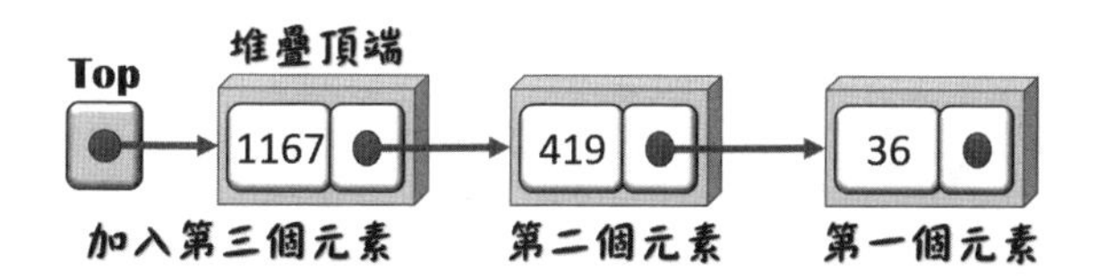


如何把堆疊內的元素彈出？實際上是彈出堆疊頂端的元素。

**Step 1.** 移除頂端元素「1167」，將指標「Top」指向下一個節點。

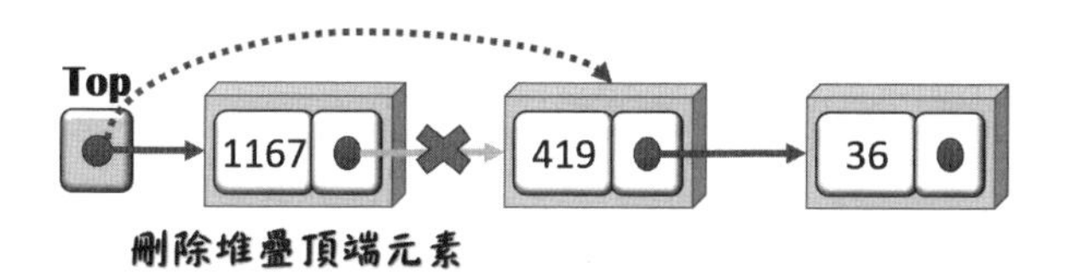


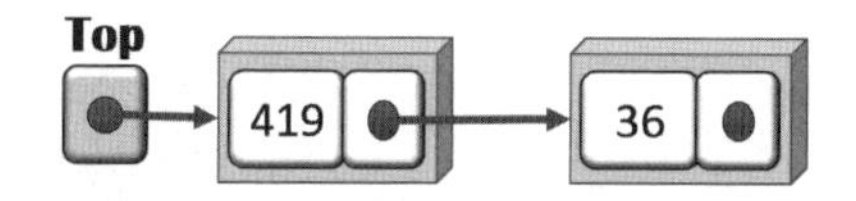




範例CH05/LinkedList.java

```
01    package stack;
02    public class LinkedList {
03    Node top;//指向堆疊頂端的參考
04    int size;
05    LinkedList(){    //建構函式初始化頂端節爲空值
06       this.size = 0;
07       this.top = null;
08    }
09    public void pushItem(int data){//定義方法-堆疊頂端壓入元素
10       //1.產生新節點newNode，把新節點參考Next指向頂端節點Top
11       Node newNode = new Node(data);
```

```
12      newNode.next = top;
13      //2.變更新節點為頂端節點
14      top = newNode;
15      size++;
16    }
17    public void popItem(){    //定義成員方法-從堆疊頂端彈出項目
18      Node ptr = top;
19      if (top != null){
20         top = top.next;
21         out.printf("堆疊頂端彈出項目[%d]%n", ptr.item);
22         size--;
23      }
24      else
25         out.println("堆疊是空的");
26    }
27    public int peekItem(){  //定義成員方法-回傳堆疊頂端元素
28      if (top != null) {
29         out.println("頂端元素" + top.item);
30         return top.item;
31      }
32      else
33         return -1;
34    }
35    public void Display(){//定義成員方法-輸出堆疊內容
36      Node current = top;    //指向目前節點的參考為頂端節點
37      if (top == null)
```

```
38         out.println("鏈結串列是空的");
39      else {
40         while (current != null){    //串列有節點才讀取節點
41            out.printf("[%d]->", current.item);
42            current = current.next;
43         }
44         out.println();
45      }
46   }
47}
```



**程式解說**

◈ 定義LinkedList類別來實作堆疊結構。

◈ 第9~16行：定義成員方法pushItem()把傳入參數壓到堆疊頂端；先產生新節點newNode，把新節點參考next指向頂端節點top，再把top參考指向新節點。

◈ 第17~26行：定義成員方法popItem()，移除堆疊頂端項目並顯示其值。

◈ 第27~34行：定義成員方法peekItem()，回傳堆疊頂端的項目。

# 5.2 堆疊應用

所謂的運算子（Operator）就是指數學運算符號，例如基本的「+」、「–」、「*」、「/」四則運算符號，而運算元（Operand）則是參與運算的資料，例如1+2中的1及2，而算術運算式則是由運算元、運算子與某些間隔符號（Delimiter）所組成，在程式語言中，可能會看到如下的運算式：

```
X = A - B *(C+D) / E
```

這是較爲常見是中序法，但是中序法有運算符號的優先權結合問題，再加上複雜的括號困擾，對於編譯器處理上較爲複雜。由於電腦處理資料的方式是一筆一筆計算的，它不會像人類一樣懂得「先乘除後加減」的原理，因此我們就必須改變資料呈現的方式，以利電腦來運算。解決之道是將它換成後序法（較常用）或前序法。

把關注的重點就是在中序、後序及前序三種之間的轉換。如果依據運算子在運算式中的位置，可區分以下三種表示法：

- 中序法（Infix）：<運算元><運算子><運算元>，如A+B。例如2+3、3*5等都是中序表示法。
- 前序法（Prefix）：<運算子><運算元><運算元>，如+AB。例如中序運算式2+3，前序運算式的表示法則爲+23。
- 後序法（Postfix）：<運算元><運算元><運算子>，如AB+。例如後序運算式的表示法爲23+。

### 5.2.1 二元樹法

如何將中序法直接轉換成容易讓電腦進行處理的前序與後序表示法呢？第一個方式就是二元樹法。

這個方法是使用樹狀結構進行走訪來求得前序及後序運算式。到目前章節爲止，我們還沒爲各位介紹過樹狀結構，所以二元樹法的程式寫法、及樹建立方法等詳細的說明，留待第七章樹狀結構再爲您介紹。但簡單的說，二元樹法就是把中序運算式依優先權的順序，建成一棵二元樹。之後再依樹狀結構的特性進行前、中、後序的走訪，即可得到前中後序運算式。

## 5.2.2 括號轉換法

括號法就是先用括號把將中序式的優先次序分別出來，再進行運算子的移動，最後再把括號去除。我們將以實例幫助各位如何利用括號轉換法來求取中序式A – B * (C + D) / E的前序式和後序式。

### (1) 中序式轉爲前序、後序式

例一：將運算式「A – B * (C + D) / E」由中序轉爲前序（Infix→Prefix）。

**Step 1.** 利用運算子的優先順序（Priority），將算術式依據先後次序加上括號。

中序式 A – B * ( C + D ) / E
對*加括號 A – ( B * ( C + D ) ) / E
對/加括號 A – ( ( B * ( C + D ) ) / E )
對–加括號 ( A – ( ( B * ( C + D ) ) / E ) )

**Step 2.** 每個運算子找到離它最近的左括號來取代。

**Step 3.** 去掉所有右括號。

( A – ( ( B * ( C + D ) ) / E ) )

– A / * B + C D E

例二：運算式「A – B * (C + D) / E」；中序→後序（infix→postfix）。

**Step 1.** 將算術式依據先後次序完全括號起來。

**Step 2.** 移動所有運算子來取代所有的右括號，以最近者爲原則。

**Step 3.** 去掉所有左括號。

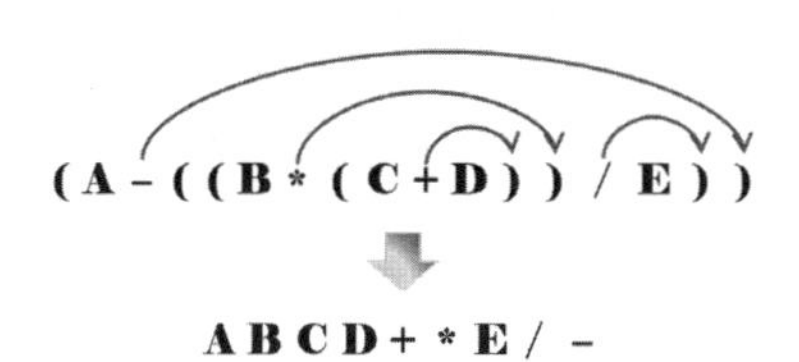

### (2) 前序轉成中序式

對於中序轉換成前序或後序式的作法有了體驗之後，進一步來看看如何把前序或後序轉換成中序式呢？以括號法來求得運算式（前序式與後序式）的反轉為中序式的作法，若為前序必須以「運算子 + 運算元」的方式括號，若為後序必須以「運算元 + 運算子」的方式括號，最後拿掉括號即可。

例一：運算式「+*2 3*4 5」由前序轉為中序（Prefix→Infix）。

**Step 1.** 首先請依照「運算子＋運算元」原則括號。

前序式 + * 2 3 * 4 5
對*加括號 + ( * 2 ) 3 ( * 4 ) 5
對+加括號 ( + ( * 2 ) 3 ) ( * 4 ) 5

**Step 2.** 移動所有運算子來取代所有的右括號，以最近者為原則。

( + ( * 2 ) 3 ) ( * 4 ) 5

( ( 2 * 3 + ( 4 * 5

**Step 3.** 最後拿掉括號即為所求。

中序式 2 * 3 + 4 * 5

例二：把運算式「−++6/*293*458」由前序式轉為中序式。

**Step 1.** 依照「運算子＋運算元」原則括號。

前序式 − + + 6 / * 2 9 3 * 4 5 8
對*加括號 − + + 6 / ( * 2 ) 9 3 ( * 4 ) 5 8
對/加括號 − + + 6 ( / ( * 2 ) 9 ) 3 ( * 4 ) 5 8
對+加括號 − + ( + 6 ) ( / ( * 2 ) 9 ) 3 ( * 4 ) 5 8
對+加括號 − ( + ( + 6 ) ( / ( * 2 ) 9 ) 3 ) ( * 4 ) 5 8
對−加括號 ( − ( + ( + 6 ) ( / ( * 2 ) 9 ) 3 ) ( * 4 ) 5 ) 8

**Step 2.** 移動所有運算子來取代所有的右括號，以最近者爲原則。

( − ( + ( + 6 ) ( / ( * 2 ) 9 ) 3 ) ( * 4 ) 5 ) 8

( ( ( 6 + ( ( 2 * 9 / 3 + ( 4 * 5 − 8

**Step 3.** 最後拿掉括號，得「6 + 2 * 9 / 3 + 4 * 5 - 8」。

**(3) 後序轉成中序式**

後序轉成中序（Postfix→Infix）則依次將每個運算子，以最近爲原則取代前方的左括號，最後再去掉所有右括號。例如：ABC /DE*+AC*−

**Step 1.** 依「運算元＋運算子」原則括號。

A ( B ( C ↑ ) / ) ( D ( E * ) + ) ( A ( C * ) − )

A / B ↑ C ) ) + D * E ) ) − A * C ) )

**Step 2.** 最後拿掉括號，得「A / B C + D * E − A * C」。

## 5.2.3 堆疊法

利用堆疊將中序法轉換成前序，需要以「運算子堆疊」來協助，它依據兩個優先權：「堆疊內優先權」（In Stack Priority, ISP）和「輸入優先權」（In Coming Priority, ICP），以堆疊法求中序式「A−B*(C+D)/E」的前序法與後序法。

如何把中序轉爲前序？輸入優先權（ICP）的規則如下：

(1) 由右而左讀取中序式，一次讀取一個「句元」（Token）。

(2) 若爲運算元，直接輸出成後序式。

(3) 若是運算子（含左、右括號），則以ISP優先權來存放堆疊。

讀取中序式，堆疊外部的運算子如何放入堆疊內？ISP優先權依據「堆疊內存放的運算子，優先權大的壓優先順序小的」，再來細看其他的原則：

(1) 如果是「)」直接放入堆疊；它的優先權最小，任何運算子都可以壓它。

(2) 如果「(」依次輸出堆疊中的運算子，直到取出「)」爲止。

(3) 其他運算子，則與堆疊頂端的運算子作優先權比較。外部運算子優先順序大於堆疊內運算子，直接壓入（PUSH）；外部運算子優先順序小於堆疊內運算子，就得不斷地彈出內部運算子，直到內部運算子的優先順較小或變成空的堆疊，再壓入外部運算子。

(4) 如果運算式已讀取完成，而堆疊中尚有運算子時，依序由頂端輸出。

(5) 若以另一個堆疊存放前序式，將它反轉輸出。

「Infix→Prefix」有了原則之後，如何將中序式「A−B*(C+D)/E」轉成前序式？相關程序解說列示如下。

| 讀入字元 | 堆疊內容 | 輸出（底→） | 說明參考範例CH0504.java |
|---|---|---|---|
| None | Empty | None | |
| E | Empty | E | ICP(1)運算元就直接輸出 |
| / | / | E | ICP(3)運算子加入堆疊中 |
| ) | )/ | E | ICP(3)「)」在堆疊中的先權較小 |
| D | )/ | ED | ICP(1) |

| 讀入字元 | 堆疊內容 | 輸出（底→） | 說明參考範例CH0504.java |
|---|---|---|---|
| + | +)/ | ED | ISP(1)，運算子「+」優先權高於「)」 |
| C | +)/ | EDC | ICP(1) |
| ( | / | EDC+ | ISP(2)，彈出堆疊內運算子，直到「)」為止 |
| * | */ | EDC+ | ISP(3)，運算子「*」的優先權和「/」相等，不必彈出 |
| B | */ | EDC+B | ICP(2) |
| – | – | EDC+B*/ | ISP(3)，運算子「–」的優先權小於「*」，所以彈出堆疊內的運算子 |
| A | – | EDC+B*/A | ICP(1) |
| None | Empty | EDC+B*/A– | 讀入完畢，將堆疊內的運算子彈出<br>再把前序式反轉輸出–A/*B+CDE |

如何把中序轉為後序，輸入優先權（ICP）的規則如下：

(1) 由左而右讀取中序式，一個讀取一個「句元」（Token），它可能是運算子或運算元

(2) 若為運算元直接輸出成後序式。

(3) 若是運算子，則以ISP優先權來存放堆疊。

ISP優先權依據「堆疊內存放的運算子，優先權大的壓優先順序小的」，再來細看其他的原則：

(1) 左括號「(」直接壓入（PUSH），要記住的是它的優先順序最小，任何運算子都可以壓它。

(2) 右括號「)」就依次輸出堆疊中的運算子，直到取出左括號「(」為止。

CHAPTER 5

(3) 其他運算子，則與堆疊頂端的運算子作優先權比較。外部運算子優先順序大於堆疊內運算子，直接壓入（PUSH）；外部運算子優先順序小於堆疊內運算子，就得不斷地彈出（POP）內部運算子，直到內部運算子的優先順較小或變成空的堆疊，再壓入外部運算子。

(4) 如果運算式已讀取完成，而堆疊中尚有運算子時，依序由頂端輸出。

我們把中序式「A−B*(C+D)/E」轉成後序（Infix→Postfix），從左至右讀入字元的相關解說如下：

| 讀入字元 | 堆疊內容 | 輸出 | 說明 |
|---|---|---|---|
| None | Empty | None | |
| A | Empty | A | ICP(2)運算元直接輸出 |
| – | – | A | ICP(3)運算子壓入（PUSH）堆疊中 |
| B | – | AB | ICP(2) |
| * | *– | AB | ISP(3)，運算子「*」優於「–」壓入堆疊中 |
| ( | (*– | AB | ISP(1)規則，直接把「(」壓入堆疊內 |
| C | (*– | ABC | ICP(2) |
| + | +(*– | ABC | ISP(3)，「(」在堆疊內的優先權最小 |
| D | +(*– | ABCD | ICP(2) |
| ) | *– | ABCD+ | ISP(2)，彈出堆疊內運算子，直到「)」為止 |
| / | /*– | ABCD+ | ISP(3)，運算子「/」壓入堆疊內 |
| E | /– | ABCD+E | ICP(2) |
| None | Empty | ABCD+E/*– | 讀入完畢，將堆疊內的運算子依序彈出 |

範例說明

對於運算式有了初步了解後，下述範例將中序式以字元方式讀取後，再依據ICP和ISP的原則，把它轉換為後序式。

範例CH05/InfixToPostfix.java

```
01 package infix
02 class InfixToPostfix {
03    char[] stack = new char[20];//儲存運算式
04    int top = -1;//指向堆疊頂端的參考
05    public void varyPostfix(char[] infix,
06             char[] postfix) {
07       int pos = 0, k = 0;
08       char token;
09       while (infix[pos] != '\0') {    //讀取運算式
10          if (infix[pos] == '('){      //左括號壓入堆疊
11             pushItem(stack, infix[pos]);
12             pos++;
13          }
14          //右括號從堆疊彈出
15          else if (infix[pos] == ')') {
16             while ((top != -1) &&
17                   (stack[top] != '(')){
18                //輸出運算式到左括號
19                postfix[k] = popItem(stack);
20                k++;
21             }
22             if (top == -1){
23                out.println("運算式不正確");
24                break;
```

```
25            }
26            token = popItem(stack); //移除左括號
27            pos++;
28         }
29         else if (char.isDigit(infix[pos]) ||
30               char.isLetter(infix[pos])) {
31            postfix[k] = infix[pos];
32            k++;
33            pos++;
34         }
35         else if (infix[pos] == '+'
36               || infix[pos] == '-'
37               || infix[pos] == '*'
38               || infix[pos] == '/'
39               || infix[pos] == '%') {
40            while ((top != -1) &&
41                  (stack[top] != '(')
42                  && (Priority(stack[top])
43                  > Priority(infix[pos]))) {
44               //依運算子的優先權
45               postfix[k] = popItem(stack);
46               k++;
47            }
48            pushItem(stack, infix[pos]);
49            pos++;
50         }
51         else {
52            out.println("運算式的字元不對");
53            break;
```

```
54              }
55          }
56          while ((top != -1) && (stack[top] != '(')) {
57              //彈出堆疊內其它運算子
58              postfix[k] = popItem(stack);
59              k++;
60          }
61          postfix[k] = '\0';
62      }
63      //依先乘除後加減的優先權
64      public int Priority(char op) {
65          switch (op) {
66              case '*': case '/': case '%': return 3;
67                  case '+': return 2;
68                  case '-': return 1;
69                  default: return 0;
70          }
71      }
72      public void pushItem(char[] stack, char value){
73          if (top == stack.length - 1)
74              out.println("堆疊已滿");
75          else {
76              top++;
77              stack[top] = value;
78          }
79      }
80      public char popItem(char[] stack){
```

```
81          char val = ' ';
82          if (top == -1)
83              out.println("堆疊是空的！");
84          else {
85              val = stack[top];
86              top--;
87          }
88          return val;
89      }
90  }
```

### 執行結果

```
輸入中序運算式--> A-(B/C+(D%E*F)/G)*H
--中序轉為後序運算式--
ABC/DEF*%G/+H*-
```

### 程式解說

- 定義類別InfixToPostfix將中序運算式轉爲後序運算式。
- 第5~62行：定義成員方法varyPostfix()，將傳入中序運算式依據ICP、ISP規則轉爲後序運算式。
- 第9~55行：while迴圈依序讀取轉爲字元的運算式，再依據ICP和ISP做判斷是否壓入堆疊或把堆疊的字元彈出。
- 第10~13行：由於「(」(左括號)優先權最小，呼叫pushItem()方法壓入堆疊。
- 第15~28行：將「)」(右括號)從堆疊彈出前還要確認它的ISP，把堆疊彈出的項目儲存到後序運算式陣列。
- 第16~21行：以while迴圈配合頂端參考top來彈出「(」上方的運算子。
- 第29~34行：以char類別的兩個方法，isDigit()判斷是否爲十位數的數字，isLetter()判斷是否爲字母；符合者存入後序運算式陣列。

- 第40~47行：依據運算子的優先權，把彈出堆疊的運算子放入postfix的陣列。
- 第56~60行：依while迴圈的讀取，將堆疊內所餘的運算子全部彈出。
- 第64~71行：定義成員方法Priority()，依據傳入的運算子來判斷其優先權。
- 第72~79行：定義成員方法pushItem()，在堆項目未滿的情形下，才把項目壓入堆疊。
- 第80~89行：定義成員方法popItem()，在不是空的堆疊情形下，從堆疊彈出項目並移動top參考。



前序、後序轉換爲中序的反向運算做法和前面小節所陳述的堆疊法完全不同，以堆疊法來求得運算式（前序式與後序式），反轉爲中序式的作法必須遵照下列規則：

| | 前序轉中序 | 後序轉中序 |
|---|---|---|
| 中序式結合方式 | <運算元2>運算子<運算元1> | <運算元1>運算子<運算元2> |
| 讀取資料 | 由右到左 | 由左到右 |
| 資料是運算元 | 放入堆疊 | 放入堆疊 |
| 資料是運算子 | 取出兩個字元，依中序式結合方式，將結果放入堆疊中 | 取出兩個字元，依中序式結合方式，將結果放入堆疊中 |

轉換過程中，前序和後序的中序式結合方式不太一樣：

- 前序式是<運算元2><運算子><運算元1>，如下圖所示。

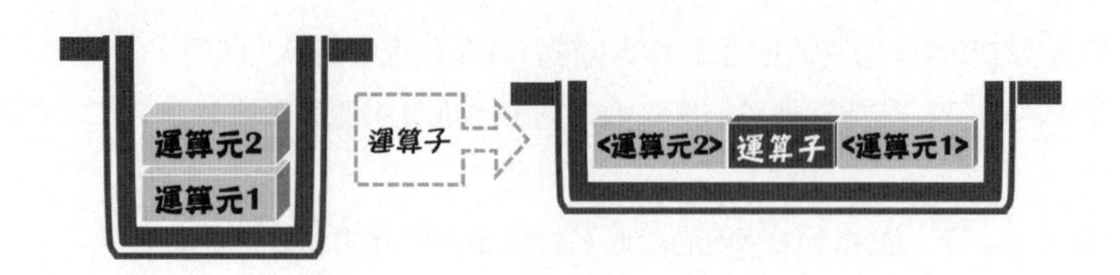


➢ 後序式<運算元1><運算子><運算元2>，如下圖所示。

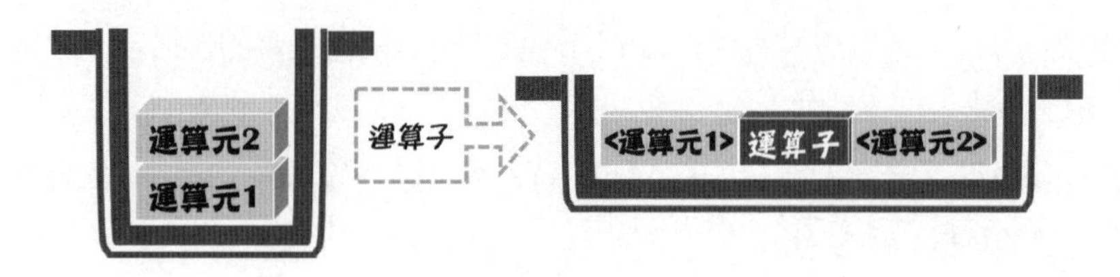


「Prefix→Infix」如何轉換？現在就利用以上的作法，詳細爲各位說明前序式「+−*/ABCD//EF+GH」轉換爲中序的過程。

**Step 1.** 首先，從右至左讀取運算元G和H，直接放入堆疊；接下來是運算子「+」，先取出兩個運算元G、H，依中序式結合「<OP2>運算子<OP1>」變成「G + H」再放入堆疊內。

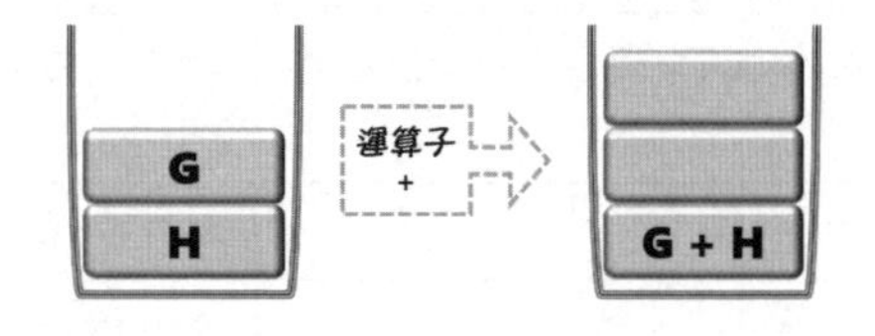


**Step 2.** 接著，從右至左讀取字元E和F，由於是運算元先放入堆疊；接下來是運算子「/」，先取出兩個運算元E、F，依中序式結合「<OP2>運算子<OP1>」變成「E / F」再放入堆疊內；再讀取運算子「/」，取出兩個運算式，依中序式結合變成「(E / F) / (G + H)」放入堆疊內。

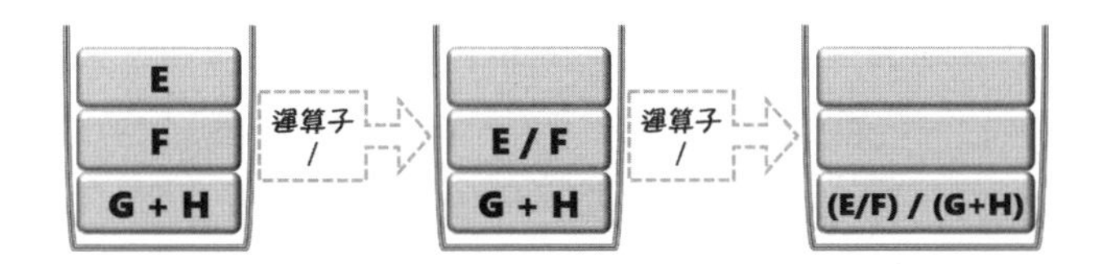


**Step 3.** 接著，從右至左讀取字元D、C、B、A，放入堆疊。讀取運算子「/」，先取出兩個運算元A、B，依中序式結合變成「A / B」再放入堆疊內；再讀取運算子「*」，取出兩個運算元，依中序式結合變成「(A / B) * C」放入堆疊內。

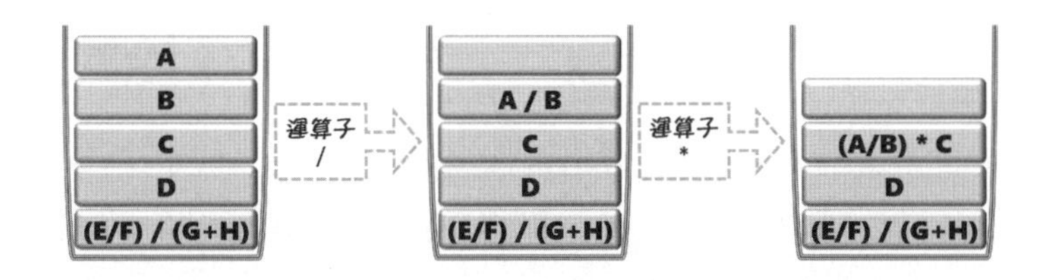


**Step 4.** 接著，讀取運算子「–」，取出兩個運算元，依中序式結合變成「((A / B) * C) – D」然後放入堆疊內；再讀取運算子「*」，取出兩個運算元，依中序式結合變成「 (((A / B) * C) – D ) + (E / F) / (G + H)」放入堆疊；最後，整理括號得「A / B * C – D + E / F / (G + H)」

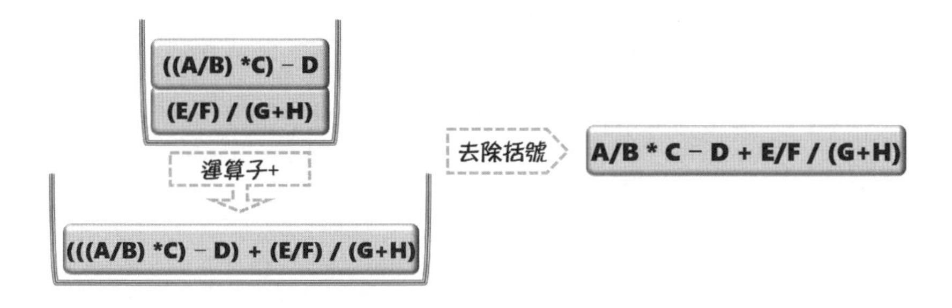


後序→中序（Postfix→Infix）；將後序式「AB + C * DE – FG +*–」轉換為中序式的過程如下：

**Step 1.** 首先，從左至右讀取運算元A和B，直接放入堆疊；接下來是運算子「+」，先取出兩個運算元A、B，依中序式結合「<OP1>運算子<OP2>」變成「A + B」再放入堆疊內。

**Step 2.** 讀取運算元C，直接放入堆疊；接下來是運算子「*」，先取出兩個運算元，依中序式結合變成「(A + B) * C」再放入堆疊內；再讀取運算元D、E，直接放入堆疊。

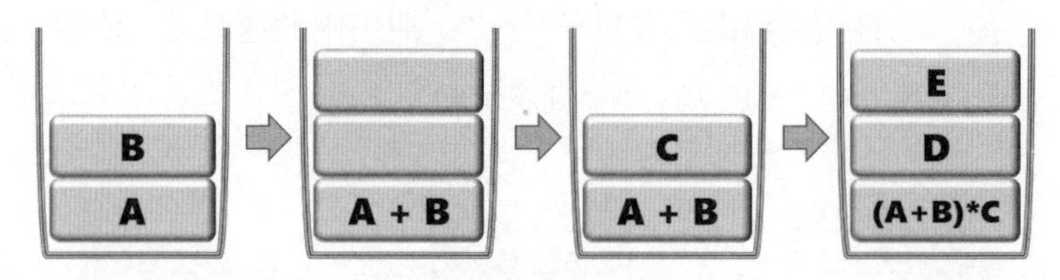


**Step 3.** 讀取運算子「–」，先取出兩個運算元D、E，依中序式結合變成「D – E」再放入堆疊內；再讀取運算元F、G，直接放入堆疊，讀取運算子「+」，先取出兩個運算元F、G，依中序式結合變成「F + G」再放入堆疊內。

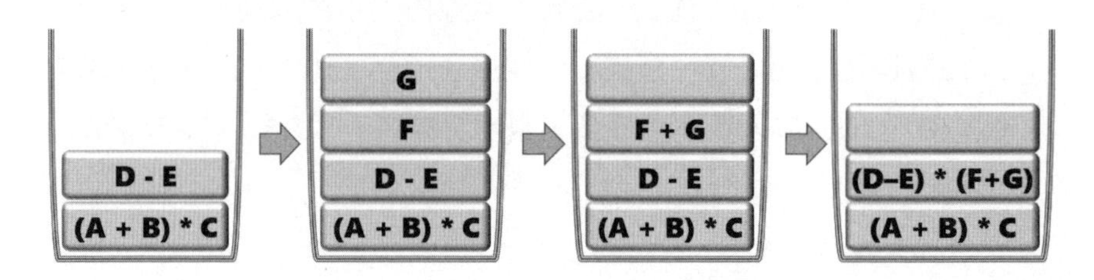


**Step 4.** 最後，讀取運算子「–」，先取出兩個運算元，依中序式結合變成「((A + B) * C) –((D – E) * (F + G))」，整理括號得「A / B * C – (D + E) * (F + G)」。

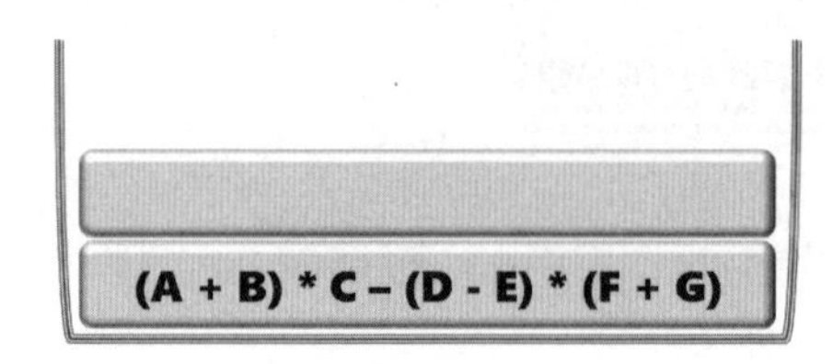

# 5.3 遞迴

「遞迴」（Recursion）在程式設計上是相當好用而且特殊的演算法，當然也是堆疊的一種應用。當然並非任何一種程式語言都可以提供遞迴的功能，這是因爲利用遞迴來撰寫程式時，程式會遞迴呼叫多少次，只有在執行時才能得知。所以繫結時間（Binding Time）也須延遲至執行時才能決定。如C、C++、Pascal、ALGOL、LISP、PROLOG都是具備有遞迴的功能的程式語言。

## 5.3.1 暫存堆疊的功用

雖然遞迴式可以增進結構化程式設計的可讀性。不過針對執行時間的考量而言，還是以所謂的for或while迴路（Iteration，又稱疊代法）更能節省執行時間。這是因爲當每一次遞迴的過程在進入自身所定義的函數中，對於函數內的局部變數和參數多會重新配置。而且呼叫它的過程中，只有最近的一組才可被引用。由函數返回上一次呼叫的地方時，最近配置的那一組變數所占的記憶區被釋放（Release），而且最新的拷貝重新恢復作用。

更清楚的說，由於遞迴式並未事先定義可執行次數，程式語言就使用了暫存堆疊來解決這個問題。暫存堆疊是由系統來控制，對使用者而言是不可見的（Invisible）。每次進入一個遞迴函數時，該函數中相關變數的新配置拷貝就以所謂活動記錄表（Activation Record）的形態置於暫存堆疊的頂端。任何對於區域變數（Local Variable）或參數的引用都必須經由目前暫存堆疊的頂端。一旦函數返回時，堆疊頂端配置的拷貝被釋放。而前一次配置的拷貝則成爲目前暫存堆疊的頂端，以供下一次引用局部變數值使用。由以上的說明，我們可以簡單歸納出使用堆疊的優缺點。

| 優點 | 缺點 |
| --- | --- |
| • 增加程式整體的可讀性，並且簡短易讀<br>• 能夠解答較複雜的問題與邏輯 | • 需要花費較多的執行時間<br>• 由於利用暫存堆疊（Stack）及函數的呼叫與返回等因素，因此會增加系統記憶體的負荷 |



## 5.3.2 遞迴的定義

定義遞迴之前，先來看看底下的小程式！

```
// 範例CH05/CH0506.java
package recursion;
static void Main(string[] args){
   int N = 5;
   ShowNum(N);
}
public static void ShowNum(int num){    //靜態方法以遞呼叫本身
   if (num > 0){
      out.printf("%3d", num);
      ShowNum(num - 1);
   }
}
```

◈ 定義一個靜態方法ShowNum()。呼叫其方法時會進入方法主體，先判斷N的值是否大於0，條件成立情形下才會輸出n的值。然後，再一次呼叫函式showNum()進行條件判斷，周而復始；直到輸出1之後，再一次呼叫函式，由於「0 > 0」條件不成立，停止函式的執行。

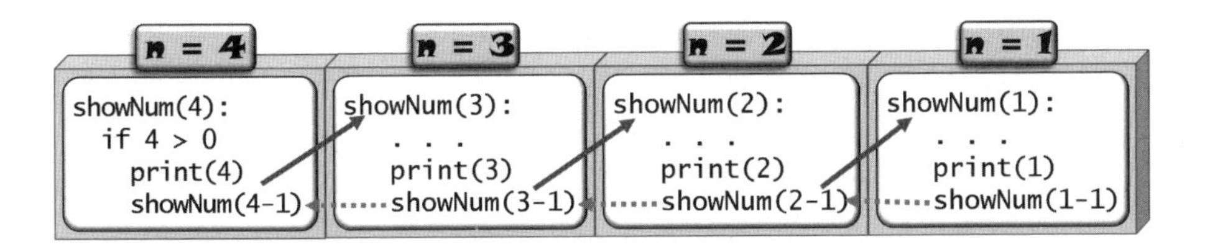


靜態方法ShowNum()其實就是一個簡單的遞迴函式。因此，可以把「遞迴」視為解決問題的方法，把大問題分解成多個子問題，再把子問題再分解為更小問題，直到問題小到可以被解決為止；所以，想要定義「遞迴」有三個更明確的基本原則：

- 要有一個基本案例（Base case）。
- 能夠改變它的狀態，狀態的改變是由基本案例來驗收。
- 能夠呼叫自己本身。

假如一個函數或副程式，是由自身所定義或呼叫的，就稱為「遞迴」（Recursion），它至少要定義兩項條件：

- 遞迴關係式：找出問題的共同關係，一個可以反覆執行或呼叫的過程。
- 基本案例：一個能跳出執行過程的出口來結束遞迴。

那麼遞迴如何解決問題？首先，我們先來看一個經典案例「連續數值加總」！要把數值由「1 + 2 + 3 + … + N」求取結果，第一種常用方法就是「重複法」，以for迴圈配合計數器，將數值一個個相加，程式碼如下：

```
// 範例CH05/CH0507.java
package recursion;
int total = 0;
for (int j = 1; j < 11; j++){
   total += j;
   System.out.printf("%4d", total);
}
```

變數total如何把相加的數值儲存？用最笨的方法，把數值一個再相另一個，直到完成其動作；例如「1+2 = 3」，「(1+2) + 3 = 6」，觀察它的運算過程。

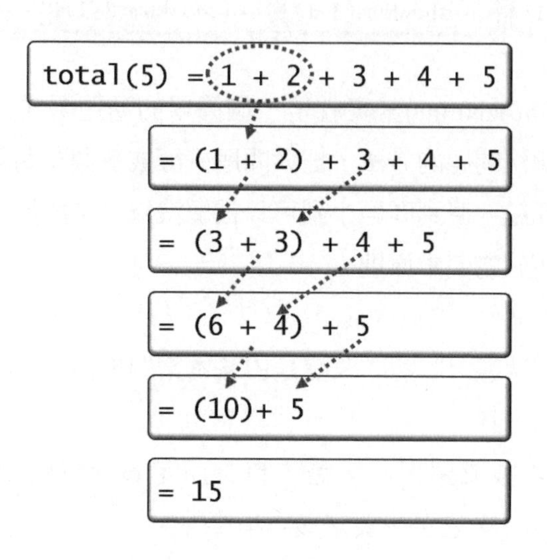


加總第二個方法就是使用等差級數公式，將「(前項 + 末項)*項數/2」放入程式碼，而不是以for迴圈，簡例如下：

```
// 範例CH05/CH0508.java
package recursion;
static void Main(string[] args){
   int result = TotalNums(1, 10);
   System.out.printf("1~10 累加總和: %d ", result);
}
public static int TotalNums(int N1, int N2){    //等差級數公式
   int total = (N1 + N2) * 10 / 2;
   return total;
}
```

第三個方法就是以遞迴處理，依據遞迴的定義；先找出遞迴關係式「total(n) = total(n – 1)」，再設定遞迴終止條件「total(n) = 1」，範例如下：

```
// 範例CH05/CH0509.java
package recursion;
static void Main(string[] args){    //主程式
   int result = TotalNums(5);
   System.out.printf("總和：%d", result);
}
public static int TotalNums(int num){//靜態方法-以遞迴方式呼叫
   int total;
   if (num == 1)
      total = 1; //終止遞迴
   else
      total = TotalNums(num - 1) + num;    //遞迴關係式
   return total;
}
```

◈ 就以參數為「5」來了解函式getTotal(5)遞迴運作。當「getTotal(5)」可以把它分解為「getTotal(4) + 5」，直到分解為「getTotal(1 - 1) + 1」，表示達到遞迴終止條件，那麼「getTotal(1)」的結果就是「1」，「getTotal(2) = 3」向上回傳而得到「getTotal(5) = 15」。

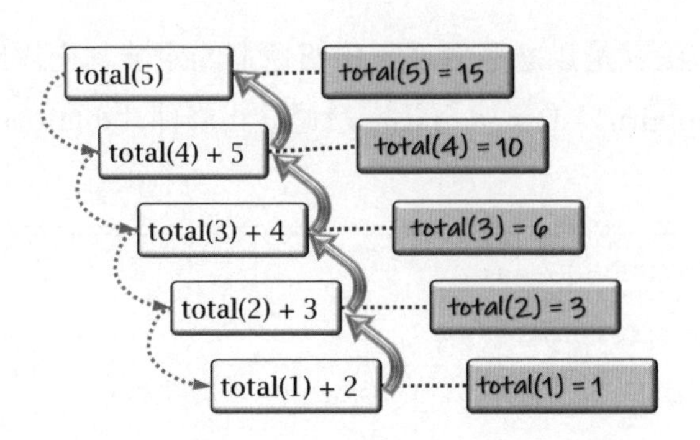


這種重複呼叫遞迴式的過程是有限；也就是說每次呼叫getTotal()方法，參數值會遞減，直到「基本案例」無法再呼叫爲止。上圖就是一個很簡單的「遞迴追蹤」（Recursion Trace）來解說遞迴的執行過程。再來看另一個數學上很有名的階乘函數，以「n!」表示，其中的的「n」爲正整數：

| 當n = 0時，n! = 1<br>當n ≧ 1時，n!是從1到n的正整數相乘積 |
|---|

階乘函數的數學表示式：

$$n! = \begin{cases} 1 \\ n \times (n-1) \times \cdots \times 2 \times 1 \end{cases}$$

階乘函數的遞迴表示式：

$$fact(n) = n! = \begin{cases} 1 & if\ n = 0 \\ n \times (n-1) \times \cdots \times 2 \times 1 & if\ n \geq 1 \end{cases}$$

◈ n = 0是遞迴演算法的基本案例。

◈ n ≧ 1，fact(n)函式呼叫自己本身。

例一：就以Java來撰寫一個階乘遞迴程式。

```
// 範例CH05/CH0510.java
package recursion;
public static int Factorial(int N){
   int result;       //儲存階乘計算結果
   if(N == 0)
      result = 1;   //基本案例，終止遞迴
   else               //如果階乘是2(含)以上，呼叫自己的函式
      result = N * Factorial(N - 1);//呼叫自己的函式
   return result;
}
```

◈「result = 1」：遞迴的第二個條件「基本案例」，讓遞迴跳出執行的缺口。

◈ 呼叫自己的函式「N * Factorial(N - 1)」：遞迴的第一個條件「遞迴關係式」，它會反覆執行。

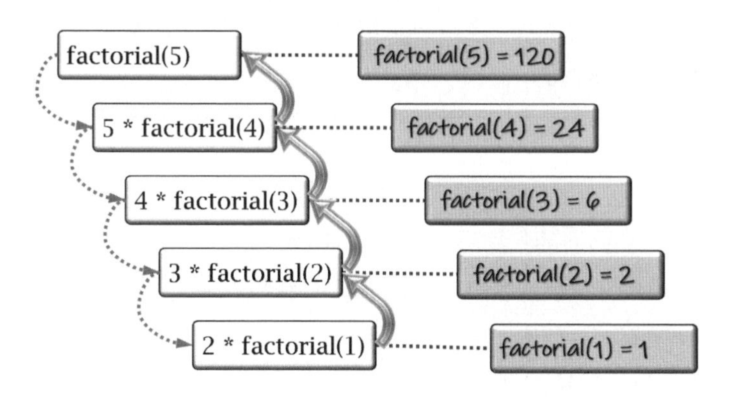


由於演算法中「N × Factorial(N−1)」就是一個反覆的過程，而N等於1時，就是遞迴式的「出口」。

**補給站**

其實N!的遞迴式也稱爲「尾歸遞迴」（Tail Recursion）。

- 所謂「尾歸遞迴」就是程式的最後一個指令爲遞迴呼叫，因爲每次呼叫後，再回到前一次呼叫的第一行指令（就是return指令）；所以不需要再進行任何計算工作，因此也不必保存原來的環境資訊（如參數儲存、控制權轉移）。
- 尾歸遞迴的一個重要特性，就是很容易利用疊代法來改寫，經過編譯後的執行效率可以與利用迴圈功能的疊代法相同。

例二：不知道各位還記得最大公因數（GCD）否？數學上可以使用輾轉相除法（Euclidean演算法）計算：藉由兩個數M、N之差與較小數的來找出，直到「M = N」爲止。在電腦程式的處理上，同樣可以使用遞迴來達到目的。

➢ 遞迴關係式：若「M > N」，則gcd(M, N) = gcd(M – N, N)。

➢ 遞迴關係式：若「M < N」，則gcd(M, N) = gcd(M, N – M)。

➢ 基本案例：若「M = N」，則gcd(M, N) = M，結束函數。

以數值36、28爲例。

```
gcd(36, 28)      //M > N, gcd(36-28, 28)
= gcd(8, 28)   //M < N, gcd(8, 28-8)
= gcd(8, 20)   //M < N, gcd(8, 20-8)
= gcd(8, 12)   //M < N, gcd(8, 12-8)
= gcd(8, 4)    //M > N, gcd(8-4, 4)
= gcd(4, 4) = M, GCD = 4
```

如何撰寫其程式碼，就以下述範例爲參考！

```
// 範例CH05/CH0511.java
package recursion;
public static int GCD(int M, int N){
   //如果兩個值相同，就回傳其中一個
   if(M == N)
      return M;                    //基本案例
   else if(M > N)
      return gcd(M - N, N);    //遞迴關係式
   else
      return gcd(M, N - M);
}
```



不過上述方法可能會產生效能不彰的問題，可以把「M – N」改變為「M % N」，則函式運作如下：

- 遞迴關係式：若「M ≠ N」，則gcd(M, N) = gcd(N, M % N)。
- 基本案例：若「N = 0」，則gcd(M, N) = M，結束函數。

同樣以數值36、28為例。

```
gcd(36, 28)      //M ≠ N, gcd(28, 36 % 28)
= gcd(28, 8)     //M ≠ N, gcd(8, 28 % 8)
= gcd(8, 4)      //M ≠ N, gcd(4, 8 % 4)
= gcd(4, 0)      //N = 0, gcd = M
GCD = 4
```

將範例CH0511修改如下：

```
// 範例CH05/CH0512.java
package recursion;
public static int GCD(int M, int N) {
   if(N == 0)
      //M % N 餘數為0，M就是最大公因數
      return M;       //基本案例, 終止遞迴
   else
      return gcd(N, M % N);  //遞迴關係式
}
```

例三：看一個很有名氣的費伯那（Fibonacci）數列，首先看看費伯那序列的基本定義：

$$F_n = \begin{cases} F_0 = 0, & \text{if } n = 0 \\ F_2 = 1, & \text{if } n = 1 \\ F_n = F_{n-1}, + F_{n-2}, & \text{if } n \geqq 2 \end{cases}$$

用口語化來說，就是序列的第零項是0、第一項是1，其它每一個序列中項目的值是由其本身前面兩項的值相加所得。對於費伯那遞迴式，如果我們想求取第4個費伯那數Fib(4)，它的遞迴過程可參考下圖，從路徑圖中可以得知遞迴呼叫9次，而執行加法運算4次。

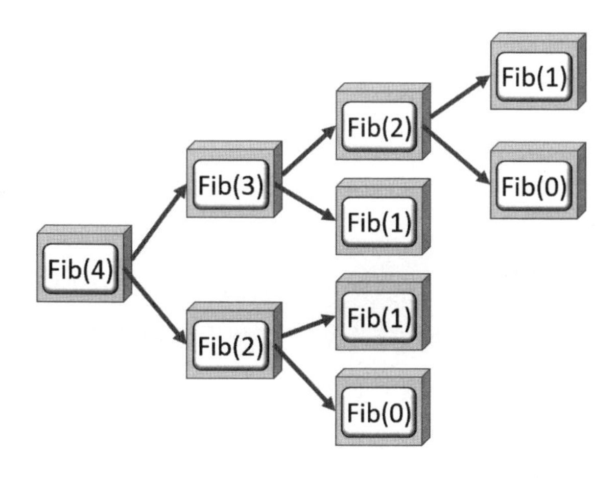




就以Java配合遞迴來撰寫費氏數列。

```
// 範例CH05/CH0513.java
package recursion;
public static int Fibo(int num){
   if((num == 1) || (num == 2))
      return 1L;                              //基本案例，終止遞迴
   else
      return Fibo(num - 1) + Fibo(num - 2);    //遞迴關係式
}
static void Main(string[] args){ //主程式
   int num = 1;
   for(int n = 0; n <= 15; n++){
      System.out.printf("%2d -> %4d%n", n, Fibo(num));
      num++;
   }
}
```

◈ 定義靜態方法Fibo()，傳入參數num；以「num = 1」和「num = 2」做爲終止遞迴的條件。

◈ 遞迴關係式就是呼叫靜態方法Fibo()，取得「num - 1」與「num - 2」相加之結果。

## 5.3.3 河內塔問題

法國數學家Lucas在1883年介紹了一個十分經典的河內塔（Tower of Hanoi）智力遊戲，是遞迴應用的最傳神表現。內容是說在古印度神廟，廟中有三根木樁，天神希望和尚們把某些數量大小不同的圓盤，由第一個木樁的圓盤全部移動到第三個木樁。不過在搬動時還必須遵守下列規則：

➢ 直徑較小的圓盤永遠置於直徑較大的套環上。
➢ 圓盤可任意地由任何一個木樁移到其他的木樁上。
➢ 每一次僅能移動一個圓盤。

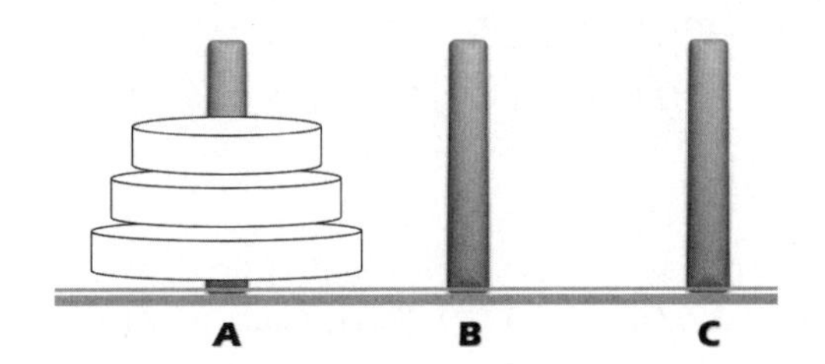


問題分析：

➢ 因爲愈大的盤子要放在愈下面，所以要先把最大的盤子移到目的地。
➢ 以遞迴作法把問題分解成數個小問題，每個問題的目的是把還沒移到目的地的盤子中，最大的盤子移向目的地。

參根柱子可視爲：出發點、輔助移動、目的地。

| 當A柱只有一個圓盤時，直接把圓盤把A柱→B柱→C柱 |
| --- |

當A柱有兩個圓盤時：

| 圓盤1從A柱→B柱<br>圓盤2從A柱→C柱<br>圓盤1再從B柱→C柱 |
|---|

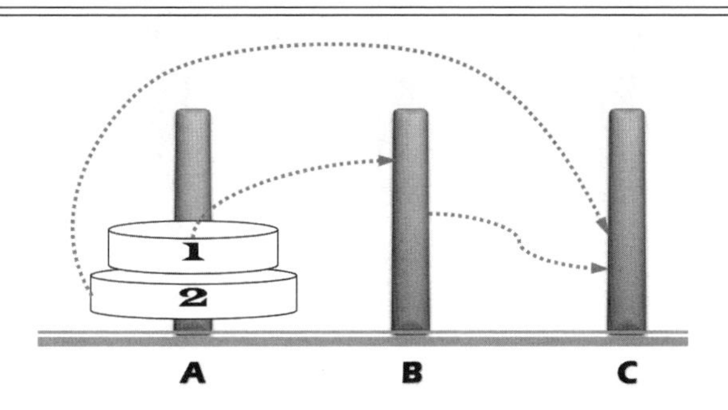


A柱有三個圓盤時：

| 圓盤1從A柱→C柱、圓盤2從A柱→B柱、<br>圓盤1再從C柱→B柱、圓盤3從A柱→C柱 |
|---|

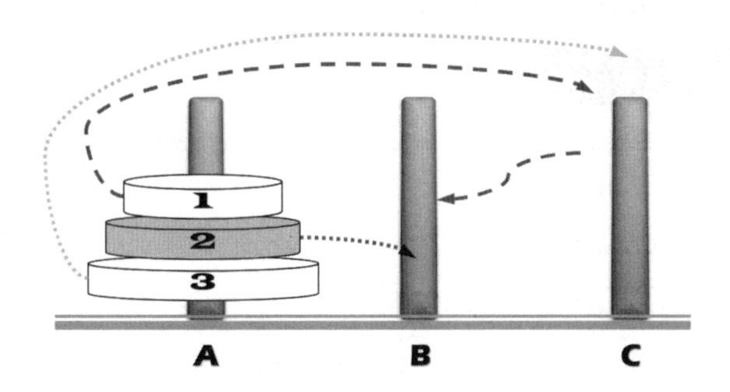


| 圓盤1從B柱→A柱、圓盤2從B柱→C柱、圓盤1從A柱→C柱 |
|---|

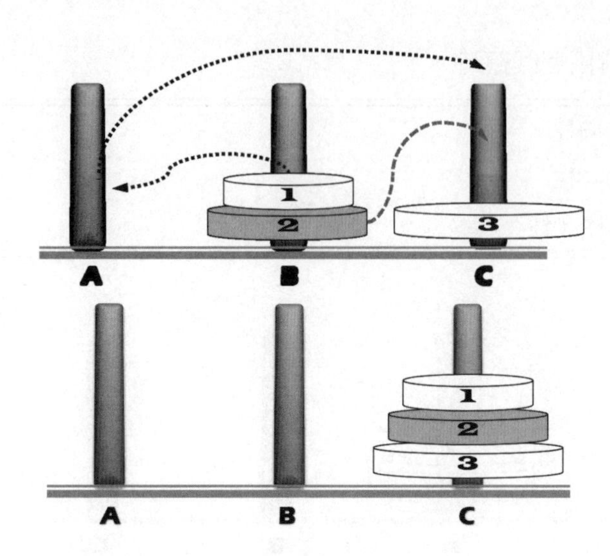


依據上述的圓盤移動的規則，當有n個圓盤時，利用遞迴演算法可以歸納出如下的操作：

- 將n-1個圓盤，從木柱A移動到木柱B。
- 將第n個最大盤子，從木柱A移動到木柱C。
- 將n-1個盤子，從木柱B移動到木柱C。

範例CH05/CH0514.java

```
01    package hanoi;
02    static void Main(string[] args){
03    Hanoi(3, 'A', 'B', 'C');
04}
05    public static void Hanoi(int num, char A, char B, char C){
06    if (num == 1)    //終止條件
07       out.printf("移動第 %d 圓盤，從 %c --> %c%n",
08          num, start, target);
09    else {
```

```
10        Hanoi(num - 1, start, target, tmp);
11        out.printf("移動第 %d 圓盤，從 %c --> %c%n",
12           num, start, target);
13        Hanoi(num - 1, tmp, start, target);
14    }
15}
```

執行結果

```
移動第 1 圓盤，從 A --> C
移動第 2 圓盤，從 A --> B
移動第 1 圓盤，從 C --> B
移動第 3 圓盤，從 A --> C
移動第 1 圓盤，從 B --> A
移動第 2 圓盤，從 B --> C
移動第 1 圓盤，從 A --> C
```

**程式解說**

◈ 第4~14行：定義函式Hanoi()，傳入4個參數，其中的參數2~4來表示3根柱子A、B、C，以字元表示。

◈ 第9行：先將「num - 1」個圓盤從A柱開始向B柱移動。

◈ 第12行：將「num - 1」個圓盤從B柱移向C柱。

## 5.3.4 老鼠走迷宮

討論一個有趣的問題，就是實驗心理學中有名的「迷宮問題」（Maze Problem）。迷宮問題的陣列就是把一隻老鼠放在一個沒有頂的大盒子入口的地方，盒子中有許多牆使得大部分的路徑都有牆擋住而無法通行。老鼠可依照嘗試錯誤（Try-Error）的方法尋找到放於出口處的一塊麵包。我們之所以對迷宮問題感到興趣，就是它可以提供一種堆疊應用的思考方向。國內許多大學有所謂「電腦鼠」走迷宮的比賽，就是要設計這個利用堆疊技巧走迷宮的程式。

如果迷宮以二維陣列表示，其結構如下：

```
// 範例CH05/CH0515.java
package maze;
int[][] maze = new int[7, 10]{
                { 1, 1, 1, 1, 1, 1, 1, 1, 1, 1 },
                { 1, 0, 1, 0, 1, 0, 0, 0, 0, 1 },
                { 1, 0, 1, 0, 1, 0, 1, 1, 0, 1 },
                { 1, 0, 1, 0, 1, 1, 1, 0, 0, 1 },
                { 1, 0, 1, 0, 0, 0, 0, 0, 1, 1 },
                { 1, 0, 0, 0, 1, 1, 1, 0, 0, 1 },
                { 1, 1, 1, 1, 1, 1, 1, 1, 1, 1 } };
```

◈ 迷宮的四邊以圍牆圍住，以值「1」來表示它是圍牆；行走的路則以「0」標注。

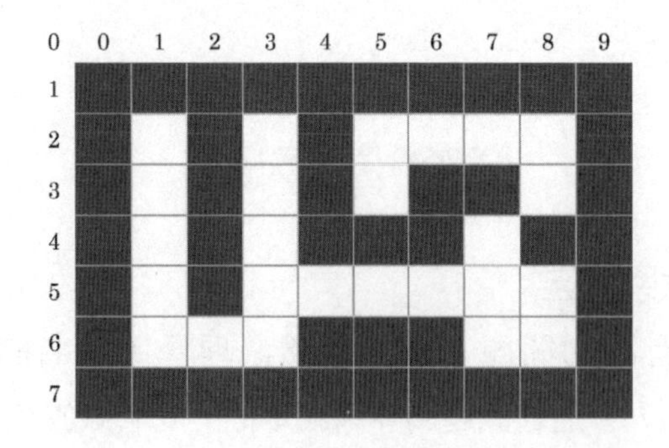


要建立一個這樣的程式，必須先來解決如何在電腦中表現一個模擬迷宮的方法，就是利用一個二維陣列MAZE[row][col]，請按照下列規則：

```
MAZE[j][k] = 1 表示[j][k]處有牆，無法通過
MAZE[j][k] = 0 表示[j][k]處無牆，可通行
MAZE[1][1]是入口，MAZE[5, 8]是出口
```

假設老鼠由左上角進入，由右下角出來，則在任何時候老鼠的位置為MAZE[j][k]。下圖可以表示從老鼠目前所在的位置及對四周可能移動的方向。共有8個：分別為北、東北、東、東南、南、西南、西、西北。

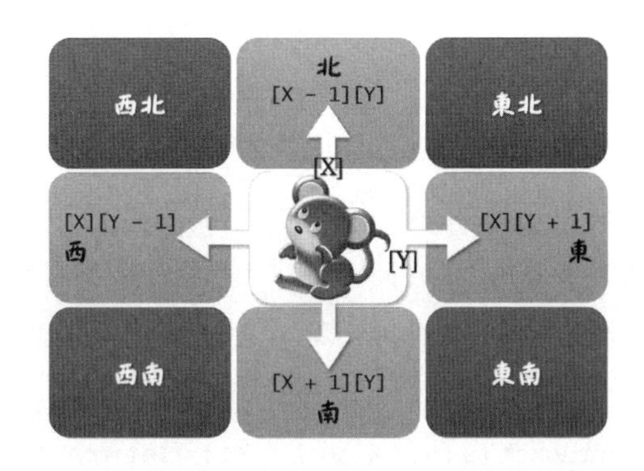


由（X, Y）位置前進到下一個位置時，會嘗試以東、南、西、北四個方向來前進，找到其中一個方向就能繼續前進，反覆操作直到走出迷宮。以函式Visited（X, Y）來記錄走訪的位置，其演算法大致如下：

- 將起始位置設為「1, 1」。
- 未到達迷宮出口前，必須實施如下的走法：①向上是空的，則實施「Visited(X - 1, Y)」；②往下是空的，則實施「Visited(X + 1, Y)」；③向左是空的，則實施「Visited(X, Y − 1)」；④往右是空的，則實施「Visited(X, Y + 1)」。
- 若能到達出口則記錄走訪過的位置「maze[X][Y] = 2」。

範例CH05/CH0515.java

```
01   package maze;
02   public static boolean findPath(int[][] ary,
03       int X, int Y){
04   out.printf("移動，X = %d, Y = %d%n", X, Y);
05   Visited(ary);
06   out.println("--------------------------------");
07   if (X >= 7 || Y >= 10) return false;
08   if (ary[X][Y] == 1) return false;
09   if (ary[X][Y] == 0) ary[X][Y] = 2;
10   if (ary[X][Y] == 2 && (X == 6 || Y == 8)) return true;
11   if (Y < 8 && ary[X][Y + 1] == 0) //向右
12       if (findPath(ary, X, Y + 1)) return true;
13   if (X < 5 && ary[X + 1][Y] == 0) //向下
14       if (findPath(ary, X + 1, Y)) return true;
15   if (Y > 0 && ary[X][Y - 1] == 0) //向左
16       if (findPath(ary, X, Y - 1)) return true;
17   if (X > 0 && ary[X - 1][Y] == 0) //向上
18       if (findPath(ary, X - 1, Y)) return true;
19   return false;
20}
```

## 執行結果

```
老鼠走迷宮的路徑
移動，X = 1, Y = 1
  1  1  1  1  1  1  1  1  1  1
  1  0  1  0  1  0  0  0  0  1
  1  0  1  0  1  0  1  1  0  1
  1  0  1  0  1  1  1  0  0  1
  1  0  1  0  0  0  0  0  1  1
  1  0  0  0  1  1  1  0  0  1
  1  1  1  1  1  1  1  1  1  1
-------------------------------
移動，X = 2, Y = 1
  1  1  1  1  1  1  1  1  1  1
  1  2  1  0  1  0  0  0  0  1
  1  0  1  0  1  0  1  1  0  1
  1  0  1  0  1  1  1  0  0  1
  1  0  1  0  0  0  0  0  1  1
  1  0  0  0  1  1  1  0  0  1
  1  1  1  1  1  1  1  1  1  1
```

```
移動，X = 5, Y = 8
  1  1  1  1  1  1  1  1  1  1
  1  2  1  0  1  0  0  0  0  1
  1  2  1  0  1  0  1  1  0  1
  1  2  1  0  1  1  1  0  0  1
  1  2  1  2  2  2  2  2  1  1
  1  2  2  2  1  1  1  2  0  1
  1  1  1  1  1  1  1  1  1  1
-------------------------------
  1  1  1  1  1  1  1  1  1  1
  1  2  1  0  1  0  0  0  0  1
  1  2  1  0  1  0  1  1  0  1
  1  2  1  0  1  1  1  0  0  1
  1  2  1  2  2  2  2  2  1  1
  1  2  2  2  1  1  1  2  2  1
  1  1  1  1  1  1  1  1  1  1
```

## 程式解說

- ◈ 第8行：若超出迷宮（二維陣列ary）範圍或陣列的元素為1的話予以忽略。
- ◈ 第9、10行：在迷宮可行走的範圍內，將可行走過的路以「2」標示為走過。
- ◈ 第11~18行：在迷宮可行走的範圍內（開始時X = 1, Y = 1，結束X = 5, Y = 8）嘗試找出走出迷宮的路徑。

CHAPTER 5

# 課後習作

## 一、填充題

1. 堆疊具有＿＿＿＿＿＿的特性，從堆疊頂端加入元素稱爲＿＿＿＿＿；反之，從堆疊頂端移除元素稱爲＿＿＿＿＿。
2. 將運算式「A−B*(C+D)/E」以前序式＿＿＿＿＿及後序式＿＿＿＿＿表示。
3. 將運算式以括號法轉換時，前序轉爲中序式的依據原則＿＿＿＿＿＿＿＿＿＿＿＿；後序轉爲中序式的依據原則＿＿＿＿＿＿＿＿＿＿＿＿。
4. 將運算式採堆疊法時，中序法轉換成前序，需要以「運算子堆疊」來協助，它依據哪兩個優先權？＿＿＿＿＿＿＿＿和＿＿＿＿＿＿＿＿＿。
5. 將運算式採堆疊法時，中序法轉換成前序，須＿＿＿＿＿＿＿＿＿＿＿讀取中序式，堆疊內，運算子＿＿＿＿優先權最小；中序法轉換成後序，須＿＿＿＿＿＿＿＿＿＿讀取中序式，堆疊內，運算子＿＿＿＿優先權最小。
6. 一個遞迴式A定義如下：請問A(1, 2)與A(2, 1)的值爲何？＿＿＿＿＿＿

$$
A(m, n) = \begin{cases} n+1 & if\ m = 0 \\ A(m-1, 1) & if\ n = 0 \\ A(m-1, A(m, n-1)) & \end{cases}
$$

## 二、實作與問答

1. 請列舉堆疊在電腦上的5項應用。
2. 利用堆疊的特性，撰寫一個能反轉陣列的程式。
3. 利用堆疊法將下列後序運算式繪製其運算過程。

```
7 5 + 4 * 3 8 - 2 6 + * -
```

4. 請將下列中序算術式利用「括號轉換法」轉爲前序與後序表示式。

```
(A+B)* D + E / (F+A*D) + C
```

5. 請將下列算術式利用「括號轉換法」轉爲中序式表示式。

| 前序轉中序：-A*/+BC-DEF |
|---|
| 後序轉中序：AB*CD+E/- |

6. 請以堆疊法求運算式「A/B + (C+D)* E−A * C」的前序式和後序式。
7. 將Random類別產生1~200之間的隨機值儲存於一維陣列，以遞迴呼叫來計算總和。
8. 請以遞迴呼叫將陣列的元素反轉。

| data = [11, 22, 33, 44, 55, 66] |
|---|
| 反轉後 [66, 55, 44, 33, 22, 11] |

9. 請以遞迴方式撰寫一個冪次方，例如「5 ^ 3」就是「5 * 5 * 5」。

# 第六章

# 排隊的智慧——佇列

## ★學習導引★

- 以陣列結構和鏈結串列來實作佇列
- 佇列有「先進先出」的規範，操作時得從前門移除元素，後門允許加入元素
- 透過堆積認識優先佇列的特性

# 6.1 認識佇列

佇列（Queue）和堆疊一樣，都屬於有序串列，也提供抽象型資料型態（ADT），它的所有加入、刪除動作發生在不同的兩端，並且符合「First In, First Out」（先進先出）的特性。佇列的觀念就好比去好市多大賣場排隊結帳，先到的人當然優先結帳，付完錢後就從前端離去，而隊伍的後端又陸續有新的顧客加入排隊。

不過有時先進先出固然是好的，有時爲了加快處理，能以現金結帳的顧客優先處理，這就是含有權值的「優先佇列」。還有哪些佇列？一起來認識它們。

## 6.1.1 佇列概念

佇列在電腦中的應用與堆疊不同，大多屬於硬體處理流程的控制。佇列具有先進先出的特性，經常被電腦的作業系統用來安排電腦執行工作（Job）的優先順序。尤其是多人使用（Multiuser）之多工（Multitask）電腦必須安排每一位使用者都有相等的電腦使用權。由於佇列是一種抽象型資料結構（Abstract Data Type, ADT），它必須有下列兩種特性：

- 具有先進先出（FIFO）的特性。
- 擁有兩種基本動作加入與刪除，而且使用front與rear兩個參考來分別指向佇列的前端與尾端。

佇列結構的相關操作，透過抽象型資料結構（Abstract Data Type, ADT）表示如下：

```
資料的存取符合「先進先出」(First In First Out, FIFO)的原則
佇列的前端(Front)移除資料
佇列的後端(Rear)加入資料
CREATE：建立一個空堆疊
```

| |
|---|
| ENQUEUE()：將資料從佇列的後端加入，並傳回所加入資料 |
| DEQUEUE()：把資料從佇列前端刪除 |
| FRONT()：查看佇列前端項目，回傳其值 |
| REAR()：查看佇列後端項目，回傳其值 |

## 6.1.2 以陣列實作佇列

與堆疊的實作一樣，各位也同樣可以使用陣列或串列來建立一個佇列。不過堆疊只需一個Top參考指向堆疊頂，而佇列則必須使用Front和Rear兩個參考分別指向前端和尾端，如下圖所示。

佇列中的項目如何以陣列結構進行元素的新增、刪除？宣告陣列後，會從佇列後端新增元素，其運作方式可參考下圖。

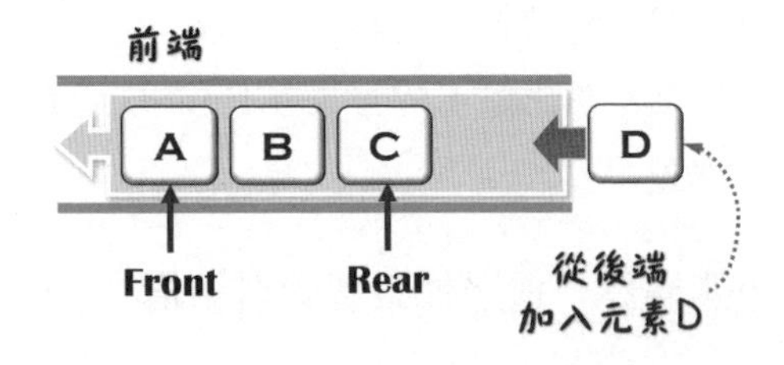


以陣列定義結構，程式碼撰寫如下：

```
// 範例CH06/AryforQueue.java
package queue;
class AryforQueue{
   int[] list;                        //儲存佇列項目
   private int rear, front, size; //指向佇列前端、後端的參考
   private static final int Capacity  = 10;//佇列預設的容量
   AryforQueue(){                     //建構式
      list = new int[Capacity];
      this.size = 0;
      this.rear = 0;
      this.front = 0;
   }
}
```

◈ 定義AryforQueue類別來進行佇列的相關操作。

◈ 產生儲存佇列項目的陣列list，並設常數Capacity爲存放容量。

◈ 變數front、rear分別爲指向佇列的頭和尾之參考，設初值分別爲「0」，並以size來表示佇列大小。

檢視下方圖，佇列的front指標會指向第一個元素，而rear指標則指向最後一個元素。新增元素D時，rear指標原本指向元素C（最後一個元素），它會改變位置，重新指向元素D。所以rear指標會隨元素的新增由左向右移動。

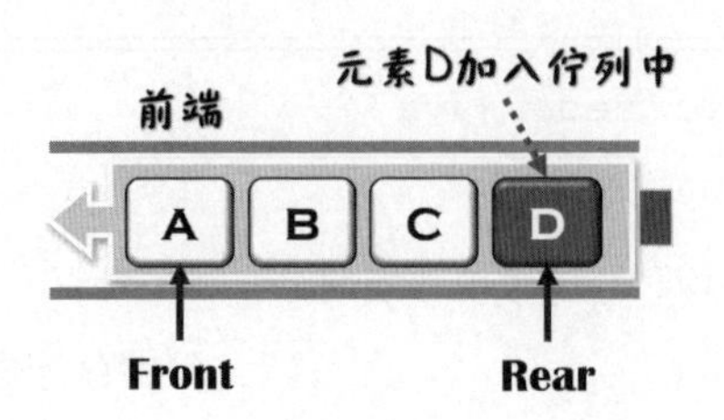


定義成員方法Enqueue()。佇列新增元素時，是把Rear參考向佇列尾端移動，新增的值則以陣列list儲存。程式碼如下：

```
// 範例CH05/AryforQueue.java
package queue;
public void Enqueue(int data){
   if (rear == Capacity)  //判斷是否大於佇列大小
      out.println("佇列已滿,無法再加入");
   else {
      list[rear] = data; //將資料存入佇列
      rear++;
      size++;
}
```

◈ 參考read會隨項目新增而移動，確認佇列未滿「rear == Capacity」的情形下，才把新增項目加到佇列裡。

參考Front通常指向第一個元素。從佇列前端刪除第一個元素A時，但隨著元素的刪除而調整指向，參考front原本指向A而改變位置指向B。所以，參考front恰好與rear參考相反，它會隨著前端元素的移除向後方移動。因此，當元素被刪除時，只是把front參考移動並非元素改變位置。

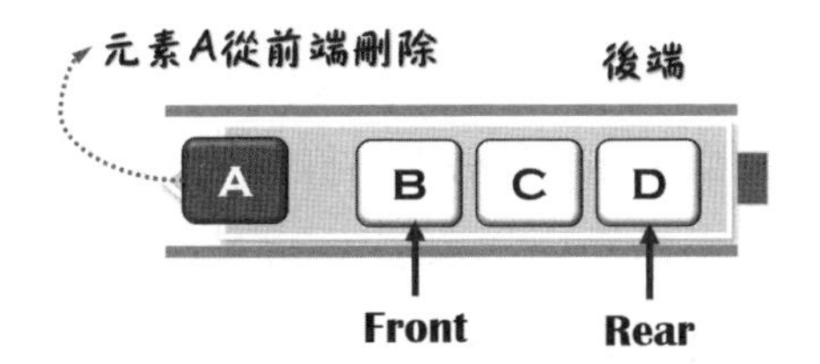


定義成員方法Dequeue()來刪除佇列的元素，參考Front是隨元素的刪除而移動。範例如下：

```
// 範例CH06/AryforQueue.java
package queue;
public int Dequeue(){
   if(isEmpty()) //判斷佇列是否為空的,如果是則傳回-1值
      return -1;
   else {
      size--;
      front++;
      return list[front];
   }
}
```

◈ 要移除陣列的第一個元素，先移動參考front並改變佇列大小size，並以return敘述所移除的佇列項目。

範例CH06/CH0601.java

```
01   package queue;
02   static void Main(string[] args){
03   AryforQueue queue = new AryforQueue();
04   Scanner input = new Scanner(in);
```

```
05    int[] data = {11, 21, 31, 41, 51, 61};
06    int len = data.length;//取得陣列長度
07    for (int j = 0; j < len; j++)
08       queue.Enqueue(data[j]);
09    out.println("產生 佇項");
10    queue.Display();
11    out.print("新增 佇項項目 --> ");
12    int num = input.nextInt();
13    queue.Enqueue(num);
14    queue.Display();
15    num = queue.Dequeue();
16    out.println("刪除 佇項項目 " + num);
17    num = queue.Dequeue();
18    out.println("刪除 佇項項目 " + num);
19    queue.Display();
20    input.close();
21}
```

執行結果

```
產生 佇項
  11  21  31  41  51  61, Size = 6
新增 佇項項目 --> 74
  11  21  31  41  51  61  74, Size = 7
刪除 佇項項目 21
刪除 佇項項目 31
  31  41  51  61  74, Size = 5
```

**程式解說**

◈ 第3行：產生queue物件，利用它來呼叫相關的成員方法。

◈ 第7~8行：for迴圈讀取data陣列並呼叫成員方法Enqueue()來新增項目於佇列中。

**補結站**

想想看，範例CH0601.java實作佇列時，可以發現Front、Rear參考會隨佇列項目的增加或移除而改變其位置；當前端的元素愈刪愈多時，留下的空間能回收利用嗎？

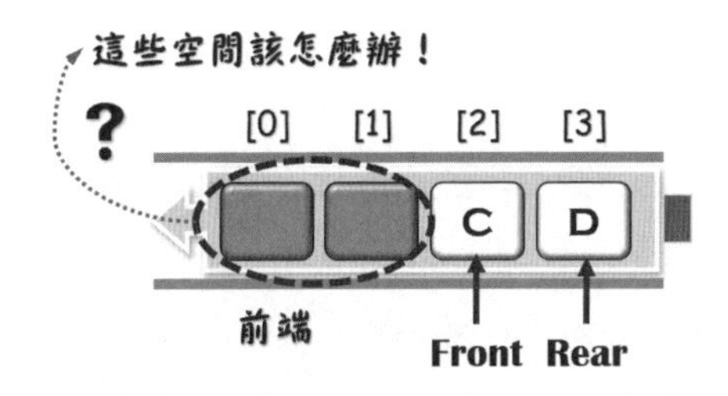


## 6.1.3 使用鏈結串列實作佇列

實作佇列的第二種方式就是透過鏈結串列，先從單向鏈結串列來進行。當佇列由後端新增節點，可以把它想像成單向鏈結串列。

**Step 1.** 將原來最後一個節點的Next參考指向新節點；利用尾端參考Rear，直接把新加入的項目變成最後一個節點，再更新Rear參考。

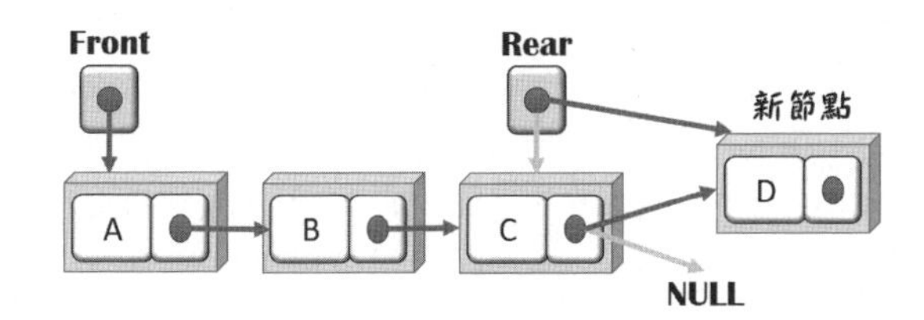

**Step 2.** 新節點加到佇列後端，Rear參考指向它。

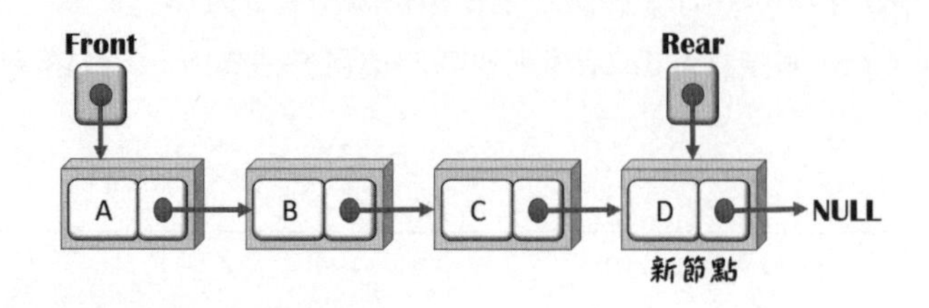


範例CH06/LinkedforQueue.java

```
01    package queue;
02    public class LinkedforQueue {
03    private Node front, rear;
04    public void Enqueue(int data){ //成員方法-新增佇列項目
05       Node newNode = new Node(data);
06       newNode.item = data;
07       newNode.next = null; //產生新節點
08       if (rear == null){    //如果佇列是空的
09          front = newNode;   //將front參考指向新節點
10          rear = front;      //rear參考指向第一個節點
11       }
12       rear.next = newNode; //把原爲末節點next參考指向新節點
13       rear = newNode;      //再把Rear參考指向新節點
14    }
15}
```

## 程式解說

◈ 定義類別LinkedforQueue並設定操作佇列的基本方法：front、rear用它們來指向佇列首、末節點的參考。

◈ 第4~14行：定義方法Enqueue()，依據傳入的值來新增佇列的項目；從佇列後端加入新節點，並把佇列尾端參考rear指向新節點。

◈ 第6~7行：由於是串列，將新節點newNode配置記憶體空間。

◈ 第12~13行：確認非空佇列的情形下，把原爲末節點的next參考指向新節點，再把rear參考指向第一個節點。

刪除佇列的項目是從前端移除，如同在鏈結串列中移除首節點，然後把參考指向下一個節點。

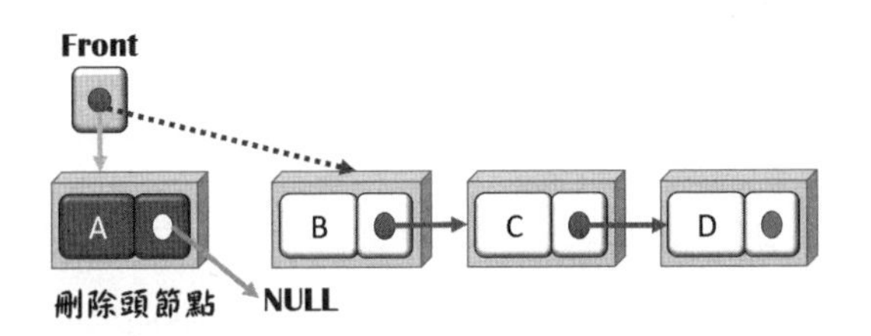


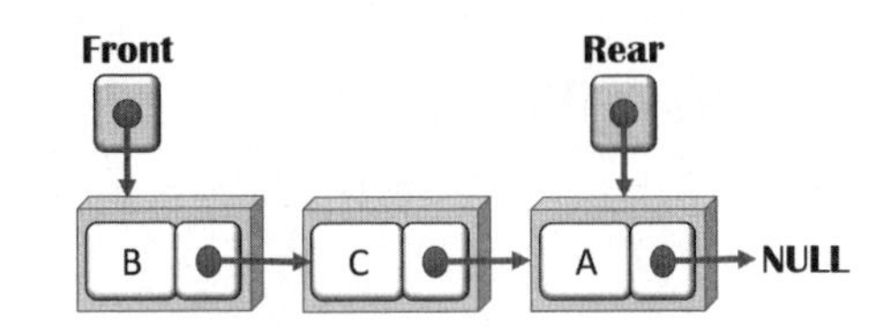


範例CH06/LinkedforQueue.java

```
21   public int Dequeue(){
22   int number;
23   Node current = front;
24   if (front == null) throw
25           new IllegalStateException("空白佇列");
26   else {
```

```
27        number = front.item;
28        Front = current.next;
29    }
30    return number;
31}
32    public int Peek(){
33    if (front == null) throw
34          new IllegalStateException("空白佇列");
35    return front.item;
36}
```

**程式解說**

◈ 第21~31行：定義成員方法Dequeue()，從佇列前端刪除節點；當佇列有首節點的情形下，目前參考指向首節點，刪除節點前，首節點參考front指向下一個節點，以變數number回傳刪除節點的值。

◈ 第32~36行：定義成員方法Peek()來回傳佇列的第一個節點。

### 6.1.4 Java的LinkedList類別

Java套件的「java.util」提供了Java Collections Framework架構，它能以集合介面配合其相關類別實作其介面。以List來說，實作類別有ArrayList和LinkedList兩個類別；以一個簡單範例來認識它。

範例CH06/CH0603.java

```
01    package queue;
02    static void Main(string[] args){
03    Queue<String> queue = new LinkedList<String>();
```

```
04   String[] weeks = {
05     "Mon", "Tue", "Wed", "Thu", "Fri", "Sat", "Sun"};
06   for(String item : weeks)
07      queue.offer(item); //將項目新增佇列尾端
08   out.println("--佇列項目--");
09   Display(queue);
10   out.printf("%n佇列第一個項目  [%s]%n", queue.element());
11   out.printf("移除佇列第一個項目  [%s]%n", queue.remove());
12   Display(queue);
13}
```



## 執行結果

```
--佇列項目--
Mon  Tue  Wed  Thu  Fri  Sat  Sun
佇列第一個項目 [Mon]
移除佇列第一個項目 [Mon]
Tue  Wed  Thu  Fri  Sat  Sun
```

## 程式解說

◈ 第3行：介面Queue以LinkedList類別實做其物件queue，其資料型別爲String。

◈ 第6~7行：以加強式for迴圈呼叫方法offer()將資料新增到佇列末端。

◈ 第10行：呼叫介面Queue來實作方法element()會回傳佇列第一個項目。

◈ 第11行：呼叫介面Queue來實作方法remove()刪除佇列第一個項目。

# 6.2 其他常見佇列

佇列在電腦上的應用非常廣泛，舉凡CPU的排程，列表機的列印，I/O緩衝區；另一個大家較爲熟知就是Windows作業中的用來播放音樂和影片的Media Player，它允設使用者建立播放清單就是佇列結構的技巧。

## 6.2.1 環狀佇列

無論是以陣列或鏈結串列佇列，由於佇列爲線性結構，具有後進前出的特色，當前端移出元素之後，參考Front和Rear都是往同一個方向遞增。如果Rear參考到達一維陣列的邊界MAX（佇列最大空間），就算佇列尚有一些空間，也需要位移佇列元素，才有空間存入其它佇列元素。

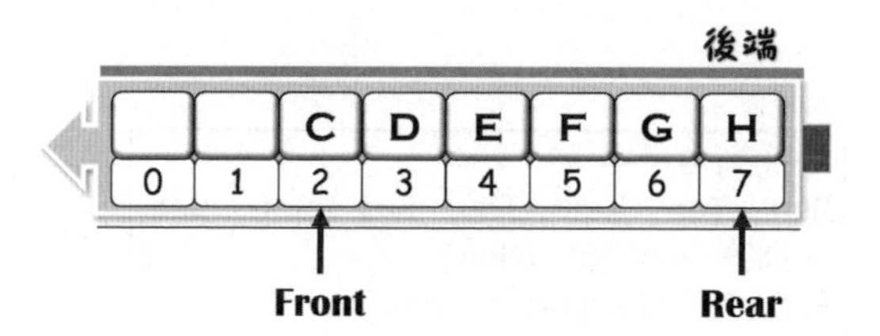


爲了改善上述的問題，就有了「環狀佇列」（Circular Queue）的作法。事實上，環狀佇列同樣使用了一維陣列來實作的有限元素數佇列，可以將陣列視爲一個環狀結構，讓它的後端和前端接在一起；佇列的索引參考周而復始的在陣列中環狀的移動，解決佇列空間無法再使用的問題。

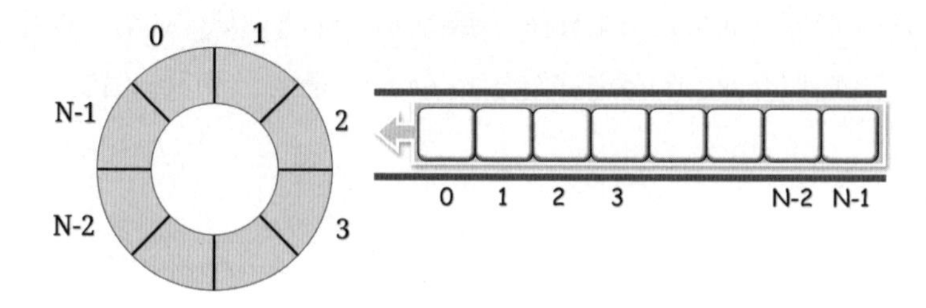

環狀佇列有幾個主要特徵：

- 環狀佇列使用「陣列」來實作，能存放N個元素，對記憶體做更有效之應用。
- 環狀佇列不須搬移資料，它有「Q[0 : N-1]」的位置可以利用。
- 環狀佇列資料被刪除後，所留下的位置可以再利用，而「Q[N−1]」的下一個元素是「零」。

使用環狀佇列得進一步知道參考Front、Rear目前指向的位置，利用建構式把它們初始化：

```
// 範例CH06/AryCircular.java
package circularQ;
public class AryCircular {
   private static final int maxSize = 6; //佇列最大空間
   int rear, front, count;
   AryCircular(){    //建構式
      list = new int[maxSize];
      this.rear = 0;      //指向佇列後端參考
      this.front = 0;     //指向佇列前端參考
      this.count = 0;     //計算佇列項目數
   }
}
```

在新增、刪除項目的變化要利用運算子「%」所取得之餘數來找出它們要插入資料的位置：

```
rear = (rear + 1) % maxSize;  //新增項目移動rear參考
front = (front + 1) % maxSize;//移除項目移動front參考
```

◈ 依據front、rear的值找出它們在環狀佇列的位置。

CHAPTER 6

**Step 1.** 空的佇列新增4個元素，依據公式計算，參考Rear向指向下一個欲插入項目的位置「4」。

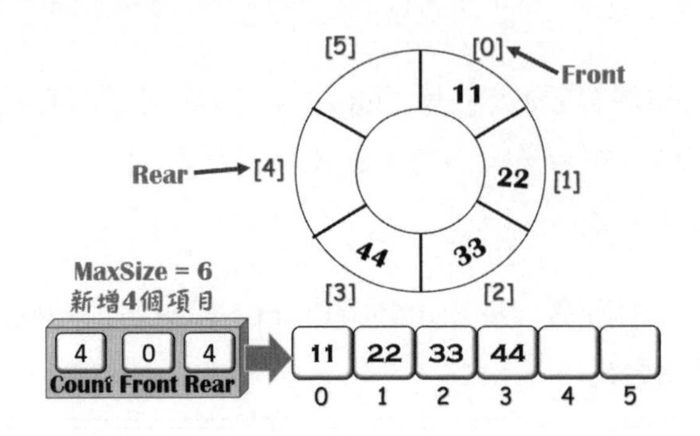


**Step 2.** 再新增兩個項目，則Front和Rear會指向同一個位置，表示佇列已滿。

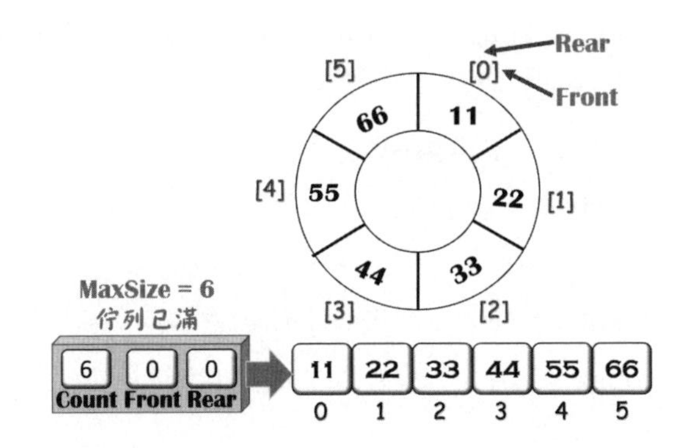


**Step 3.** 持續移除兩個元素，參考Rear維持「4」的位置，而Front參考會隨移除的項目指向位置「2」。

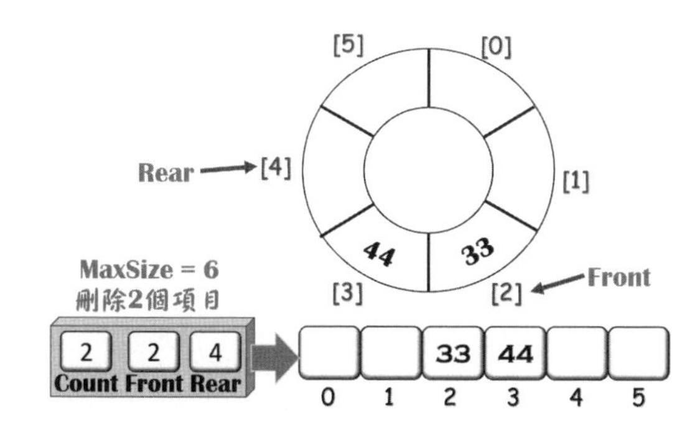


**Step 4.** 連續刪除2個元素之後，佇列已空，會看到參考Front、Rear會指向同一個位置「4」。

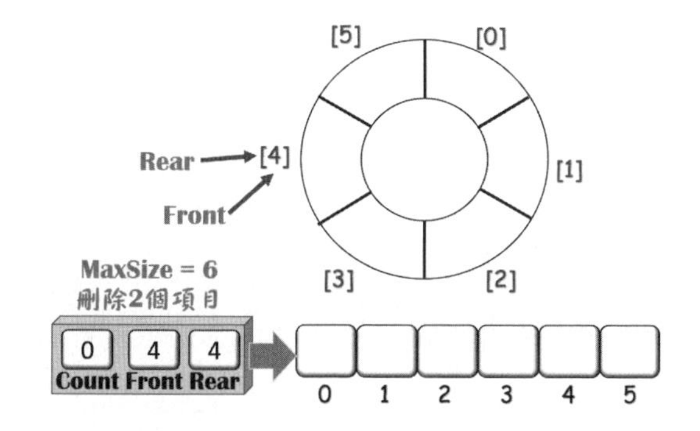


範例CH06/AryCircular.java

```
01    package circularQ;
02    public class AryCircular {
03    //定義方法-判斷是否爲空的佇列
04    public boolean IsEmpty() {return (count == 0);}
05    //定義方法-判斷是否爲滿的佇列
06    public boolean IsFull() {return (count == maxSize);}
```

```
07    public void Enqueue(int data){//定義成員方法，佇列後端存入
08       if (IsFull())
09          out.println("佇列已滿");
10       else {
11          list[rear] = data;
12          rear = (rear + 1) % maxSize;
13          count++;
14       }
15    }
16    public void Dequeue(){//定義成員方法，從佇列前端移除
17       if (IsEmpty())
18          out.println("空的佇列，無法刪除項目");
19       else{
20          out.printf("[%d]", list[front]);
21          front = (front + 1) % maxSize;
22          count--;
23       }
24    }
25    public void Display(){//定義成員方法，輸出佇列項目
26       for (int j = front; j != rear; j++)
27          out.printf("%4d", list[j % maxSize]);
28       out.println();
29       out.printf("Front<%d>, Rear<%d>, Count = %d%n",
30             front, rear, count);
31    }
32}
```

## 執行結果

```
佇項 -->    11  23  33  44
Front<0>, Rear<4>, Count = 4
新增 佇項項目 --> 55
  11  23  33  44  55
Front<0>, Rear<5>, Count = 5
刪除項目 --> [11][23][33][44][55]
佇列項目
Front<5>, Rear<5>, Count = 0
```

## 程式解說

◈ 定義一個環狀佇列CircularQ類別來實作新增，刪除元素時，了解參考front、rear它們的變化情形。

◈ 第7~15行：定義新增元素的方法Enqueue()，以IsFull()方法來判斷佇列未滿的情形下，計算front參考所指的位置。

◈ 第16~24行：定義刪除前端元素的方法Dequeue()，以IsEmpty()方法來判斷佇列不是空的情形下，計算rear參考所指向下一個位置來移除元素。

◈ 第25~31行：定義輸出佇列元素的方法Display()，for迴圈依據參考front來取得第一個元素的位置，再以rear參考指向最後一個元素的位置來輸出其內容。

**補給站**

環狀佇列是以一維陣列Q(0 To N−1)來表示，它只是邏輯的處理而非實際的環狀。

- 參考Front永遠指向佇列前端元素
- 參考Rear則指向佇列尾端元素的前一個位置

操作上，環狀佇列還剩餘一個空間可以使用，但是這是爲了判斷以下的情形而預留的，不可使用；因此最多只能使用N−1個空間，而浪費一個空間。

為了區分佇列是空的？滿的？狀態，利用屬性count來統計元素個數，再加上兩個方法：IsFull()判斷佇列已滿；IsEmpty()查看佇列是否是空的？

## 6.2.2 雙佇列

「雙佇列」（Deques）是「Double-ends Queues」的縮寫，通俗的說法是佇列有兩個開口，我們可以指定佇列一端來進行資料的刪除和加入。由於佇列有前端（Front）及後端（Rear），皆都允許存入或取出，如下圖所示。

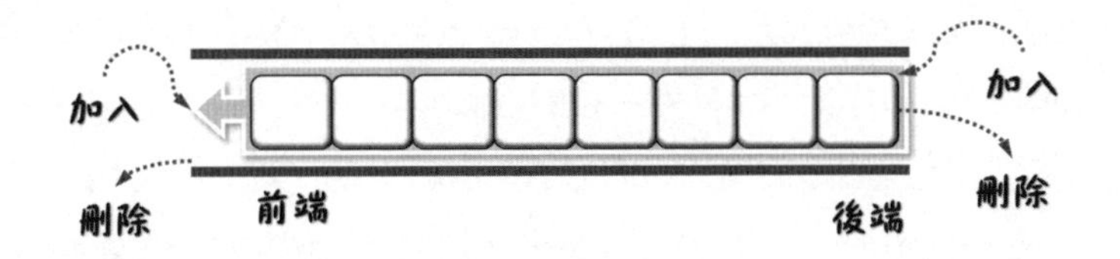


雙佇列依其應用分為多種存取方式。常見的雙佇列概分兩種：①輸入限制性雙佇列（Input Restricted Deque）和②輸出限制性雙佇列（Output Restricted Deque）。

電腦CPU的排程就是採用雙佇列。由於多項程序但都是使用同一個CPU，但CPU只能在每一段時間內執行一項工作。所以，而這些工作會集中擺在一個等待佇列，等待CPU執行完一個工作後，再從佇列取出下一個工作來執行，排定工作誰先誰後的處理稱為「工作排程」。

那麼雙佇列如何新增資料？一般會有兩對參考：其中的F1用來指向左邊佇列的頭，R1用來指向左邊佇列的尾；另一邊則以F2指向右邊佇列的頭，R2用來指向右邊佇列的尾。其中的R1、R2會隨資料的新增來移動。

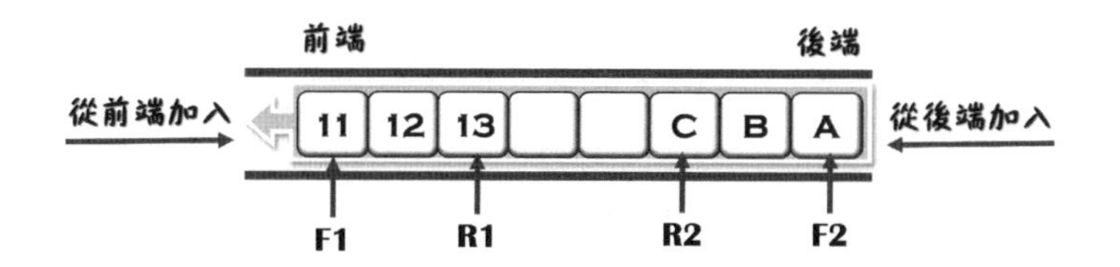


當雙佇列的資料被刪除時，則F1、F2的參考會移動位置。

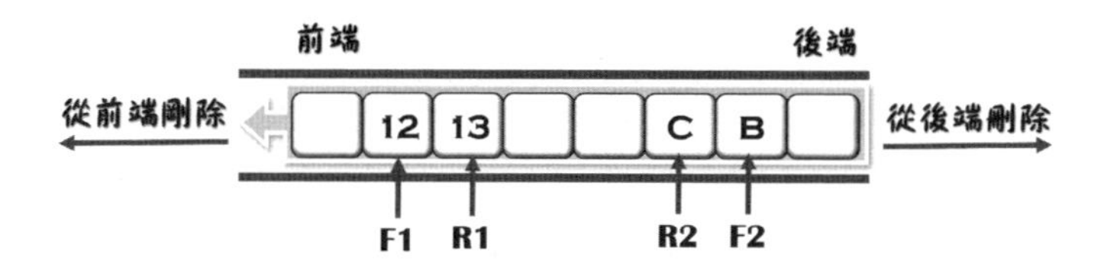


所謂「輸入限制性雙佇列」表示它只能從尾端新增項目，但前、後端皆能移除項目，先以陣列結構來實作它。

**範例CH06/DQeue.java**

```
01    package doubleQ;
02    public void Enqueue(int data){
03    if (!IsFull()){
04       rear++;
05       list[rear] = data;
06        count++;
07    }
08    else
09       out.println("佇列已滿");
10}
11    public void headDequeue(){
12    if (IsEmpty())
```

```
13        out.println("空的佇列，無法刪除項目");
14    else {
15        out.printf("項目[%d]已移除", list[front]);
16        front++;
17        count--;
18    }
19}
20    public void tailDequeue(){
21    if (IsEmpty())
22        out.println("空的佇列，無法刪除項目");
23    else{
24        out.printf("項目[%d]已移除", list[rear]);
25        rear--;
26        count--;
27    }
28}
```

執行結果

```
佇列 -->    11  22  33  44  55
Front<0>, Rear<4>, Count = 5
佇列前端 --> 項目[11]已移除
佇列項目  22  33  44  55
Front<1>, Rear<4>, Count = 4
佇列末端 --> 項目[55]已移除
佇列項目  22  33  44
Front<1>, Rear<3>, Count = 3
新增 佇項項目 --> 66
  22  33  44  66
Front<1>, Rear<4>, Count = 4
```

**程式解說**

- ◈ 第2~10行：定義成員方法Enqueue()來限定雙佇列只能由後端輸入；在佇列有空間的情形下，加入陣列元素並變更參考Rear。
- ◈ 第11~19行：定義成員方法headDequeue()來取出佇列前端的元素；同樣要移除元素前先檢查佇列是否有元素可刪除，再變更front參考。
- ◈ 第20~28行：定義成員方法tailDequeue()來取出佇列後端的元素；同樣要移除元素前先檢查佇列是否有元素可刪除，變更參考Rear。

輸出限制性雙向佇列表示輸入項目能兩端進行，要取出項目只能在一端，以單向鏈結串列實作佇列。由於佇列要有前、後端參考，初始化時就得列出它們。

```
// 範例CH06/OutputQueue.java
package doubleQ;
class Node {
   int item;
   Node next;
   Node(int data){    //定義建構函式 - 傳入數值
      this.item = data;
      this.next = null;
   }
}
```

以單向鏈結串列實作輸出限制性雙佇列，並以參考Front、Rear分別指向佇列前、後兩端。

```
// 範例CH06/OutputQueue.java
public class OutputQueue{
private Node rear, front;     //指向佇列後端、前端參考
   OutputQueue(){    //建構式
      this.rear = null;
      this.front = null;
   }}
```

**Step 1.** 新節點「33」要從佇列前端加入。

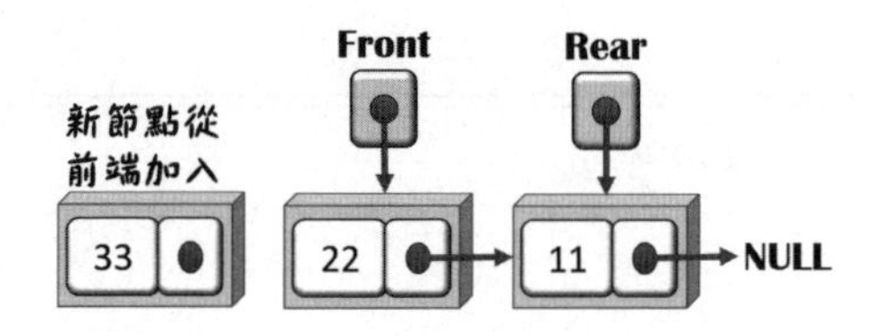


**Step 2.** Front參考指向新節點，新節點的Next鏈結指向原來的第一個節點「22」。

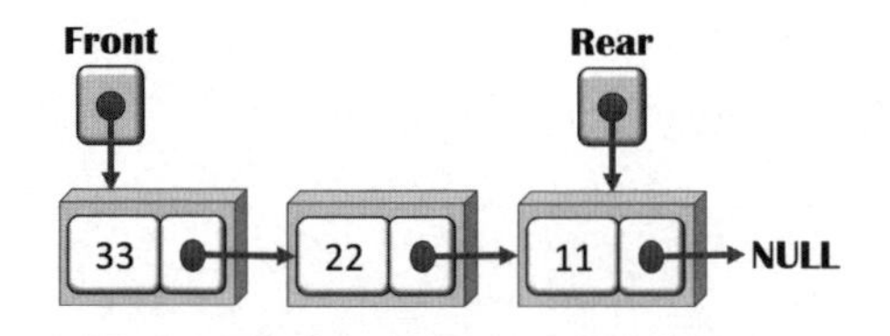


**Step 3.** 新節點「44」從佇列後端加入。

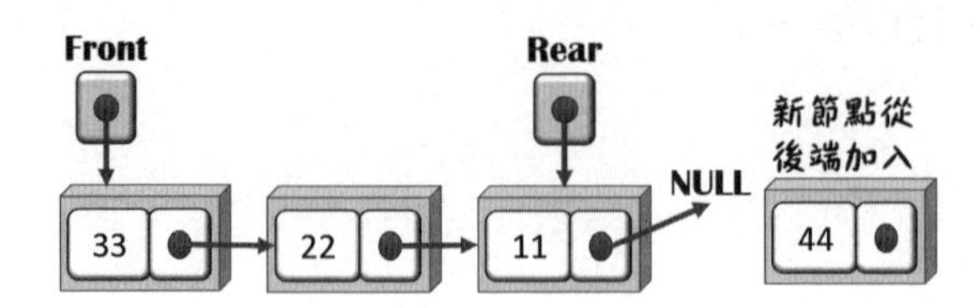

**Step 4.** Rear參考指向新節點，原來的最後節點「11」的Next參考指向新節點。

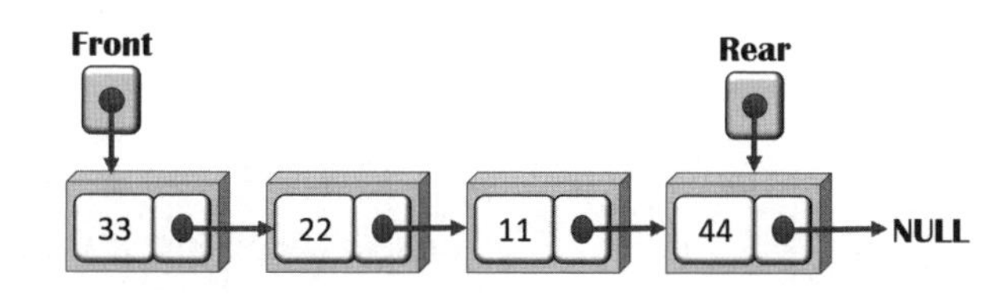


範例CH06/OutputQueue.java

```
01  package doubleQ;
02  public class OutputQueue {
03  public void headEnqueue(int data){
04      Node newNode = new Node(data);
05      newNode.item = data;
06      if (front == null){          //如果沒有前端節點
07          newNode.next = null;
08          rear = newNode;          //參考Rear指向新節點
09      }
10      else
11          newNode.next = front; //新節點Next參考指向前端節點
12      front = newNode; //前端節點參考Front指向新節點
13  }
14  public void tailEnqueue(int data){
15      Node newNode = new Node(data);
16      newNode.item = data;
17      newNode.next = null; //產生新節點
```

```
18        if (rear == null){     //如果佇列後端是空的
19           front = newNode;    //將Front參考指向新節點
20           rear = front;
21        }
22        rear.next = newNode; //原爲末端節點Next參考指向新節點
23        rear = newNode;        //再把Rear參考指向新節點
24     }
25     public void Dequeue(){
26        int number;
27        Node current = front;   //指向目前節點的參考爲頂端節點
28        if (front == null) throw
29              new IllegalStateException("空白佇列");
30        else {    //佇列有節點的情形下才做刪除
31           number = current.Item; //number取得欲刪除節點的值
32           front = front.next;    //front參考指向第二個節點
33           out.printf("[%d]", number);
34        }
35     }
36}
```

執行結果

```
新增於佇列後端 --> [44]->[55]->[66]->
新增於佇列前端 --> [11]->[22]->[33]->[44]->[55]->[66]->
前端節點 [11][22]已除移
佇列項目 [33]->[44]->[55]->[66]->
```

**程式解說**

◈ 第3~13行：定義成員方法headEnqueue()，由前端加入節點；新節點完成記憶體配置之後，才把參數值value存入節點的資料欄。

◈ 第14~24行：定義成員方法tailEnqueue()，由佇列後端加入節點，等同把新節點加到末節點之後，成為串列末節點；新節點完成記憶體配置之後，才把參數值value存入節點的資料欄。

◈ 第25~35行：定義成員方法Dequeue()來移除佇列前端項目，它等同把串列的首節點移除。



## 6.2.3 優先佇列

什麼是優先佇列？一般而言，佇列具有「先進先出」的傳統美德，而「優先佇列」（Priority Queue）表示在排隊之後還要依據它的優先權，這在電腦的操作環境中，譬如：I/O設備向作業系統發出請求時，會依據其優先順序大的做先行處理。同一間辦公室可能會共用一台列表機，當部門經理的文件也加入列印的佇列中，如果有設好優先權，那麼「經理」的文件就有可能提早完成列印。

優先佇列另外一個常見的例子就是飛機上的供餐順序，它會從頭等艙開始，然後是商務艙，最後才是經濟艙。所以囉，醫院的急診室其實也是優先佇列的表現。

**範例CH06/PriQueue.java**

```
01   package priority;
02   class QNode{    //定義單向鏈結串列的節點
03      int item, prior; //資料、權值
04      QNode next;         //指向下一個節點的參考
05
```

```
06   //定義建構式 - 傳入資料、權值
07   QNode(int data, int pri){
08      this.item = data;
09      this.prior = pri;
10      this.next = null;
11   }
12}
```

範例CH06/PriQueue.java

```
21    package priority;
22    public class PriQueue{
23    private QNode front = null;
24    public QNode Enqueue(int data, int precede){
25       QNode ptr; //指向目前節點的參考
26       QNode newNode = new QNode(data, precede);
27       newNode.item = data;
28       newNode.prior = precede;
29       if (front == null || precede <
30                front.prior){//做比較
31          newNode.next = front;
32          front = newNode;
33       }
34       else {
35          ptr = front; //目前節點參考指向前端節點
36          //走訪節點，且節點的優先權較小
37          while (ptr.next != null &&
38                ptr.next.prior <= precede)
39             ptr = ptr.next;
```

```
40            //參考next指向下個節點
41            newNode.next = ptr.next;
42            //目前節點的參考指向新節點
43            ptr.next = newNode;
44         }
45         return front;
46      }
47      public void Dequeue(){//定義方法來移除佇列前端項目
48         int number;
49         //指向目前節點的參考為頂端節點
50         QNode current = front;
51         if(front == null) throw
52                new IllegalStateException("空白佇列");
53         else {    //佇列有節點的情形下才做刪除
54            //number儲存欲刪除節點的值
55            number = current.item;
56            //front參考指向第二個節點
57            front = front.next;
58            out.printf("前端節點[%d]已移除", number);
59         }
60      }
61      public void Display(){    //輸出佇列內容
62         QNode ptr = front;
63         if (front == null)
64            out.println("空的佇列，無法輸出內容");
65         else{
66            out.println("---優先佇列---");
67            while (ptr != null){
68               out.printf("%4d, 權值 = [%d]",
69                  ptr.item, ptr.prior);
```

CHAPTER 6

```
70                      ptr = ptr.next;
71                  }
72              }
73          }
74  }
```

### 執行結果

```
----優先佇列----
  78, 權值 = [2]
 214, 權值 = [3]
  93, 權值 = [4]
 133, 權值 = [5]
```

```
刪除 -> 前端節點[78]已移除
----優先佇列----
 214, 權值 = [3]
  93, 權值 = [4]
 133, 權值 = [5]
```

### 程式解說

- ◈ 定義類別PriQueue，以單向鏈結串列來實作優先佇列。
- ◈ 第24~46行：定義成員方法Enqueue()，依據傳入兩個參數「data」、「precede」來新增佇列的項目。
- ◈ 第29~44行：依配置的記憶體來產生第一個節點，並把front參考指向它，所接收的權值會和佇列內的權值做比較。
- ◈ 第37~39行：有第一個節點後，while迴圈配合ptr參考，新增節點的優先權若大於目前節點，就往下一個節點的優先權做比較。
- ◈ 第47~60行：定義成員方法Enqueue()來移除佇列的前端項目。

## 6.2.4 Josephus問題

所謂的Josephus問題就是數人圍成一個圓圈，從N開始報數，數到第M人就得出列，然後繼續報數直到所有人都出列，最後輸出已出列的編號。

| 鏈結串列 | 28 | 67 | 8 | 31 | 57 | 100 | 30 | 73 | 43 | 54 |
|---|---|---|---|---|---|---|---|---|---|---|

如果從節點「3」開始報數，每間隔2就讓報數的人出列。由於它是環狀鏈結串列，所以每次完成走訪後，就會變更首節點；最後只剩節點「31」。

| 間隔值 | 1 | 2 | 3 | 4 | 5 | 6 | 7 | 8 | 9 | 10 |
|---|---|---|---|---|---|---|---|---|---|---|
| | 28 | 67 | 8 | 31 | 57 | 100 | 30 | 73 | 43 | 54 |
| | 54 | 28 | 67 | 31 | 57 | 30 | 73 | | | |
| | 73 | 54 | 28 | 31 | 57 | | | | | |
| | 31 | 57 | 73 | 54 | | | | | | |
| | 54 | 31 | 57 | | | | | | | |
| | 31 | 54 | | | | | | | | |
| 出列的數 | 8 | 100 | 43 | 67 | 30 | 28 | 73 | 57 | 54 | |

範例CH06/CircularLinked.java

```
01    package josephus;
02    public class CircularLinked {
03    Node first;
04    public CircularLinked(){//建構式
05       first = null;
06    }
07    public void Josephus(int len, int step){
08       Node ptr = first;
09       out.print("移除節點");
10       int count = 1;
11       for (count = len; count > 1; count--){
```

```
12          for (int j = 0; j < step - 1; j++)
13             ptr = ptr.next;
14          out.printf("%4d", ptr.item);
15          RemoveAt(ptr);    //從串列中移除被淘汰者
16          ptr = ptr.next;
17       }
18    }
19    public void RemoveAt(Node key){
20       Node current, prev;
21       if (first == key){    //移除第一個節點
22          current = first;
23          while (current.next != first)    //移動指標
24             current = current.next;
25          current.next = first.next;//目前節點參考指向節點2
26          first = first.next;//首節點變更爲下一個節點
27       }
28       else {  //情形二：首節點以外的節點要被移除
29          current = first;
30          prev = null;
31          //移動指標找到刪除的節點
32          while (current.next != first){
33             prev = current;
34             current = current.next;
35             if (current == key){
36                //前一個節點參考指向目前節點的下一個節點
37                prev.next = current.next;
38                current = current.next;
```

```
39                  }
40              }
41          }
42      }
43}
```

## 執行結果

```
環狀鏈結串列：
  28  67   8  31  57 100  30  73  43  54
移除節點  8 100  43  67  30  28  73  57  54
勝出節點-->  31
```

## 程式解說

◈ 第7~18行：定義成員方法來處理Josephus問題，依據參數step（間隔值）來逐漸移除串列的節點。

◈ 第11~17行：外層for迴圈依據節點數；內層for迴圈依間隔值，配合ptr參考來走訪串列；由於有節點會被淘汰出列，每次走訪後就呼叫成員方法RemoveItem()來移除節點，然後依count來變數節點數。

◈ 第19~42行：定義成員方法RemoveAt()來移除指定的節點。

◈ 第21~27行：若第一個節點被移除，配合參考current來走訪while迴圈，並把第二個節點變更成第一個節點。

◈ 第28~41行：其它節點被移出時，同樣以參考current來走訪while迴圈並移出被指定節點。

# 課後習作

1. 請列舉電腦中採用佇列結構3個有關的項目。
2. 請說明佇列中指向前端的參考front和指向後端rear參考，它們的作用。
3. 利用堆疊結構來實作佇列的兩個方法，Enqueue()來新增項目，Dequeue()移除項目。
4. 現有一個環狀佇列大小為0~7，目前「front = 3、rear = 5」，佇列內容為（A、B、C），請寫出下列結果：

   ①dequeue()，front=？、rear=？、取出值=？

   ②enqueue(D)，enqueue(E)之後，front=？、rear=？

   ③enqueue(F)，front=？、rear=？

   ④dequeue()，front=？、rear=？、取出值=？

   ⑤enqueue(G)、enqueue(H)之後，front=？、rear=？

# 第七章

# 樹狀結構

## ★學習導引★

- 認識樹狀結構和其相關名詞
- 開始二元樹的旅程，也認識了規格特殊的二元樹
- 以中序、前序和後序來巡行二元樹
- 介紹二元搜尋樹，亦利用它來做搜尋
- 什麼是平衡樹？它與平衡係數有什麼關係？

# 7.1 何謂樹？

日常生活中樹狀結構是一種應用相當廣泛的非線性結構。舉凡從企業內的組織架構、家族內的族譜，再到電腦領域中的作業系統與資料庫管理系統都是樹狀結構的衍生運用。

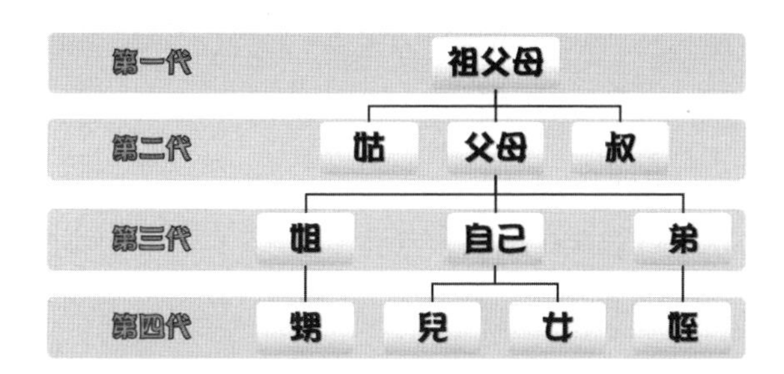


上方圖形是一個簡易的家族族譜。從祖父母的第一代開始看起，父母是第二代，自己為第三代；我們可以發現它雖然是一個具有階層架構，但是無法像線性結構般有前後的對應關係，所以要處理這樣的資料，樹狀結構就能派上場啦！

## 7.1.1 「樹」的定義

一棵樹會有樹根、樹枝和樹葉；可以把「樹狀結構」（Tree Structure）想像成一棵倒形的樹（Tree）。此外，它還可分成不同種類，像二元樹（Binary tree）、B-Tree等，在很多領域中都被廣泛的應用。基本上，「樹」（Tree）由一個或一個以上的節點（Node）配合「關係線」（Edge）組成，如下圖所示。節點由A到H，用來儲存資料。其中的節點A是樹根，稱為「根節點」（Root），在根節點之下是B和C兩個父節點（Parent），它們各自擁有0到n個「子節點」（Children），或稱為樹的「分支」（Branch）。

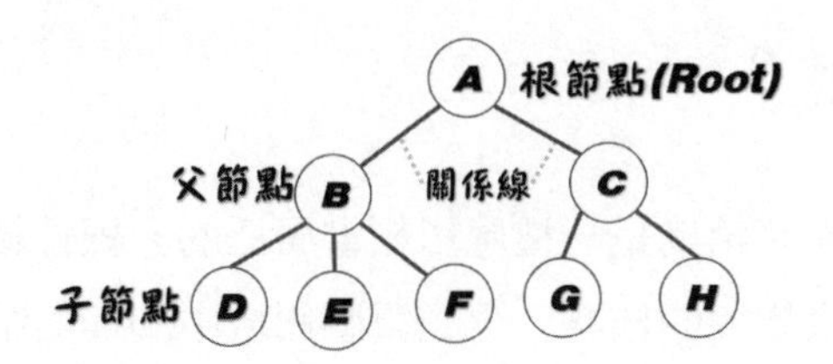


樹狀結構是由一個或多個節點組合而成的有限集合，它必須要滿足以下兩點：

- 樹不可以爲空，至少有一個特殊的節點稱「樹根」或稱「根節點」（Root）。
- 根節點之下的節點爲n≧0個互斥的子集合……，每一個子集合本身也是一棵樹。

樹狀結構中，除了父、子節點之外，尚有「兄弟」（Siblings）節點，觀察下圖做更多的認識。

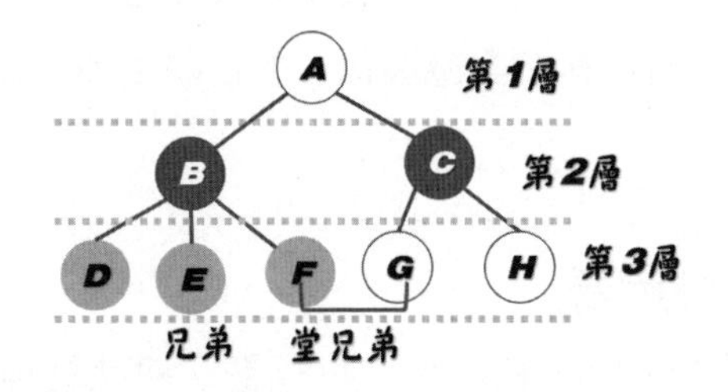


除了根節點A之外，沿著關係線來到第二層樹枝，其中的D、E和F是節點B的「子節點」，G、H是節點C的子節點。所以節點B是D、E、F的「父節點」，節點C是G和H的父節點。節點D、E、F擁有相同的父節，它們彼此之間互稱爲「兄弟節點」；同樣地，節點G和H，節點B跟C也是兄弟節點。此外，節點F和G則是「堂兄弟」。

樹狀結構具有明確的層級關係，將上方圖倒過來之後，它長得就像一棵樹；同樣地把它和上方的族譜對照，其階層關係就一目了然。所以樹狀結構具有「階層」（Level），根節點是第一層，父節點是第二層，子節點位在第三層。

## 7.1.2 樹的相關名詞

探討樹狀結構更多屬性之前，認識它的一些術語。

- 節點（Node）：用來存放資料，節點A～H皆是。
- 根節點（Root）：位於最上面的節點A，一般來說，一棵樹只會有一個根節點。
- 父節點（Parent）：某節點含有子節點，節點B和C分別有子節點D、E、F和G、H，所以是它們各自的父節點。
- 子節點（Children）：某節點連接到父節點。例如：父節點B的子節點有D、E、F。
- 兄弟節點（Siblings）：同一個父節點的所有子節點互稱兄弟。例如：B、C爲兄弟，D、E、F也爲兄弟。
- 分支度（Degree）：每一個節點擁有的子節點數，節點B的分支度爲3，而節點C的分支度爲2。
- 階層（level）：樹中節點的層級數量，一代爲一個階層。樹根A的階層是「1」，而子節點就是階層「3」。
- 樹高（Height）：也稱樹深（depth）：指樹的最大階層數，參考上方圖形，它的樹高爲「3」。

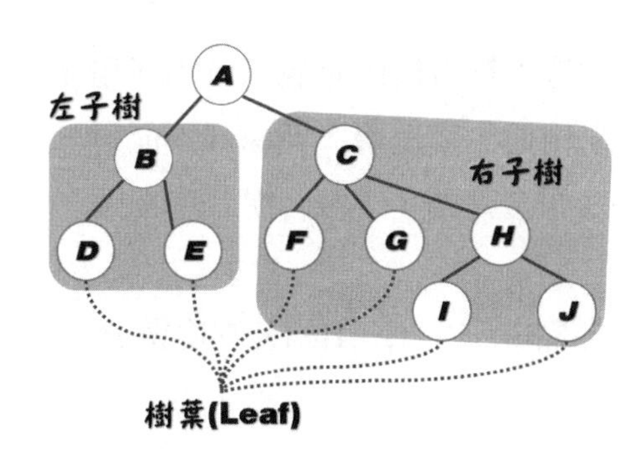

樹狀結構中，會將節點分為兩大類，有子樹的節點和沒有子樹的節點。有子樹的節點稱為「內部節點」（Internal node），沒有子樹的節點稱為「外部節點」（External node），或者由下列的名詞做通盤認識。

- 樹葉（Leaf）節點：沒有子樹的節點，或稱做「終端節點」（Terminal Nodes），它的分支度為零，如上方圖的節點D、E、F、G、I、J。
- 非終端節點（Nonterminal Nodes）：有子樹的節點，如A、B、C、H等。
- 祖先（Ancestor）：所謂祖先是指從樹根到該節點路徑上所有包含的節點。例如：J節點的祖先為A、C、H節點，E節點的祖先為A、B節點。
- 子孫（Descendant）：為該節點的子樹中所包含任一節點。例如：節點C的子孫為F、G、H、I、J等。
- 子樹（Sub-tree）：本身是樹，其節點能形成後代，以上圖來說，節點A以下有兩棵子樹，左子樹以節點B開始，右子樹由節點C開始。
- 樹林：是由n個互斥樹所組合成的，移去樹根即為樹林，上圖移除了節點A，則包含兩棵樹，即樹根為B、C的樹林。

例一：下圖中，哪一種才是樹（Tree）？

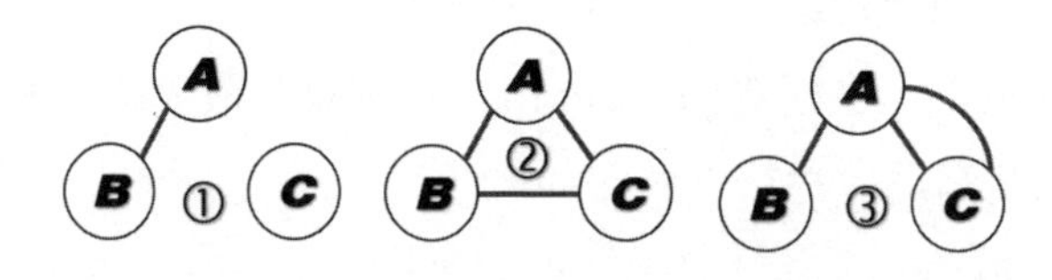


《**Ans**》①、②、③皆不符合樹的定義。圖①不相連，節點A和B沒有使用關係線來相連。②重邊，關係線不能再一次連接節點B和C。③節點A和C形成迴路，不符合樹的定義。

例二：參考上圖，節點B、C、G、H的分支度為少？其終端節點數有多少個？

《**Ans**》B節點分支度爲「2」、C節點爲「3」、G節點爲「0」、H節點爲「2」；終端節點數「6」個。

### 7.1.3 樹的儲存方式

如何表達一棵樹？鏈結串列（Linked List）存放樹的節點，並使用鏈結來表達樹的有向邊。由於每個節點分支度不一樣，儲存的欄位長度也是變動的情形下，須採用固定長度來達到儲存所有節點。因此，會依據此棵樹某一節點所擁有的最多子節點數來做決定，資料結構如下圖所示。

參考下圖，假設有一棵樹的分支度爲k，總共有n個節點，那麼它需要：

```
需要的LINK欄位n*k = 6*3 = 18個
有用的LINK欄位n-1 = 6-1 = 5個
浪費的LINK欄位n*k-(n-1) = 18 - 5 = 13個
```

如此看來，估計約有三分之二的鏈結空間都是空的，爲了改善記憶體空間浪費的缺點，將樹化爲二元樹（Binary Tree）有其必要性。

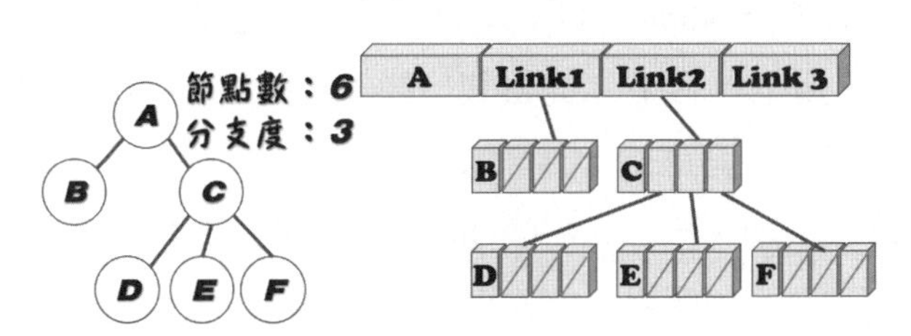

# 7.2 二元樹

樹依據分支度的不同可以有多種形式，而資料結構中使用最廣泛的樹狀結構就是「二元樹」（Binary Tree）。所謂的二元樹是指樹中的每個「節點」（Nodes）最多只能擁有2個子節點，即分支度小於或等於2。二元樹的定義如下：

> 二元樹的節點個數是一個有限集合，或是沒有節點的空集合
> 二元樹的節點可以分成兩個沒有交集的子樹，稱為「左子樹」(Left Subtree)和「右子樹」(Right Subtree)
> 讀取節點時，左子樹節點優於右子樹節點

## 7.2.1 二元樹的特色

二元樹（又稱Knuth樹），它由一個樹根及左右兩個子樹所組成，因為左、右有次序之分，也稱為「有序樹」（Ordered Tree）。簡單的說，二元樹最多只能有左、右兩個子節點，就是分支度小於或等於2，其資料結構示意圖參考如下：

繼續觀察上方圖，左、右鏈結欄分別指向左、右邊子樹指標，「資料欄」存放了該節點（Node）的基本資料。以上述宣告而言，此節點所存放的資料型態為整數。至於二元樹和一般樹有何不同？歸納如下：

- 樹不可為空集合，但是二元樹可以。
- 樹的分支度為$d \geqq 0$，但二元樹的節點分友度為「$0 \leqq d \leqq 2$」。
- 樹的子樹間沒有次序關係，二元樹則有。

藉由下圖來實地了解一棵實際的二元樹。由根節點A開始，它包含了以B、C爲父節點的兩棵互斥的左子樹與右子樹。其中的左子樹和右子樹都有順序，不能任意顛倒。

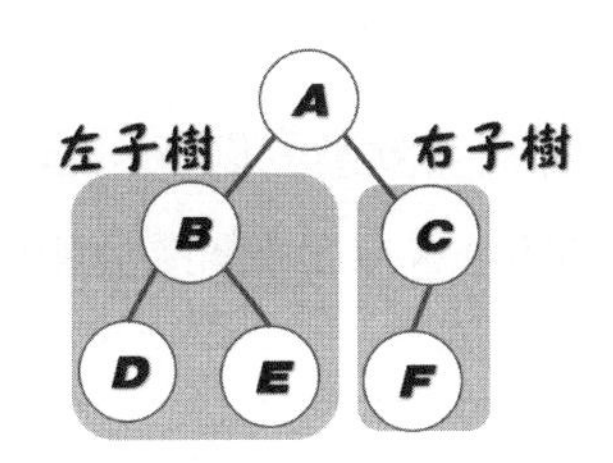


一般來說，下列五種形式皆是二元樹。

- 空二元樹。
- 只有一個根節點，如下圖T2。
- 根節點只有左子樹，如下圖T3。
- 根節點只有右節點，如下圖T4。
- 根節點下，分別含有左子樹和右子樹，可以查看下圖T5。

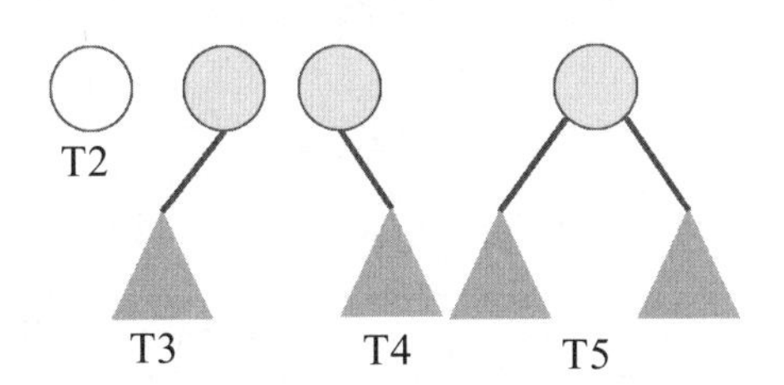


## 7.2.2 特殊二元樹

通常二元樹與階層、分支度和節點數皆習習相關；假設二元樹的第K階層中，最大節點數爲「$2^{k-1}$，k >= 1」；利用數學歸納法證明，步驟如下：

**Step 1.** 當階層「i = 1」時，「$2^{1-1} = 2^0 = 1$」，只有樹根一個節點。

**Step 2.** 假設階層爲i，「$i = j$」，且「$0 \leq j < k$」時，節點數最多爲$2^{j-1}$。

**Step 3.** 因此得到「$i = k - 1$」，節點數爲「$2k - 2$」。

**Step 4.** 由於二元樹中每一節點的分支度d爲「$0 \leq d \leq 2$」；所以，階度k的節點數爲$2 \times 2^{k-2} = 2^{k-1}$個。

以一個簡例來解析階層和節點數的關係：當「$k = 1$」表示第1層只有一個節點A；而「$k = 2$」則第2層有兩個節點B和C，依此類推。

| 二元樹 | 第k階層 | $2^{k-1}$ |
|---|---|---|
| 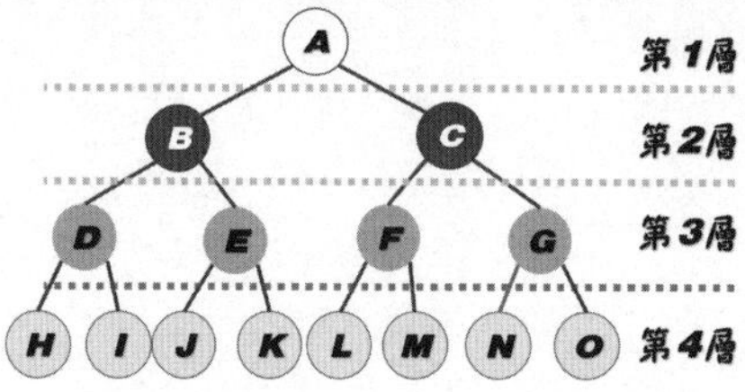 第1層 | $k = 1$ | $2^{1-1} = 2^0 = 1$ |
| 第2層 | $k = 2$ | $2^{2-1} = 2^1 = 2$ |
| 第3層 | $k = 3$ | $2^{3-1} = 2^2 = 4$ |
| 第4層 | $k = 4$ | $2^{4-1} = 2^3 = 8$ |

假設二元樹的高度爲h，最大節點數爲「$2^h - 1$，$h >= 1$」，解析步驟如下：

**Step 1.** 當樹高h爲1時，只有一個節點A。

**Step 2.** 樹高爲「2」則最大節數則是A、B和C共3個，依此類推。

| 二元樹 | 高度h | 節點數（$2^h - 1$） |
|---|---|---|
| 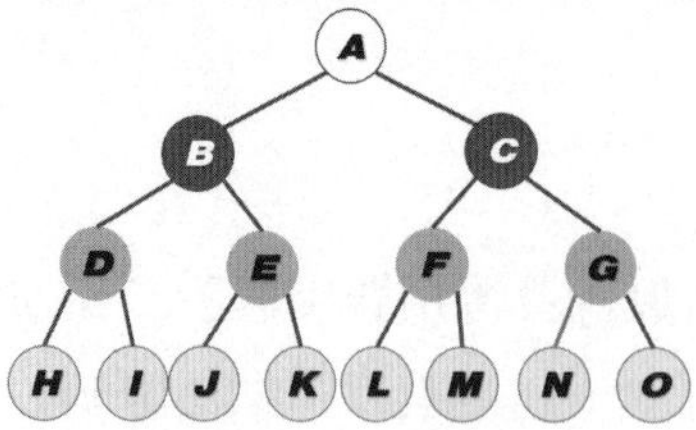 | $h = 1$ | $2^1 - 1 = 1$ |
| | $h = 2$ | $2^2 - 1 = 3$ |
| | $h = 3$ | $2^3 - 1 = 7$ |
| | $h = 4$ | $2^4 - 1 = 15$ |

完滿二元樹（Full Binary Tree）是指分支節點都含有左、右子樹，而

其樹葉節點都在位於相同階層中；其定義如下：

| 有一棵階層爲k的二元樹，k ≥ 0的情形下，有$2^k - 1$個節點 |
|---|

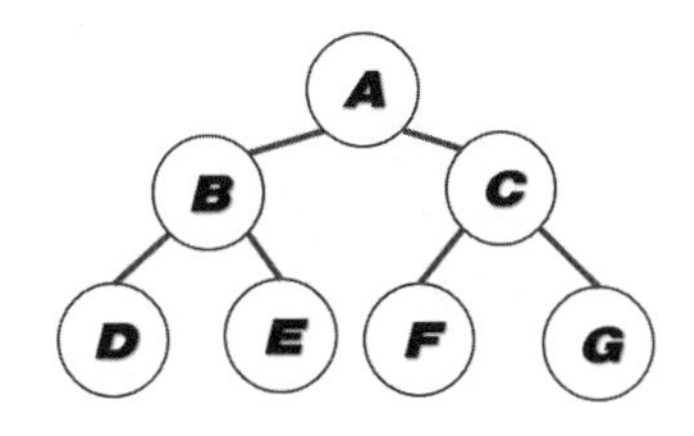


由上圖得知，若樹高爲「3」，此棵樹會有「$2^h - 1$」，節點數爲「$2^3 - 1 = 7$」。

完全二元樹（Complete Binary Tree）是指除了最後一個階層外，其他各階層節點完全被填滿，且最後一層節點全部靠左，其定義如下：

| 一棵二元樹的高度爲h，節點數爲n<br>所含節點數介於「$2^{h-1}-1<n<2^h-1$」個 |
|---|

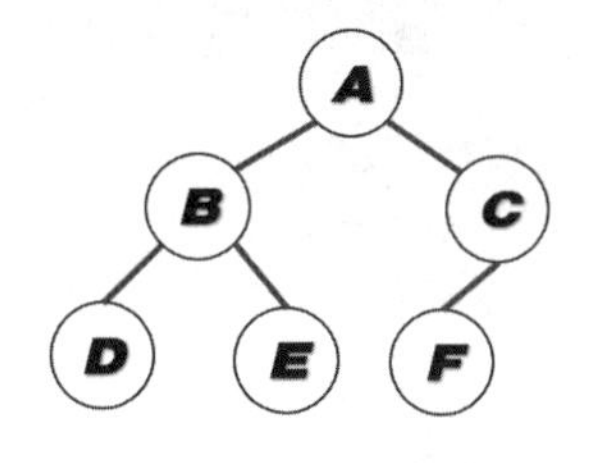


將完滿二元樹和完全二元樹對照，節點A~F要完全相符。所以當二元樹的樹高爲「3」，其節點數爲「$2^2 - 1 < n < 2^3 - 1$」，也就是節點數至少爲「6」。

嚴格二元樹（Strictly Binary Tree）是指二元樹中的每一個非終端節點均有非空的左右子樹，如下圖所示：

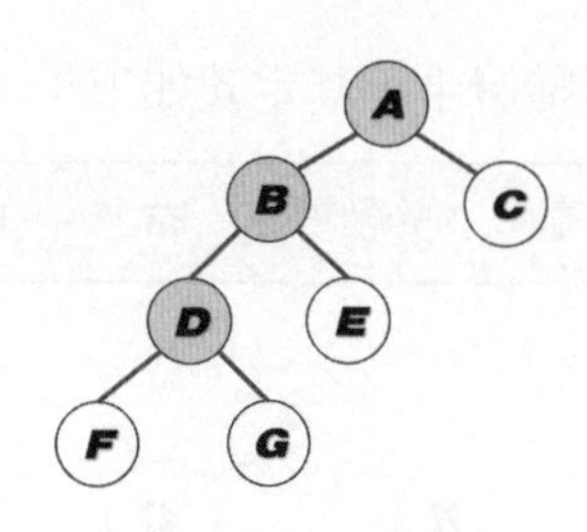


由上述不同型式的二元樹得知：

> 完整二元樹並不一定是完滿二元樹；
> 但是，完滿二元樹則必定是完整二元樹

經由「嚴格二元樹」、「完滿二元樹」及「完全二元樹」的三種定義，可以歸納它們的關係如下：

> 「完滿二元樹」≧「完全二元樹」≧「嚴格二元樹」

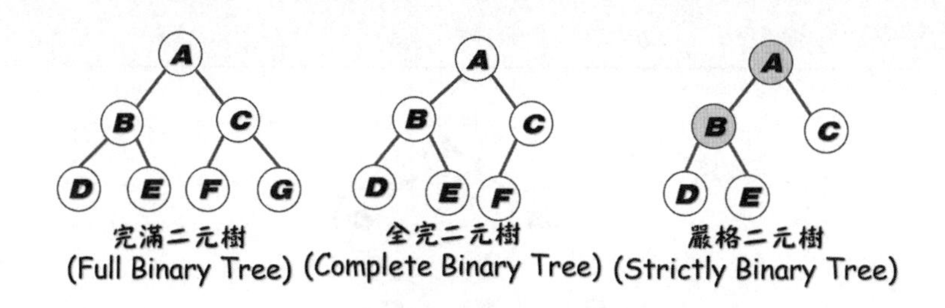


當一棵二元樹沒有右節點或左節點時，稱爲歪斜樹（Skewed Tree），可分成兩種：

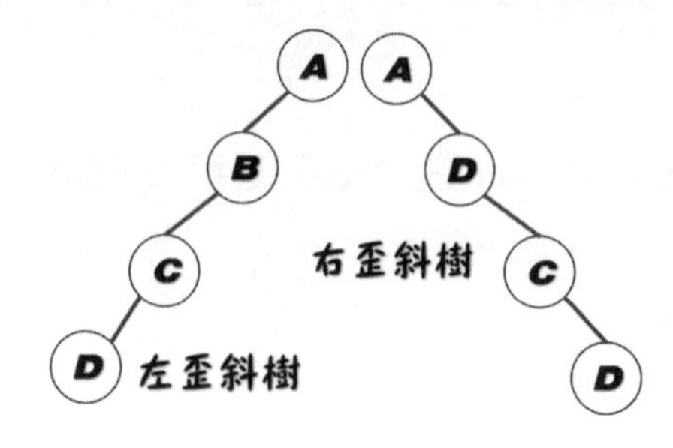

➢ 左歪斜（Left-skewed）二元樹：表示此二元樹沒有右子樹，參上方左側圖。

➢ 右歪斜（Right-skewed）二元樹：表示此二元樹沒有左子樹，參考上方右側圖。



## 7.2.3 二元樹以陣列表示

前文提及要處理樹狀結構，大多使用鏈結串列來處理，變更鏈結串列的指標即可。此外，陣列也能使用連續的記憶體空間來表達二元樹。那麼它們各有哪些利弊，一起來探討之。

如果要使用一維陣列來儲存二元樹，首先將二元樹想像成一個完滿二元樹，而且第k個階層具有$2^{k-1}$個節點，並且依序存放在一維陣列中。首先來看看使用一維陣列建立二元樹的表示方法及索引值的配置。

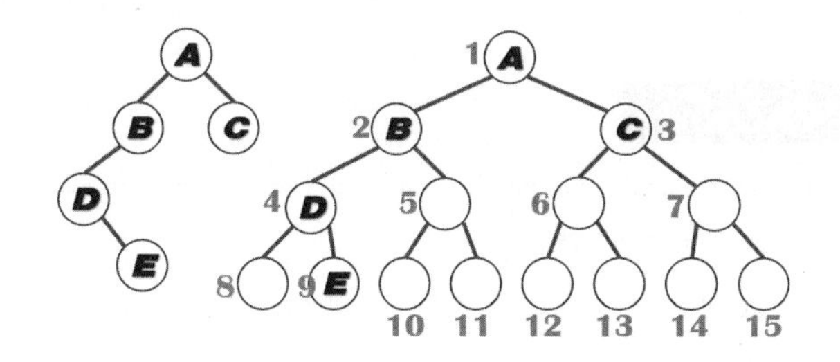


上圖完滿二元樹共有四個階層，依據其節點編號，把它們以一維陣列表示，如下圖所示。

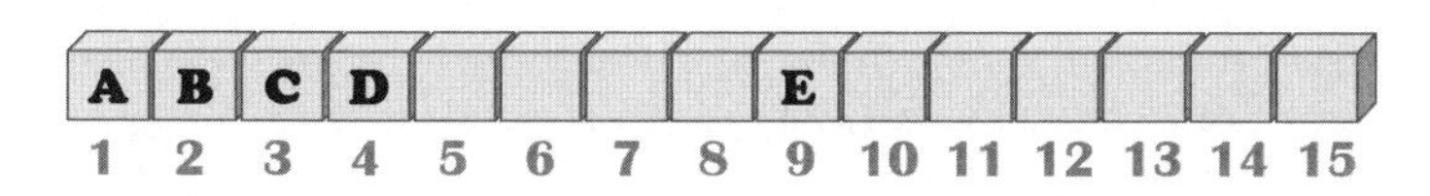


通常以陣列表示法來儲存二元樹，如果此二元樹愈接近完滿二元樹，愈節省空間，如果是歪斜樹（Skewed Binary Tree）則最浪費空間。另外，樹的中間節點做插入與刪除時，可能要大量移動來反應節點的變動。

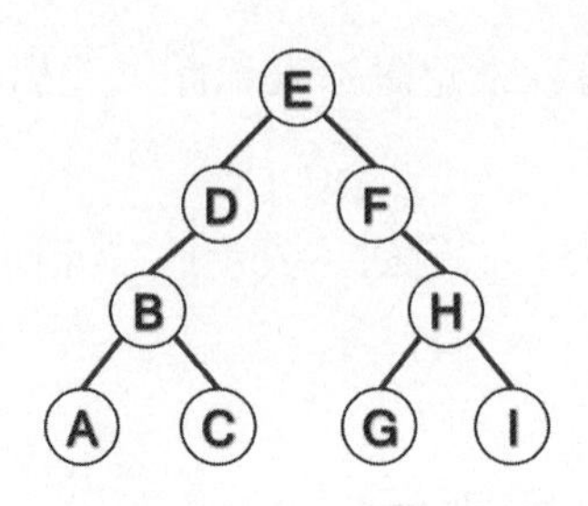


依上方二元樹圖，其輸入順序：

```
E、D、F、B、H、A、C、G、I
```

依完滿二元樹轉爲陣列，依其節點編號，並採取①左子樹等於「父節點 * 2」，②右子樹等於「父節點 * 2 + 1」，二元樹儲存如下：

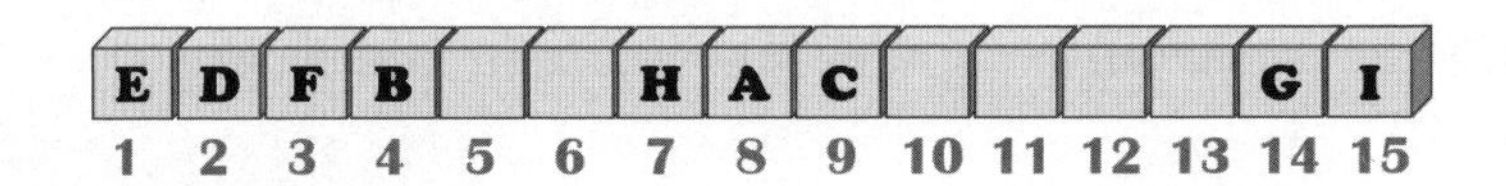


範例CH07/CH0701.java

```
01    package binaryTree;
02    static void Main(string[] args){
03    char[] fbtree = new char[16]; //以完滿二元樹儲存
04    char[] ary = {
05      ' ', 'E', 'D', 'F', 'B', 'H', 'A', 'C', 'G', 'I' };
06    int j;
07    CreateBTree(fbtree, ary, 9);
08    for (j = 1; j < fbtree.length; j++)
09       out.printf("%2c|", fbtree[j]);
10    out.println();
11    for (j = 1; j < 16; j++)
```

```
12      out.printf("%2d|", j);
13}
14   public static void createBTree(char[] tree,
15      char[] ary, int len) {         //定義靜態方法
16   int j, level;                     //level樹的階層
17   tree[1] = ary[1];                 //產生根節點
18   for (j = 2; j <= len; j++) {      //產生其它節點
19      level = 1;                     //從第一個階層開始
20      while (tree[level] != 0){      //是否有子樹
21         if (ary[j] > tree[level]) //左？右子樹
22            level = level * 2 + 1; //右子樹
23         else
24            level = level * 2;       //左子樹
25      }
26      tree[level] = ary[j];          //存入節點
27   }
28}
```

## 執行結果

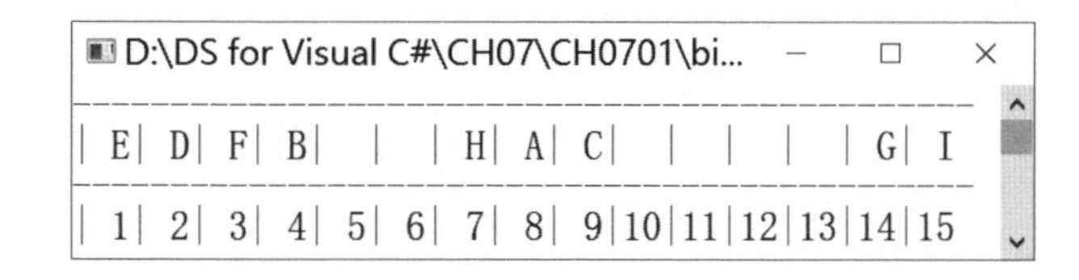

## 程式解說

◈ 第14~28行：定義靜態方法createBTree()來建立二元樹，依據傳入的陣列元素，再依據完滿二元樹存入ary陣列。

◈ 第18~27行：以for迴圈從第一個階層開始，依據讀取的字元來產生樹的節點。

## 7.2.4 鏈結串列表示法

所謂二元樹的串列表示法，就是利用雙向鏈結串列來儲存二元樹，使用鏈結串列來表示二元樹的好處是對於節點的增加與刪除相當容易，缺點是很難找到父節點，除非在每一節點多增加一個父欄位。

```
//範例CH07/Node.java
package binaryTree;
public class Node {
char item;                          //資料欄
    Node Lnext, Rlink;              //指向前一個、下一個節點鏈結
    public Node(char data){         //定義建構式 - 傳入數值
        this.item = data;
        this.Lnext = null;
        this.Rlink = null;
    }
}
```

◈ 以雙向鏈結結構來定義其Node類別，除了資料欄，鏈結Lnext指向前一個節點，鏈結Rlink指向下一個節點的。

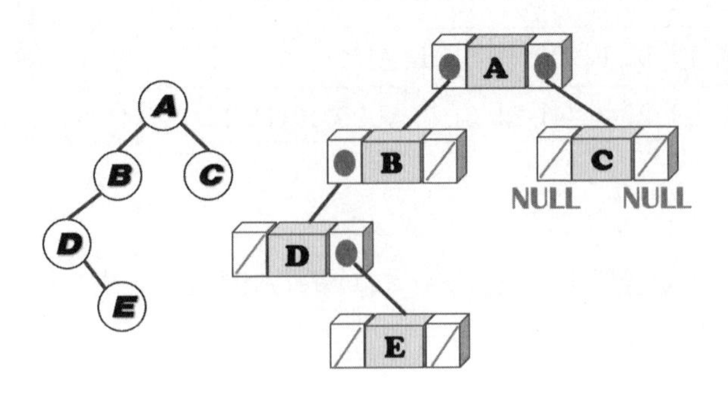

二元樹如何以鏈結串列實作，透過範例來了解。

範例CH07/BinTree.java

```
01   package binaryTree;
02   public class BinTree{
03   private Node root;
04   public BitTree(){root = null;} //定義預設建構式
05   public void CreateBTree(char[] ary, int len){ //二元樹
06       for (int j = 0; j < len; j++)
07         root = AppendItem(ary[j]);
08   }
09   public Node AppendItem(char data){ //把節點新增到二元樹
10      Node ptr, papa = null;
11      Node newNode = new Node(data);
12      newNode.item = data;
13      newNode.Lnext = null;
14      newNode.Rlink = null;
15      if (root == null)
16         return newNode;
17      else {
18         ptr = root;
19         while (ptr != null){
20            papa = ptr;
21            if (ptr.item > data)
22               ptr = ptr.Lnext;
23            else
24               ptr = ptr.Rlink;
```

```
25          }
26          if (papa.item > data)//父節點的值 > 接收的參數值
27             papa.Lnext = newNode; //新節點爲左子節點
28          else
29             papa.Rlink = newNode; //新節點爲右子節點
30       }
31       return root;
32    }
33}
```

**程式解說**

◈ 定義類別BinTree來產生二元樹，建構函式把指向根節點的參考root初始化爲null值。

◈ 第5~8行：定義成員方法CreateBTree()，依傳入的陣列元素呼叫AppendItem()方法來產生節點。

◈ 第9~32行：定義成員方法AppendItem()，依據傳入參數產生新節點。

◈ 第19~25行：while迴圈走訪二元樹，從父節點papa開始，若目前節點的值大於接收的參數就往左子節點前進；否則就向右子節點走訪。

# 7.3 走訪二元樹

走訪二元樹（Binary Tree Traversal）最簡單的說法就是「從根節點出發，依照某種順序拜訪樹中所有節點，每個節點只拜訪一次」；走訪後，將樹中的資料轉化爲線性關係。其實二元樹的走訪，並非像線性資料結構般單純，就以下一個簡單的二元樹節點而言，每個節點都可區分爲左、右兩個分支：所以，有ABC、ACB、BAC、BCA、CAB、CBA等6種走訪方法。

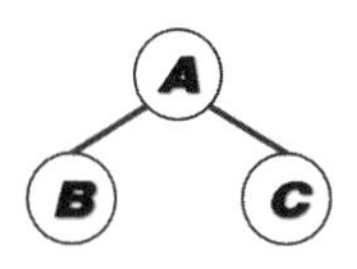


如果是依照二元樹特性，一律由左向右，那會只剩下三種走訪方式，分別是BAC、ABC、BCA三種。把這三種方式的命名與規則列示如下：

> 前序走訪(ABC)：樹根→左子樹→右子樹
> 中序走訪(BAC)：左子樹→樹根→右子樹
> 後序走訪(BCA)：左子樹→右子樹→樹根

對於這三種走訪方式，各位讀者只需要記得樹根的位置就不會前中後序給搞混。也就是說，將整棵二元樹的資料讀取與走訪過程為一種遞迴之過程。

## 7.3.1 中序走訪

中序走訪順序：「左子樹→樹根→右子樹」。

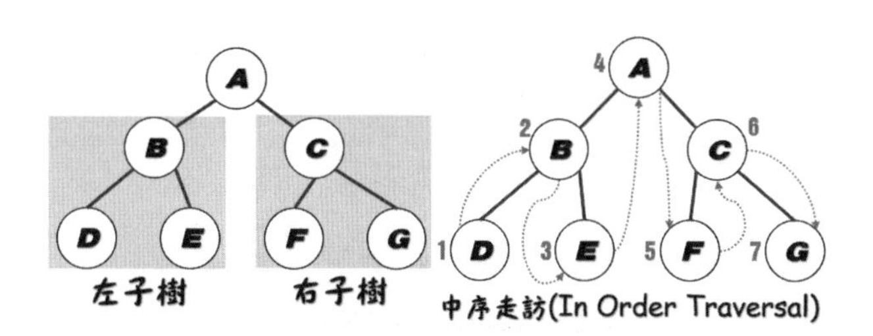


就是沿著樹的左子樹一直往下，直到無法前進後退回父節點，再往右子樹一直往下。如果右子樹也走完了就退回上層的左節點，再重覆左、中、右的順序走訪。參考上圖，中序走訪節點順序為「DBEAFCG」。二元樹的中序走訪，其相關程式碼如下：

```
// 範例CH07/BinaryTree.java
package traversalBTree;
import binaryTree.Node; //匯入套件binaryTree定義的Node
public void Inorder(Node root){
   if (root != null){
      Inorder(root.Lnext);                    //1.先走訪左子樹
      out.printf("[%c]->", root.item);   //2.再拜訪樹根
      Inorder(root.Rlink);                    //3.最後走訪右子樹
   }
}
```

◈ 定義成員方法Inorder()，確認根節點「root」存在的情形下，以遞迴呼叫方式，依照中序走訪的方式從左子樹開始，然後根節點，最後走訪右子樹。

## 7.3.2 前序走訪

前序走訪的順序為：「樹根→左子樹→右子樹」。

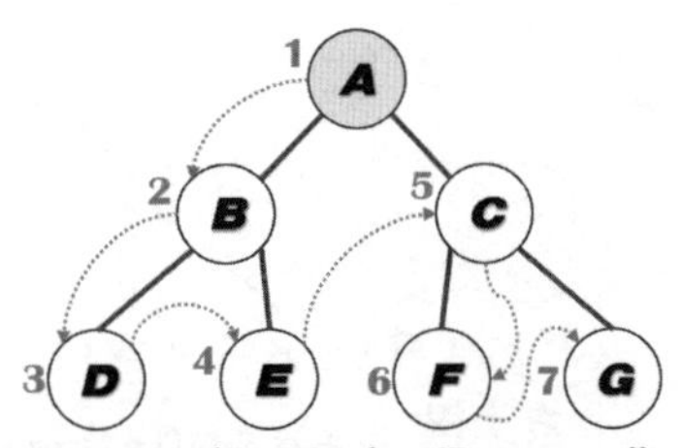

前序走訪(PreOrder Traversal)

前序走訪可參考上方圖形。從根節點開始，走訪後往左子樹走，直到無法前進再處理右子樹。前序走訪節點順序為「ABDECFG」，相關程式碼如下：

```
// 範例CH07/BinaryTree.java
package traversalBTree;
import binaryTree.Node; //匯入套件binaryTree定義的Node
public void Preorder(Node root){
   if (root != null){
      out.printf("[%c]->", root.item);   //1.先拜訪樹根
      Inorder(root.Lnext);               //2.再走訪左子樹
      Inorder(root.Rlink);               //3.最後走訪右子樹
   }
}
```

◈ 定義成員方法Preorder()，確認根節點「root」存在的情形下，以遞迴呼叫方式，依照前序走訪的方式從樹根開始，然後左子樹，最後走訪右子樹。

## 7.3.3 後序走訪

後序走訪的順序爲：「左子樹→右子樹→樹根」。

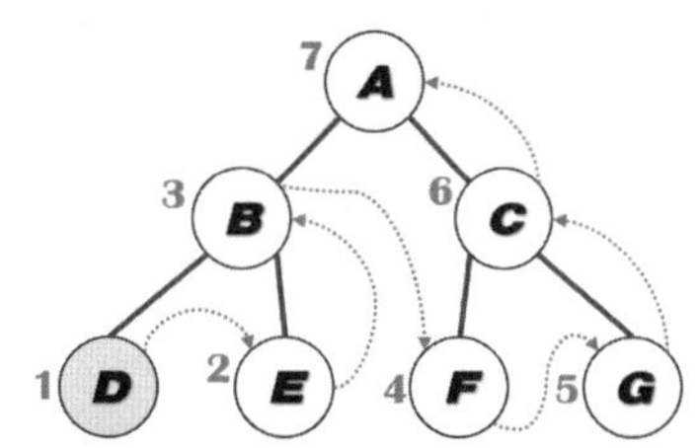

後序走訪(PostOrder Traversal)

後序走訪和前序走訪的方法相反，它是把左子樹的節點和右子樹的節點都處理完了才處理樹根。參考上方圖了解其節點的走訪，後序走訪爲「DEBFGCA」。二元樹的後序走訪，其相關程式碼如下：

```
// 範例CH07/BinaryTree.java
package traversalBTree;
import binaryTree.Node; //匯入套件binaryTree定義的Node
public void Postorder(Node root){
   if (root != null){
      Inorder(root.LNext);                    //1.先走訪左子樹
      Inorder(root.RLink);                    //2.再拜訪右子樹
      out.printf("[%c]->", root.item);   //3.最後走訪樹根
   }
}
```

◈ 定義成員方法Postorder()，確認根節點「root」存在的情形下，以遞迴呼叫方式，依照後序走訪方式從左子樹開始，然後走訪右子樹，最後才是根節點。

## 7.3.4 二元運算樹

對於一般的數學算術式而言，各位也可以轉換成二元運算樹的方式，轉換規則如下：

- 考慮運算子的優先權與結合性，再適當的加以括號。
- 由內層的括號逐次向外，且運算子當樹根，左邊運算元當左子樹，右邊運算元當右子樹。

例如：將下述運算式轉換為二元運算樹，它的作法很簡單，首先請將此運算式加上括號，再依照以上的兩點規則逐次展開。

```
A/B*C+D*E-A*C → ((A/B*C)+((D*E))-(A*C)))
```

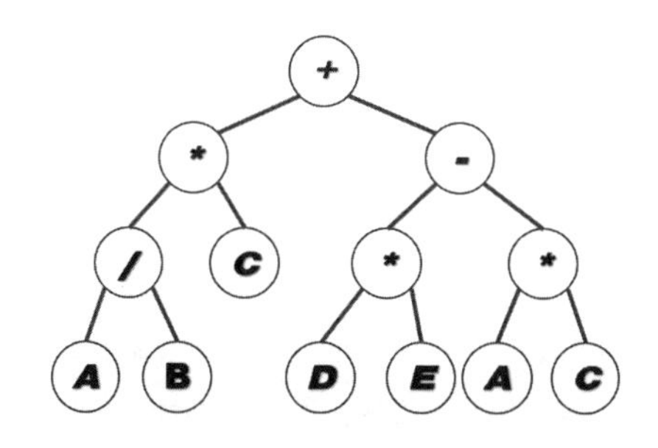


中序表示法（Infix）：

```
(A/B*C)+((D*E))-(A*C))
```

前序表示法（Prefix）：

```
-*/ABC-*DE*AC
```

後序表示法（Postfix）：

```
AB/C*DE*AC*-+
```

將原有的中序轉成後序時，它的好處是：

- 表示法轉換時不需要處理運算子的先後順序問題。
- 利用「堆疊」做計算即可。

如何以後序表示法來處理？

**Step 1.** 由字串開始讀取，「ABC+…」。

**Step 2.** 遇到運算元就放入堆疊中，遇到運算子就做計算。

**Step 3.** 重複前兩項步驟，直到字串讀取完畢。

```
假設 A = 16, B = 4, C = 2, D = 8, E = 10
中序表示法：(16/4*2)+((8*10))-(16*2))
後序表示法：16 4 / 2 * 8 10 * 16 2 * - +
```

使用後序表示法的步驟如下：

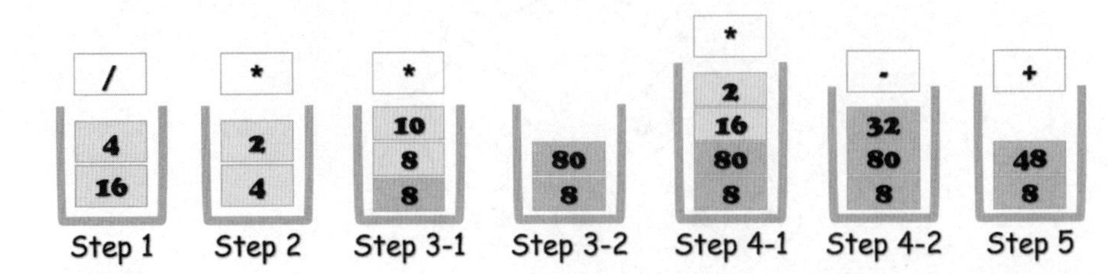


**Step 1.** 將數值16和4放入堆疊中，遇到運算子「/」就將兩個運算元以pop方式彈出來做運算，再將結果「4」存回堆疊中。

**Step 2.** 遇到運算子「*」和運算元「2」，同樣把數值4彈出來運算再存回結果於堆疊。

**Step 3.** 將數值8和10放入堆疊，遇到運算子「*」就將運算元8和10做運算，其結果存回堆疊。

**Step 4.** 將數值16和2放入堆疊，遇到運算子「*」就將運算元16和2做運算，其結果存回堆疊，碰到運算子「–」，將數值80和32相減。

**Step 5.** 最後碰到運算子「+」，彈出運算元並把它們相加再存回堆疊。

二元樹的走訪練習！以二元樹的不同範例，來讓大家進行中序、前序與後序走訪的練習。請把握以下走訪的三個原則：

- 中序走訪（BAC）：左子樹→樹根→右子樹
- 前序走訪（ABC）：樹根→左子樹→右子樹
- 後序走訪（BCA）：左子樹→右子樹→樹根

例一：請利用後序走訪將下圖二元樹的走訪結果依節點的值列示出來。

《解答》把握左子樹→右子樹→樹根的原則，可得DBHEGIFCA。

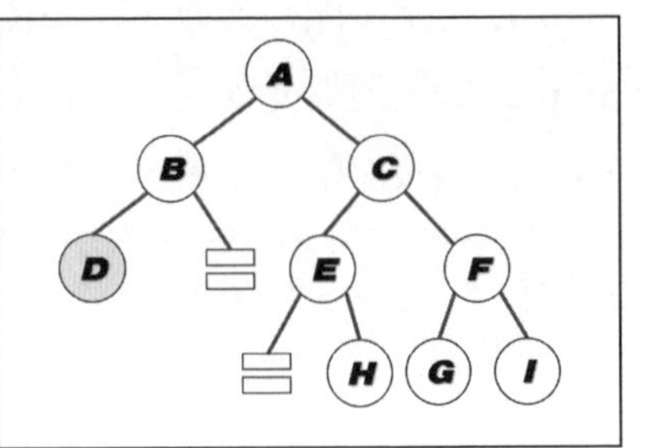

例二：請問下列二元樹的中序、前序及後序走訪的結果爲何？

《Ans》

前序：ABDHIECFJKGLM

中序：HDIBEAJFKCLGM

後序：HIDEBJKFLMGCA

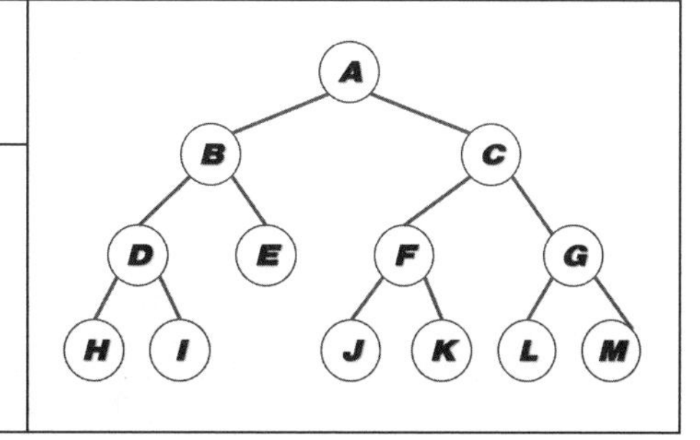


例三：一棵樹表示成A(B(CD)E(F(G)H(I(JK)L(MNO))))，請畫出後序與前序走訪的結果。

《Ans》

後序走訪：CDBGFJKIMNOLHEA

前序走訪：ABCDEFGHIJKLMNO

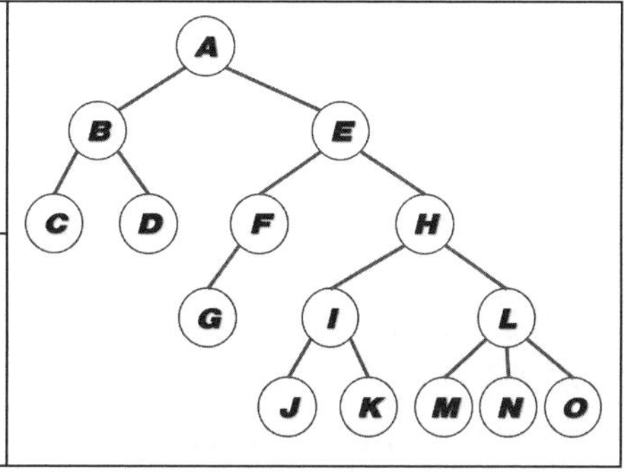


例四：請問以下二元運算樹的中序、後序與前序表示法爲何？

《Ans》

前序：−+*AB/CDE

中序：A*B+C/D−E

後序：AB*CD/+E−

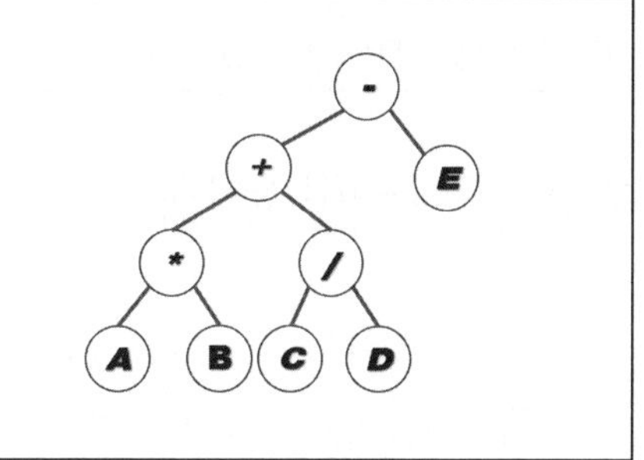


例五：寫出下列算術式的二元運算樹與後序表示法。

```
(a+b)*d+e/(f+a*d)+c
```

《Ans》

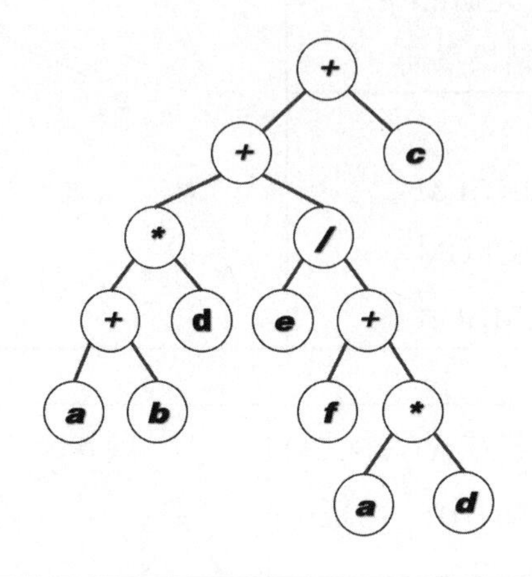


<table>
<tr><td>例六：求下圖樹林的中序、前序與後序走訪結果。</td><td rowspan="2">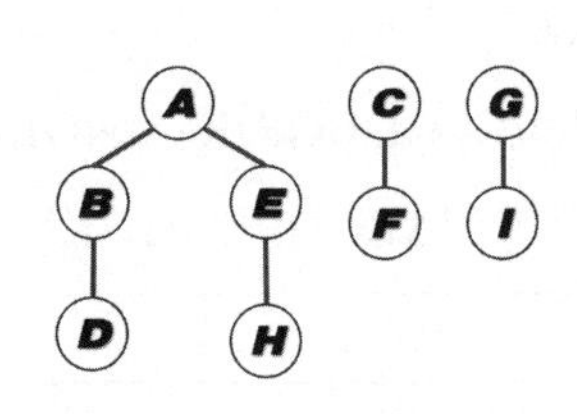</td></tr>
<tr><td>《Ans》<br>中序走訪：DBHEAFCIG<br>前序走訪：ABDEHCFGI<br>後序走訪：DHEBFIGCA</td></tr>
</table>

# 7.4 二元搜尋樹

「二元搜尋樹」（Binary Search Tree，簡稱BST）本身就是二元樹，每一節點都會儲存一個值，或者稱為「鍵值」。既然稱為二元搜尋樹，表示它支援搜尋；如何定義二元搜尋樹，一同來學習之。

## 7.4.1 認識二元搜尋樹

二元搜尋樹T是一棵二元樹；可能是空集合或者一個節點包含一個值，稱為鍵值，且滿足以下條件：

整棵二元樹中的每一個節點都擁有不同值
T的每一個節點的鍵值大於左子節點的鍵值
T的每一個節點的鍵值小於右子節點的鍵值
T的左、右子樹也是一個二元搜尋樹

以下圖來說，T1是一棵二元搜尋樹，而T2的節點「34」違反規則，其鍵值比節點「15」大，所以它不是BST。

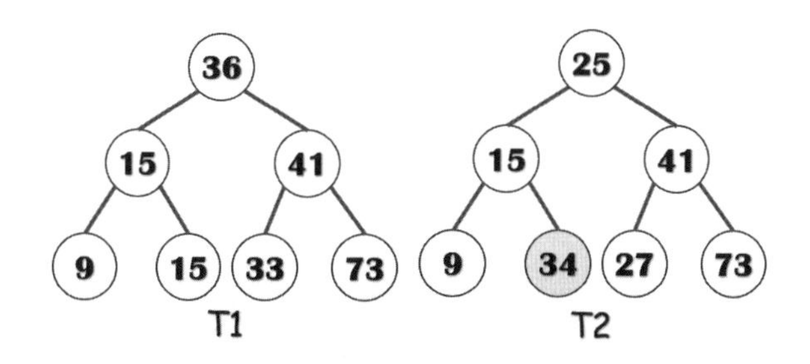


如果我們打算將一組將資料31、28、16、40、55、66、14、38依照數值順序建立一棵二元搜尋樹。輸入字母的資料相同，但是順序不同就會出現不同的搜尋樹。請看底下的詳細建立規則：

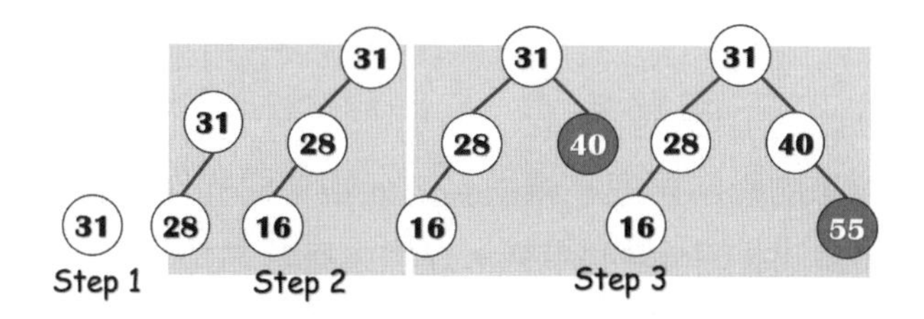


**Step 1.** 先設根節點31爲其鍵值。

**Step 2.** 數值28比根節點小，所以設爲左子節點，數值16比28小，設爲左子樹28的左子節點。

**Step 3.** 數值40比根節點大，就設爲右子節點；數值55比右子樹的40大，設成右子樹的右節點。

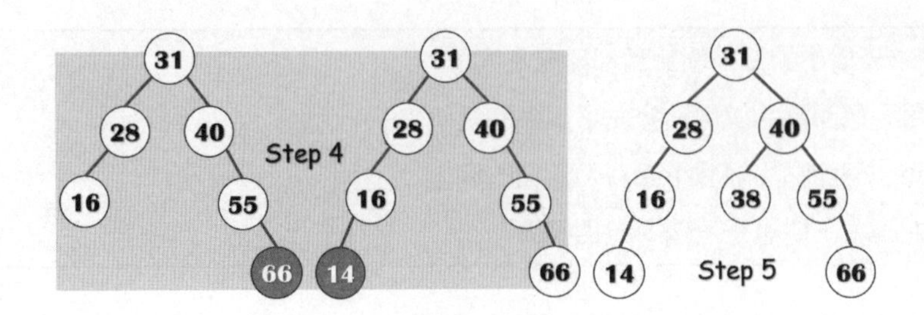


**Step 4.** 數值66設爲節點55的右子節點，數值14設爲節點16的左子節點。

**Step 5.** 最後，數值35設爲節點40的左子節點。

例：請依照「7, 4, 1, 5, 13, 8, 11, 12, 15, 9, 2」順序，建立的二元搜尋樹。

《**Ans**》

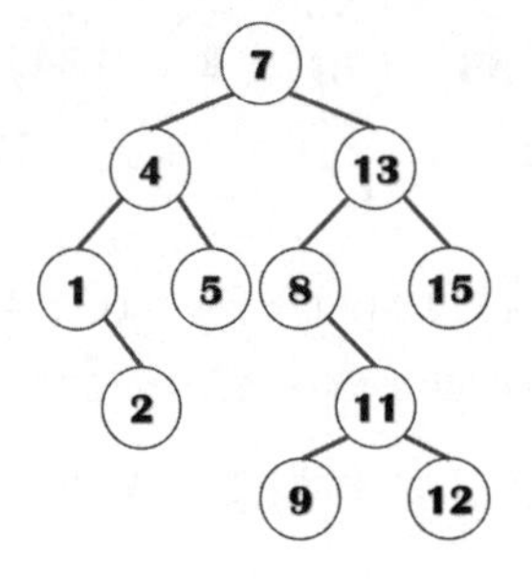


## 7.4.2 產生二元搜尋樹

輸入一連串的數字再把它轉換爲二元搜尋樹的作法有了初步體驗之後，透過下述範例並配合鏈結串列，以插入節點方式來建立一棵二元搜尋樹：輸入的值「60、25、93、34、18、79」。

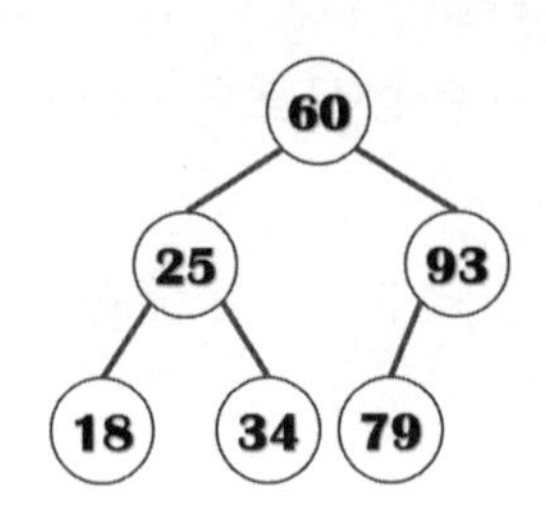

範例CH07/CH0704.java

```
01package bst;
02static void Main(string[] args){
03    Node first = null;
04    BinarySearchTree = new BinarySearchTree();
05    int[] data = { 60, 25, 93, 34, 18, 79 };
06    first = bstree.createBTree(data, data.length);
07    out.println("--------中序走訪二元樹--------");
08    bstree.Inorder(first);
09}
```

執行結果

```
--------中序走訪二元樹--------
[18]->[25]->[34]->[60]->[79]->[93]->
```

程式解說

◈ 第6行：呼叫成員方法createBTree()來產生節點，相關程式碼解說請參考範例CH07/BinarySearchTree.java的CreateBTree()方法。

◈ 第8行：以中序走訪輸出結果，相關程式碼請參考範例CH07/BinarySearchTree.java的Inorder()方法。

## 7.4.3 查訪二元搜尋樹的節點

要找出二元搜尋樹的某個鍵值十分簡單，依據下述原則走訪二元樹，就可找到打算搜尋的值。

左子樹鍵值 ≦ 父節點鍵值 ≦右子樹鍵值

因為右子節點的鍵值一定大於左子節鍵值，所以只需從根節點開始做比較，就能知道其欲搜尋鍵值是位在右子樹或左子樹。例如找出鍵值「18」。

**Step 1.** 從根節點60開始做比較，18比根節點小，往左子樹方向。

**Step 2.** 由於比父節點25小，所以再與左子樹的左子節點做比對，鍵值相同就找到了。

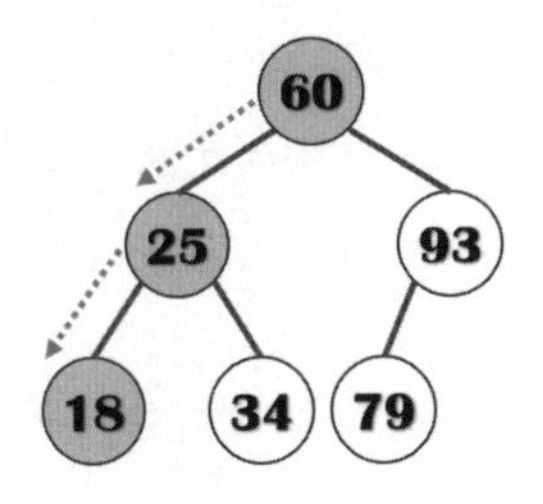


**Step 3.** 如果欲搜尋的值比根節點「60」要大，就往右子樹查找，直到找不到為止。

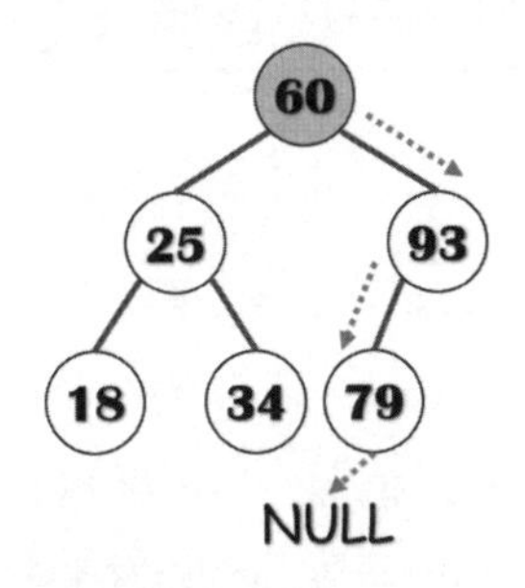


**範例CH07/BinarySearchTree.java**

```
01    package bst;
02    public class BinarySearchTree {
03    //程式碼省略
```

```
04    public Node FindBSTItemTo(Node ptr, int data){
05       Node left, right;
06       if (ptr != null){
07          if (ptr.item == data)
08             return ptr;
09          else {
10             //往左子樹找
11             left = FindBSTItemTo(ptr.Lnext, data);
12             //往右子樹找
13             right = FindBSTItemTo(ptr.Rlink, data);
14          }
15          if (left != null)    //左子樹有此值
16             return left;
17          else {
18             if (right != null)    //右子樹有此值
19                return right;
20             else
21                return null;
22          }
23       }
24       else
25          return null;
26    }
27 }
```

執行結果

```
輸入欲查找的節點--> 18
找到二元搜尋樹的節點--> 18
```

**程式解說**

◈ 定義成員方法FindBSTItemTo()，以遞迴呼叫來尋找二元搜尋樹的某個節點。

◈ 第7~14行：如果有找到節點就回傳其值，否則的話就繼續往左、右子樹查找。

◈ 第15~22行：欲查找的節點是否在左或右子樹裡。

## 7.4.4 刪除二元搜尋樹的節點

通常刪除BST的節點有三種做考量：

➢ 刪除葉節點，表示它沒有左、右節點可直接做刪除。下圖的葉節點「18」只要移除指標，就能直接刪除它。

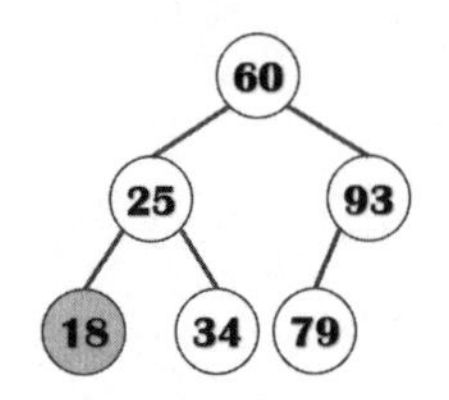


➢ 刪除的節點含有一個子節點；刪除此節點之後，要將後代節點取代成原有被刪除的節點。下圖的節點「93」含有一個子節點，所以當它被刪除後，其後代節點「79」比根節點的值大，所以取代了被刪除節點。

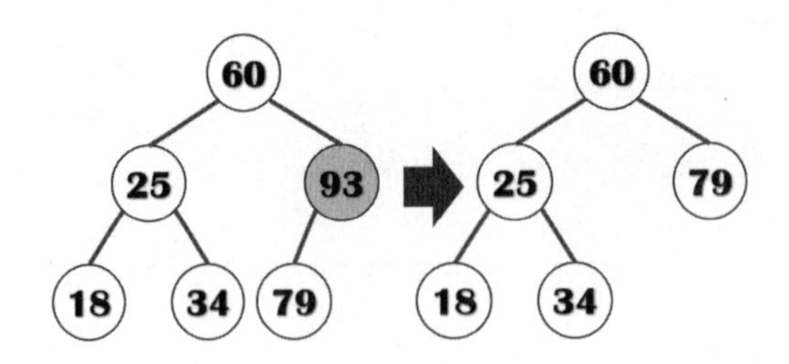


➢ 刪除的節點含有左、右兩個子節點會比較麻煩；它的作法：先找出能變

成葉節點的「中序前繼者S」，再先複製「中序前繼者S」與「欲刪除節點者N」再行互換，然後才刪除節點N。

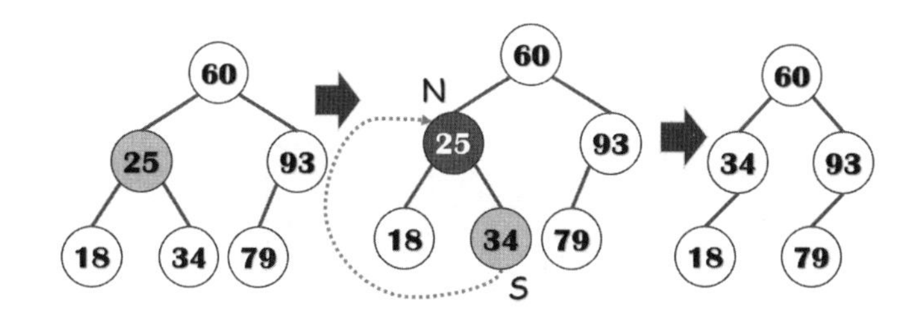




# 7.5 平衡樹

二元搜尋樹的缺點是最佳狀態無法永遠保持。由於資料是在排序狀態下輸入，極有可能產生歪斜樹，增加樹的高度，導致搜尋效率降低。爲了儘量降低搜尋所花費的時間，搜尋時能很快找到所要的鍵值，或者很快知道目前的樹中沒有所要的鍵值，則樹的高度愈低愈好。所以二元搜尋樹較不利於資料的經常變動（加入或刪除），相對地比較適合不會變動的資料，像是程式語言中的「保留字」等。

所謂平衡樹（Balanced Binary Tree）又稱爲AVL樹，它是由Adelson-Velskii和Y. M. Landis兩人所發明的，本身也是一棵二元搜尋樹，但是當資料加入或刪除時，先會檢查二元樹的高度是否「平衡」，如果不平衡就設法調整爲平衡樹。適用於經常異動的動態資料，像編譯器（Compiler）裡的符號表（Symbol Table）等。

## 7.5.1 平衡樹的定義

由於AVL樹也是一棵二元搜尋樹。所以，要在二元平衡樹中加入或刪除節點做諸如此類的運算，其效率的好壞，往往與樹的高度有很大的關連性。因此，沒有適當的控制樹高，經過一段時間的插入與刪除等動態維護工作，會造成存取上效率的降低。

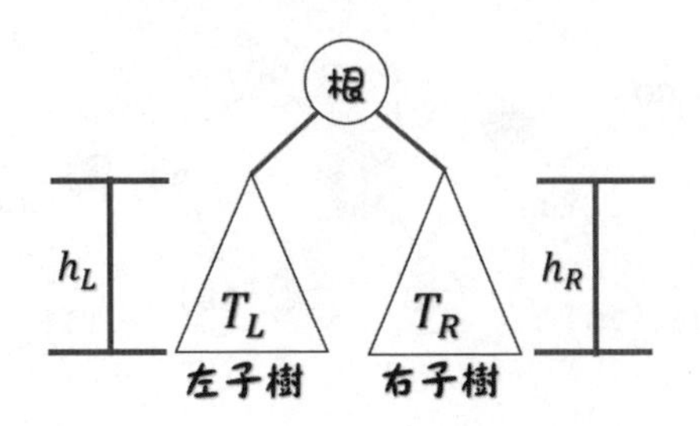


為了提高效率，AVL樹在每次插入和刪除資料後，必要時會對二元樹作一些高度的調整動作，讓二元搜尋樹的高度隨時維持平衡。以下說明平衡樹的正式定義：

| T是一個非空的二元樹，左子樹$T_L$、右子樹$T_R$分別都是高度平衡樹 |
|---|

◈ $|h_L-h_R| \leqq 1$，$h_L$及$h_R$分別為$T_L$與$T_R$的高度。

AVL樹中，所有內部節點的左、右子樹的高度差，必須小於或等於1。

## 7.5.2 AVL的平衡系數

依據上方圖給結論：T1為平衡樹，而T2為非平衡樹。說明原因之前，首先認識平衡樹中使用的專有名詞「平衡係數」（Balance Factor, BF）。要判斷一個節點的平衡係數，是指將該節點的左子樹高度減去右子樹高度，例如：

| 左子樹高度為3，右子樹高度為2，節點的平衡係數：3 - 2 = 1<br>左子樹高度為3，右子樹高度為3，節點的平衡係數：3 - 3 = 0<br>左子樹高度為3，右子樹高度為4，則這個節點的平衡係數為3 - 4 = -1 |
|---|

這意味有內部節點的左右子樹的高度差，必須「≦ 1」以符合平衡樹的定義。任意節點的平衡係數只有三種情況會出現，即-1、0、1。也就是說，當如果找到樹中內部節點的平衡係數不是這三個數字，就可以推斷出該樹並非是一顆平衡樹。

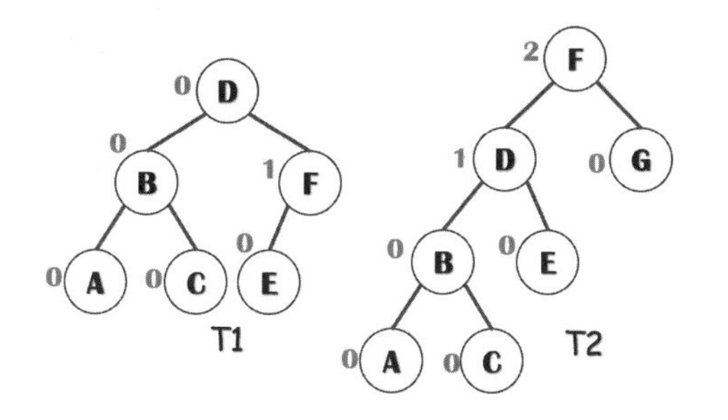


參考上方示意圖的T1，每個節點旁邊的數字爲該節點的平衡係數，如何取得？

**Step 1.** 一開始節點A、C、E都是「0」。

**Step 2.** 由依左子樹樹高減右子樹樹高的原則，而節點A、C的樹高爲「1」，所以節點B的平衡係數是「1 – 1 = 0」；而節點E的樹高(左子樹)爲「1」，右子樹的樹高是「0」；因此節點F的平衡係數是「1 – 0 = 1」。

**Step 3.** 節點D的平衡係數則是「2 – 2 = 0」（節點B、F的樹高爲2）。

我們得知T1所有節點的平衡係數的絕對值均小於或等於1，所以T1是一棵平衡樹。那麼T2呢？就直接來看根節點F，它的平衡係數是「3 – 1 = 2」（左樹高3，右樹高1）而違反其中一個原則，其平衡係數非-1、0、1這三個數字，所以T2就不是一棵AVL樹。

## 7.5.3 調整為AVL樹

如何調整二元搜尋樹成爲一平衡樹？首先得先找出「不平衡點」，再依據AVL樹提供的LL型、LR型、RR型、RL型之四種，重新調整其左、右子樹的高度。

- LL型：新加入節點C形成左子樹節點B的左子節點，造成節點A的平衡係數爲「2」而失去平衡。調整時，值小的節點C放在左子樹，節點B向上提，節點A以順時針方向旋轉，確保所有節點中左、右子樹的高度差小於或等於1。

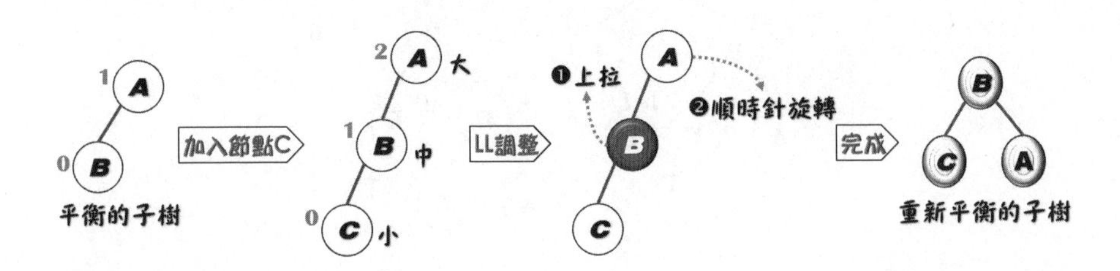


- LR型：新加入節點C形成左子樹節點B的右子節點，造成節點A的平衡係數爲「2」而失去平衡。調整時，將節點C向上提，值小的節點B放在左子樹，值大的節點A放在右子樹，確保所有節點中左、右子樹的高度差小於或等於1。

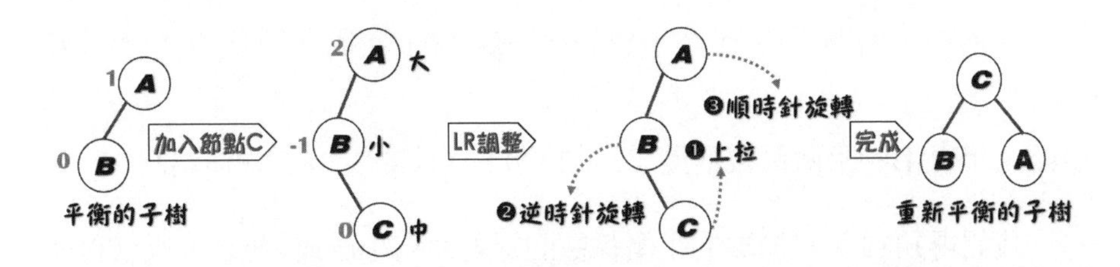


- RR型：新加入節點C形成右子樹節點B的右子節點，造成節點A的平衡係數爲「–2」而失去平衡。調整時，將節點B向上提，值小的節點A逆時針方向旋轉後放在左子樹，值大的節點C放在右子樹，確保所有節點中左、右子樹的高度差小於或等於1。

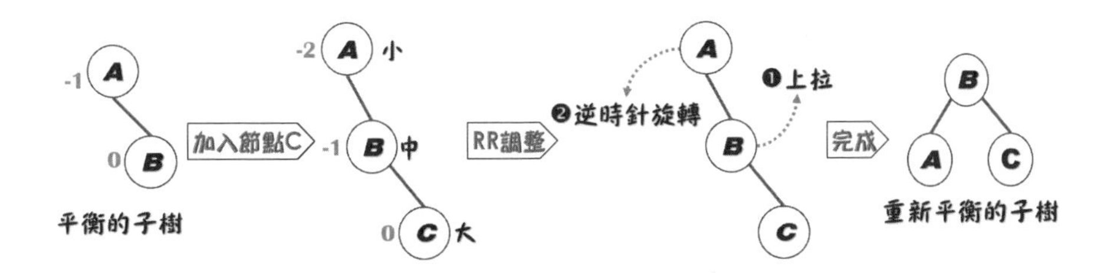


➢ RL型：新加入節點C形成右子樹節點B的右子節點，造成節點A的平衡係數為「–2」而失去平衡。調整時，節點C向上提，值小的節點A放在左子樹，值大的節點B放在右子樹，確保所有節點中左、右子樹的高度差小於或等於1。

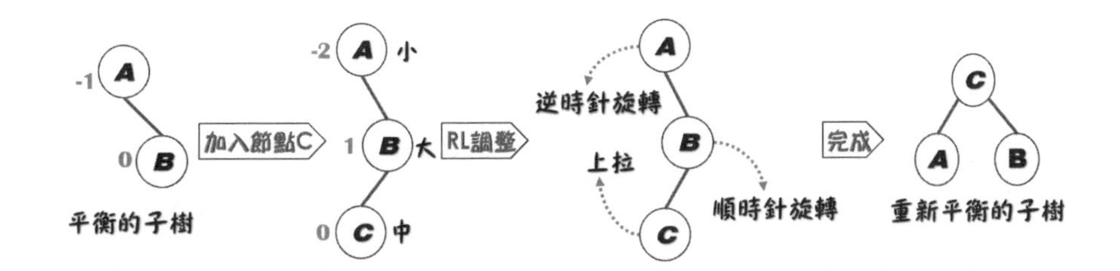


例一：實作一個BST範例，加入鍵值「98」後，試繪出其圖形。

**Step 1.** BST圖形中，加入節點98。

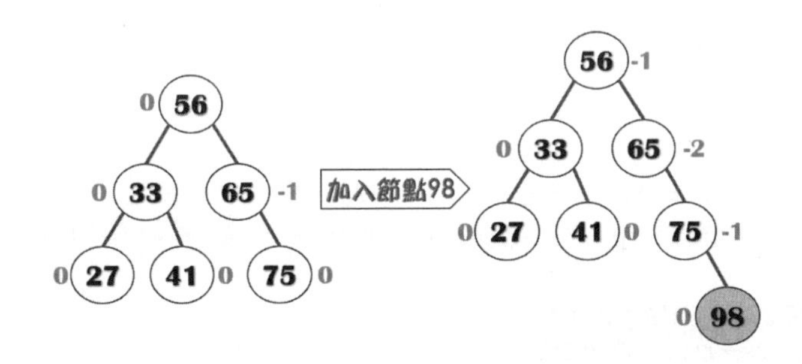


**Step 2.** 以RR型調整為平衡樹。

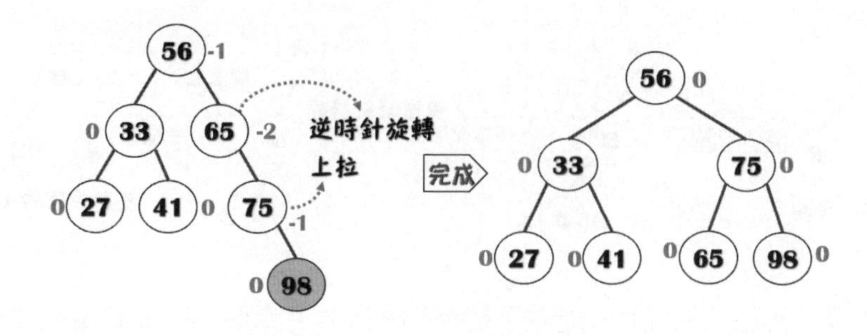


如何實作AVL樹的程式碼？同樣先以雙向鏈結串列的節點來實作。

```
// 範例CH07/Node.java
package treeAVL;
public class Node{
   int item;                        //資料欄
   int balance;                     //平衡係數
   Node Lnext, Rlink;               //指向前一個、下一個節點鏈結
   public Node(int data){           //定義建構式 - 傳入數值
      this.item = data;
      this.balance = 0;
      this.Lnext = null;
      this.Rlink = null;
   }
}
```

◈ 節點Node，屬性item用來儲存資料，而balance是AVL樹的平衡係數。

**範例CH07/BalanceBT.java**

```
01   package treeAVL;
02   public Node addItem(Node ptr, int data, bool ht){
```

```
03    Node pivot, crucial;
04    Node newNode = new Node(data);
05       newNode.balance = 0;
06       newNode.Lnext = null;
07       newNode.Rlink = null;
08    if (ptr == null){
09       ptr = newNode;
10       ht = true;
11    }
12    if (data < ptr.Item){//輸入的值 < 目前節點的值
13       ptr.LNext = addItem(ptr.LNext, data, ht);
14       if (ht == true){
15          switch (ptr.balance){ //平衡係數三種狀況：1, 0, -1
16             case -1: ptr.balance = 0;          //右子樹重
17                ht = false; break;
18             case 0: ptr.balance = 1; break; //兩邊平衡
19             case 1: crucial = ptr.Lnext;//左子樹重，進行調整
20                if (crucial.balance == 1){
21                   out.println("以LL型做調整");
22                   ptr.Lnext = crucial.Rlink;
23                   crucial.Rlink = ptr;
24                   ptr.balance = 0;
25                   crucial.Balance = 0;
26                   ptr = crucial;
27                }
28                else{
```

```
29                    out.println("以LR型做調整");
30                    //把關鍵節點的右子樹旋轉
31                    pivot = crucial.RLink;
32                    //把關鍵點的右子樹旋轉為左子樹
33                    crucial.Rlink = pivot.Lnext;
34                    pivot.Lnext = crucial;
35                    ptr.Lnext = pivot.Rlink;
36                    pivot.Rlink = ptr;
37                    if (pivot.balance == 1)
38                       ptr.balance = -1;
39                    else
40                       ptr.balance = 0;
41                    if (pivot.balance == -1)
42                       crucial.balance = 1;
43                    else
44                       crucial.balance = 0;
45                    pivot.balance = 0;
46                    ptr = pivot;
47                 }
48                 ht = false; break;
49           }
50        }
51     }
52     if (data > ptr.item) {   //輸入的值 > 目前節點的值
53        //以遞迴呼叫新增節點到右子樹
54        ptr.Rlink = addItem(ptr.Rlink, data, ht);
55        if (ht == true){
```

```
56         switch (ptr.balance){ //平衡係數三種狀況：1, 0, -1
57            case 1: ptr.balance = 0;//左子樹重
58               ht = false; break;
59            case 0: ptr.balance = -1; break; //兩邊平衡
60            case -1:              //右子樹重，對它進行調整
61               crucial = ptr.Rlink;
62               if (crucial.balance == -1){
63                  out.println("以RR型做調整");
64                  //調整右子樹的右節點，旋轉後置為左子樹
65                  ptr.Rlink = crucial.Lnext;
66                  //目前節點參考指向調整後節點
67                  crucial.Lnext = ptr;
68                  ptr.balance = 0;
69                  crucial.balance = 0;
70                  ptr = crucial;
71               }
72               else {
73                  out.println("以RL型做調整");
74                  //把關鍵節點的左子樹旋轉
75                  pivot = crucial.LNext;
76                  //把關鍵節點的左子樹旋轉為右子樹
77                  crucial.Lnext = pivot.Rlink;
78                  pivot.Rlink = crucial;
79                  ptr.Rlink = pivot.Lnext;
80                  pivot.Lnext = ptr;
81                  if (pivot.balance == -1)
82                     ptr.balance = 1;
```

```
83                  else
84                      ptr.balance = 0;
85                  if (pivot.balance == 1)
86                      crucial.balance = -1;
87                  else
88                      crucial.balance = 0;
89                  pivot.balance = 0;
90                  ptr = pivot;
91              }
92              ht = false; break;
93          }
94      }
95  }
96  return ptr;
97}
```

執行結果

```
輸入整數值 --> 31 28 16 40 55 0
以LL型做調整
以RR型做調整
以RL型做調整
--二元樹--

                [55]
           [40]
      [31]
           [28]
                [16]
中序走訪二元樹 -->
[16]->[28]->[31]->[40]->[55]->
```

## 程式解說

◈ 定義成員方法addItem()，依據輸入的值做判斷，值小於目前節點的值就加入到左子樹；值大於目前節點的值就加入到右子樹。

◈ 第12~51行：第一種情形就是輸入的值小於目前節點值。

◈ 第13行：以遞迴呼叫addItem()方法，把新節點加到左子樹。

◈ 第15~49行：switch/case敘述依據AVL樹的balance係數來判斷，若爲「-1」表示插入的節點會讓右子樹不平衡；若爲「1」表示插入的節點會讓左子樹不平衡；若爲「0」表示插入的節點讓左、右子樹平衡就不做調整。

◈ 第20~47行：若「balance = 1」就是新插入節點會造成左子樹不平衡，以「LL型」或「LR再」做調整。

◈ 第22~26行：以LL型調整；把目前節點的左子節點調整爲關鍵點crucial，原爲目前節點參考ptr所指的節點變更爲關鍵節點的右子節點。

◈ 第54~94行：第二種情形就是輸入的值大於目前節點值。

◈ 第62~91行：若「balance = -1」則以「RR型」或「LR型」調整右子樹。

◈ 第65~70行：以RR型調整；設目前節點的右子節點爲關鍵邊點，逆時旋轉，原爲目前節點參考ptr所指的節點變更爲關鍵節點的左子節點。

# 課後習作

## 一、填充題

(　) 1. 對於二元樹的描述，下列何者有誤？

(A) 可以是空的二元樹

(B) 根節點下必須有左、右子樹

(C) 根節點下只有左子樹

(D) 只有根節點

(　) 2. 對於樹（Tree）的描述何者不正確？

(A) 一個節點

(B) 環狀串列

(C) 一個沒有迴路的連通圖（connected graph）

(D) 一個邊數比點數少1的連通圖

(　) 3. 關於二元搜尋樹（Binary Search Tree）的敘述，何者爲非？

(A) 二元搜尋樹是一棵完整二元樹（Complete Binary Tree）

(B) 可以是歪斜樹（Skewed Binary Tree）

(C) 一節點最多只有兩個子節點（Child node）

(D) 一節點的左子節點的鍵值不會大於右節點的鍵值

4. 一棵二元樹，樹高爲3，它的最大節點數爲多少？＿＿＿＿＿＿。

5. 請依下圖樹的結構，填入相關名詞；根節點＿＿，父節點＿＿＿＿＿，節點B的子節點有＿＿＿＿，節點D、E、F是＿＿＿＿＿，節點F、G是＿＿＿＿＿，節點H的祖先是＿＿＿＿，節點A的子孫是＿＿＿＿＿。

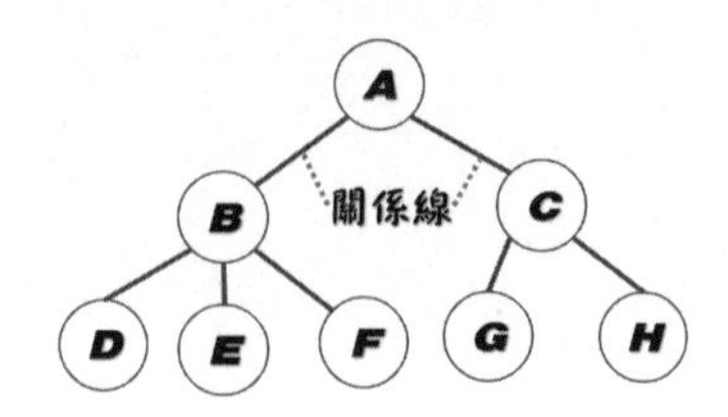

6. 一棵二元樹，又稱________樹，它最多只能有左、右___個節點。

7. 一棵二元樹，分支節點都含有左、右子樹，稱為________________，當二元樹沒有左節點或右節點，稱為____________。

8. 填寫二元樹和一般樹的不同；①樹不可為____________，但是二元樹可以；②樹的分支度為d≧0，但二元樹的節點分支度為______________；③樹的子樹間______________，二元樹則有。

9. 二元搜尋樹刪除節點時，有三種考量：①________直接刪除；②刪除的節點含有____________；③刪除的節點____________________。

10. AVL樹的平衡係數是以________________減去________________所得，須維持其值______、______、______。

## 二、實作與問答

1. 下圖是否為合法的樹狀結構？試說明之。

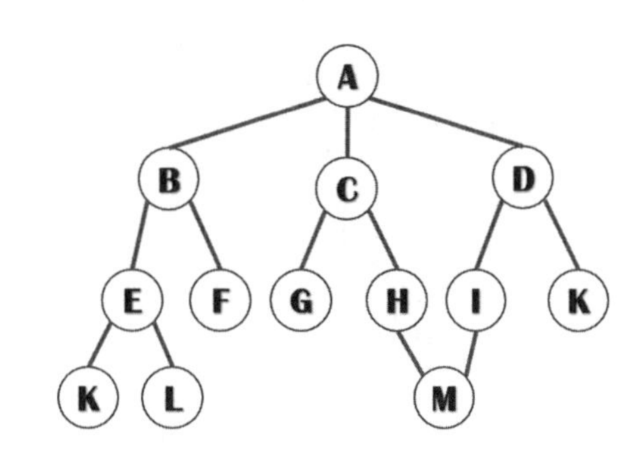


2. 將數列繪製成二元搜尋樹並找出最小值。

```
63, 24, 90, 37, 12, 84, 41, 29, 23, 103, 7, 71
```

3. 對於任何非空二元樹T，如果$n_0$為樹葉節點數，且分支度為2的節點數是，試證明。

4. 請問以下二元樹的中序、後序以及前序表示法為何？

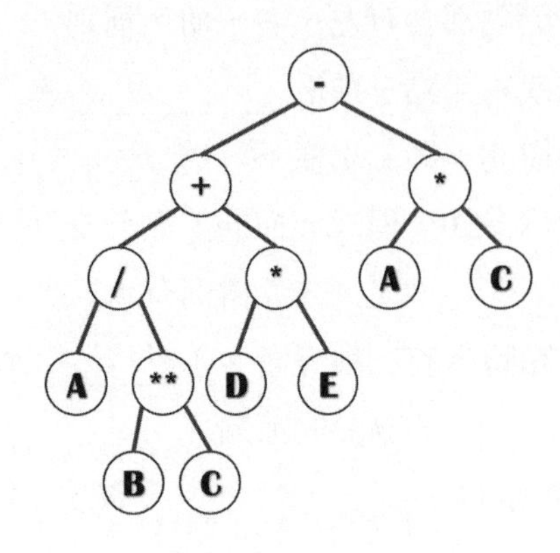


5. 請問以下二元樹的中序、前序以及後序表示法為何？

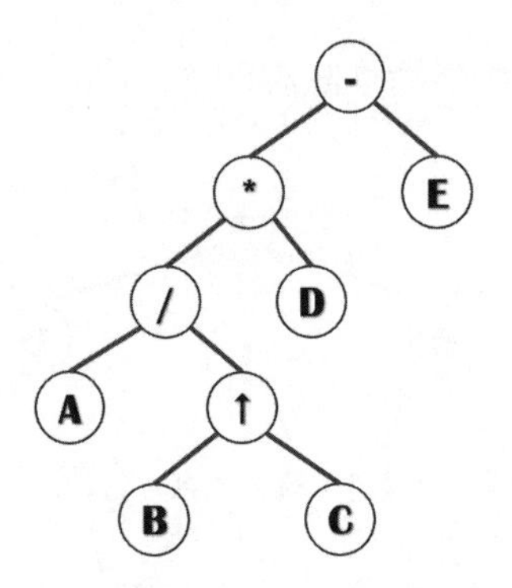


6. 請找出下列樹林的中序、前序與後序走訪結果。

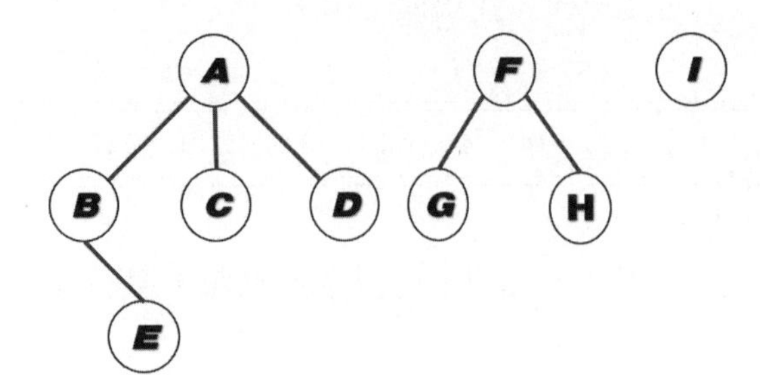

7. 將下列二元樹轉換成樹。

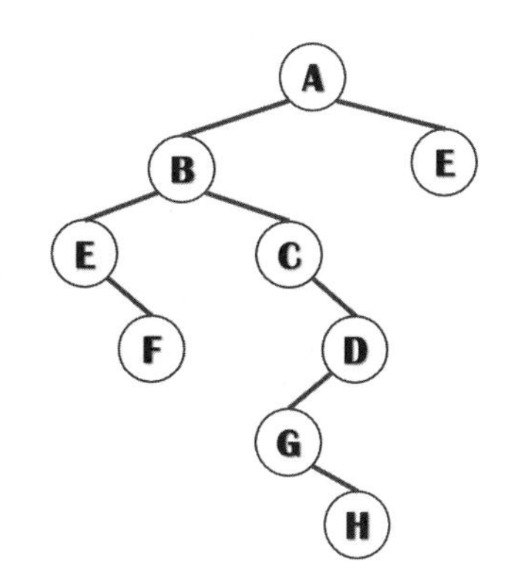


8. 在下圖平衡二元樹中，加入節點11後，重新調整後的平衡樹為何？

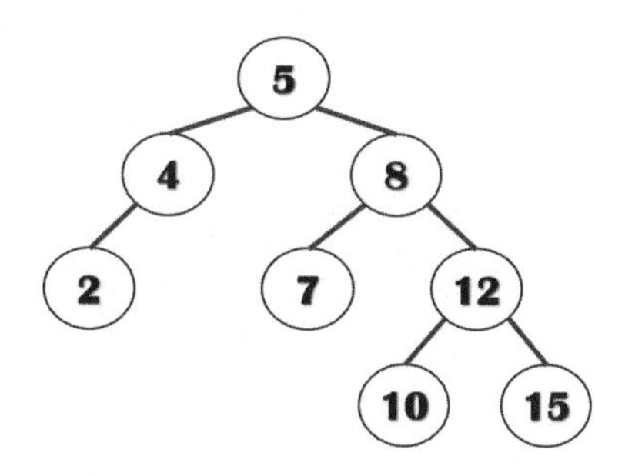


9.請比較完滿二元樹與完整二元樹兩者間的不同？

# 第八章

# 圖形結構

## ★學習導引★

- 從肯尼斯堡的七座橋談圖形，了解圖形的相關名詞
- 以相鄰矩陣法、相鄰串接法表達圖形結構
- 追蹤圖形有BFS和DFS
- 要找出最低成本擴張樹有Prim's演算法和Kruskal's演算法

# 8.1 認識圖形

假如從高雄出發要去參觀台南的奇美博物館，開車的話有那些道路可供選擇？拜網路發達所賜，很多人可能去看了看谷歌大神的地圖，或者使用手機上提供的導航軟體；這些都來自圖形的應用。手上有了地圖指南之後，可能還有些想法！走那條道路可以快速抵達（最短路徑問題）？或者想加入美食熱點，如何走才能不錯過它們（路徑的搜尋問題）。

所謂的「圖形」（Graph）就是由頂點（美食熱點）和邊線（道路）所組成；此處的「圖形」或「圖」並非我們日常所見的圖片。



## 8.1.1 圖形的故事

圖形（Graph）理論是起源於西元1736年，有一位數學家尤拉（Eular）爲了解決「肯尼茲堡七橋問題（Koenigshberg Seven Bridge Problem）而想出的一種資料結構理論。尤拉當時就知道利用頂點（Vertices）表示每塊土地，所以有A、B、C、D四塊區域；邊（Edge）代表每一座橋樑，所以編號1~7座橋樑；定義與頂點所連接的邊的個數爲分支度；例如編號1的橋樑就連接A、B兩塊區域。

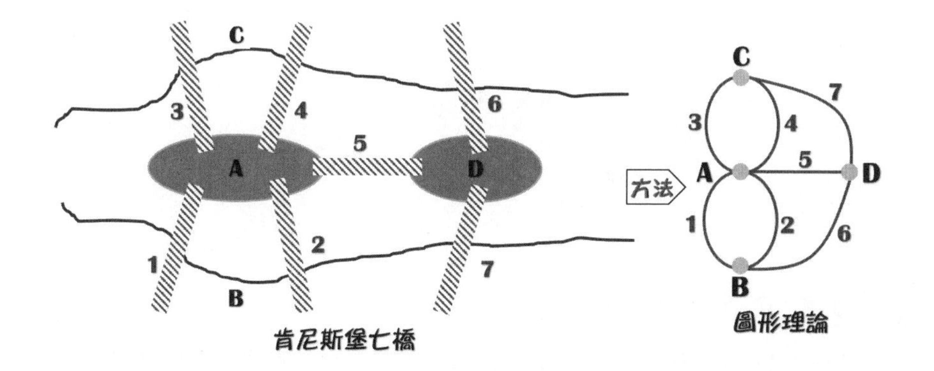

尤拉（Eular）針對「肯尼斯堡七橋」問題所找出的規則是「如果每一個頂點的分支度皆為偶數時，才能從某一個頂點出發，經過每一個邊後，再回到出發的頂點」。而肯尼斯堡七橋的情況為：四個頂點的分支度都是奇數。

```
A的分支度為5，B的分支度為3，C的分支度為3，D的分支度為3
```

得到的結論：人們不可能走過所有的橋樑，所以問題無解。不過經由尤拉提供的規則，定義了尤拉路徑：

```
由某一個頂點出發，經由所有邊線再回到原頂點
```

如何判斷某張無向圖形具有「尤拉路徑」？也有人稱它是「一筆畫」，也就是圖形能一筆完成，而且所有頂點皆具有偶數分支度。檢視下方的圖形G1，除了能一筆完成並回到原頂點之外，某個頂點的分支度為偶數，所以它具有尤拉路徑。圖形G2它不是尤拉路徑；雖然能一筆畫完但是未回到原頂點，而且某一個頂點的分支度為3，非偶數。那麼頂點究竟是什麼？分支度如何算出來？就從圖形的基本定義開始吧！

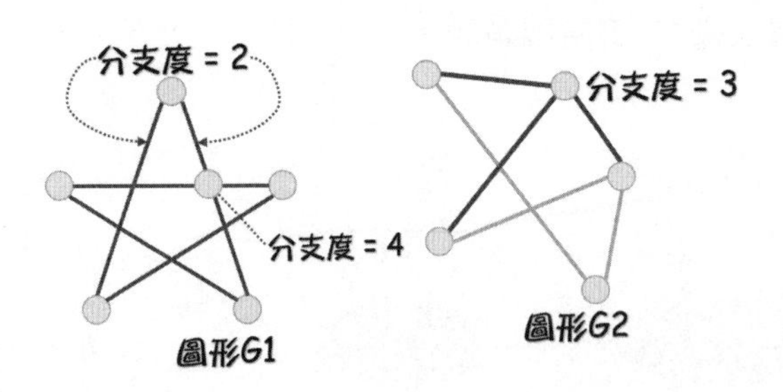


## 8.1.2 圖形的基本定義

圖形結構是一種探討兩個頂點間是否相連的一種關係圖，與樹狀結構的最大不同是樹狀結構用來描述節點與節點間的層次關係。如何表示圖

形？前面章節中會以節點（Node）來儲存資料，來到了圖形世界，依然會以圓圈代表頂點（Vertices，或稱點、節點），它是儲存資料或元素的所在。頂點之間的連線是邊線（Edges，或稱邊）。圖形由有限的點和邊線集合所組成，圖形G是由V和E兩個集合組成其定義，表示如下：

```
G = (V, E)
```

◈ V：頂點（Vertices）組成的有限非空集合。

◈ E：邊線（Edges）組成的有限集合，這是成對的點集合。

依據邊線是否具有方向性，圖形結構概分無向圖形與有向圖形兩種；先來認識它們的不同之處。

邊線表達資料間的關係，下方是一張「無向圖形」（Undirected Graph），頂點A與頂點B能去能回，意味著它的邊線無方向性，頂點A到頂點B以邊線（A, B）或邊線（B, A）是相同的。

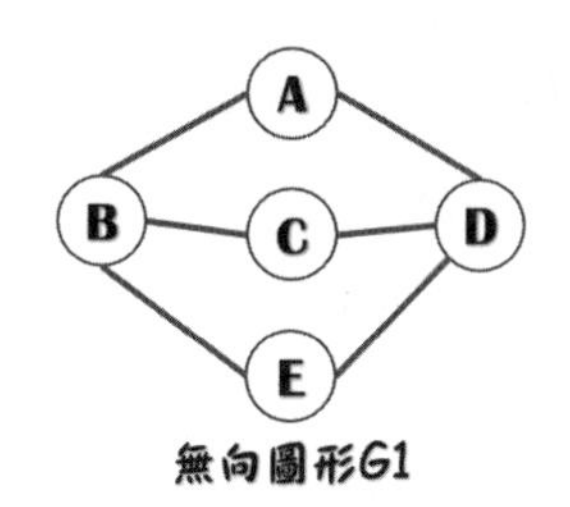


無向圖形G1

進一步來看，G1圖形擁有A、B、C、D、E五個頂點，若V(G1)是圖形G1的點集合，表示如下：

```
V(G1) = {A, B, C, D, E}
E(G1) = {(A, B),(A, E),(B, C),(B, D),(C, D),(C, E),(D, E)}
|V| = 5, |E| = 6
```

◈ 無方向性的邊線以括號( )表示。

下方G2圖形是「有向圖形」（Directed Graph）。表示它的每邊都是有方向性，邊線<A, B>中，A為頭（Head），B為尾（Tail），方向為「A→B」。

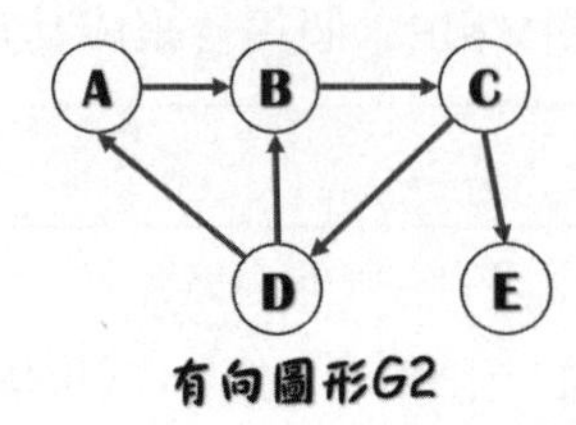

有向圖形G2

G2圖形有A、B、C、D、E五個頂點，V(G2)是圖形G2，如下所示：

```
V(G2) = {A, B, C, D, E}
E(G2) = {<A, B>, <B, C>, <C, D>, <C, E>, <D, A>, <D, B>}
|V| = 5, |E| = 6
```

◈ 有方向性的邊線以< >表示。

## 8.1.3 圖形相關名詞

認識跟圖形有關的專有名詞。

➢ 完整圖形：含有N個頂點的無向圖形中，正好有「N(N−1)/2」邊線，稱為「完整圖形」。所以，「N = 5, E = 5(5−1)/2」得邊線為「10」，可以進一步查看下方的完整無向圖G1是否有10條邊。完整有向圖形必須有N(N−1)個邊線，當「N = 4, E = 4(4−1)」得邊線「12」。細審下方右側的有向圖G2，是否有12條邊？

完整無向圖形G1

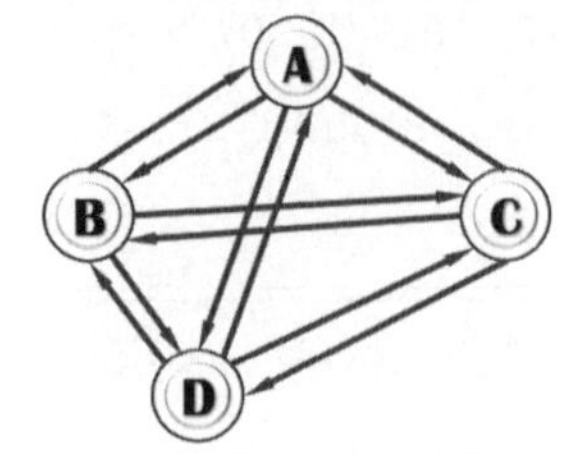

完整有向圖形G2

➤ 相鄰（Adjacent）：無論是無向圖或有向圖，A、B是相異的兩個頂點，它們具有邊線來連接，因此稱頂點A與B相鄰。

➤ 子圖（Sub-graph）：當G'和G"兩個集合能滿足「V(G' ⊆ V(G)且E(G') ⊆ E(G))」，「V(G" ⊆ V(G)且E(G") ⊆ E(G))」，稱G'和G"爲G的子圖，如下圖所示。

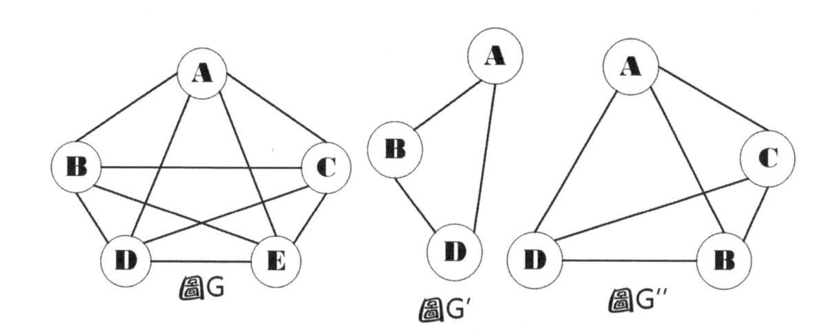


➤ 路徑（Path）：兩個不同頂點間所經過的邊線稱爲路徑，檢視上方的G圖形，頂點A到E的路徑有「{(A, B)、(B, E)}及{(A, B)、(B, C)、(C, D)、(D, E)}」等。

➤ 路徑長度（Length）：路徑上所包含邊的總數爲路徑長度。

➤ 循環（Cycle）：起始點及終止點爲同一個點的簡單路徑稱爲循環。檢視上方的G圖形，{(A, B), (B, D), (D, E), (E, C), (C, A)}起點及終點都是A，所以是一個循環路徑。

➤ 相連（Connected）：在無向圖形中，若頂點Vi到頂點Vj間存在路徑，則Vi和Vj是相連的；上方圖G中，頂點A至頂點B存有路徑，所以頂點A和B相連。

➤ 相連圖形（Connected Graph）：檢視下方圖G3，它的任兩個點均相連，所以是相連圖形。

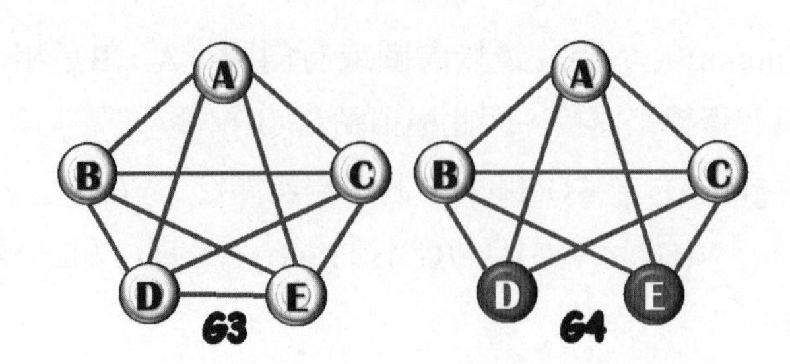


➢ 不相連圖形（Disconnected Graph）：圖形內至少有兩個點間是沒有路徑相連的；檢視上方G4圖，它有D、E兩個點不相連所以是非相連圖形。

➢ 緊密相連（Strongly Connected）：參考下方的有向圖形G5，若兩頂點間有兩條方向相反的邊稱爲緊密相連。

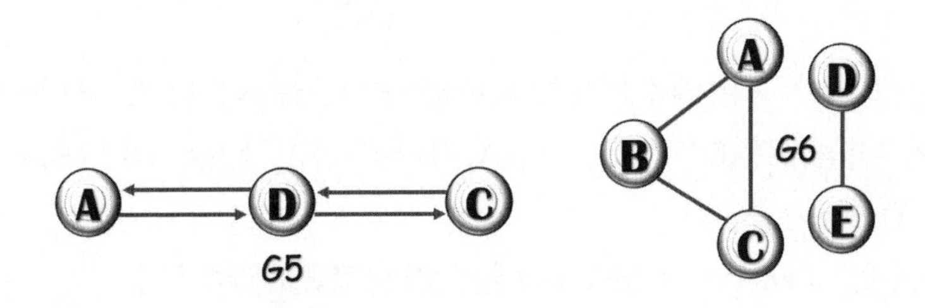


➢ 相連單元：圖形中相連在一起的最大子圖總數，檢視上方的圖G6，可以看做是兩個相連單元。

➢ 分支度（Degree）：無向圖形中，不考慮其方向性，一個頂點所擁有邊數總和而稱之；上方G3圖的頂點A，其分支度爲4。

➢ 出／入分支度：有向圖形中，考量方向性的情形下，以頂點V爲箭頭終點的邊之個數爲入分支度，反之由V出發的箭頭總數爲出分支度。如下方的G7圖，頂點A的入分支度爲1，出分支度爲3。

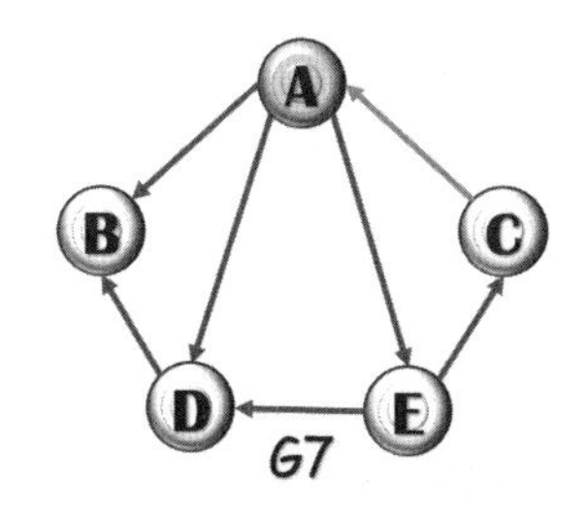


**補給站**

所謂複線圖（multigraph），圖形中任意兩頂點只能有一條邊，如果兩頂點間相同的邊有2條以上（含2條），則稱它爲複線圖，以圖形嚴格的定義來說，複線圖並不能算是一種圖形。

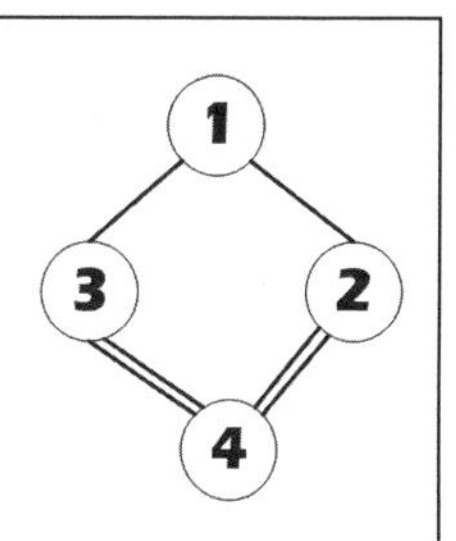




# 8.2 圖形資料結構

介紹表示圖形的資料結構有兩種：①相鄰矩陣表示法（Adjacency Matrix）、②相鄰串列表示法（Adjacency Lists）。

## 8.2.1 相鄰矩陣法

已經知道圖形「G = (V, E)」，假設它有N個頂點且N ≥ 1，可以利用「N×N」二維矩陣來表示其大小，共需$N^2$個空間。其相鄰矩陣的定義如下：

```
A_{N×N} = [a_{i,j}]
```

$A_{N\times N}$是一個N×N的矩陣，若$a_{i,j}$爲「0」，表示圖形的邊線（$V_i$, $V_j$）不存在。若$a_{i,j}$爲「1」，表示圖形有一條邊線（$V_i$, $V_j$）存在。

「無向圖」使用相鄰矩陣表示時，會以對角線來產生對稱，儲存矩陣上的上三角形或是下三角形即可。所以，任何一張圖G(V, E)，頂點「i ∈ V」的分支度（deg）是這個頂點在相鄰矩陣對應之列的所有元素和。

$$\sum_{V_i \in V} \deg(V_i) = 2\,|E|$$

對於有向圖形來說，分支度有二項；欄數是以頂點的入分支度（In-degree）做計算，列之和是算出頂點的出分支度（Out-degree）。

例一：試寫出圖形G1、G2、G3的相鄰矩陣。

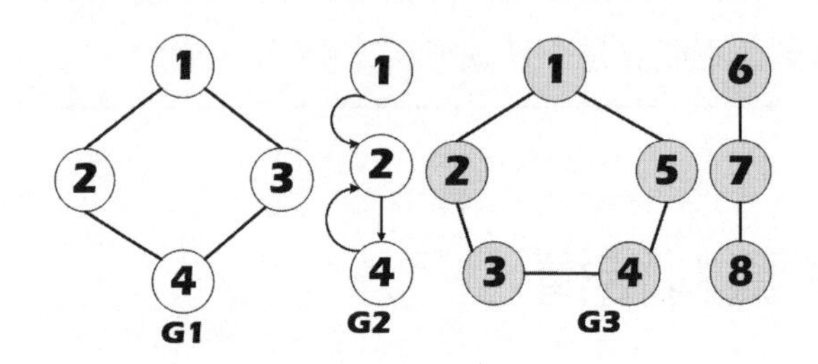


無向圖形G1含有4個頂點，二維矩陣以「4×4」表示。從頂點「$V_1$」開始，它與頂點$V_2$、$V_3$有相連，所以陣列元素以「1」儲存，與頂點4則無相連，則以「0」表示。檢視下圖，完成的矩陣中也能看出無向圖的相鄰矩陣呈對稱狀態，故只需保存上三角或下三角部分即可，大約可節省一半以上的空間。

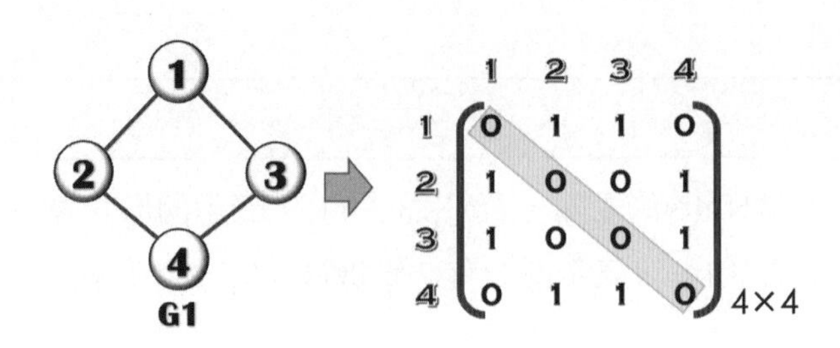

圖G2爲有向圖，以相鄰矩陣表示時，算出每列的「出分支度」法。所以頂點1到頂點2只有一條邊，所以出分支度爲「1」。同樣地，頂點2到頂點3的出分支度爲「1」，而頂點3到頂點2的出分支度也是「1」。比較特殊的地方是頂點2的入分支度爲「2」，可參考下圖的示意。

$$\begin{bmatrix} 0 & 1 & 0 \\ 0 & 0 & 1 \\ 0 & 1 & 0 \end{bmatrix}_{3\times3}$$

第1列 = 0 + 1 + 0 = 1

第2欄 = 1 + 0 + 1 = 2

如何以相鄰矩陣法來儲存圖形？檢視例一右側的G3圖，它包含左邊的無向圖和中間的有向圖，共有8個頂點，所以「8×8」的矩陣來儲存。

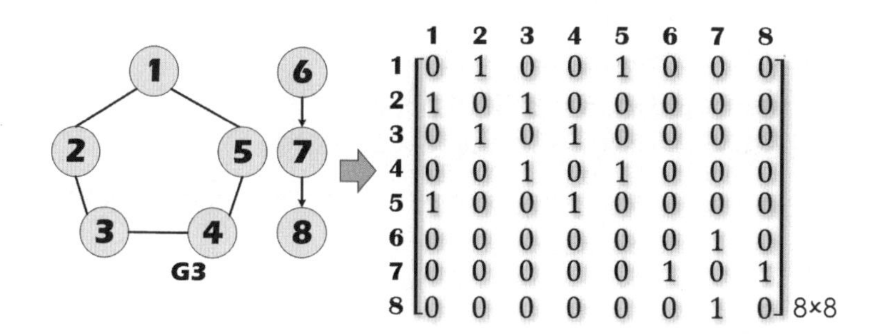


從上述簡例中，可以看出無向圖形的相鄰矩陣必定是上三角形（Upper-triangular）或下三角形（Lower-triangular）矩陣，但有向圖形則不是。反而往往是稀疏矩陣（Sparse Matrix），而要求出所有頂點分支度的時間複雜度爲O()，儲存上也十分浪費空間。

了解無向圖G1如何以二維矩陣輸出：首先以二維陣列來儲存頂點的路徑，簡述如下：

```
int admatrix[8][2] = {{1, 2}, {2, 1}, {1, 3}, {3, 1},
                      {2, 4}, {4, 2}, {3, 4}, {4, 3}};
```

◈ 以矩陣記錄兩個頂點之間以邊線連接，圖形有4個頂點，當頂點$V_1$和$V_2$鄰接，表示要有頂點$V_1$到$V_2$，頂點$V_2$到$V_1$的路徑，共2條路徑。

◈ 如此一來，任意兩個頂點之間的資訊，都有對應的地方可用於記錄。



**範例CH08/CH0801.java**

```
01    package vertice;
02    public class CH0801 {
03    static int[][] matrix = new int[5, 5];//二維矩陣
04    static void Main(string[] args){   //主程式
05       int[][] data = {{1, 2}, {2, 1}, {1, 3},
06          {3, 1}, {2, 4}, {4, 2}, {3, 4}, {4, 3}};
07       GraphCreate(data, 5);
08       out.println("圖形以相鄰矩陣儲存");
09       out.println("-----1--2--3--4");
10       for (int row = 1; row < matrix.length; row++){
11          out.printf("%d |", row);
12          for (int col = 1; col < matrix[row].length;
13                col++)
14             out.printf("%3d", matrix[row][col]);
15          out.println();//換行
16       }
17    }
18    public static void GraphCreate(int[][] ary,
19          int len) {
20       int start, finish, j;
21       for (j = 0; j < len; j++){
```

```
22          start = ary[j][0];
23          finish = ary[j][1];
24          matrix[start, finish] = 1;
25       }
26       out.println();
27    }
28 }
```

執行結果

```
圖形以相鄰矩陣儲存
-----1--2--3--4
1 |  0  1  1  0
2 |  1  0  0  1
3 |  1  0  0  0
4 |  0  0  0  0
```

程式解說

◈ 第17~27行：定義靜態方法GraphCreate()來產生圖形。

◈ 第21~25行：for迴圈利用邊線來讀取相關之頂點並存入圖形陣列matrix。

## 8.2.2 相鄰串列法

相鄰串列（Adjacency Lists）是以單向鏈結串列來表示圖形。已知圖形「G = (V, E)」包含N個頂點（N≧1）時，使用N個鏈結串列來存放圖形，每個鏈結串列分別代表一個頂點及其相鄰的頂點。將圖形中的每個頂點皆形成串列首，而在每個串列首後的節點表示它們之間有邊相連。如此一來可以有效避免儲存空間的浪費，其特性解說如下：

➢ 每一個頂點使用一個串列。

➢ 無向圖中，N頂點E邊共需N個串列首節點及2×E個節點；有向圖則需N個串列首節點及E個節點。在相鄰串列中，計算所有頂點分支度所需的時間複雜度O(N + E)。

由於相鄰串列會將圖形的N個頂點形成N個串列首，而每個串列中的節點皆由頂點和鏈結欄位兩個欄位組成，和首節點之間有邊線相連，每個節點資料結構示意圖如下。

例一：如何把下方的無向圖G1以相鄰串列來表示？

先將圖形轉為矩陣後，而陣列中存有「1」的元素再以相鄰串列表達。以頂點「1」來說，它分別與頂點2、3、4有連接，與頂點5並無相連，就以「0」表示，後續者無鏈結欄位就以NULL表示，可由下圖做進一步檢視。

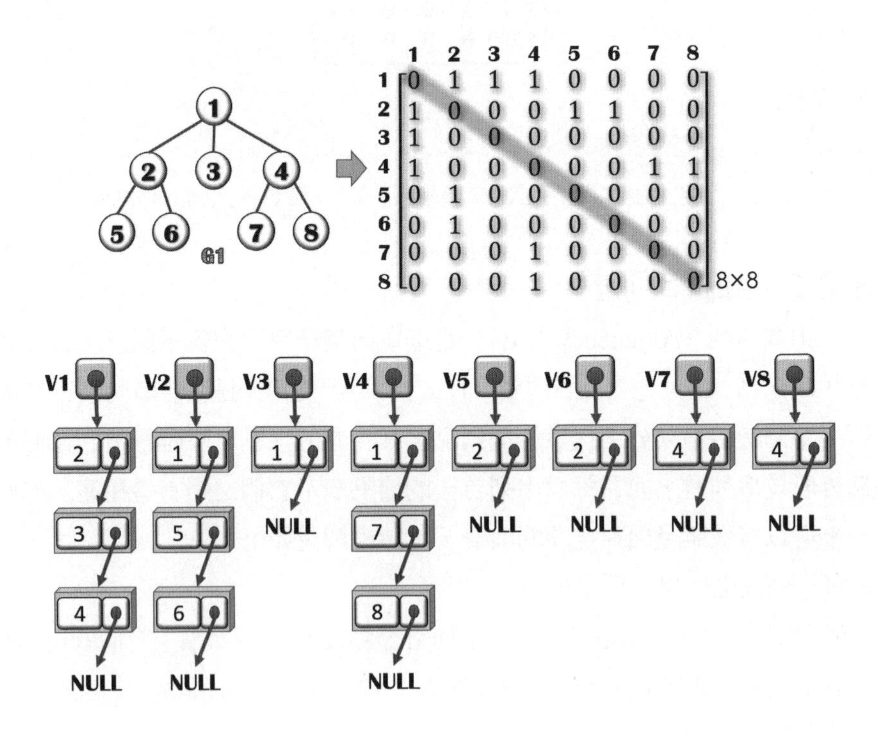

例二：將有向圖G2以相鄰串列來表示。

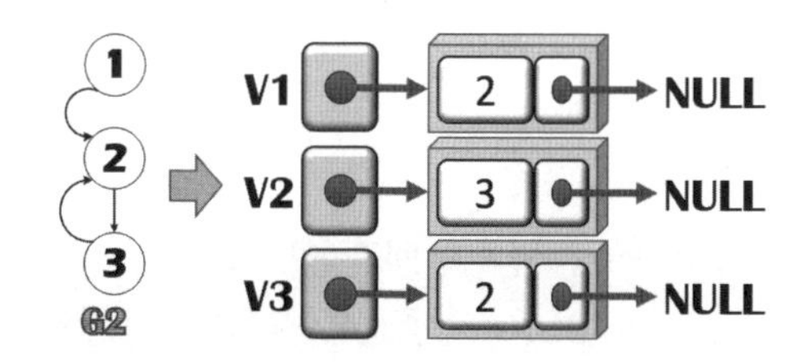


把無向圖G1以程式碼轉成相鄰串列。

範例CH08/GrLinkedList.java

```
01    package vertice;
02    public class GrLinkedList{
03    Node first, last;    //指向第一個、最後一個節點的參考
04    public GrLinkedList(){    //定義預設建構函式
05       first = null;     //初始化首、尾節點為空值
06       last = null;
07    }
08    public void AddItem(int data){      //串列加入新節點
09       Node newNode = new Node(data);
10       if (first == null) {
11          first = newNode;
12          last = newNode;
13       }
14       else {
15          last.Next = newNode;
16          last = newNode;
17       }
```

```
18    }
19    public void Display(){    //輸出節點
20       Node current;              //指向目前節點
21       if (first == null)
22          out.print("鏈結串列是空的");
23       current = first;    //從第一個節點開始準備走訪串列
24       //串列不是空的情形下讀取節點
25       while (current != null){
26          out.printf("[%d]->", current.edge);
27          current = current.next;
28          if (current == null)
29             out.print("null");
30       }
31       out.print();
32    }
33 }
```

範例CH08/CH0802.java

```
41    public class CH0802 {
42    static void Main(string[] args) {
43       int item = 0;
44       const int Row = 14;
45       int[][] vertex = {    //宣告二維矩陣來儲存圖形頂點
46          {1, 2}, {2, 1}, {1, 3}, {3, 1}, {1, 4},
47          {4, 1}, {2, 5}, {5, 2}, {2, 6}, {6, 2},
48          {4, 7}, {7, 4}, {4, 8}, {8, 4} };
49       GraphicsLinked[] graphics =
```

```
50            new GraphicsLinked[10];
51         out.println("---圖形以相鄰串列表示---\n");
52         for (int j = 1; j < 9; j++) {
53            graphics[j] = new GraphicsLinked();
54            out.printf("頂點[%d] ==> ", j);
55            for (int k = 0; k < Row; k++) {
56               if (vertex[k][0] == j) {
57                  item = vertex[k][1];
58                  graphics[j].AddItem(item);
59               }
60            }
61            graphics[j].Display();
62         }
63      }
64 }
```



### 執行結果

```
---圖形以相鄰串列表示---

頂點[1] ==> [2]->[3]->[4]->null
頂點[2] ==> [1]->[5]->[6]->null
頂點[3] ==> [1]->null
頂點[4] ==> [1]->[7]->[8]->null
頂點[5] ==> [2]->null
頂點[6] ==> [2]->null
頂點[7] ==> [4]->null
頂點[8] ==> [4]->null
```

### 程式解說

◈ 定義類別GrLinkedList，以單向鏈結串列結構來實作圖形。

◈ 第8~18行：定義成員方法AddItem()，配合指向第一個、最後節點的參考來新增節點。

◈ 第19~32行：定義成員方法Display()，配合while迴圈來走訪節點。

◈ 第51、53行：實體化GraphicsLinked，利用它來產生陣列，儲存鏈結串列的節點。

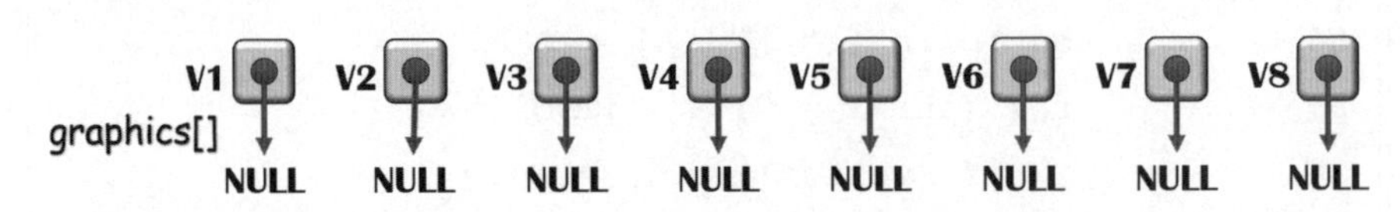


◈ 第57~58行：讀取邊線(1, 2)、(2, 1)所加入的節點。

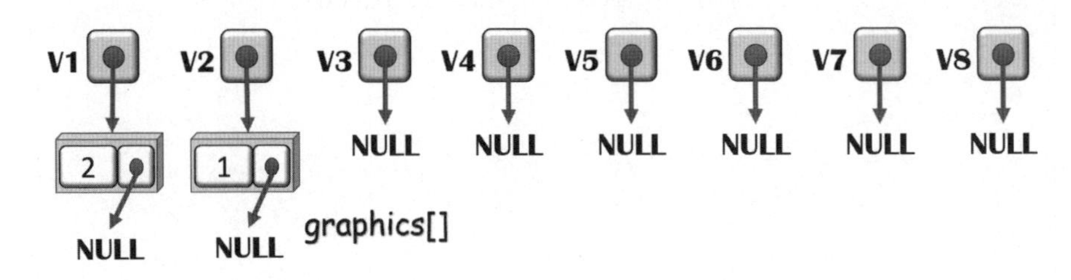


## 8.2.3 加權圖形

無論是有向或無向圖形，每一個邊都未加任何權重，亦即任一頂點到其他頂點之間的關係強度都是相同的。但是，某些情形要表示資料與資料之間的關係強度是有不同時，那就必須要利用到「加權圖形」（Weight graph）來呈現。這種作法常見於圖形的查詢！例如高雄到台南，有不同的路徑，何者優？何者劣？碰到塞車路線時所標示的時間就是「加權圖形」。它可以在圖形上的每一個邊上給予一個權重值（weight），用來表示距離、成本、時間或關係強度等，如下圖中，頂點1與頂點2之間邊的加權值爲18。

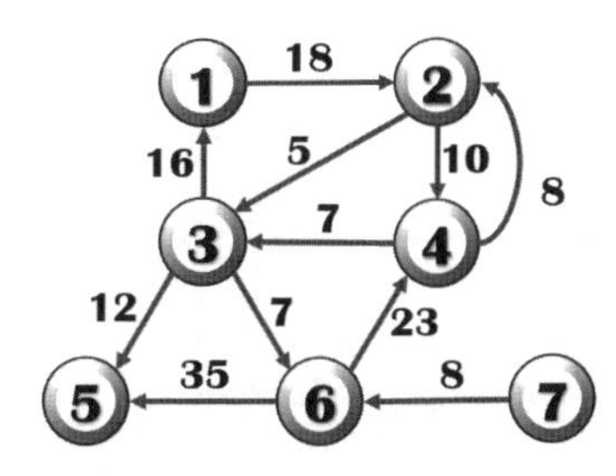


加權圖形如何以「相鄰矩陣」表示？它跟原有的無向圖有異曲之妙。在加權圖形中相異兩個頂點若有邊線相連，則以加權值表示，若無，則以符號「∞」表示。把上方的加權圖形，轉換爲下圖的相鄰矩陣。

| | 1 | 2 | 3 | 4 | 5 | 6 | 7 |
|---|---|---|---|---|---|---|---|
| 1 | 0 | 18 | ∞ | ∞ | ∞ | ∞ | ∞ |
| 2 | ∞ | 0 | 5 | 10 | ∞ | ∞ | ∞ |
| 3 | 16 | ∞ | 0 | ∞ | 12 | 7 | ∞ |
| 4 | ∞ | 8 | 7 | 0 | ∞ | ∞ | ∞ |
| 5 | ∞ | ∞ | ∞ | ∞ | 0 | ∞ | ∞ |
| 6 | ∞ | ∞ | ∞ | 23 | 35 | 0 | ∞ |
| 7 | ∞ | ∞ | ∞ | ∞ | ∞ | 8 | 0 |

無庸置疑，加權圖形可以轉換爲相鄰矩陣，也能以相鄰串列來表示。如何轉換？就是在串列中再加上一個「權重」欄位，如下圖所示。

轉換後的相鄰串列可參考下圖。

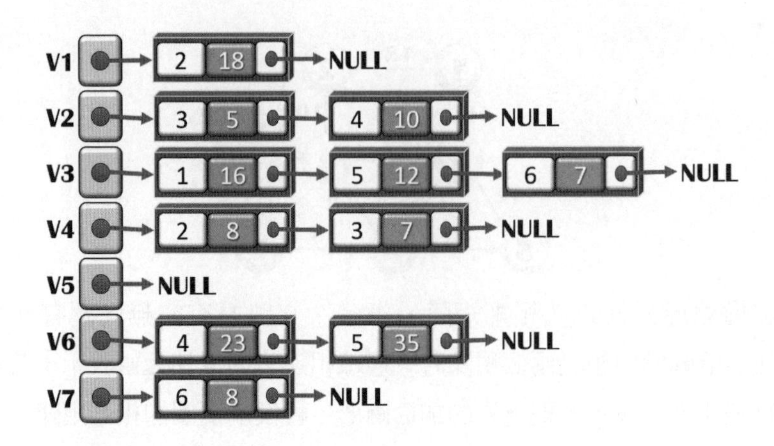


## 8.3 圖形追蹤

追蹤圖形的作法是從圖形的某一頂點出發，然後走訪圖形的其它頂點。經由圖形追蹤可以判斷該圖形的某些頂點是否連通，也可以找出圖形連通單元。我們知道樹的追蹤目的是欲拜訪樹的每一個節點一次，可用的方法有中序法、前序法和後序法等三種，而圖形追蹤的方法有兩種：「先深後廣走訪」及「先廣後深走訪」。

### 8.3.1 先廣後深搜尋法（BFS）

先廣後深（Breadth-First Search, BFS）走訪方式則是以佇列及遞迴技巧來走訪，也是從圖形的某一頂點開始走訪，被拜訪過的頂點就做上已走訪的記號。接著走訪此頂點的所有相鄰且未拜訪過的任意一個頂點，並標上已走訪記號，再以該頂點為新的起點繼續進行先廣後深的搜尋。我們以下圖來實際模擬先廣後深搜尋法的追蹤過程；基本程序如下：

(1) 選擇一個起始頂點V，並做上一個已拜訪過的記號。

(2) 將所有與V相連的頂點放入佇列。

(3) 從佇列取出一個節點X，標示一個已拜訪過的記號，並將與X相連且未拜訪過的頂點放入佇列中。

(4) 重複步驟(3)直到佇列空了為止。

例一：求出下方無向圖的BFS。

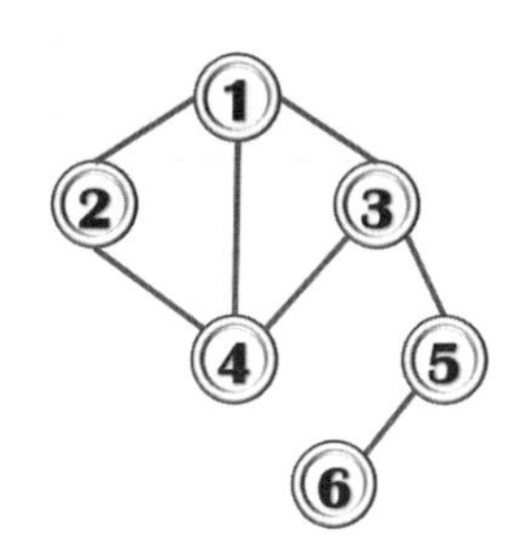

**Step 1.** 從圖形選擇欲拜訪的頂點1（以灰底表示）放入佇列中。

**Step 2.** 從佇列取出頂點1，並將相鄰的2、4、3放入佇列；然後把頂點1標示為已走訪過頂點（黑底白字表示）。

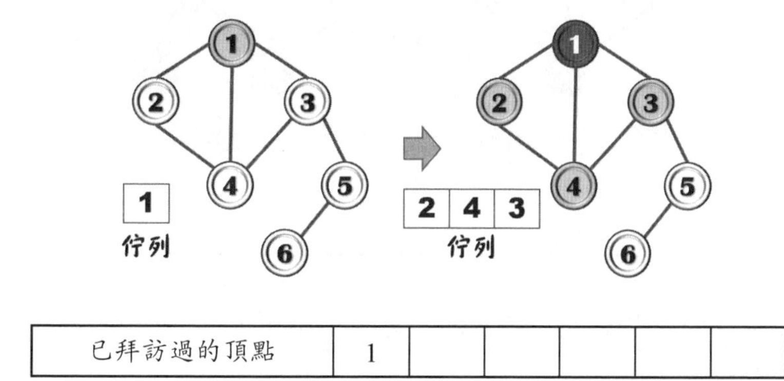


| 已拜訪過的頂點 | 1 | | | | | |
|---|---|---|---|---|---|---|

**Step 3.** 頂點2、4並無相鄰頂點，從佇列取出頂點2，然後把它標示為已走訪過頂點。

**Step 4.** 再從佇列取出頂點4，然後把頂點4標示為已走訪過頂點。

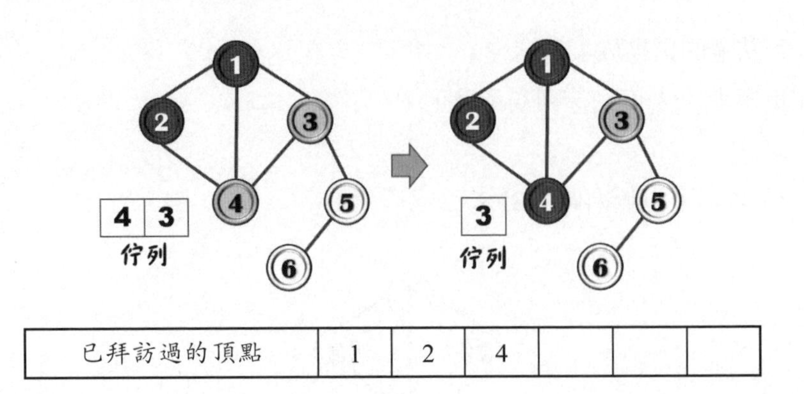


| 已拜訪過的頂點 | 1 | 2 | 4 | | | |
|---|---|---|---|---|---|---|

**Step 5.** 從佇列取出頂點3，再把它標記為已拜訪過，然後把相鄰的頂點5放入佇列中。

**Step 6.** 從佇列取出頂點5，標示為已走訪，然後把相鄰的頂點6放到佇列中。

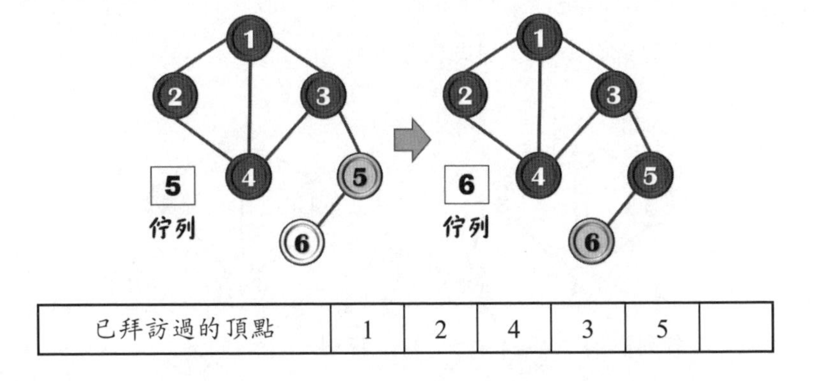


| 已拜訪過的頂點 | 1 | 2 | 4 | 3 | 5 | |
|---|---|---|---|---|---|---|

**Step 7.** 從佇列取出頂點5，標示為已走訪，由於佇列已空，表示所有頂點都已走訪過。

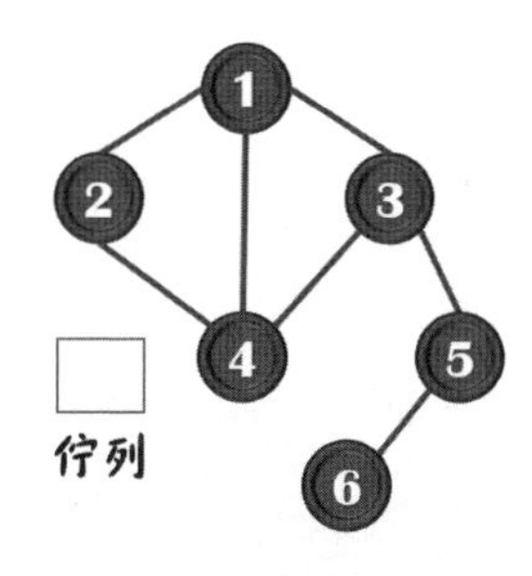


| 已拜訪過的頂點 | 1 | 2 | 3 | 4 | 5 | 6 |
|---|---|---|---|---|---|---|

例二：BFS路徑為「1324567」；要留意的是使用BFS做搜尋的順序並非唯一，選擇的開始頂點會有不同的順序。

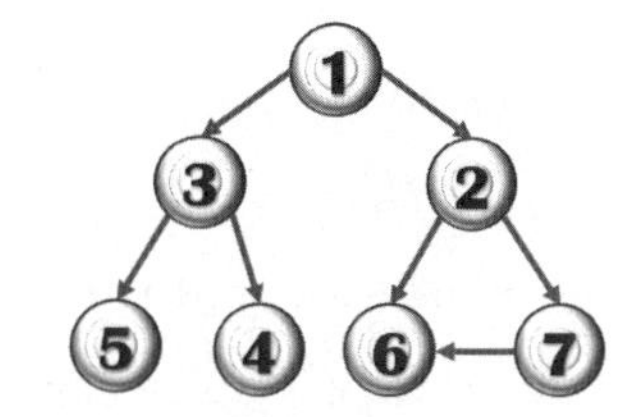

利用前述的簡例撰寫BFS搜尋的程式碼。

範例CH08/CH0803.java

```
01    package travelGraph;
02    class BFsearch {
03    //記錄已走訪陣列
04    static boolean[] visited = new boolean[7];
05    //儲存佇列項目
06    static final int[] list = new int[10];
07    static BFsearch[] travel = new BFsearch[7];
08    static Node[] head = new Node[7];
```

```
09    static int rear = -1;     //指向佇列後端的參考
10    static int front = -1;   //指向佇列前端的參考
11
12    static void Main(string[] args) {//主程式
13       int item = 0;
14       const int Row = 14;
15       int[][] vertex = { //宣告二維矩陣來儲存圖形頂點
16             {1, 2}, {2, 1}, {1, 4}, {4, 1}, {1, 3},
17             {3, 1}, {4, 2}, {2, 4}, {4, 3}, {3, 4},
18             {3, 5}, {5, 3}, {5, 6}, {6, 5} };
19       out.println("-----圖形以相鄰串列表示-----");
20       for (int j = 1; j < 7; j++) {
21          visited[j] = false;
22          travel[j] = new GraphLinked();
23          for (int k = 0; k < Row; k++) {
24             if (vertex[k, 0] == j) {
25                item = vertex[k, 1];
26                travel[j].addItem(item);
27             }
28          }
29       }
30       for (int j = 1; j < 7; j++) {
31          out.printf("頂點[%d] ==> ", j);
32          travel[j].Display();
33       }
34       out.println("先廣後深搜尋法(BFS)搜尋順序如下：");
35       SearchBFS(1);
```

```
36    }
37    //程式碼省略
38    public static void SearchBFS(int data) {
39       Node current;
40       head[data] = new Node(data);
41       Enqueue(data);                    //將第一個頂點存入佇列
42       visited[data] = true;     //將走訪過的頂點設定為1
43       //走訪過頂點
44       out.printf("頂點[%d] > ", head[data].edge);
45       while (front != rear) {
46          data = Dequeue();    //從佇列取出頂點
47          //先記錄目前頂點的位置
48          current = travel[data].first;
49          while (current != null) {
50             if (visited[current.edge] == false) {
51                Enqueue(current.edge);
52                //已走訪過則記錄
53                visited[current.edge] = true;
54                out.printf("頂點[%d] > ",
55                      current.edge);
56             }
57             current = current.next;
58          }
59       }
60    }
61 }
```

### 執行結果

```
-----圖形以相鄰串列表示-----
頂點[1] ==> [2]->[4]->[3]->null
頂點[2] ==> [1]->[4]->null
頂點[3] ==> [1]->[4]->[5]->null
頂點[4] ==> [1]->[2]->[3]->null
頂點[5] ==> [3]->[6]->null
頂點[6] ==> [5]->null
先廣後深搜尋法(BFS)的搜尋順序如下：
頂點[1] > 頂點[2] > 頂點[4] > 頂點[3] > 頂點[5] > 頂點[6] >
```

### 程式解說

◈ 第4~10行：以「static」來表示這些屬性爲靜態，而陣列visited用來記錄已走訪的陣列。

◈ 第12~36行：主程式，宣告二維陣列來儲存矩陣再以靜態方法SearchBFS()做圖形的走訪。

◈ 第38~60行：定義靜態方法SearchBFS()做先廣後深的走訪，先處理第一個頂點標記爲走訪過；將目前走訪頂點的相鄰頂點，並利用陣列visited存放已走訪的頂點。

## 8.3.2 先深後廣搜尋法（DFS）

先深後廣走訪的方式有點類似前序走訪。它同樣從圖形的某一頂點開始走訪，被走訪過的頂點就做上標記，接著走訪此頂點的所有相鄰且未走訪過的頂點中的任意一個頂點，並做上已走訪的記號，再以該點爲新的起點繼續進行先深後廣的搜尋。由於圖形的節點會形成迴圈，程式執行很容易進入無窮迴圈。爲了避免此問題，當演算法則進行到某一節點，它可在搜尋某一節點之相鄰節點，只去拜訪尙未標示記號的節點。它的程序如下：

(1) 選擇某一點V爲起點，並且標示記號。

(2) 拜訪此頂點的下一個相鄰頂點。

(3) 先深後廣遞迴地追蹤此節點之所有相鄰且尚未標示記號之頂。

把下列圖形以DFS做走訪並撰寫相關程式碼。

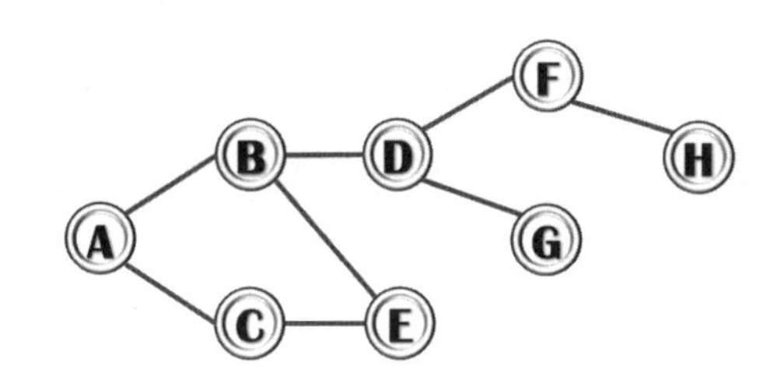


**Step 1.** 將頂點A放入堆疊內，再從堆疊彈出頂點A並標示已拜訪過（黑底白字）、將頂點A與之相鄰且未走訪的頂點B、C（灰色）壓入堆疊。

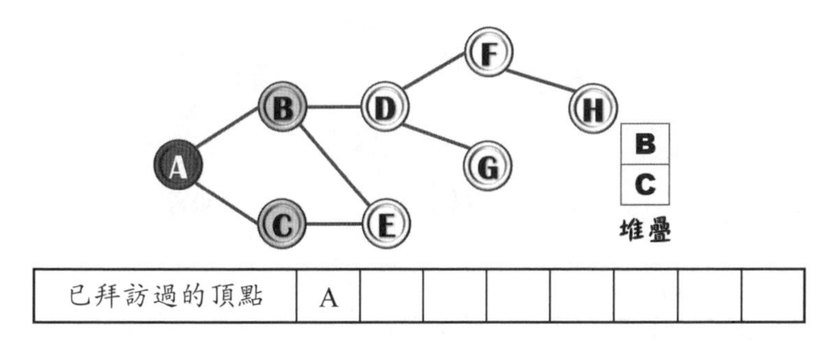


| 已拜訪過的頂點 | A | | | | | | | |
|---|---|---|---|---|---|---|---|---|

**Step 2.** 從佇列彈出頂點B，並標示為已拜訪過，並把頂點B與之相鄰且未走訪的頂點D、E壓入佇列。

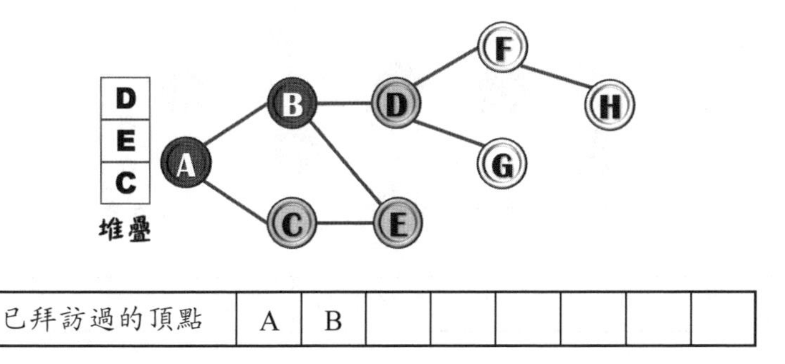


| 已拜訪過的頂點 | A | B | | | | | | |
|---|---|---|---|---|---|---|---|---|

**Step 3.** 從佇列取出頂點D，並標示為已拜訪過，並把頂點D與之相鄰且未走訪的頂點F、G放入佇列。

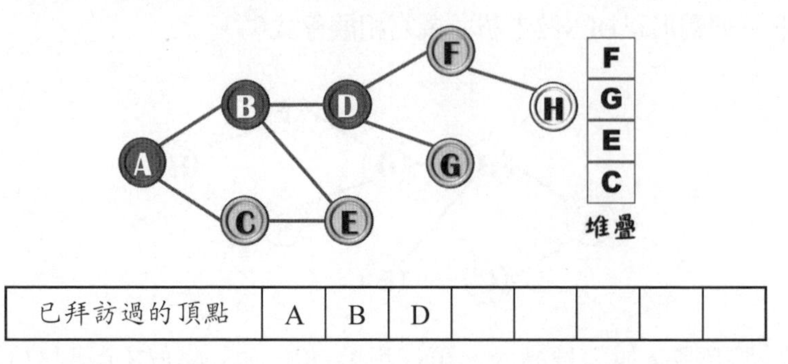


| 已拜訪過的頂點 | A | B | D | | | | | |
|---|---|---|---|---|---|---|---|---|

**Step 4.** 從佇列取出頂點F，並標示為已拜訪過，並把頂點F與之相鄰且未走訪的頂點H放入佇列。

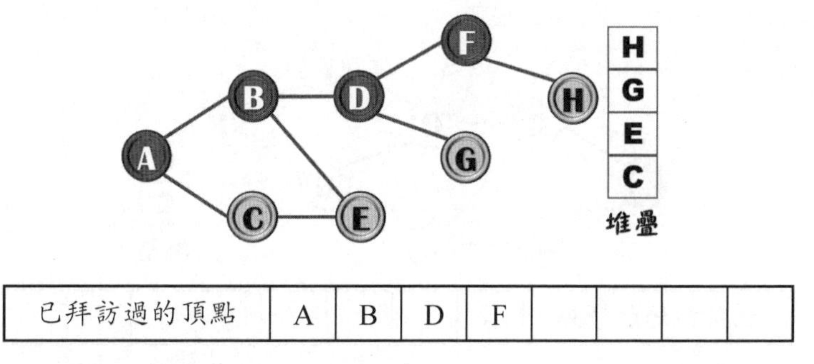


| 已拜訪過的頂點 | A | B | D | F | | | | |
|---|---|---|---|---|---|---|---|---|

**Step 5.** 從佇列取出頂點H，並標示為已拜訪過，與之相鄰頂點已走訪，再從堆疊彈出頂點G。

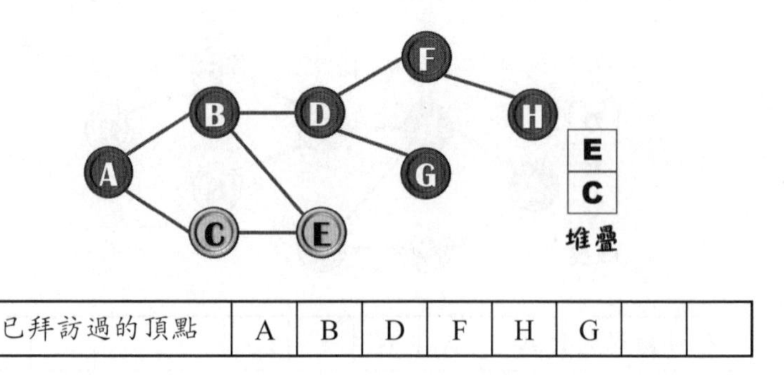


| 已拜訪過的頂點 | A | B | D | F | H | G | | |
|---|---|---|---|---|---|---|---|---|

**Step 6.** 從佇列取出頂點E並標示已走訪，與之相鄰的頂點皆已走訪；再把頂點C標示爲已走訪過頂點，堆疊已空而停止。

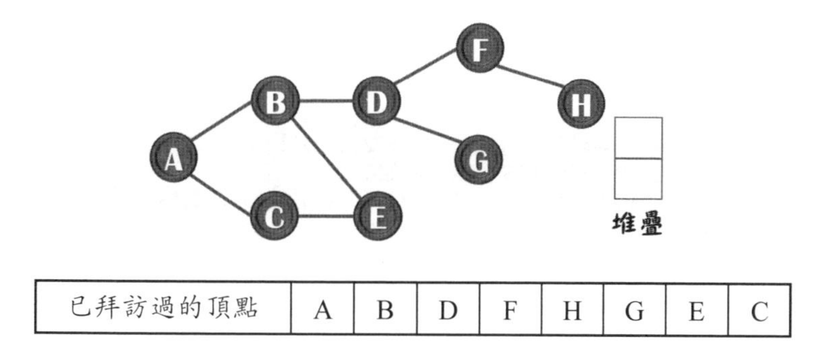


| 已拜訪過的頂點 | A | B | D | F | H | G | E | C |
|---|---|---|---|---|---|---|---|---|

圖形共有8個頂點，它是「8×8」的二維矩陣，藉由範例一同來了解。

範例CH08/CH0804.java

```
01  package travelGraph;
02  public static void SearchDFS(int data){
03  visited[data] = true;
04  out.printf("頂點[%d] > ", data);
05  while ((travel[data].First) != null) {
06     //如果尚未走訪，進行DFS遞迴呼叫
07     if (visited[travel[data].first.Edge] == false)
08        SearchDFS(travel[data].irst.Edge);
09     travel[data].First = travel[data].first.next;
10  }
11  out.println();
12}
```

**執行結果**

```
------圖形以相鄰串列表示------
頂點[1] ==> [2]->[5]->[4]->null
頂點[2] ==> [1]->[3]->[4]->[5]->null
頂點[3] ==> [2]->[4]->[5]->null
頂點[4] ==> [2]->[3]->[5]->[1]->null
頂點[5] ==> [1]->[3]->[4]->[2]->null
先深後廣搜尋法(DFS)搜尋順序如下：
頂點[1] > 頂點[2] > 頂點[3] > 頂點[4] > 頂點[5] >
```

**程式解說**

◈ 定義靜態方法SearchDFS()，由陣列visited來記錄其頂點是否已走訪過，並以遞迴來處理。

# 8.4 擴張樹

擴張樹（Spanning Trees）又稱「花費樹」或「值樹」，它能把無向圖的所有頂點使用邊線連接起來，但邊線並不會形成迴圈，擴張樹的邊線數將比頂點少1，因為再多一條邊線，圖形就會形成迴圈。

## 8.4.1 定義擴張樹

假設G = (V, E)是一個圖形，將所有的邊分成兩個集合T及B，代表T為拜訪過程中所經過的邊；B為追蹤後，未被走訪過的邊。所以，擴張樹S具有下列特性：

```
S是一棵樹
S = (V, T)，所以S是G的子圖
E = T + B
```

擴張樹圖形如下所示：

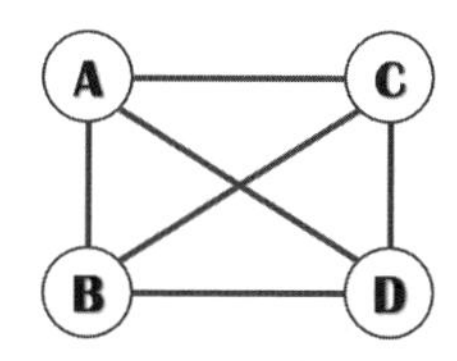


擴張樹簡例：圖形能擁有四個點六條邊線的，依擴張樹的定義，可以得三棵不同的擴張樹，如下圖所示。

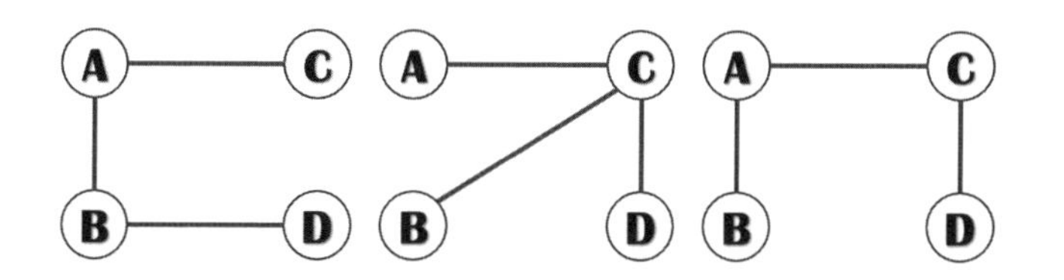


擴張樹若要進行搜尋，可採用走訪搜尋。作法很簡單，只需將圖形走訪過的頂點順序，再以邊線一一連接，就能產生成擴張樹，依照搜尋法的不同分成兩種。

- 深度優先擴張樹（DFS Spanning Trees）：使用先深後廣方式（DFS）追蹤產生的擴張樹。
- 寬度優先擴張樹（BFS Spanning Trees）：使用先廣後深方式（BFS）追蹤產生的擴張樹。

依據擴張樹的定義，參考上方圖，可以得到下列多棵不同的擴張樹。

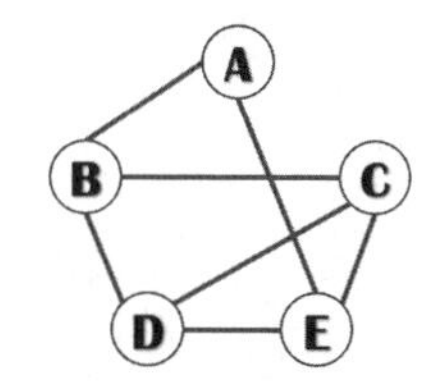

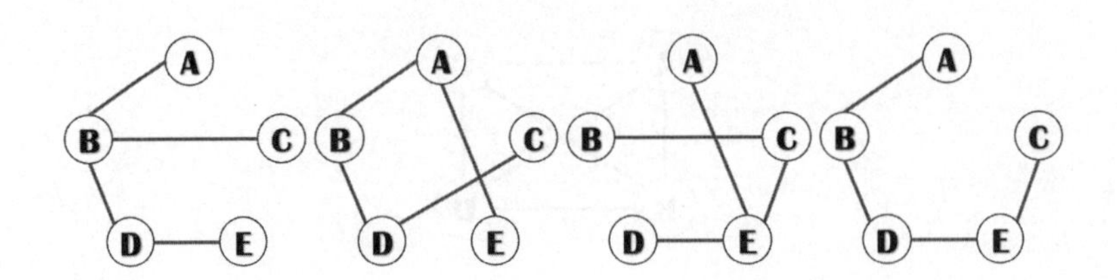


一張圖形通常不會只有一棵擴張樹。上方圖形以先深後廣擴張樹走訪順序爲「A→B→C→D→E」，如下方的G1圖。若採用先廣後深擴張樹走訪則順序爲「A→B→E→C→D」，如下方的G2圖。

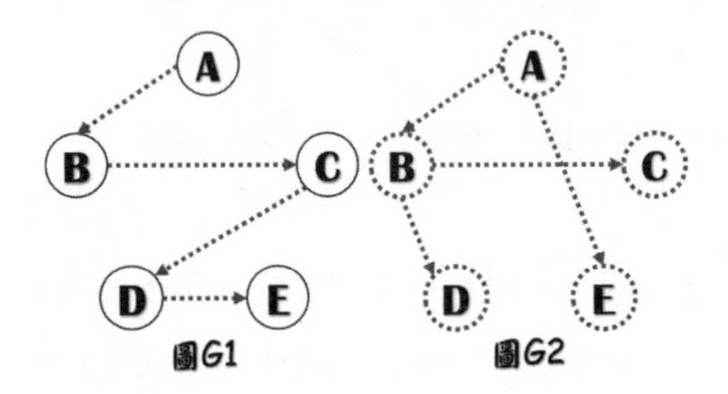

圖G1　圖G2

## 8.4.2 花費最小擴張樹（MST）

圖形在解決問題時通常需要替邊線加上一個數值，這個數值稱爲「權值」（Weights），它代表頂點到頂點間的距離（Distance），或是從某頂點到相鄰點所需的花費（Cost）。常見的權值有：時間、成本或長度，擁有權值的圖形稱爲「加權圖形」，它可以分別使用鄰接矩陣和鄰接串列來表示。

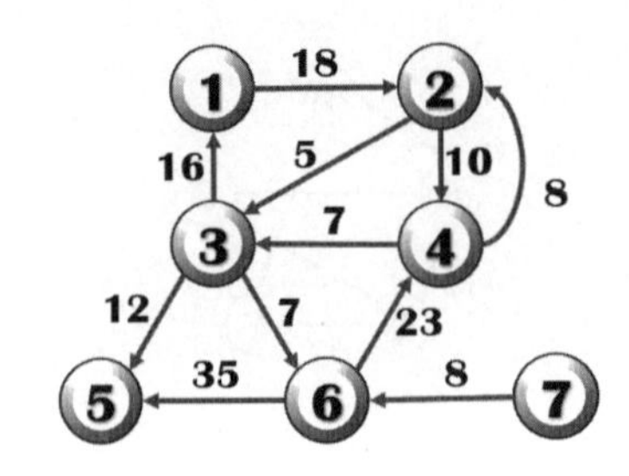

根據MST定義，當擴張樹的邊線擁有權值，可以計算邊線的權值和。換句話說，由圖形建立的擴張樹會因連接的邊線權值不同，而建立出不同成本的擴張樹。以上方的有向圖來說，同樣是擴張樹但模值卻有不同結果，左邊的權值和為「101」，而右邊擴張樹的權值和是「102」；這也是為什麼要找出「最小擴張樹」的原由。

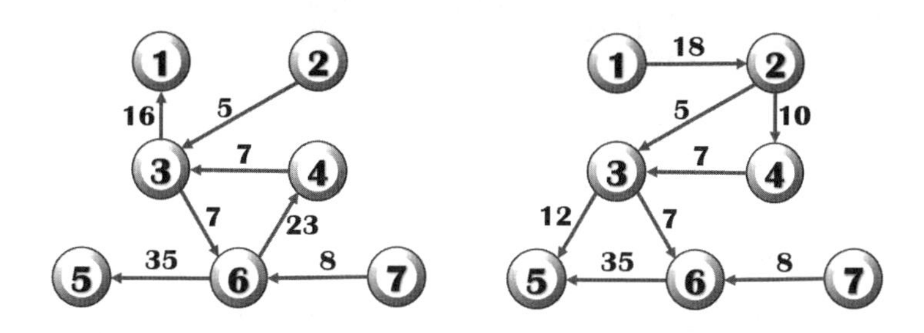

如何找出「最低成本擴張樹」（Minimum Cost Spanning Trees, MST）？關鍵便是「邊線」（Edge）的挑選。解決方法之一就是利用「貪婪法則」（Greedy Rule）為基礎，求取一個無向連通圖形中的最小花費樹。它有兩種常見方法，一種是Prim's演算法（簡稱P氏法），另一種則是Kruskal's演算法（簡稱K氏法）；接下來即說明這兩種演算法如何求得圖形MST樹的過程。

## 8.4.3 Prim's演算法

Prim's演算法又稱P氏法，有一個加權圖形G = (V, E)，其規則如下：

```
U及V是兩個頂點的集合
假設V = {1, 2,……, n}，U = {1}
```

如何執行此演算法？程序如下：

(1) 每次集合U-V所得差集中找出一個頂點x，與U集合中的某一頂點形成最小成本的邊，且不會造成迴圈。

(2) 將頂點x加入U集合中。

(3) 反覆執行步驟1、2，一直到U集合等於V集合（即U = V）為止。

例一：利用P氏法求出下圖的最小成本擴張樹。

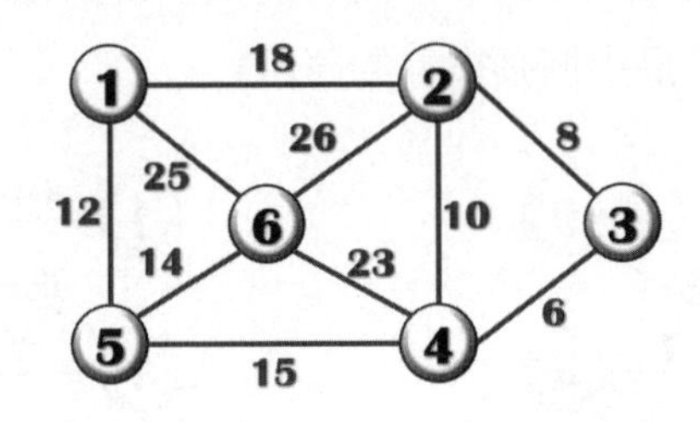

**Step 1.** 有兩個集合；「U = {1}」、「V = {1, 2, 3, 4, 5, 6}。

**Step 2.** 透過頂點1找到最小的邊；由於(1, 5)形成最小成本的邊，把頂點5加到集合U。

| U = {1, 5} | V – U = {2, 3, 4, 6} |
| --- | --- |

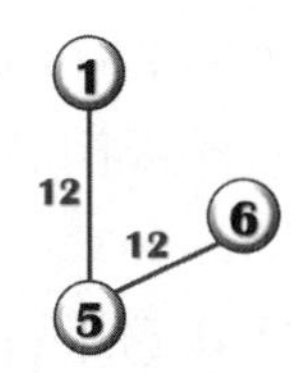


**Step 3.** 透過頂點5找到最小的邊；由於(5, 6)形成最小成本的邊，把頂點6加到集合U。

| U = {1, 5, 6} | V – U = {2, 3, 4} |
| --- | --- |

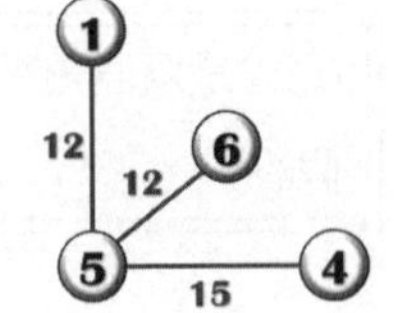


**Step 4.** 找到(5, 4)為最小成本15，把頂點4加到集合U。

| U = {1, 4, 5, 6} | V – U = {2, 3} |
| --- | --- |

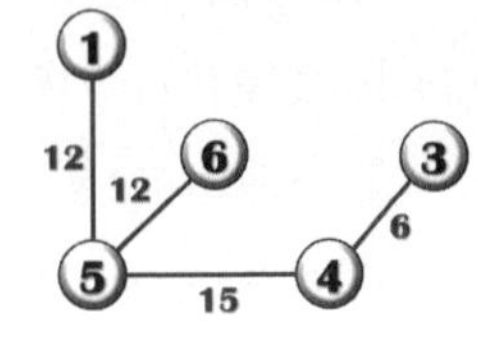


**Step 5.** 透過頂點4找到最小的邊；由於(4, 3)形成最小成本的邊，把頂點3加到集合U。

| U = {1, 3, 4, 5, 6} | V – U = {2} |
| --- | --- |

**Step 6.** 找到(3, 2)爲最小成本8，把頂點2加到集合U。

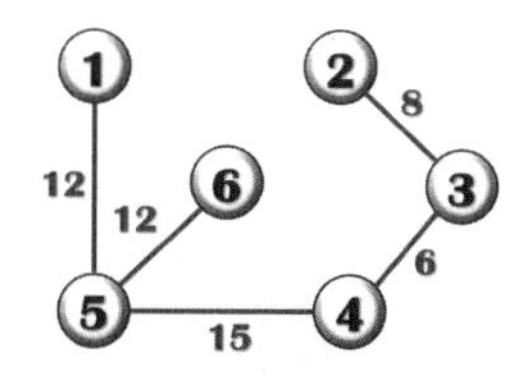


| U = {1, 2, 3, 4, 5, 6} | V = U，得最小擴張樹圖形 |
|---|---|



## 8.4.4 Kruskal's演算法

Kruskal's演算法也是以一次加入一個邊的步驟來建立一個最小花費擴張樹，並將各邊成本利用遞增方式加入此最小花費擴張樹。有一個加權圖形G = (V, E)，其規則如下：

```
V = {1, 2,……, n}
E中每一邊皆有成本，找出最小成本的邊
T = (V, ∮) 表示開始無邊
```

Kruskal's演算法是將各邊線依權值大小由小到大排列，從權值最低的邊線開始架構最小成本擴張樹，如果加入的邊線會造成迴路則捨棄不用，直到加入了n-1個邊線爲止。

**Step 1.** 來自例一的圖，依Kruskal's演算法，將各邊線依權值從小到大排列如下表。

| 邊線 | 權值 |
|---|---|
| (3, 4) | 6 |
| (2, 3) | 8 |
| (2, 4) | 10 |
| (1, 5) | 12 |

| 邊線 | 權值 |
|---|---|
| (5, 6) | 14 |
| (4, 5) | 15 |
| (1, 2) | 18 |
| (4, 6) | 23 |
| (1, 6) | 25 |
| (2, 6) | 26 |

**Step 2.** 從權值最低的一條邊線(3, 4)開始建立最低成本擴張樹。

**Step 3.** 選擇權值第二低的邊線(2, 3)加入擴張樹。

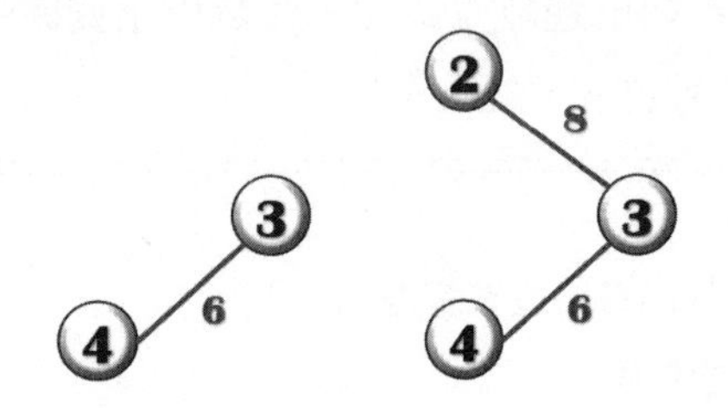


**Step 4.** 邊線(2, 4)雖是權值第三低，但會形成迴路，故不考量；而選擇下一個權值低的邊線(1, 5)。

**Step 5.** 邊線(5, 6)加入擴張樹。

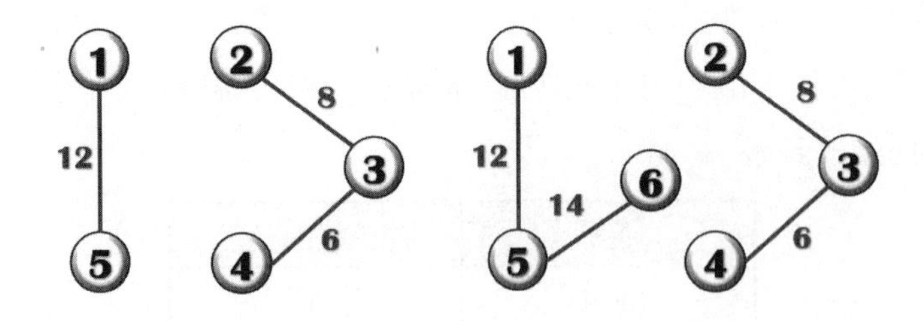


**Step 6.** 邊線(1, 6)會形成迴路，故不考量；最後，邊線(5, 4)加入，完成最小成本擴展樹。

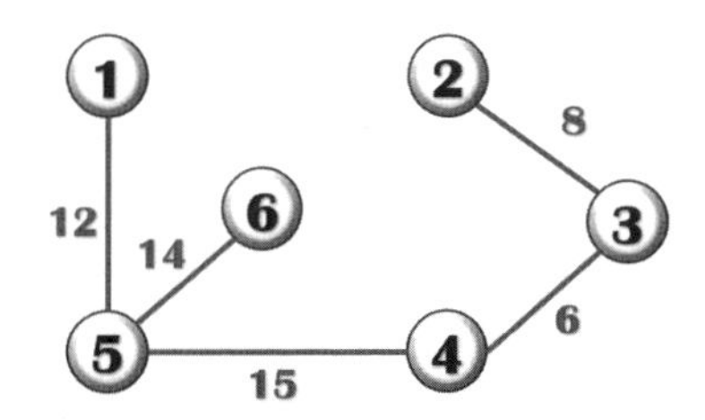


先產生兩個類別，Node類別來建立圖形的頂點和節線，Graph類別用來儲存與圖形有關的頂點和邊線，程式碼如下：

```
// 範例CH08/CH0508.java
package spanningTrees;
public class CH0805 {
  static class Edge {//最小擴張樹Kruskal法 -- 定義圖形的邊線
     int start, goal, weight;
     public Edge(int begin, int dest, int wt) {
         this.start = begin;  //開始頂點
         this.goal = dest;    //結束頂點
         this.weight = wt;    //權值
     }
  }
}
```

◈ 屬性start、goal來儲存邊線兩端頂點的開始和終止，weight儲存其權值。

Kruskal's演算法藉由範例來了解。

範例CH08/CH0805.java

```
01   package spanningTrees;
02   public class CH0805{
03   static class Graph {
04      ArrayList<Edge> totalEdge = new ArrayList<>();
05      public void Kruskal(){
06         ArrayList<Edge> list = new ArrayList<>();
07         //利用優先佇列來進行邊線權值比較
08         PriorityQueue<Edge> pqu = new
09            PriorityQueue<>(totalEdge.size(),
10            Comparator.comparingInt(obj -> obj.weight));
11         //依權值大小將物件加入
12         for (int j = 0; j < totalEdge.size() ; j++)
13             pqu.add(totalEdge.get(j));
14         int[] root = new int[vertices];
15         travel(root);    //走訪每個頂點
16         int index = 1;
17         while(index < vertices - 1){    //走訪圖形取得
18            Edge edge = pqu.remove();
19            int one = minCost(root, edge.start);
20            int two = minCost(root, edge.goal);
21            if(one != two) {
22               list.add(edge);
23               index++;
24               combine(root, one, two);
```

```
25                }
26            }
27            Display(list);
28        }
29    }
30}
```

### 執行結果

```
---- <MST> Kruskal's演算法 ----
頂點：( V3 == V4 ) Weight =  6
頂點：( V2 == V3 ) Weight =  8
頂點：( V1 == V5 ) Weight = 12
頂點：( V5 == V6 ) Weight = 14
頂點：( V4 == V5 ) Weight = 15
```

### 程式解說

- 定義類別Graph類別來實作Kruskal's演算法。
- 第4行：利用ArrayList能依元素多寡來調整陣列大小，物件totalEdge儲存所有邊線。
- 第5~28行：定義成員方法Kruskal()來取得頂點中權值最小者。
- 第8~10行：以介面PriorityQueue來實作物件pqu來取得節線數之後，使用Comparator類別的方法comparingInt()，針對每條邊線的權值做比較。
- 第12~13行：for迴圈依權值由小而大讀取後放入totalEdge陣列。
- 第17~26行：while迴圈走訪每條邊線，並以方法minCost()找出每條邊線是否是最小權值，再依兩端頂點再呼叫方法combine()做結合；然後完成最小成本擴張樹。

# 8.5 最短路徑

想要知道從高雄到台南，如果開車上路的話，使用地圖查詢的交通網絡可能有好幾條路線可供參考。究竟哪一種路徑能在最短時間到達目的，或者走哪一條路最符合經濟效益，這就是「最短路徑」（The Shortest Path Problem）的作法。再認眞考慮高雄到台南路線（Path）所花費的時間（權值Weight），以圖形作思考的話，就是任意兩個頂點之間其邊線和頂點的關係。從出發的頂點到目的的頂點，如何選擇最短路徑，從兩個方面來討論：

- 由單一頂點到其他頂點的最短路徑。
- 各個頂點之間的最短路徑。

有了這些初淺的概念，就可以一同來探討單點對全部頂點的最短距離及所有頂點兩兩之間的最短距離。

## 8.5.1 單點到其他頂點

從單一頂點到其他頂點的最短路徑中，較著名的就是Dijkstra（戴克斯特拉，荷蘭的計算機科學家，1972年獲得圖靈獎）演算法。它的定義如下：

> 假設$S=\{V_i|V_i \in V\}$，且在已發現的最短路徑，其中$V_0 \in S$是起點
> 假設$w \notin S$，定義Dist(w)是從$V_0$到w的最短路徑，這條路徑除了w外必屬於S

從上述的演算法我們可以推演出如下的程序：

(1) G = (V, E)。

```
D[k] = A[F, k], (k  = 1, N)
S = {F}, V = {1, 2,……, N}
```

◈ D爲含有N個項目的陣列，用來存放某一頂點到其他頂點最短距離。

◈ F代表起始頂點：A[F, k]爲頂點F到k的距離。

◈ V、S皆爲頂點的集合。

(2) 從V−S集合中找到一個頂點x，使得D(x)爲最小值，並把x放入S集合中。

(3) 依下列公式調整陣列D的值：

```
D[k] = min(D[k], D[x] + A[x ,k]) ((k, x)∈E)
```

◈ 其中(x, k)∈ E來調整D陣列的值，k是指x的相鄰各頂點。

(4) 重複執行步驟2，一直到V-S是空集合爲止。

例一：有向圖含有8個頂點，求取頂點5到每個頂點的最短距離。

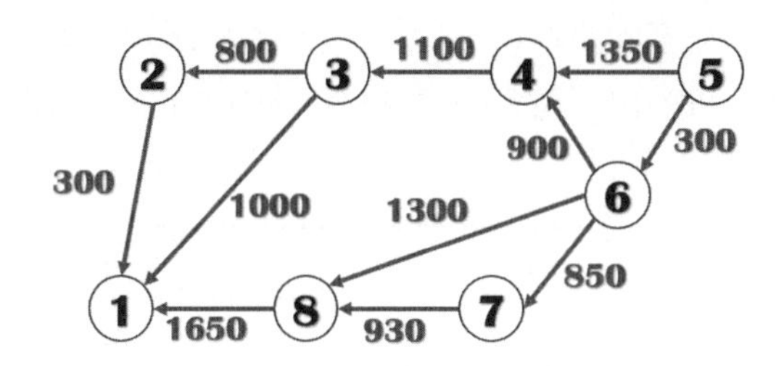


將含有權值的有向圖以相鄰矩陣表示如下圖。

| | 1 | 2 | 3 | 4 | 5 | 6 | 7 | 8 |
|---|---|---|---|---|---|---|---|---|
| 1 | 0 | ∞ | ∞ | ∞ | ∞ | ∞ | ∞ | ∞ |
| 2 | 300 | 0 | ∞ | ∞ | ∞ | ∞ | ∞ | ∞ |
| 3 | 1000 | 800 | 0 | ∞ | ∞ | ∞ | ∞ | ∞ |
| 4 | ∞ | ∞ | 1100 | 0 | ∞ | ∞ | ∞ | ∞ |
| 5 | ∞ | ∞ | ∞ | 1350 | 0 | 300 | ∞ | ∞ |
| 6 | ∞ | ∞ | ∞ | 900 | ∞ | 0 | 850 | 1300 |
| 7 | ∞ | ∞ | ∞ | ∞ | ∞ | ∞ | 0 | 930 |
| 8 | 1650 | ∞ | ∞ | ∞ | ∞ | ∞ | ∞ | 0 |

**Step 1.** V = {1, 2, 3, 4, 5, 6, 7, 8}，F = 5, S = {5}，由於頂點5無法由直接到達頂點7和頂點8；所以把D[7]、D[8]的值設定為∞。

| 1 | 2 | 3 | 4 | 5 | 6 | 7 | 8 |
|---|---|---|---|---|---|---|---|
| ∞ | ∞ | ∞ | 1350 | 0 | 300 | ∞ | ∞ |

**Step 2.** 陣列D的D[6]是最小值，將頂點6放入集合S，S = {5, 6}（表格中以灰色網底來表示某頂點加入S集合中）。

```
V - S = {1, 2, 3, 4, 7, 8}
```

頂點6有相鄰頂點4、7、8，最小值調整如下：

```
D[4] = min(D[4], D[6] + A[6, 4]) = min(1350, 300 + 900) = 1200
D[7] = min(D[7], D[6] + A[6, 7]) = min(∞, 300 + 850) = 1150
D[8] = min(D[8], D[6] + A[6, 8]) = min(∞, 300 + 1300) = 1600
```

◈ 頂點5到頂點4，原來的距離為「1350」，經由頂點6縮短為「1200」；而頂點5到頂點8，可經由頂點6，其距離為「1600」，所以陣列D的內容變更如下：

| 陣列D | 1 | 2 | 3 | 4 | 5 | 6 | 7 | 8 |
|---|---|---|---|---|---|---|---|---|
| 距離 | ∞ | ∞ | ∞ | 1200 | 0 | 300 | 1150 | 1600 |

**Step 3.** 繼續從{1, 2, 3, 4, 7, 8}集合中，找到陣列D的D[7]是最小值，將頂點7放入集合S，S = {5, 6, 7}。

```
V - S = {1, 2, 3, 4, 8}
```

頂點7有相鄰頂點8，最小值調整如下：

```
D[8] = min(D[8], D[7] + A[7 , 8])
     = min(1600, 1150 + 930) = 1600
```

◈ 頂點5到頂點8，通過頂點6，所以最短距離就是「1600」，所以陣列D變更後的內容如下：

| 1 | 2 | 3 | 4 | 5 | 6 | 7 | 8 |
|---|---|---|---|---|---|---|---|
| ∞ | ∞ | ∞ | 1200 | 0 | 300 | 1150 | 1600 |

**Step 4.** 繼續從{1, 2, 3, 4, 8}集合中，找到陣列D的D[4]是最小值，將頂點4放入集合S，S = {4, 5, 6, 7}

```
V - S = {1, 2, 3, 8}
```

頂點4有相鄰頂點3，最小值調整如下：

```
D[3] = min(D[3], D[4] + A[4 , 3])
     = min(∞, 1200 + 1100) = 2300
```

◈ 陣列D變更後的內容如下：

| 1 | 2 | 3 | 4 | 5 | 6 | 7 | 8 |
|---|---|---|---|---|---|---|---|
| ∞ | ∞ | 2300 | 1200 | 0 | 300 | 1150 | 1600 |

**Step 5.** 繼續從{1, 2, 3, 8}集合中，找到陣列D的D[8]是最小值，將頂點8放入集合S，S = {4, 5, 6, 7, 8}

```
V - S = {1, 2, 3}
```

頂點8有相鄰頂點1，最小值調整如下：

```
D[1] = min(D[1], D[8] + A[8 , 1])
     = min(∞, 1600 + 1650) = 3250
```

◈ 陣列D變更後的內容如下：

| 1 | 2 | 3 | 4 | 5 | 6 | 7 | 8 |
|---|---|---|---|---|---|---|---|
| 3250 | ∞ | 2300 | 1200 | 0 | 300 | 1150 | 1600 |

**Step 6.** 繼續從{1, 2, 3}集合中，找到陣列D的D[3]是最小值，將頂點3放入集合S，S = {3, 4, 5, 6, 7, 8}

```
V - S = {1, 2}
```

頂點3有相鄰頂點2、1，最小值調整如下：

```
D[2] = min(D[2], D[3] + A[3, 2])
     = min(∞, 2300 + 800) = 3100
D[1] = min(D[1], D[3] + A[3 , 1])
     = min(3250, 2300 + 1100) = 3250
```

◈ 從頂點5到頂點1，可通過頂點6、8，所以最短距離為「3250」，所以陣列D的內容如下：

| 1 | 2 | 3 | 4 | 5 | 6 | 7 | 8 |
|---|---|---|---|---|---|---|---|
| 3250 | 3100 | 2300 | 1200 | 0 | 300 | 1150 | 1600 |

**Step 7.** 繼續從{1, 2}集合中，找到陣列D的D[2]是最小值，將頂點2放入集合S，S = {5, 6, 7, 4, 8, 3, 2}

```
V - S = {1}
```

頂點2有相鄰頂點1，最小值調整如下：

```
D[1] = min(D[1], D[2] + A[2 , 1])
     = min(3250, 3200 + 300) = 3250
```

◈ 從頂點5到頂點2，可通過頂點6、4、3，所以最短距離爲「3200」，最後得到頂點5到各頂點的距離。

| 1 | 2 | 3 | 4 | 5 | 6 | 7 | 8 |
|---|---|---|---|---|---|---|---|
| 3250 | 3100 | 2300 | 1200 | 0 | 300 | 1150 | 1600 |

範例CH08/Matrix.java

```
01    package shortestPath;
02    class Dijkstra extends Matrix{    //繼承Matrix類別
03    public int[] cost;
04    public int[] visited;
05    // 建構函式以base()函式呼叫父類別的建構函式
06    public Dijkstra(int[][] matrix, int len) {
07       super(matrix, len);
08       cost = new int[len];
09       visited = new int[len];
10       for (int i = 1; i < len; i++) visited[i] = 0;
11    }
12    //單點對全部頂點
13    public void OneToAllPath(int single {
14       int limitless, j, k;
15       int target = 1;
16       for (j = 1; j < Plot.length; j++)//V5到V4、V6
17          cost[j] = Plot[single][j];
18       visited[single] = 1; //儲存找過的頂點
19       cost[single] = 0;
20       for (j = 1; j < Plot.length - 1; j++){
21          limitless = INFINITE;
22          //計算頂點<5>到各頂點最短路徑的權值
23          for (k = 1; k < Plot[j].length; k++)
```

```
24              if (limitless > cost[k] &&
25                       visited[k] == 0) {
26                 target = k;
27                 limitless = cost[k];
28              }
29           visited[target] = 1;
30           for (k = 1; k < Plot[j].length; k++) {
31              if (visited[k] == 0 &&
32                    cost[target] + Plot[target][k]
33                    < cost[k])
34                 cost[k] = cost[target] +
35                    Plot[target][k];
36            }
37        }
38        out.println("\n頂點 [5] 到各頂點的最短距離");
39        for (k = 1; k < Plot.length; k++)
40           out.printf("(V5 <==> V%d) 最短距離 = %7d%n",
41              k, cost[k]);
42     }
43 }
```

執行結果

```
圖形以相鄰矩陣表示
     0      ∞      ∞      ∞      ∞      ∞      ∞      ∞
   300      0      ∞      ∞      ∞      ∞      ∞      ∞
  1000    800      0      ∞      ∞      ∞      ∞      ∞
     ∞      ∞   1100      0      ∞      ∞      ∞      ∞
     ∞      ∞      ∞   1350      0    300      ∞      ∞
     ∞      ∞      ∞    900      ∞      0    850   1300
     ∞      ∞      ∞      ∞      ∞      ∞      0    930
  1650      ∞      ∞      ∞      ∞      ∞      ∞      0
```

```
頂點 [5] 到各頂點的最短距離
(V5 <==> V1) 最短距離 =  3250
(V5 <==> V2) 最短距離 =  3100
(V5 <==> V3) 最短距離 =  2300
(V5 <==> V4) 最短距離 =  1200
(V5 <==> V5) 最短距離 =     0
(V5 <==> V6) 最短距離 =   300
(V5 <==> V7) 最短距離 =  1150
(V5 <==> V8) 最短距離 =  1600
```

### 程式解說

- 定義類別Dijkstra，繼承了類別Matrix，其建構函式以super()方法來呼叫父類別的建構函式，把屬性cost、visited初始化，並以for迴圈讀取已走訪過的頂點。
- 第13~42行：定義成員方法OneToAllPath()用來取得某個頂點到各頂點之間的距離。
- 第16~17行：for迴圈走訪頂點，先取得頂點「5」到「4」和「6」的路徑。
- 第20~37行：for迴圈讀取頂點，並計算出從頂點「5」到各頂點的最短路徑方案來取代陣列元素原有的值；並記錄走訪過的頂點。

## 8.5.2 頂點兩兩之間的最短距離

由於Dijkstra演算法只能求出某個固定頂點到其他頂點的最短距離，如果要求出圖形中任兩點甚至所有頂點間最短的距離，就必須透過Floyd-Warshall演算法（中文譯為「弗洛伊德」演算法，續文以Floyd替代）。Floyd演算法能用來求取任意兩點間的最短路徑，以非固定頂點為主；它屬於動態規劃（Dynamic Programming）演算法的一環。所謂任意兩點最短路徑有兩種情形：(1)是指頂點i到頂點j的路徑；(2)從頂點i經過若干個頂點k到頂點j。

演算法定義如下：

```
A^k[i][j] = min{A^(k-1)[i][j], A^(k-1)[i][k]+A^(k-1)[k][j]},k≧1
A^0[i][j] = COST[i][j](即A^0便等於COST)
A^0爲頂點i到j間的直通距離
A^n[i, j]代表i到j的最短距離，即便是所要求的最短路徑成本矩陣
```

◈ k表示經過的頂點，$A^k$[i][j]爲從頂點i到j的經由k頂點的最短路徑。

這樣看起來似乎覺得Floyd演算法相當複雜難懂，我們將直接以實例說明它的演算法則。簡例：試以Floyd演算法求得圖各頂點間的最短路徑。

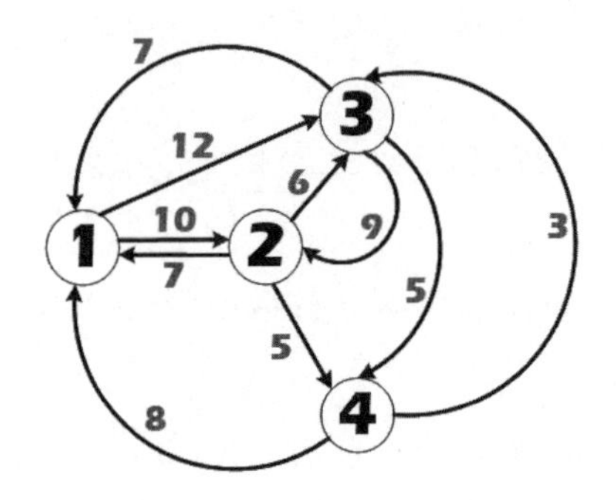


(1) 首先令原圖形爲$A_0$，使用相鄰矩陣表示如下。

$$A^0 = \begin{array}{c|cccc} & 1 & 2 & 3 & 4 \\ \hline 1 & 0 & 10 & 12 & \infty \\ 2 & 7 & 0 & 6 & 5 \\ 3 & 7 & 9 & 0 & 5 \\ 4 & 8 & \infty & 3 & 0 \end{array}$$

如何求得$A^1$矩陣？利用下列公式來求取。

$$A^k(i,j) = \min\{A^{k-1}(i,j), A^{k-1}(i,k) + A^{k-1}(k,j)\},\ k \geq 1$$

所以頂點1、2、3、4的計算公式如下：

| |
|---|
| $k = 1, A^1(i, j) = min\{A^0(i, j), A^0(i, 1) + A^0(1, j)\}$ |
| $k = 2, A^2(i, j) = min\{A^1(i, j), A^1(i, 2) + A^1(2, j)\}$ |
| $k = 3, A^3(i, j) = min\{A^2(i, j), A^2(i, 3) + A^2(3, j)\}$ |
| $k = 4, A^4(i, j) = min\{A^3(i, j), A^3(i, 4) + A^3(4, j)\}$ |

矩陣$A^1$其頂點1、2、3、4計算結果如下：

| |
|---|
| $A^1(1, 1) = min\{A^0(1, 1), A^0(1, 1) + A^0(1, 1)\} = 0$ |
| $A^1(1, 2) = min\{A^0(1, 2), A^0(1, 1) + A^0(1, 2)\} = 10$ |
| $A^1(1, 3) = min\{A^0(1, 3), A^0(1, 1) + A^0(1, 3)\} = 12$ |
| $A^1(1, 4) = min\{A^0(1, 4), A^0(1, 1) + A^0(1, 4)\} = \infty$ |

| |
|---|
| $A^1(2, 1) = min\{A^0(2, 1), A^0(2, 1) + A^0(1, 1)\} = 7$ |
| $A^1(2, 2) = min\{A^0(2, 2), A^0(2, 1) + A^0(1, 2)\} = 0$ |
| $A^1(2, 3) = min\{A^0(2, 3), A^0(2, 1) + A^0(1, 3)\} = 6$ |
| $A^1(2, 4) = min\{A^0(2, 4), A^0(2, 1) + A^0(1, 4)\} = 5$ |

| |
|---|
| $A^1(3, 1) = min\{A^1(3, 1), A^1(3, 1) + A^1(1, 1)\} = 7$ |
| $A^1(3, 2) = min\{A^1(3, 2), A^1(3, 1) + A^1(1, 2)\} = 9$ |
| $A^1(3, 3) = min\{A^1(3, 3), A^1(3, 1) + A^1(1, 3)\} = 0$ |
| $A^1(3, 4) = min\{A^1(3, 4), A^1(3, 1) + A^1(1, 4)\} = 5$ |

| |
|---|
| $A^1(4, 1) = min\{A^1(4, 1), A^1(4, 1) + A^1(1, 1)\} = 8$ |
| $A^1(4, 2) = min\{A^1(4, 2), A^1(4, 1) + A^1(1, 2)\} = min\{\infty, 8 + 10\} = 18$ |
| $A^1(4, 3) = min\{A^1(4, 3), A^1(4, 1) + A^1(1, 3)\} = 3$ |
| $A^1(4, 4) = min\{A^1(4, 4), A^1(4, 1) + A^1(1, 4)\} = 0$ |

$$A^1 = \begin{array}{c} \\ 1 \\ 2 \\ 3 \\ 4 \end{array} \begin{array}{c} \begin{array}{cccc} 1 & 2 & 3 & 4 \end{array} \\ \begin{pmatrix} 0 & 10 & 12 & \infty \\ 7 & 0 & 6 & 5 \\ 7 & 9 & 0 & 5 \\ 8 & 18 & 3 & 0 \end{pmatrix} \end{array}$$

(2) 依上述程序後欲計算矩陣$A^2$公式如下：

$$k = 2, A^2(i, j) = min\{A^1(i, j), A^1(i, 2) + A^1(2, j)\}$$

矩陣$A^2$其頂點1、2、3、4所得結果如下：

| |
|---|
| $A^2(1, 1) = min\{A^1(1, 1), A^1(1, 2) + A^1(2, 1)\} = 0$ |
| $A^2(1, 2) = min\{A^1(1, 2), A^1(1, 2) + A^1(2, 2)\} = 10$ |
| $A^2(1, 3) = min\{A^1(1, 3), A^1(1, 2) + A^1(2, 3)\} = 12$ |
| $A^2(1, 4) = min\{A^1(1, 4), A^1(1, 2) + A^1(2, 4)\} = \{\infty, 10 + 5\} = 15$ |

| |
|---|
| $A^2(2, 1) = min\{A^1(2, 1), A^1(2, 2) + A^1(2, 1)\} = 7$ |
| $A^2(2, 2) = min\{A^1(2, 2), A^1(2, 2) + A^1(2, 2)\} = 0$ |
| $A^2(2, 3) = min\{A^1(2, 3), A^1(2, 2) + A^1(2, 3)\} = 6$ |
| $A^2(2, 4) = min\{A^1(2, 4), A^1(2, 2) + A^1(2, 4)\} = 5$ |

| |
|---|
| $A^2(3, 1) = min\{A^1(3, 1), A^1(3, 2) + A^1(2, 1)\} = 7$ |
| $A^2(3, 2) = min\{A^1(3, 2), A^1(3, 2) + A^1(2, 2)\} = 9$ |
| $A^2(3, 3) = min\{A^1(3, 3), A^1(3, 2) + A^1(2, 3)\} = 0$ |
| $A^2(3, 4) = min\{A^1(3, 4), A^1(3, 2) + A^1(2, 4)\} = 5$ |

| |
|---|
| $A^2(4, 1) = min\{A^1(4, 1), A^1(4, 2) + A^1(2, 1)\} = 8$ |
| $A^2(4, 2) = min\{A^1(4, 2), A^1(4, 2) + A^1(2, 2)\} = 18$ |
| $A^2(4, 3) = min\{A^1(4, 3), A^1(4, 2) + A^1(2, 3)\} = 3$ |
| $A^2(4, 4) = min\{A^1(4, 4), A^1(4, 2) + A^1(2, 4)\} = 0$ |

$$A^2 = \begin{array}{c} \\ 1 \\ 2 \\ 3 \\ 4 \end{array} \begin{array}{c} \begin{array}{cccc} 1 & 2 & 3 & 4 \end{array} \\ \begin{pmatrix} 0 & 10 & 12 & 15 \\ 7 & 0 & 6 & 5 \\ 7 & 9 & 0 & 5 \\ 8 & 18 & 3 & 0 \end{pmatrix} \end{array}$$

(3) 依上述程序後欲計算矩陣$A^3$公式如下：

$$k = 3, A^3(i, j) = min\{A^2(i, j), A^2(i, 3) + A^2(3, j)\}$$

矩陣$A^3$其頂點1、2、3、4所得結果如下：

| $A^3(1, 1) = min\{A^2(1, 1), A^2(1, 3) + A^2(3, 1)\} = 0$ |
|---|
| $A^3(1, 2) = min\{A^2(1, 2), A^2(1, 3) + A^2(3, 2)\} = 10$ |
| $A^3(1, 3) = min\{A^2(1, 3), A^2(1, 3) + A^2(3, 3)\} = 12$ |
| $A^3(1, 4) = min\{A^2(1, 4), A^2(1, 3) + A^2(3, 4)\} = 15$ |

| $A^3(2, 1) = min\{A^2(2, 1), A^2(2, 3) + A^2(3, 1)\} = 7$ |
|---|
| $A^3(2, 2) = min\{A^2(2, 2), A^2(2, 3) + A^2(3, 2)\} = 0$ |
| $A^3(2, 3) = min\{A^2(2, 3), A^2(2, 3) + A^2(3, 3)\} = 6$ |
| $A^3(2, 4) = min\{A^2(2, 4), A^2(2, 3) + A^2(3, 4)\} = 5$ |

| $A^3(3, 1) = min\{A^2(3, 1), A^2(3, 3) + A^2(3, 1)\} = 7$ |
|---|
| $A^3(3, 2) = min\{A^2(3, 2), A^2(3, 3) + A^2(3, 2)\} = 9$ |
| $A^3(3, 3) = min\{A^2(3, 3), A^2(3, 3) + A^2(3, 3)\} = 0$ |
| $A^3(3, 4) = min\{A^2(3, 4), A^2(3, 3) + A^2(3, 4)\} = 5$ |

| $A^3(4, 1) = min\{A^2(4, 1), A^2(4, 3) + A^2(3, 1)\} = 8$ |
|---|
| $A^3(4, 2) = min\{A^2(4, 2), A^2(4, 3) + A^2(3, 2)\} = \{18, 3 + 9\} = 12$ |
| $A^3(4, 3) = min\{A^2(4, 3), A^2(4, 3) + A^2(3, 3)\} = 3$ |
| $A^3(4, 4) = min\{A^2(4, 4), A^2(4, 3) + A^2(3, 4)\} = 0$ |

$$A^3 = \begin{array}{c} \\ 1 \\ 2 \\ 3 \\ 4 \end{array} \begin{array}{c} \begin{array}{cccc} 1 & 2 & 3 & 4 \end{array} \\ \begin{pmatrix} 0 & 10 & 12 & 15 \\ 7 & 0 & 6 & 5 \\ 7 & 9 & 0 & 5 \\ 8 & 12 & 3 & 0 \end{pmatrix} \end{array}$$

(4) 依上述程序後欲計算矩陣$A^4$公式如下：

| $k = 4, A^4(i, j) = min\{A^3(i, j), A^3(i, 4) + A^3(4, j)\}$ |
|---|

最後，矩陣$A^4$其頂點1、2、3、4所得兩兩之間的最短距離。

| |
|---|
| $A^4(1, 1) = min\{A^3(1, 1), A^3(1, 4) + A^3(4, 1)\} = 0$ |
| $A^4(1, 2) = min\{A^3(1, 2), A^3(1, 4) + A^3(4, 2)\} = 10$ |
| $A^4(1, 3) = min\{A^3(1, 3), A^3(1, 4) + A^3(4, 3)\} = 12$ |
| $A^4(1, 4) = min\{A^3(1, 4), A^3(1, 4) + A^3(4, 4)\} = 15$ |

| |
|---|
| $A^4(2, 1) = min\{A^3(2, 1), A^3(2, 4) + A^3(4, 1)\} = 7$ |
| $A^4(2, 2) = min\{A^3(2, 2), A^3(2, 4) + A^3(4, 2)\} = 0$ |
| $A^4(2, 3) = min\{A^3(2, 3), A^3(2, 4) + A^3(4, 3)\} = 6$ |
| $A^4(2, 4) = min\{A^3(2, 4), A^3(2, 4) + A^3(4, 4)\} = 5$ |

| |
|---|
| $A^4(3, 1) = min\{A^3(3, 1), A^3(3, 4) + A^3(4, 1)\} = 7$ |
| $A^4(3, 2) = min\{A^3(3, 2), A^3(3, 4) + A^3(4, 2)\} = 9$ |
| $A^4(3, 3) = min\{A^3(3, 3), A^3(3, 4) + A^3(4, 3)\} = 0$ |
| $A^4(3, 4) = min\{A^3(3, 4), A^3(3, 4) + A^3(4, 4)\} = 5$ |

| |
|---|
| $A^4(4, 1) = min\{A^3(4, 1), A^3(4, 4) + A^3(4, 1)\} = 8$ |
| $A^4(4, 2) = min\{A^3(4, 2), A^3(4, 4) + A^3(4, 2)\} = 12$ |
| $A^4(4, 3) = min\{A^3(4, 3), A^3(4, 4) + A^3(4, 3)\} = 3$ |
| $A^4(4, 4) = min\{A^3(4, 4), A^3(4, 4) + A^3(4, 4)\} = 0$ |

$$A^4 = \begin{array}{c c} & \begin{matrix} 1 & 2 & 3 & 4 \end{matrix} \\ \begin{matrix} 1 \\ 2 \\ 3 \\ 4 \end{matrix} & \begin{pmatrix} 0 & 10 & 12 & 15 \\ 7 & 0 & 6 & 5 \\ 7 & 9 & 0 & 5 \\ 8 & 12 & 3 & 0 \end{pmatrix} \end{array}$$

這4個頂點兩兩之間的最短距離即可用$A^4$表示。

# 課後習作

## 一、填充題

1. 如何判斷某張無向圖形具有「尤拉路徑」？圖形由__________完成，而且所有頂點皆具有________________。
2. 圖形是由______和______兩個有限集合組成，______圖形表示邊線具有方向性，有去有回；______圖形表示邊線不具方向性，無有去回。
3. 無向圖形中，如果N個頂點中恰好擁有N*(n−1)/2條邊，稱爲________。
4. 有向圖或無向圖，頂點A與頂點B有邊線相連，稱爲________；而頂點B與頂點C也有邊線相連，從頂點A，經頂點B到頂點C，稱爲______。
5. 儲存圖形有兩種表示方式，①____________、②____________。
6. 以相鄰矩陣來儲存圖形，若爲無向圖形必定是____________或____________矩陣，而有向圖形則是____________。
7. 圖形追蹤的方法有兩種：①________________、②________________。
8. 找出「最低成本擴張樹」有兩種常見方法，一種是__________演算法，第二種則是______________演算法。

## 二、問答題

1. 圖形以頂點D爲起點，求它DFS擴張樹與BFS擴張樹。

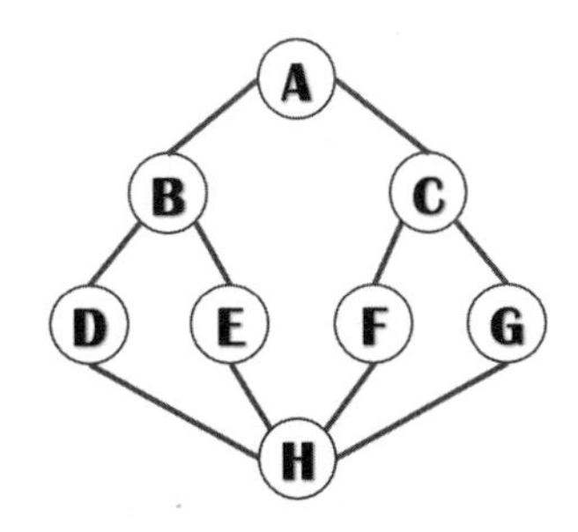

2. 下圖是否為雙連通圖形（Biconnected Graph）？有哪些連通單元（Connected Components）？試說明之。

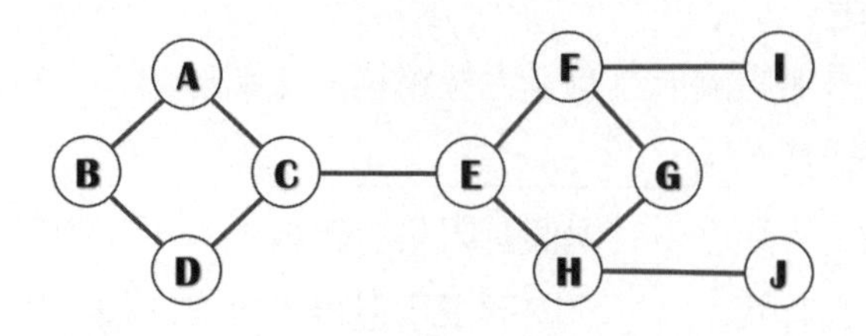


3. 參考下圖以頂點A為起點，求出下圖的DFS與BFS結果。

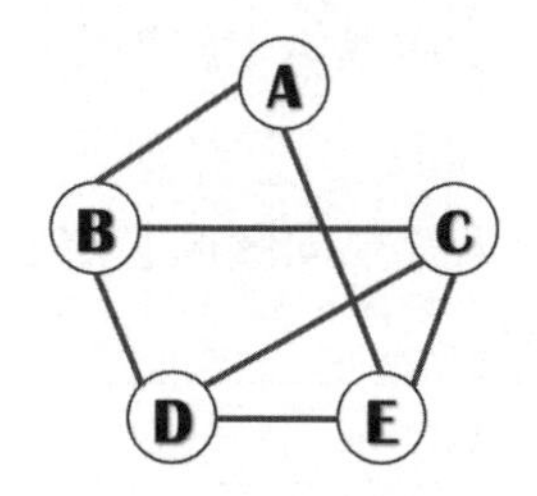


4. 試說明假設無向圖形「G = (V, E)」，e' ∈ E，如果e'的加權值為最大，那麼任一G的MST也有可能包含e'。
5. 請寫出以Floyd演算法求得下圖各頂點間的距離（請依序寫出$A^0$、$A^1$、$A^2$、$A^3$）。

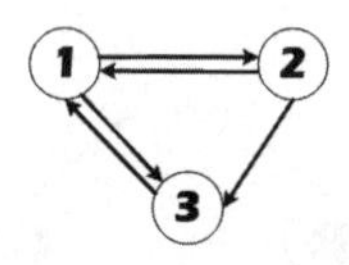


6. 請問圖形有哪四種常見的表示法？
7. 試簡述圖形追蹤的定義。
8. 在求得一個無向連通圖形的最小花費樹Prim's演算法的主要作法為何？試簡述之。

# 第九章

# 條理分明排序法

## ★學習導引★

- 從排序的種類和影響排序的因素談起
- 認識以比較為主的排序法，包括氣泡、Shaker和快速排序法
- 玩撲克牌嗎？插入排序法小試身手，謝耳排序法熟練技巧
- 簡單的選擇排序法，化樹為堆的堆積排序法
- 分而治的合併排序法，不參與比較的基數排序法

# 9.1 認識排序

所謂「排序」（Sorting）是將一群資料按照某一個特定規則重新排列，使其具有遞增或遞減的次序關係。針對某一欄位按照特定規則用以排序的依據，稱爲「鍵」（Key），它所含的值就稱爲「鍵值」（Value）。資料在經過排序後，會有下列三點好處：

- 資料較容易閱讀。
- 資料較利於統計及整理。
- 可大幅減少資料搜尋的時間。

## 9.1.1 排序相關分類

在日常生活中，經常會利用到排序技巧，例如學校段考後各科成績中找出優秀者；熱映的電影依據票房收入找出口碑最佳者。排序依儲存位置及所使用的記憶體來區分有「內部排序」（Internal Sort）和「外部排序」（External Sort）。

- 內部排序：排序的資料量小，可以完全在記憶體內進行排序。
- 外部排序：排序的資料量無法直接在記憶體內進行排序，而必須使用到輔助記憶體（如硬碟）。

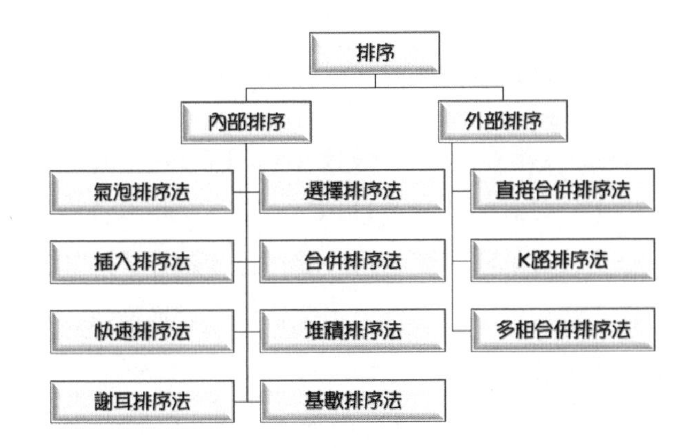

本章節討論範圍會以「內部排序」爲主。在排序過程會影響其效率就是比較或資料交換的次數。可以把它區分爲「直接移動」與「邏輯移動」兩種。直接移動是直接移動資料的位置；而邏輯移動則是改變資料的指標位置。

最後，數列中幾個相同「鍵値」（Value）經由排序後，相同的鍵值是否仍然保持原來的次序？若能維持位置不變，表示它是一個「穩定排序」（Stable Sort），相反地，改變了位置就是「不穩定排序」（Unstable Sort）。

| | | | | | |
|---|---|---|---|---|---|
| 原始資料順序： | $15_{left}$, | 12, | 9, | $15_{right}$, | 61 |
| 穩定的排序： | 9, | 12, | $15_{left}$, | $15_{right}$, | 61 |
| 不穩定的排序： | 9, | 12, | $15_{right}$, | $15_{left}$, | 61 |

如上述簡例中「$15_{left}$」的原始位置在「$15_{right}$」的左邊（因鍵值相同以$15_{left}$、$15_{right}$區分），排序後，倘若「$15_{left}$」仍然在「$15_{right}$」的左邊，爲「穩定排序」。不穩定排序則有可能「$15_{left}$」會跑到「$15_{right}$」的右邊。

## 9.1.2 排序大小事

如何去評估一個排序法的效能？不外乎資料數目、時間複雜度、空間複雜度、比較次數、具有穩定性否？位置是否發生了交換？

排序時，時間複雜度可分爲最佳情況（Best Case）、最壞情況（Worst Case）及平均情況（Average Case）。當原本資料完成了遞增排序，若再進行一次遞增排序所使用的時間複雜度就是「最佳情況」。也有可能原本已是完成遞增排序，沒有想到重新排序變爲遞減，每一鍵值均得須重新排列就是「最壞情況」。

空間複雜度是指執行排序的過程所需付出的額外記憶體空間。無論是哪一種排序法都會發生資料交換的動作，要讓資料完成互換就得有一個暫時性的額外空間，它影響了排序效能，這也是空間複雜度要納入考慮的問題；使用到的額外空間愈少，它的空間複雜度就愈佳。將影間排序的相關因素列於下表說明之。

| 排序法名稱 | 類型 | 穩定性 | 交換位置 |
|---|---|---|---|
| 氣泡排序法（Bubble Sort） | 交換 | 是 | 是 |
| Shaker排序法（Shaker Sort） | 交換 | 是 | 是 |
| 快速排序法（Quick Sort） | 交換 | 否 | 是 |
| 插入排序法（Insertion Sort） | 插入 | 是 | 是 |
| 謝耳排序法（Shell Sort） | 插入 | 否 | 是 |
| 選擇排序法（Selection Sort） | 選擇 | 否 | 是 |
| 堆積排序法（Heap Sort） | 選擇 | 否 | 是 |
| 合併排序法（Merge Sort） | 合併 | 是 | 是 |
| 基數排序法（Radix Sort） | 分配 | 是 | MSD是<br>LSD否 |

將各項排序法的時間複雜度和空間複雜度列於下表。

| 演算法 | 時間複雜度 | | | 空間複雜度 |
|---|---|---|---|---|
| | 平均 | 最佳 | 最壞 | 額外空間 |
| 氣泡排序法 | $O(n^2)$ | O(n) | $O(n^2)$ | O(1) |
| Shaker排序法 | $O(n^2)$ | O(n) | $O(n^2)$ | O(1) |
| 快速排序法 | O(n long n) | | $O(n^2)$ | O(long n)~O(n) |
| 插入排序法 | $O(n^2)$ | $O(n^2)$ | $O(n^2)$ | O(1) |
| 謝耳排序法 | $O(n \log_2(n))$~O(n)，較複雜，由時間決定 | | | O(1) |
| 選擇排序法 | $O(n^2)$ | $O(n^2)$ | $O(n^2)$ | O(1) |

| 演算法 | 時間複雜度 | | | 空間複雜度 |
|---|---|---|---|---|
| | 平均 | 最佳 | 最壞 | 額外空間 |
| 堆積排序法 | $O(n \log_2(n))$ | | | O(1) |
| 合併排序法 | O(n log n) | | | O(n) |
| 基數排序法 | O(n (k)) | | | O(n*p) |

◈ 基數排序法：n爲原始資料的個數，p爲基數，k是原始資料最大值。

## 9.2 換位置的交換排序

「交換排序」（Interchange Sort）簡單來說就是互換位置後並留下記錄。以數列而言是把兩個有利害關係的資料或項目（以陣列元素爲主）比大或比小之後，再調整這兩者的位置。排序定算法中採用此方式的有氣泡排序、Shaker排序和快速排序。

### 9.2.1 氣泡排序法

氣泡排序法（Bubble Sort）（或稱冒泡排序法）可以說它是最簡單的排序法之一，顧名而思之，觀察水中氣泡，它隨著水深壓力而產生改變。氣泡在水底時，水壓最大，氣泡最小；慢慢浮上水面時，氣泡由小漸漸變大。

氣泡排序法的原理是從元素的開始位置起，把陣列中相鄰兩元素之鍵值做比較，若第i個的元素大於第[i+1]的元素，則交換這兩個元素的位置。比較過所有的元素後，最大的元素將會沉到最底部，演算法如下：

```
// 實作範例CH0901.java
Algorithm BubbleSort(A[], N)
   Input :陣列A含有N個可比較的元素
   Output:陣列A之元素以遞增完成排序
BEGIN
   var i, j
   for i ← N - 1 down to 1 do
      for j ← 0 to i - 1 do
         if A[j] > A[j + 1] then
            SWAP A[j] and A[j + 1]
         end if
      end for
   end for
END
```

◈ 由第一個元素開始，相鄰之兩個資料項A[j]與A[j + 1]互相比較。

◈ 若次序不對呼叫SWAP()將兩個資料項對調，直到所有資料項不再對調爲止，最大元素會沉到最底部。

◈ 重複以上動作，直到N-1次或互換動作停止。



藉由數列「25、33、11、78、65、57」來演示氣泡排序法遞增排序的過程。

**Step 1.** 一開始資料都放在同一陣列中，比較相鄰的陣列元素大小，依照「左小右大」原則決定是否要做交換。

**Step 2.** 開始第一回合，從陣列的第一個元素開始「25」，與第二個元素做第一次比較；由於「25 < 33」所以兩個不互換。

**Step 3.** 繼續第一回合，將陣列第2、3個元素做第二次比較；「33 > 11」兩個得互換。

**Step 4.** 繼續第一回合，將陣列第3、4個元素做第三次比較：「33 < 78」兩個不互換。

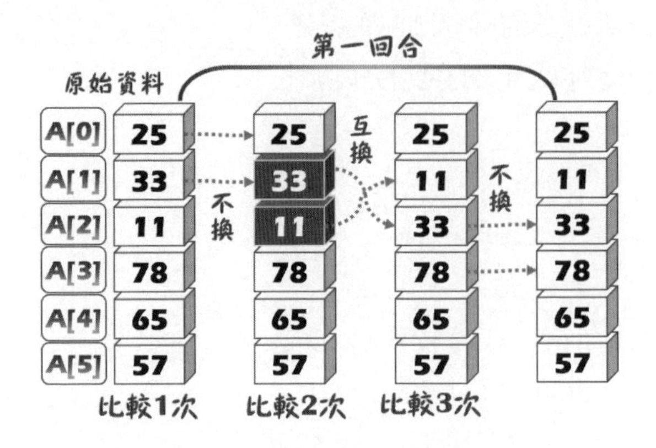


**Step 5.** 繼續第一回合，將陣列第4、5個元素做第四次比較：「78 > 65」兩個得互換。

**Step 6.** 繼續第一回合，將陣列第5、6個元素做第五次比較：「78 > 57」兩個互換，至此完成第一回合的排序，共比較5次，最大元素「78」沉到底。

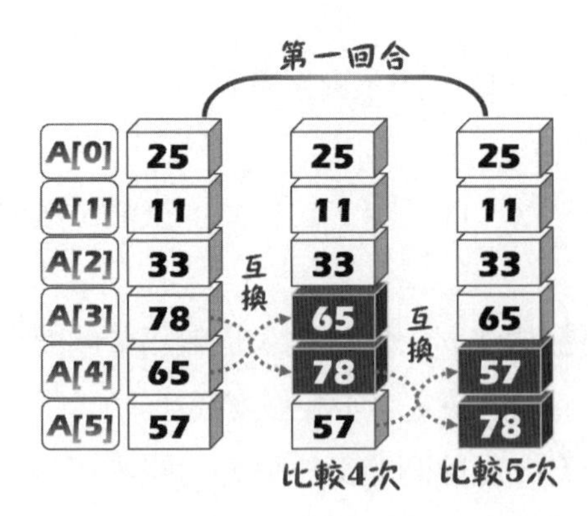


**Step 7.** 進入第二回合；將陣列第1、2個元素做第一次比較：「25 > 11」兩個得互換。

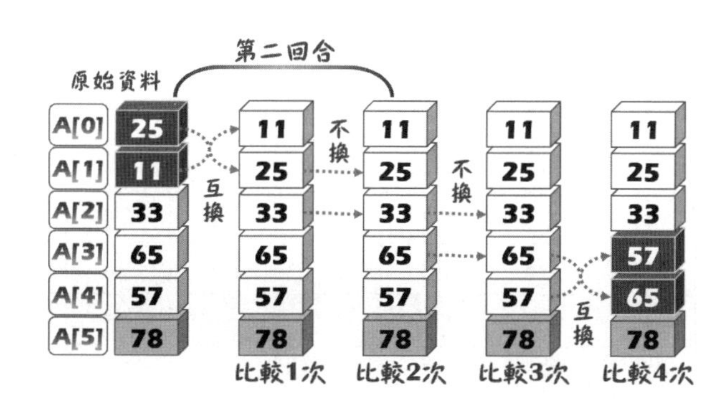


**Step 8.** 繼續第二回合；將陣列第2、3個元素做第二次比較：「25 < 33」兩個不互換。

**Step 9.** 繼續第二回合；將陣列第3、4個元素做第三次比較：「33 < 65」兩個不互換。

**Step 10.** 繼續第二回合；將陣列第4、5個元素做第四次比較：「65 > 57」兩個互換。至此完成第二回合的排序，次大元素「65」也沉底而整個陣列的遞增排序完成。

完成排序

| 25 | 11 | 33 | 65 | 57 | 78 |
|---|---|---|---|---|---|
| A[0] | A[1] | A[2] | A[3] | A[4] | A[5] |

將數列中最大元素推到定位的過程稱爲一個「回合」（pass）。如前述簡例步驟2~6的過程。所以，「第二回合」範圍是從「A[0]～A[N – 2]」，經過每一回合的比較，要比較的元素就會愈來愈少。因此，每一回合之後，至少會有一個元素可以就定位到正確位置；繼續下一回合的比較。

有N個元素的話會進行「N – 1」回合；第一回合的比較次數「N – 1」，第二回合則是「N – 2」依此類推。所以數列有6個元素會進行「6 – 1 = 5」回合，第一回合會比較「6 – 1 = 5」次，各回答的比較次數如下：

| 回合 | 每回合比較後的鍵值 | | | | | | |
|---|---|---|---|---|---|---|---|
| 原始資料 | 25 | 33 | 11 | 78 | 65 | 57 | 比較次數 |
| 1 | 25 | 11 | 33 | 65 | 57 | 78 | 5 |
| 2 | 11 | 25 | 33 | 57 | 65 | 78 | 4 |
| 3 | 11 | 25 | 33 | 57 | 65 | 78 | 3 |
| 4 | 11 | 25 | 33 | 57 | 65 | 78 | 2 |
| 5 | 11 | 25 | 33 | 57 | 65 | 78 | 1 |
| 總次數 | | | | | | | 15 |

## 9.2.2 貼身觀察氣泡排序法

如何計算執行總次數？依據範例CH0901.java中數列排序時迴圈執行的次數，公式計算如下：

```
(N-1) + (N-2) + (N-3) + … + 3 + 2 + 1 = N(N - 1) / 2 次
```

當鍵值數目「N = 8」，依公式可以得到總次數「8(8 – 1) / 2 = 28」，將範例的數列交換的次數列示如下：

| 回合 | 每回合比較後的鍵值（灰色網底為已完成排序） | | | | | | | | 比較次數 |
|---|---|---|---|---|---|---|---|---|---|
| | 25 | 33 | 11 | 514 | 78 | 65 | 57 | 321 | |
| 1 | 25 | 11 | 33 | 78 | 65 | 57 | 321 | 514 | 7 |
| 2 | 11 | 25 | 33 | 65 | 57 | 78 | 321 | 514 | 6 |
| 3 | 11 | 25 | 33 | 57 | 65 | 78 | 321 | 514 | 5 |
| 4 | 11 | 25 | 33 | 57 | 65 | 78 | 321 | 514 | 4 |
| 5 | 11 | 25 | 33 | 57 | 65 | 78 | 321 | 514 | 3 |
| 6 | 11 | 25 | 33 | 57 | 65 | 78 | 321 | 514 | 2 |
| 7 | 11 | 25 | 33 | 57 | 65 | 78 | 321 | 514 | 1 |
| 總次數 | | | | | | | | | 28 |

得到如下結果：陣列有8個項目，要進行「7」回合；第一回合比較了7次，元素進行了5次交換。要曉得「比較次數」是每一回合要進行的次數，要比較幾次跟元素多寡有關，它跟「交換次數」不太一樣！兩個元素是否要交換跟元素先後順序有關；數列「11、25、33」接近於正向順序就不用交換，但「33、25、11」則是反向順序就得比較之後還要做交換。

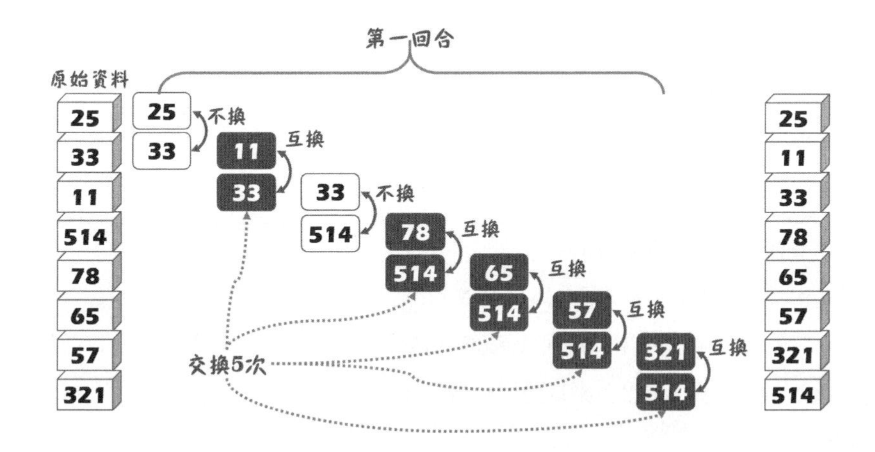


歸納之後可以得到如下的結論：

➢ 氣泡排序法適用於資料量小或有部分資料已經過排序。

➢ 取得比較和交換次數，時間複雜度爲「$O(n^2)$」。

➢ 只需一個額外空間來交換資料，所以空間複雜度爲O(1)。

大家是否發現範例中的陣列有8個項目，要進行「7」回合；實際上在第「4」回合已完成排序，要如何做才能讓程式提前結束！藉由課後習作了解其程式碼的改進。

## 9.2.3 Shaker排序法

Shaker排序法又稱爲「雞尾酒排序」（Cocktail Sort）或「雙向氣泡排序」（Bidirectional Bubble Sort），可以把它視爲氣泡排序法的進階版。無庸置疑，Shaker排序法也是穩定排序法的一員。一般的氣泡排序法會由低到高來比較數列裡的每個元素，或者說以氣泡排序法只能每次由前向後以單一方向來比對，迴圈只能移動一個元素。

但是Shaker排序法略有不同，它採取雙向交替，記錄兩個元素發生交換的位置，走訪元素分成兩個方向，每一回合由低到高，再從高到低。如此比較，不僅可以使大氣泡浮上水面，同時也讓小氣泡沉入水底，效率上會比氣泡演算法更佳。Shaker排序演算法如下：

```
// 實作範例CH0902.java
Algorithm ShakerSort(A[], N)
   Input :陣列A含有N個可比較的元素
   Output:陣列A之元素以遞增完成排序
BEGIN
   var i, shift, firs ← 0, last ← N - 1
   while i ← first to last do
      for i ← first to last do
         if A[j] > A[j + 1] then
            SWAP A[j] and A[j + 1]
            shift ← i
         end if
      first ← shift
      end for
   end for
END
```

**例一**：將數列「82、16、9、195、27、75、69、43、34」分別以氣泡排序法、Shaker排序法做比較。

| 回合 | 每回合比較後的鍵值（灰色網底爲已完成排序） | | | | | | | | |
|---|---|---|---|---|---|---|---|---|---|
| | 82 | 16 | 9 | 195 | 27 | 75 | 69 | 43 | 34 |
| 1 | 16 | 9 | 82 | 27 | 75 | 69 | 43 | 34 | 195 |
| 2 | 9 | 16 | 27 | 75 | 69 | 43 | 34 | 82 | 195 |
| 3 | 9 | 16 | 27 | 69 | 43 | 34 | 75 | 82 | 195 |
| 4 | 9 | 16 | 27 | 43 | 34 | 69 | 75 | 82 | 195 |
| 5 | 9 | 16 | 27 | 34 | 43 | 69 | 75 | 82 | 195 |

◈ 使用氣泡排序法在第「5」回合完成排序。

| 回合 | 每回合比較後的鍵值（灰色網底爲已完成排序） | | | | | | | | |
|---|---|---|---|---|---|---|---|---|---|
| | 82 | 16 | 9 | 195 | 27 | 75 | 69 | 43 | 34 |
| 1（左到右） | 16 | 9 | 82 | 27 | 75 | 69 | 43 | 34 | 195 |
| 1（右到左） | 9 | 16 | 27 | 82 | 69 | 75 | 34 | 43 | 195 |
| 2（左到右） | 9 | 16 | 27 | 69 | 75 | 34 | 43 | 82 | 195 |
| 2（右到左） | 9 | 16 | 27 | 34 | 69 | 75 | 43 | 82 | 195 |
| 3（左到右） | 9 | 16 | 27 | 34 | 69 | 43 | 75 | 82 | 195 |
| 3（右到左） | 9 | 16 | 27 | 34 | 43 | 69 | 75 | 82 | 195 |

◈ 使用Shaker排序在第「3」回合就完成由小而大的排序。

### 9.2.4 快速排序法

快速排序法（Quick Sort）是一種分而治之（Divide and Conquer）的排序法，所以也稱爲分割交換排序法（Partition-exchange Sort），最早由C. A. R. Hoare（暱稱東尼・霍爾）提出，是目前公認最佳的排序法。它的運作方式和氣泡排序法類似，利用「交換」達成排序。它的原理是以遞迴方式，將陣列分成兩部分：不過它會先在資料中找到一個虛擬的中間值，把小於中間值的資料放在左邊而大於中間值的資料放在右邊，再以同樣的方式分別處理左右兩邊的資料，直到完成爲止。

假設有n筆記錄R1、R2、R3…Rn，鍵值爲$K_1$、$K_2$、$K_3$、…、$K_n$。快速排序法的程序如下：

(1) 設陣列第一個元素爲$K_p$（基準點pivot）「分割」陣列，小於基準點元素放在左邊子陣列，大於基準點的元放在右邊的陣列。

(2) 由左而右掃瞄陣列（F遞增），由第一個元素$K_F$開始與$K_p$比對直到「$K_F > K_p$」；從右到左掃瞄陣列（L遞減），從第一個元素開始與比對直到「$K_L < K_p$」。

(3) 「F > L」成立時，依程序(2)將$K_F$與$K_L$互換，直到「F < L」。

(4) 以遞迴分別處理左、右子陣列；當「F < L」則將$K_p$與$K_L$交換，並以L爲基準點再分割爲左、右陣列，直至完成排序。

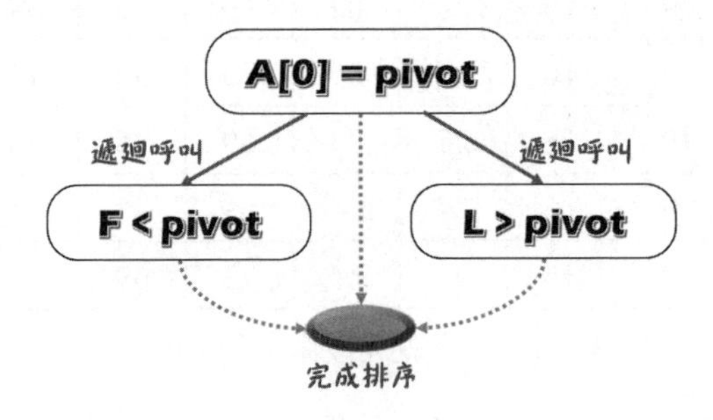


快速排序演算法如下：

```
// 實作範例CH0903.java
Algorithm quickSort
    Input :陣列A含有N個可比較的元素
    Output:陣列A之元素以遞增完成排序
Function quickSort(A[], First, Last)
```

```
   BEGIN
      var pos
      if(First < Last)
         pos ← Division(A[], First, Last) then
            CALL quickSort(A[], First, pos - 1)
            CALL quickSort(A[], pos + 1, Last)
         end if
   END
End Function
Function Division(A[], First, Last)
   Begin
      var i, j, pivot
      i ← First
      j ← Last
      pivot ← A[First]
      while i < j do
         while(i < j and A[j] ≥ pivot do
            i ← i - 1
         if i < j then
            SWAP A[i] and A[j]
         while i < j and A[j] ≤ pivot do
            j ← j + 1
         if i < j then
            SWAP A[i] and A[j]
      end while
      return i
   END
End Function
```

藉由數列「35、40、86、54、16、63、75、21」演示快速排序法進行遞增排序的過程。

**Step 1.** 將數列的第一個元素設爲pivot（基準點），first指標指向數列的第二個數值，而last指標指向數列最後一個數值。

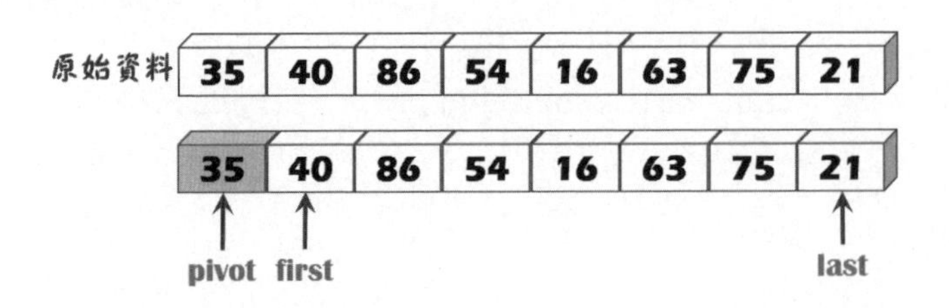


**Step 2.** first指標向右移動，由於「first > pivot」（40 > 35）而暫停；last指標向左移動且「last < pivot」（21 < 35），所以40、21對調其位置。

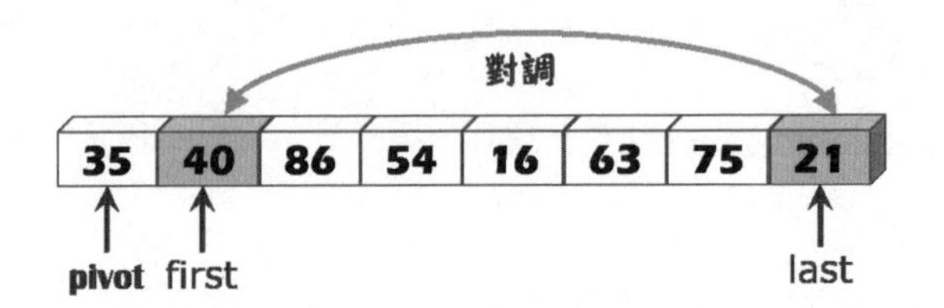


**Step 3.** first指標向右前進到「86」，「86 > 35」表示first比pivot大得暫停；last指標持續向左移動到「16」，「16 < 35」表示last小於pivot做暫停；把first(86)、last(16)對調。

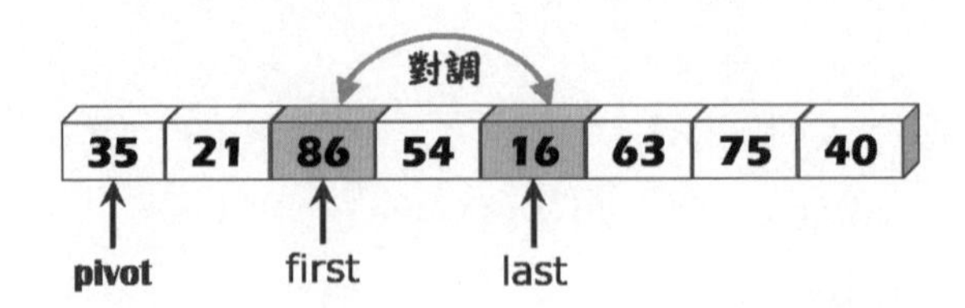


**Step 4.** first指標繼續向右移到「54」，大於「35」而暫停；last指標則向左移到「16」；此時「first > last」，將last與pivot對調（16、35

互換）。

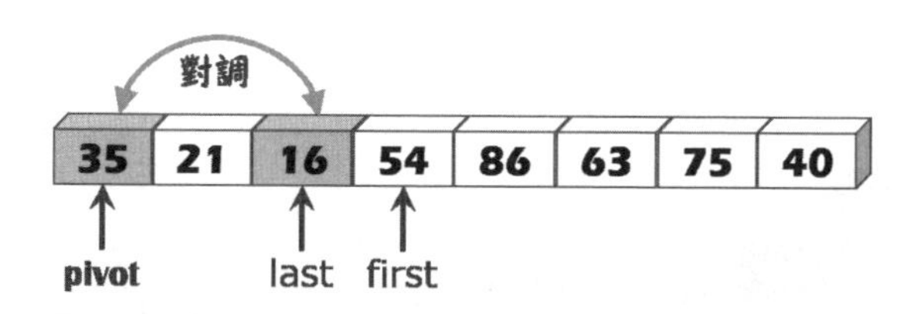


**Step 5.** 經過步驟1～4已將數列分割成兩組，左側的子集合比基準點「35」小，右側的子集合比pivot「35」大。由於左側子集合已完成排序，所以依照步驟1～4繼續右側子集合的排序動作。

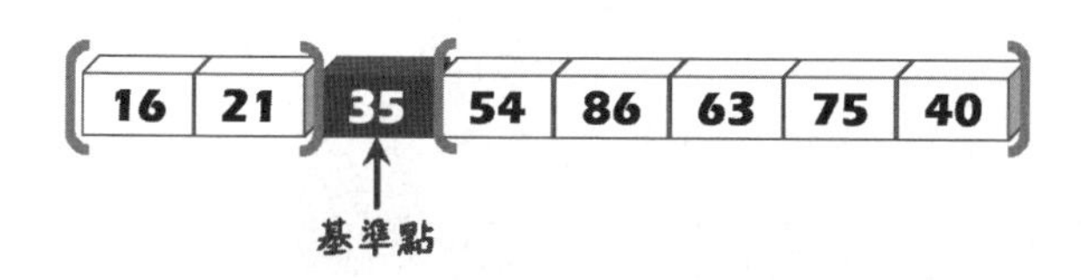


**Step 6.** 繼續數列中的右側子集合，設「54」爲pivot，依據規則，將first的值「86」和last的值「40」對調。

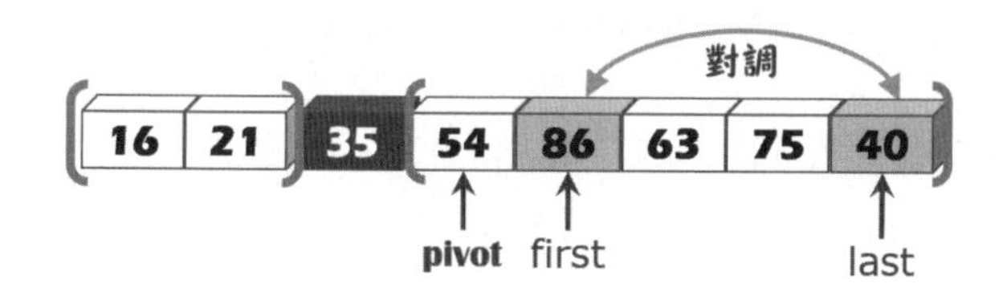


**Step 7.** 最後，再把54和40互換來完成排序。

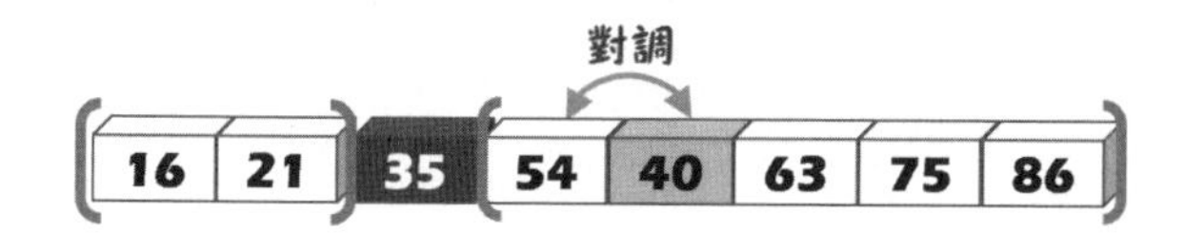


利用範例CH0903.java的數列說明它們的交換過程。

| | A[0] | A[1] | A[2] | A[3] | A[4] | A[5] | A[6] | A[7] | A[8] | A[9] | 說明 |
|---|---|---|---|---|---|---|---|---|---|---|---|
| 回合 | 37 | 141 | 86 | 254 | 113 | 67 | 141' | 92 | 75 | 21 | 141、21互換 |
| 1 | 37 | 21 | 86 | 254 | 113 | 67 | 141' | 92 | 75 | 141 | 37、21互換 |
| 1 | 21 | 37 | 86 | 254 | 113 | 67 | 141' | 92 | 75 | 141 | |
| 2 | 21 | 37 | 86 | 254 | 113 | 67 | 141' | 92 | 75 | 141 | |
| 2 | 21 | 37 | 86 | 75 | 113 | 67 | 141' | 92 | 254 | 141 | 254、75互換 |
| 2 | 21 | 37 | 86 | 75 | 67 | 113 | 141' | 92 | 254 | 141 | 113、67互換 |
| 2 | 21 | 37 | 67 | 75 | 86 | 113 | 141' | 92 | 254 | 141 | 86、67互換 |
| 3 | 21 | 37 | 67 | 75 | 86 | 113 | 92 | 141' | 254 | 141 | 141'、92互換 |
| 3 | 21 | 37 | 67 | 75 | 86 | 92 | 113 | 141' | 254 | 141 | 113、92互換 |
| 4 | 21 | 37 | 67 | 75 | 86 | 92 | 113 | 141' | 254 | 141 | 254、141互換 |
| 4 | 21 | 37 | 67 | 75 | 86 | 92 | 113 | 141' | 141 | 254 | 完成排序 |
| 「21」灰色網底表示完成排序，「37」黑底白字為基準點 | | | | | | | | | | | |

可以查看兩個相同的數字「141」（前）和「141'」（後），排序後「141」在「141'」後面，因此快速排序法不是一個穩定的排序法。

數列有N個鍵值的話，其時間爲T(N)，快速排序法分割時要N次比較。分割陣列後以遞迴來處理，可能有「N/2」個資料，時間爲T(N/2)，其時間複雜度如下：

- 最佳、平均情況：O(n log n)。
- 最壞情況就是每次挑中的中間值不是最大就是最小，其時間複雜度爲 $O(n^2)$。
- 最差的情況下，空間複雜度爲O(n)，而最佳情況爲O(n log n)。

# 9.3 能插隊的插入排序

插入排序是表示一個已經排好序的數列允許插入另一個資料；即使插入了資料數列還是保持了排好序的狀態。所以「插入排序法」當然就不能缺席，爲了加快插入效率，也簡單介紹「二元插入排序法」。不過，爲了減少插入排序法中元素搬移的次數，有人也提出「謝耳排序法」，一同來認識它們。

## 9.3.1 插入排序法

插入排序法（Insertion Sort）的運作原理是將N個鍵值的數列區分爲「已排序」、「未排序」兩個陣營；如同玩撲克牌一般，將拿到的撲克牌（未排序）依順序插入到手中已排完序的撲克牌堆。插入排序演算法簡列如下：

```
// 實作範例CH0904.java
Algorithm InsertionSort(A[], N)
   Input: 陣列A含有N個可比較的元素
   Output:陣列A之元素以遞增完成排序
BEGIN
   var i, precede, key
   for i ← 0 to N do
      precede ← i - 1
      key ← A[i]
      while A[precede] < key and precede ≥ 0 do
         A[precede + 1] ← A[precede]
         precede ← precede - 1
      A[precede + 1] ← key
END
```

◈ 將N筆鍵值區分「已排序」和「未排序」兩大類。

◈ 從第一個元素開始，假設該元素已經被排序；將未排序的key插入到「已排序」鍵值中，A[0]至A[i-1]的正確位置。

◈ 從第一回合開始，重覆以上動作，直到「N - 1」回合為止。

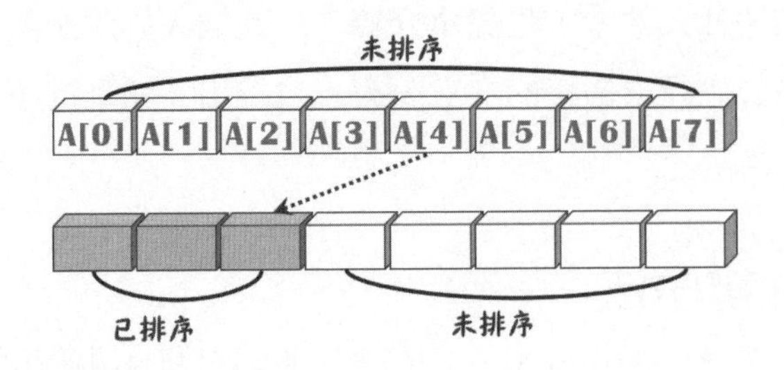


藉由數列「78、56、43、12、63、23」演示插入排序法做遞增排序的運作。

**Step 1.** 先將數列中前兩個數值做比較，由於「56 < 78」，所以78向後移出一個位置，56插入到78之前。

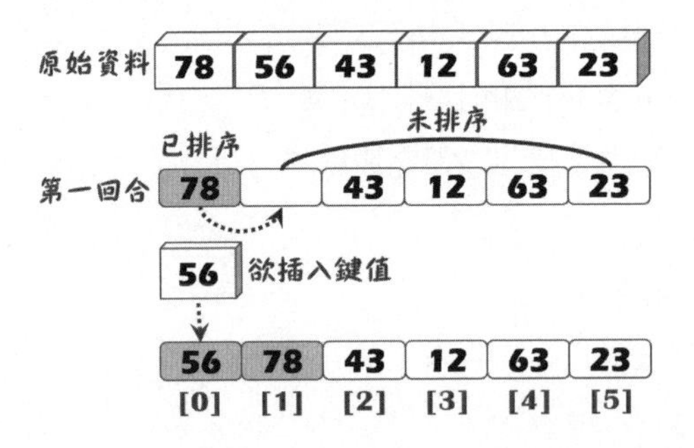


**Step 2.** 將鍵值「43」先與78比較而小於78；向前跟56比也小於56，共比較「2」次，插入到56之前。

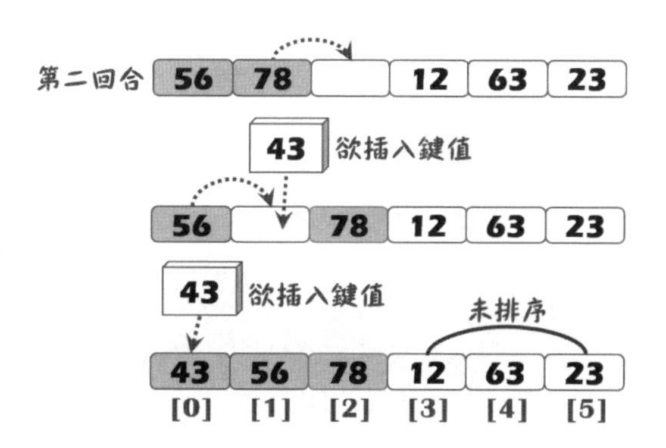


**Step 3.** 鍵值「12」先與78比較而小於78；向前跟56比也小於56，向前再跟43比也小於43，共比較「3」次，插入到43之前索引「0」之位置。

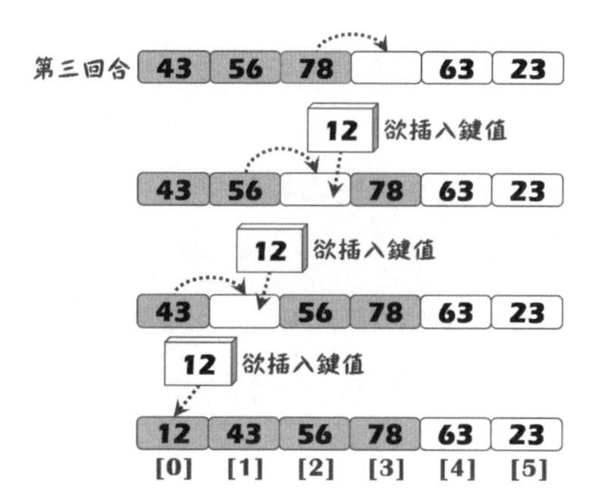


**Step 4.** 鍵值「63」小於78；向前跟56比而大於56，共比較「2」次，所以插入到78、56之間，索引「3」之位置。

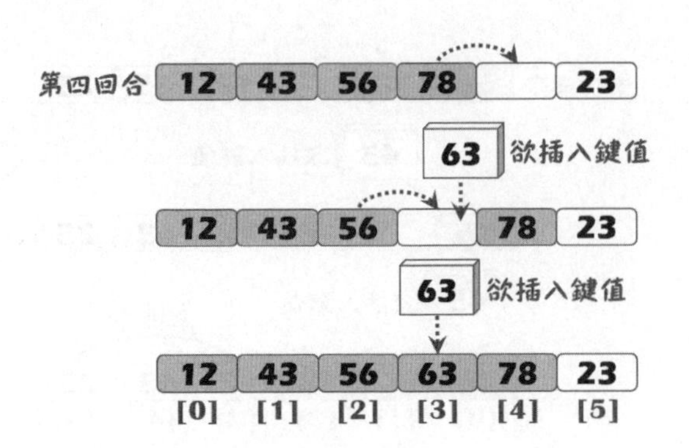


**Step 5.** 鍵值「23」小於78；向前跟63、56、43比較皆小於它們，共比較「4」次，所以插入到12、43之間，索引「1」之位置；同時也完成了遞增排序。

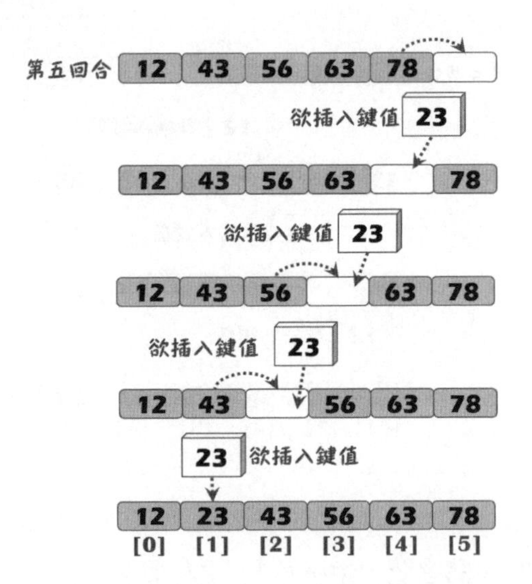


## 9.3.2 討論插入排序法

將範例CH0904.java的數列「12、135、56、43、12'、458、63、32、91」以插入排序法列出每合回的比較次數（有兩個12，加單引號區別位置）。

| | 每回合比較後的鍵值（灰色網底為已完成排序） | | | | | | | | | 比較次數 |
|---|---|---|---|---|---|---|---|---|---|---|
| 索引 | [0] | [1] | [2] | [3] | [4] | [5] | [6] | [7] | [8] | |
| 原始資料 | 12 | 135 | 56 | 43 | 12' | 458 | 63 | 32 | 91 | |
| pass 1 | 12 | 135 | 56 | 43 | 12' | 458 | 63 | 32 | 91 | 1 |
| pass 2 | 12 | 56 | 135 | 43 | 12' | 458 | 63 | 32 | 91 | 2 |
| pass 3 | 12 | 43 | 56 | 135 | 12' | 458 | 63 | 32 | 91 | 3 |
| pass 4 | 12 | 12' | 43 | 56 | 135 | 458 | 63 | 32 | 91 | 4 |
| pass 5 | 12 | 12' | 43 | 56 | 135 | 458 | 63 | 32 | 91 | 1 |
| pass 6 | 12 | 12' | 43 | 56 | 63 | 135 | 458 | 32 | 91 | 3 |
| pass 7 | 12 | 12' | 32 | 43 | 56 | 63 | 135 | 458 | 91 | 6 |
| pass 8 | 12 | 12' | 32 | 43 | 56 | 63 | 91 | 135 | 458 | 3 |

插入排序法適用於大部份資料已經過排序或已排序資料，新增資料後產生排序。數列有9個鍵值，可以進一步了解時間複雜度：

- 最佳狀況是「(N – 1) = 8」，「比較次數」與元素的位置有關，鍵值已正向排列；每個回合只比較一次，時間複雜度為O(n)。
- 最壞情形則是「N(N – 1) / 2 = 28」，鍵值是反向做排列；每個回合中鍵值都要做比較，時間複雜度為$O(n^2)$。
- 需要一個額外的空間（程式使用的變數perid）來插入資料，所以空間複雜度為O(1)。
- 插入排序法會造成資料的大量搬移，所以建議在鏈結串列上使用。

## 9.3.3 變形金剛—二元插入排序法

「二元插入排序法」（Binary Insertion Sort）可視為插入排序法的變形版；數列中的資料若比較次數過多，使用二元插入排序法，配合二元尋找法來減少其次數，簡單來說，就是欲插入位置的前端元素已是排序狀態。它的執行程序如下：

(1) 將第一筆資料放在陣列的第一個位置（索引為0），然後跟下一筆資料比較其大小。

(2) 欲插入鍵值大於目前元素：把它加到目前元素的後端。

(3) 欲插入鍵值小於目前元素：把它加到目前元素的前端。

二元插入排序演算法如下：

```
// 實作範例CH0905.java
Algorithm BinaryInsertionSort(A[], N)
   Input: 陣列A含有N個可比較的元素
   Output:陣列A之元素以遞增完成排序
BEGIN
   var i, pos, key, first, last, mid
   for pos ←- 0 to N do
      key ← A[pos]
      first ← 0
      last ← pos - 1
      while first ≤ last do
         mid ← (first, last) / 2
         if key < A[mid] then
            last ← mid - 1
         else
            first ← mid + 1
      for i ← pos down to first do
         A[i] ← A[i -1]
         A[first] = key
END
```

數列「78、156、43、134、37、63、24、91」使用二元插入排序法進行由小而大的遞增排序，它的運作以下列步驟來說明。

**Step 1.** 剛開始，把「78」插人到索引爲「0」的位置；再插入「156」，由於「156 > 78」，放在78後面。

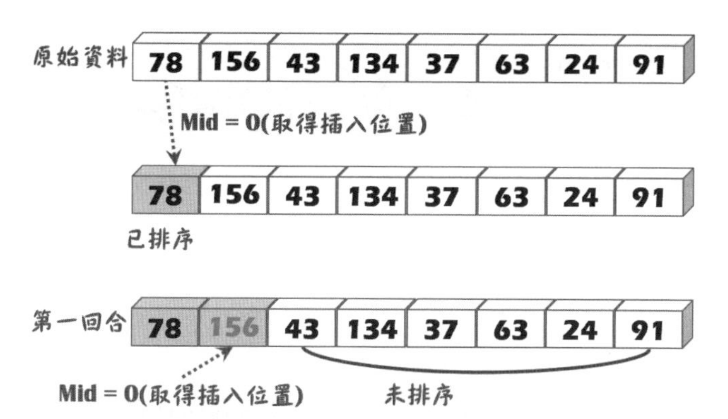


**Step 2.** 得「mid = 0」；由於「43 < 78」，放在78前面；得「mid = 2」；由於「134 > 78」，放在78後面。

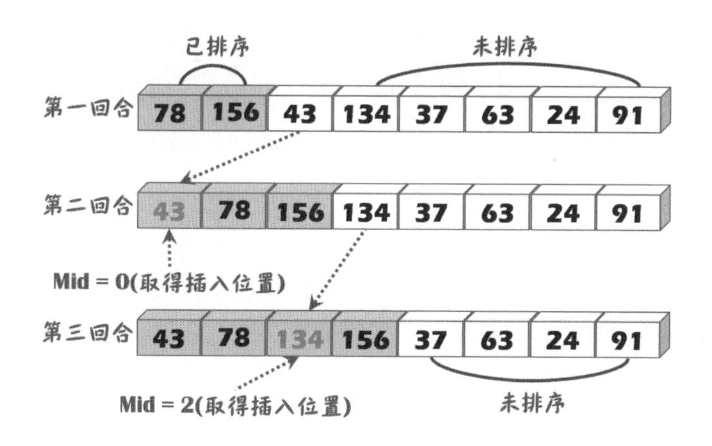


**Step 3.** 得「mid = 0」；由於「37 < 43」，放在43前面；得「mid = 1」；由於「63 > 43」，放在43後面。

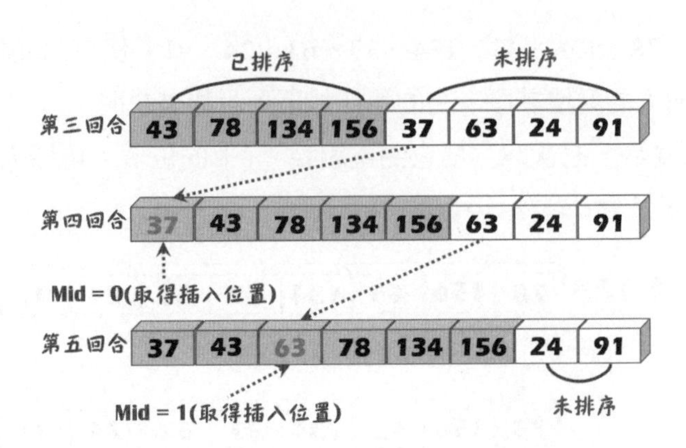


**Step 4.** 得「mid = 0」；由於「24 < 37」，放在37前面；得「mid = 4」；由於「91 > 78」，放在78後面。

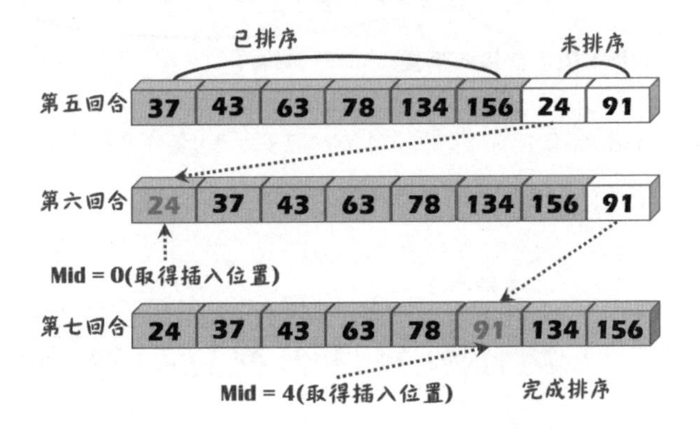


### 討論二元插入排序法

執行效率如何？得看陣列中資料所做比較與交換次數，因此執行N-1次插入的動作所得結果如下：

- 最壞狀況：要做「1 + 2 + 3 +⋯+(n−1)」次，經計算n(n−1)/2是$O(n^2)$。
- 平均狀況下，雖然每次插入只取用一半之資料，不必取用全部資料，但是對於時間複雜度來說，其計算結果依然為$O(n^2)$。
- 需要兩個額外的記錄空間，其中一個作為虛擬記錄（Dummy Record），另一個作為交換時間的暫存空間。

## 9.3.4 謝耳排序法

謝耳排序法（Shell Sort）是D. L. Shell 在1959年7月所發明的一種排序法，可以把它視爲插入排序法改良版，但它可以減少資料搬移的次數而加快排序動作，不受輸入資料順序的影響，任何狀況的時間複雜度都爲 $O(n^{3/2})$。

排序的原則是將資料區分成特定間隔的幾個小區塊，以插入排序法排完區塊內的資料後再漸漸減少間隔的距離。謝耳排序演算法簡例如下：

```
// 實作範例CH0906.java
Algorithm ShellSort(A[], N)
   Input: 陣列A含有N個可比較的元素
   Output:陣列A之元素以遞增完成排序
BEGIN
   SET j ← 0, i ← 0, gap ← N / 2
   while gap ≠ 0
      for i ← gap to N do
         item ← A[i]
         j ← i
         while j ≥ gap and item < A[j - gap] do
            A[j] ← A[j - gap]
            j ← j - gap
         A[j] ← item
      gap ← gap / 2
END
```

◈ 先求出初始間隔值「gap」，並以此間隔值分割資料爲數個區塊。

◈ 以區塊爲主，藉由插入排序法進行排序。

◈ 最後，縮小間隔值範圍，重複執行，直到間隔值爲「1」即完成排序。

藉由數列「45、26、38、92、67、13、56、71」演示謝耳排序法進行遞增排序之過程。

**Step 1.** 由於陣列中有8個元素，則間隔值「8/2 = 4」，將陣列區分成四塊；依插入排序法的「左小右大」原則，得到第一回合的結果。

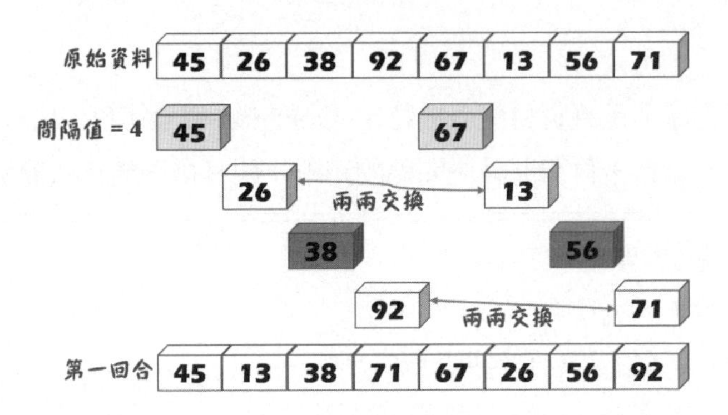


**Step 2.** 調小間隔值爲「4/2 = 2」，將陣列區分成兩塊：「45、38、67、56」排序後「38、45、56、67」，而「13、71、26、92」排序後「13、26、71、92」，完成第二回合的排序。

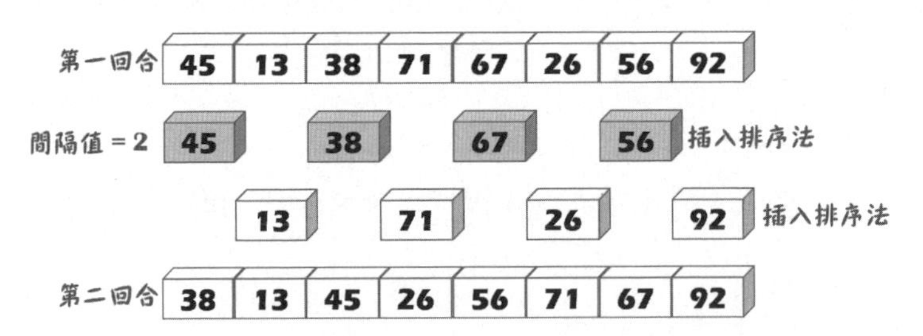


**Step 3.** 再把間隔值調小爲「2/2 = 1」，再以插入排序法完成排序動作。

第二回合 38 13 45 26 56 71 67 92

間隔值 = 1

第三回合 13 26 38 45 56 67 71 92

**補給站**

謝耳排序法，取得間隔值可以利用二維表格處理其排序，例如有8個元素的數列力間隔值爲「4」，產生的表格如下：

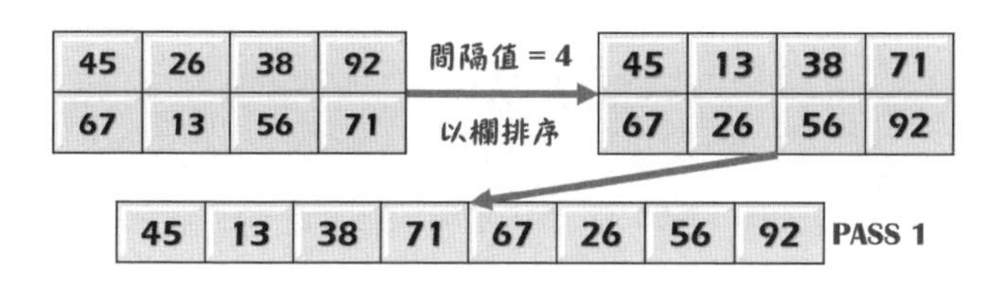


- 把每一欄（垂直部分）做排序，以列爲主從左而右輸出結果。

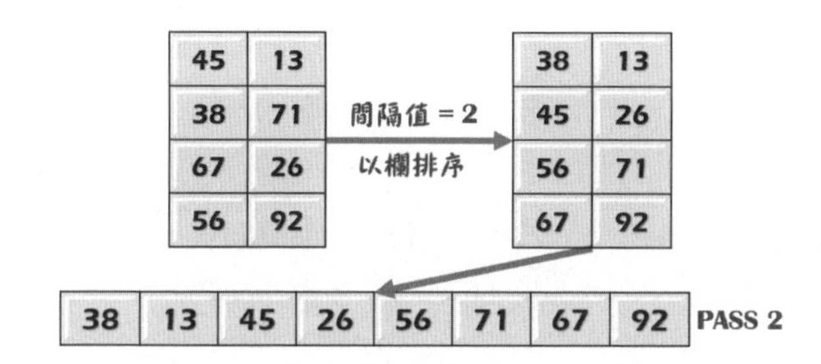


- 利用前一回的排序作爲下一回排序的來源。

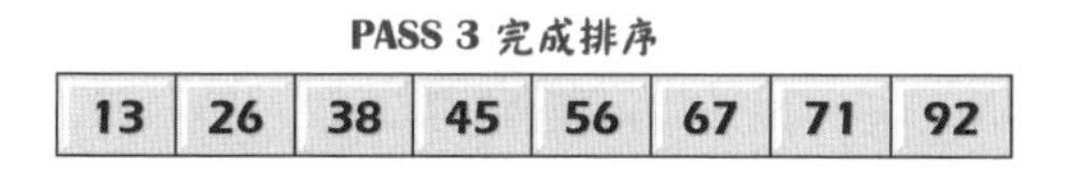


範例CH09/CH0906.java

```
01     package insertionSort;
02     public class CH0906 {
03     static void shellSort(int[] ary, int num) {
```

```
04       int j, k, offset, item;
05       offset = num / 2; //開始間隔值5, 10個元素分5組
06       while (offset != 0){
07          for (j = offset; j < num; j++){
08             item = ary[j]; //欲插入元素
09             k = j;
10             while(k >= offset && item <
11                      ary[k - offset]) {
12                ary[k] = ary[k - offset];
13                k -= offset;
14             }
15             ary[k] = item;  //插入元素
16          }
17          offset /= 2; //取得下一個間隔值
18       }
19    }
20 }
```

## 程式解說

◈ 定義靜態方法shellSort()依傳入的陣列長度，將陣列元素由小而大進行排序。

◈ 第6~17行：while迴圈在間隔值非零情形下，指標隨讀取的陣列來移動位置。

◈ 第7~16行：for迴圈依據間隔值，讀取陣列內容並呼叫插入排序法進行排序

◈ 第10~14行：while迴圈依據「左大右小」原則，將經過比較大小的元素依索引位置來變更，完成其排序。

將範例CH0906.java的數列「145、231、10、314、17、452、78、

63、39、276」使用謝耳排序法列出每合回的比較次數。

| 回合 | 145 | 231 | 10 | 314 | 17 | 452 | 78 | 63 | 39 | 276 | 說明 |
|---|---|---|---|---|---|---|---|---|---|---|---|
| 1 | 145 | | | | | 452 | | | | | |
| | | 231 | | | | | 78 | | | | 231、78交換 |
| | | | 10 | | | | | 63 | | | |
| | | | | 314 | | | | | 39 | | 314、39交換 |
| | | | | | 17 | | | | | 276 | |
| | 145 | 78 | 10 | 39 | 17 | 452 | 231 | 63 | 314 | 276 | 0.2 |
| 2 | 145 | | 10 | | 17 | | 231 | | 314 | | |
| | | 78 | | 39 | | 452 | | 63 | | 276 | |
| | 10 | 39 | 17 | 63 | 145 | 78 | 231 | 276 | 314 | 452 | 間隔值 = 2 |
| 3 | 10 | 17 | 39 | 63 | 78 | 145 | 231 | 276 | 314 | 452 | 間隔值 = 1 |

# 9.4 有選擇權的排序法

選擇排序是什麼？簡單來講就是從數列裡挑出最小的那一個，然後把它放到陣列的第一個位置，依序類推直到所有的元素皆就定位。它有作法簡單的「選擇排序法」，也有運作較為複雜的「堆積排序法」。

## 9.4.1 選擇排序法

選擇排序法（Selection Sort）屬於不穩定排序，它使用兩種方式排序。將所有資料由大至小排序，則將最大值放入第一位置；若由小至大排序時，則將最大值放入位置末端。例如N筆資料需要由大至小排序時；首先從數列中找出最大值，然後跟第一個位置的資料比大小，依次找出次值與第2、3、4…N個位置的資料作比較。同樣地，每一回合中皆是選取資料與交換動作一起進行，選擇排序演算法簡列如下：

```
// 實作範例CH0907.java
Algorithm SelectionSort(A[], N)
   Input: 陣列A含有N個可比較的元素
   Output:陣列A之元素以遞減完成排序
BEGIN
   var j, max, k
   for i ← 0 to N - 1 do
      max ← i
      for j <- i + 1 to N do
         if A[j] > A[max] then
            max ← j
         SWAP A[max] and A[i]
   return A
END
```

◈ 找出第i個至第N個鍵值中最大者，並將之與第i個鍵值交換（第一次 i = 1）。

◈ 重覆以上動作，直到「i = N - 1」爲止。

## 9.4.2 選擇排序法的運作

將原始資料「45、21、10、18、65、33」以選擇排序法進行由小而大的排序。

**Step 1.** 第一回合的範圍是「A[0]~A[N – 1]」；從陣列中找出最小值「10」，然後跟數列中的第一個元素「45」對調。

**Step 2.** 第二回合的範圍是「A[0]~A[N – 2]」；從剩下的5個項目中找出最小值「18」，然後與第二個元素「21」對調。

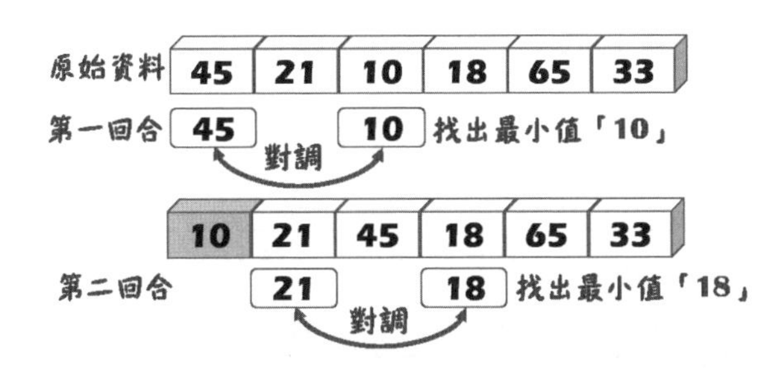


**Step 3.** 第三回合，從4個項目中找出最小值「21」，然後與第三項目「45」對調。

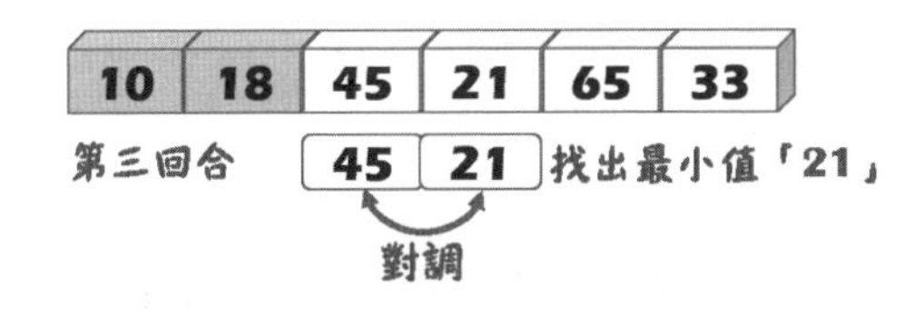


**Step 4.** 第四回合，從3個項目中找出最小值「33」，然後與第項目「45」對調。

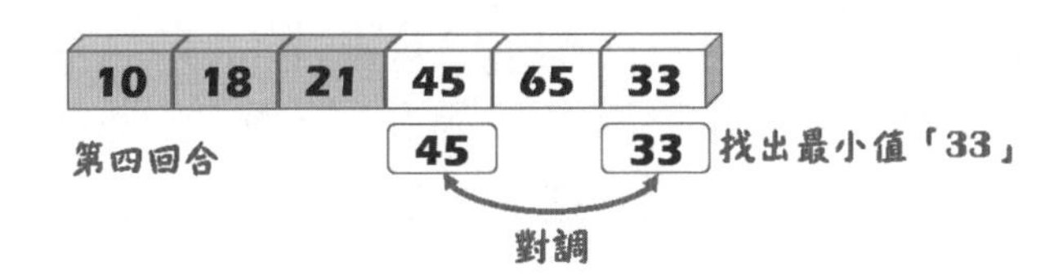


**Step 5.** 第五回合，從2個項目中找出最小值「45」，然後與第項目「65」對調而完成排序的動作。

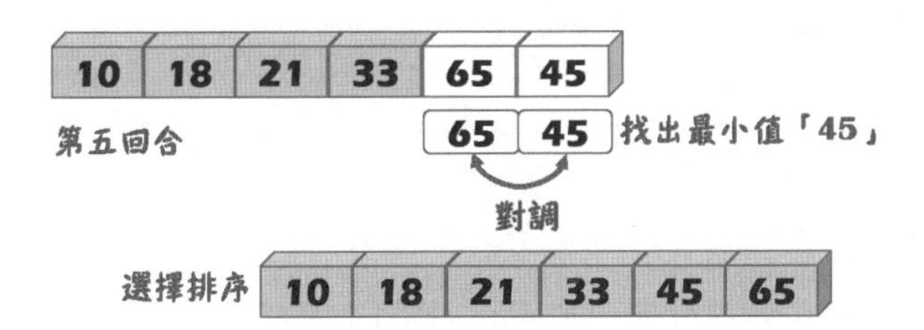

大家一定很好奇，選擇排序法如何找到最大值？其實過程很簡單，掃瞄範圍內數列時就順便記住最大值的位置，掃瞄結束自然而然就跑出最大值。

| | | 每回合比較後的鍵值（灰色網底為已完成排序） | | | | | | | | | |
|---|---|---|---|---|---|---|---|---|---|---|---|
| | 位置 | [0] | [1] | [2] | [3] | [4] | [5] | [6] | [7] | [8] | [9] |
| 回合 | | 145 | 231 | 10 | 135 | 18 | 455 | 77 | 65 | 33 | 278 |
| 1 | 5 | 455 | 231 | 10 | 135 | 18 | 145 | 77 | 65 | 33 | 278 |
| 2 | 9 | 455 | 278 | 10 | 135 | 18 | 145 | 77 | 65 | 33 | 231 |
| 3 | 9 | 455 | 278 | 231 | 135 | 18 | 145 | 77 | 65 | 33 | 10 |
| 4 | 5 | 455 | 278 | 231 | 145 | 18 | 135 | 77 | 65 | 33 | 10 |
| 5 | 5 | 455 | 278 | 231 | 145 | 135 | 18 | 77 | 65 | 33 | 10 |
| 6 | 6 | 455 | 278 | 231 | 145 | 135 | 77 | 18 | 65 | 33 | 10 |
| 7 | 7 | 455 | 278 | 231 | 145 | 135 | 77 | 65 | 18 | 33 | 10 |
| 8 | 8 | 455 | 278 | 231 | 145 | 135 | 77 | 65 | 33 | 18 | 10 |

回合的計次同樣是以「10 – 1 = 9」（資料個數 – 1），在每一回合之後，至少會有一個元素可以就定位到正確位置，讓下一回合的能減少資料的比較次數。例如：第1回合會把資料比較8次，第2回合就只有7次比較，依此類推。

一般來說選擇排序法適用於資料量小或有部分資料已經過排序。其時間複雜度的最壞情況、最佳情況及平均情況比較情形如下：

```
(n-1) + (n-2) + (n-3) +…+ 3 + 2 + 1 = (n (n-1))/2次
```

- 時間複雜度為 $O(n^2)$。
- 由於選擇排序是以最大或最小值直接與最前方未排序的鍵值交換，資料排列順序很有可能被改變，故不是穩定排序法。
- 只需一個額外的空間，所以空間複雜度為最佳。

### 9.4.3 認識堆積排序法

看過疊羅漢嗎？頗為有名的西班牙自治區加泰羅尼亞就是把「疊羅漢大賽」（Tarragona Castells Competition）當作重要的民族體育活動，堆積排序法（Heap Sort）有那樣的味道，就是把節點中數值最大或最小的放在根節點。所以，堆積排序法的目的就是減少選擇排序法的比對次數，它由John Williams所提出。

堆積樹以二元樹為基底，使每一筆資料的比對次數，不會大於「log n」之值，所以它的時間複雜度和快速排序法相同皆為「O(n log(n))」，而且它不需要多餘的記憶空間，也沒有使用遞迴函數。它利用堆積樹來完成排序，而堆積樹是特殊的二元樹，可分為最大堆積樹及最小堆積樹兩種。

最大堆積樹要滿足以下3個條件：

- 是一個完整二元樹。
- 父節點的值都大於或等於它左、右子節點的值。
- 樹根是堆積樹中最大的。

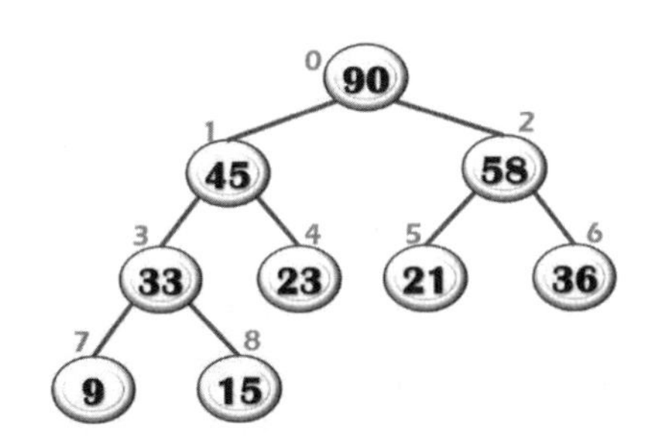


最小堆積樹也具備以下3個條件：

- 是一棵完整二元樹。
- 父節點的值都小於或等於它左右子節點的值。
- 樹根是堆積樹中最小的。

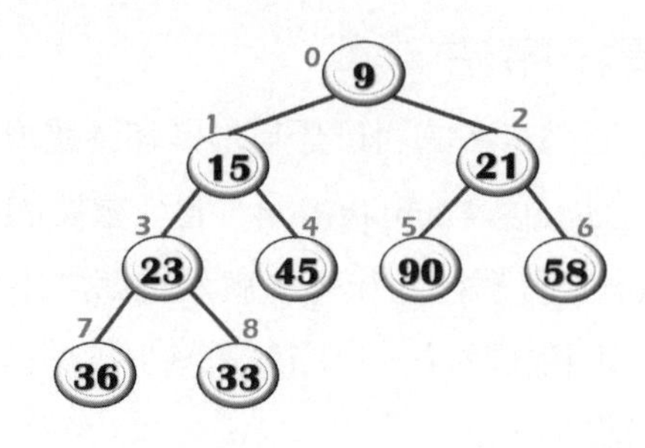


## 9.4.4 把二元樹轉為堆積樹

使用堆積排序法之前，第一道工法是把數列中所有資料排成一棵二元樹；然後再把這棵二元樹轉換爲「堆積樹」（Heap Tree）。在開始談論堆積排序法前，必須先認識如何將二元樹轉換成「堆積樹」。執行程序：建立「完整二元樹」（Complete Binary Tree）、產生堆積樹（Heap Tree）、輸出樹根（並以最後樹葉取代）。

假設數列中有9筆資料「36、23、21、33、45、90、58、9、15」，先以陣列來儲存它們，表示如下：

| 索引 | A[0] | A[1] | A[2] | A[3] | A[4] | A[5] | A[6] | A[7] | A[8] |
|---|---|---|---|---|---|---|---|---|---|
| 數列 | 36 | 23 | 21 | 33 | 45 | 90 | 58 | 9 | 15 |

**(1) 建立完整二元樹。**

先溫習「完整二元樹」的定義「$2^h < n < 2^{h-1} - 1$」（h爲樹高或階層，n爲節點），若樹高爲4，則一棵完整二元樹會在「8～15」之間。將這些數列依順序，以二元樹節點的配置，產生一棵「完整二元樹」。

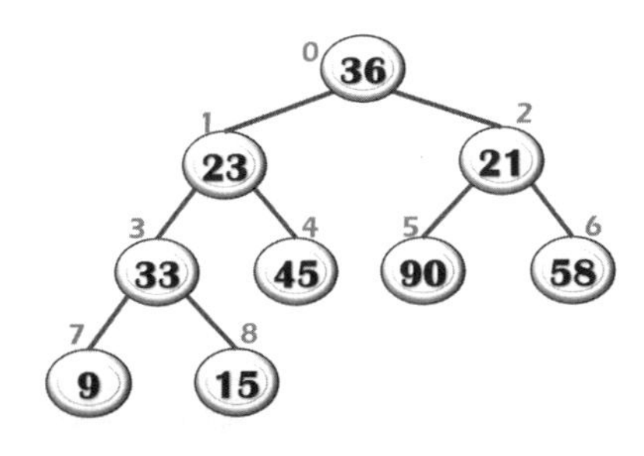


**(2) 由下而上產生堆積樹。**

如何將此二元樹轉換成最大堆積樹（Heap Tree）？依據數列的儲存順序，產生一棵二元樹；然後從含有子節點的最後一棵子樹，找出「大兒子」並向上調整其位置；利用下列步驟來說明。

**Step 1.** 首先，依陣列長度找出含有兒子的最後一個父節點位置。計算得到「9/2 – 1 = 3」；節點「A[3] = 33」，有兩個兒子9、15，它們皆小於父節點33，所以不交換。

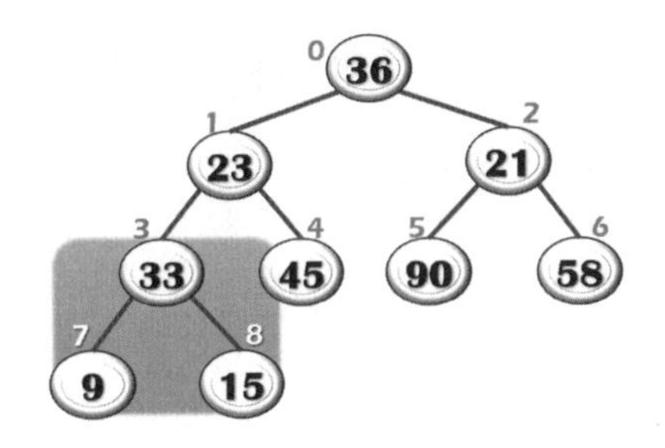


**Step 2.** 繼續往上一層節點A[2]，由於大兒子90大於21，兩者要做對調。

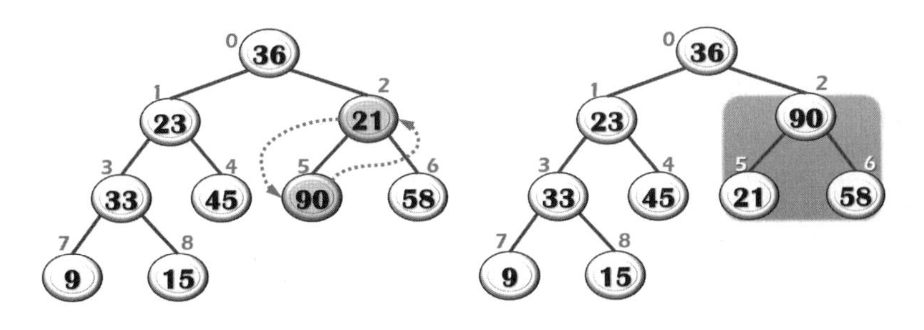

**Step 3.** 繼續移向陣列的A[1]節點，由於23小於大兒子45，所以兩個互換。

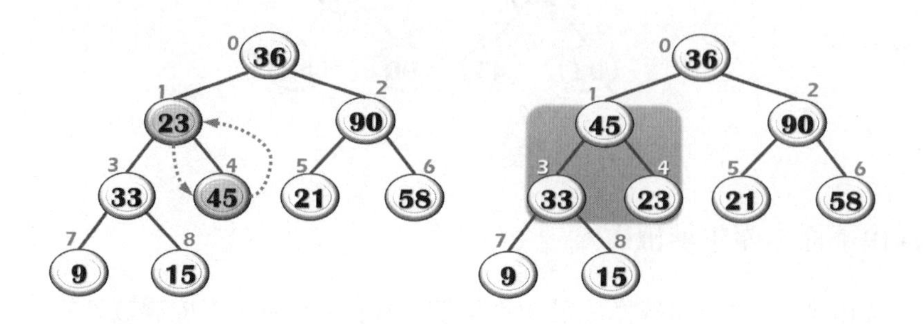


**Step 4.** 繼續移向陣列A[0]節點，由於大兒子90大於根節點36，所以兩者做對調。

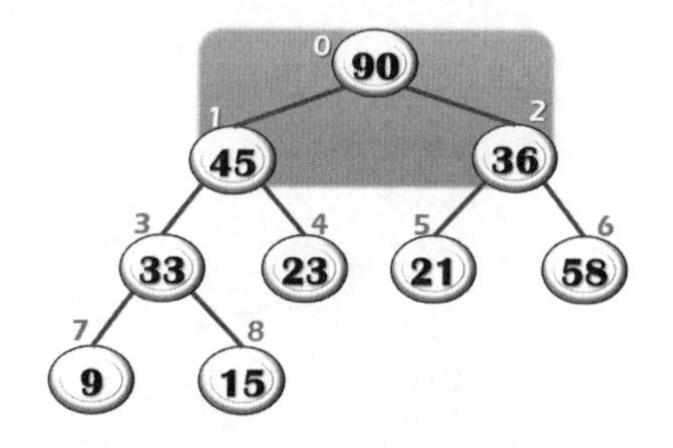


**Step 5.** 最後，節點「A[2] < A[6]」要做對調。

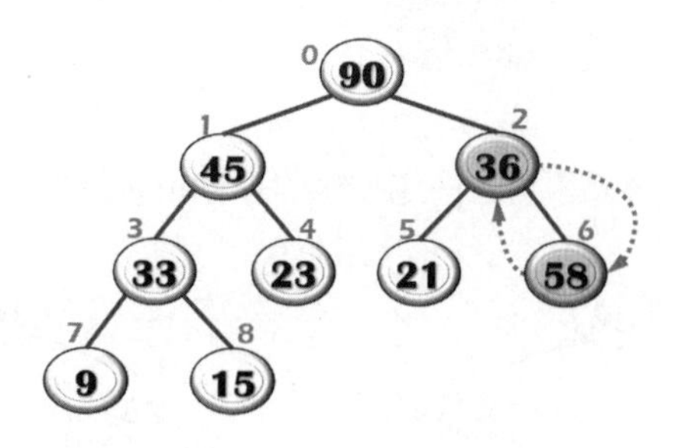


**Step 6.** 完成最大堆積樹。

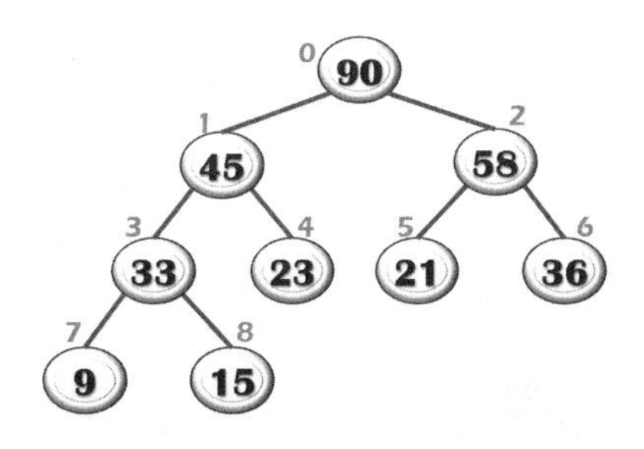


產生最大堆積樹的過程，可以把父節點設爲「p」，左側子點節的位置「L = 2 * p」，右側子節點的位置「R = L + 1」，然後比較左、右子節點的大小來找出大兒子，若大於父節點再跟父節點交換。

前項的程序中是由二元樹的樹根開始，由上往下依堆積樹的建立原則來改變各節點值，最終得到一最大堆積樹。如果您想由大到小排序，就必須建立最小堆積樹，作法和建立最大堆積樹類似，在此不另外說明。

**補給站**

產生最大堆積樹，除了「由下往上」之外，還能以空的二元樹「插入」節點方式堆積形成二元樹；同樣是以最大值爲根節點並調整，操作過程如下：

- 新的資料成爲堆積樹的最後節點。例如插入節點「36」。
- 第二個加入的元素爲子節點，與父節點比較；若大於父節點則互換。例如子節點「33」大於父節點「23」，兩者就互換。
- 重覆加入子節點並與父節點比較並調整位置，直到所有元素都加入。

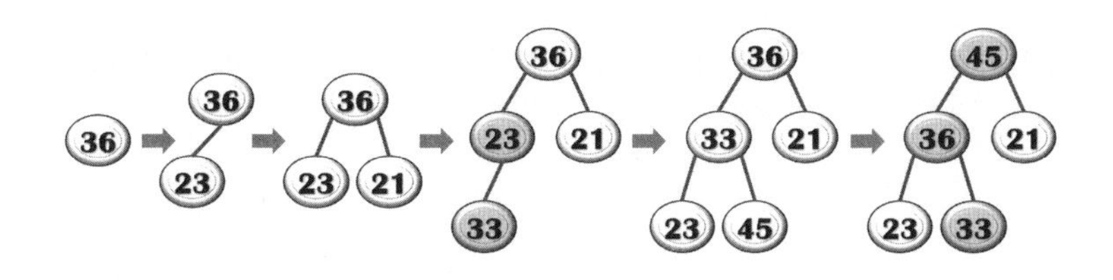

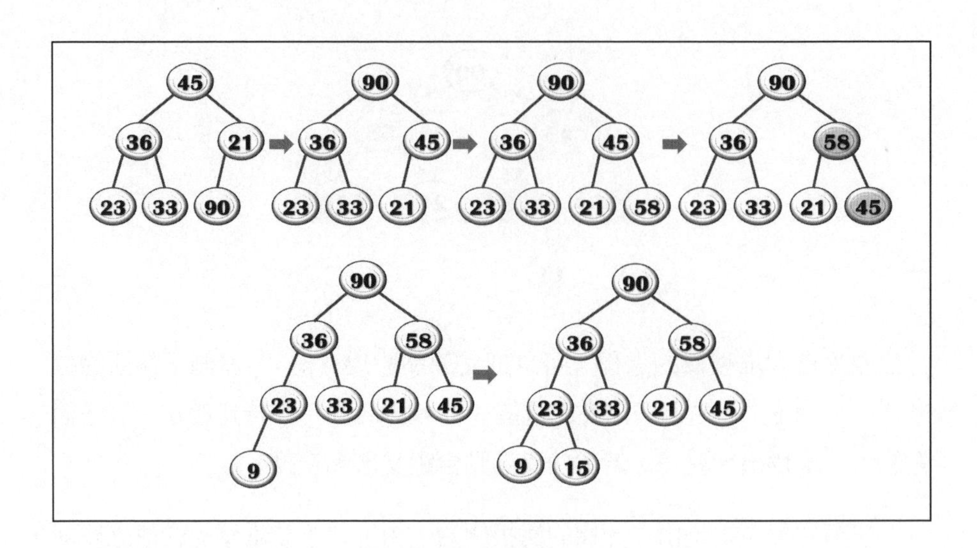

數列「58、46、72、23、130、35、12、95」產生了最大堆積樹，如何將堆積樹做遞增排序？作法就是每回合把堆積樹「最大值」（根節點）移走，殘餘的「N – 1」個元素再重製為堆積樹。實際上是把根節點與堆積樹最後一個節點做交換，並假裝讓最後一個節點「消失不見」，再「由小到大」把陣列排好序，示範堆積排序法的過程如下：

**Step 1.** 依數列順序建立完整二元樹；產生最大堆積樹。

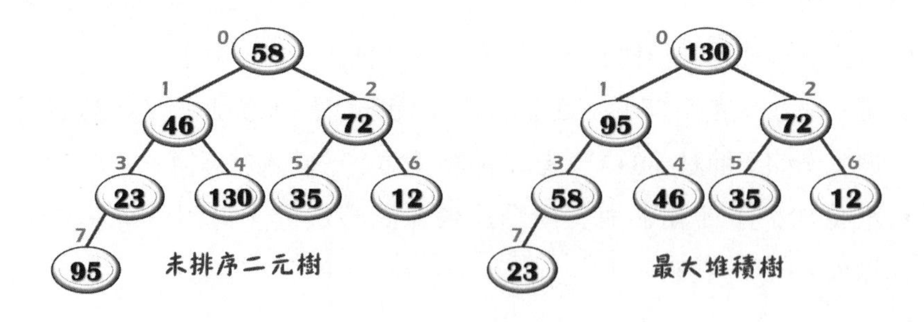


**Step 2.** 將根節點「130」與最後一個節點「23」互換並移除了節點「130」。

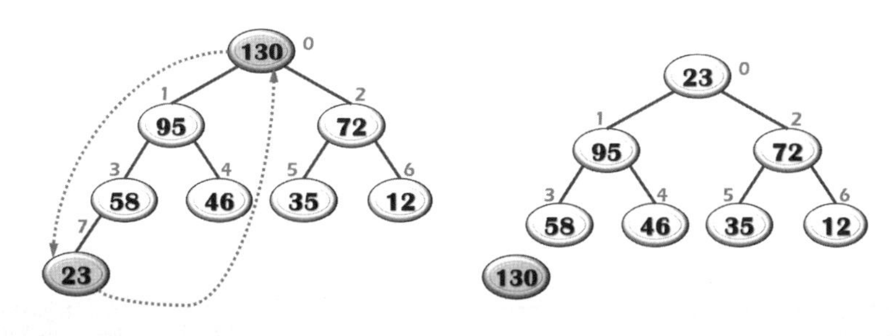


| 遞增排序 | 130 | 95 | 72 | 58 | 46 | 35 | 12 | 23 |
|---|---|---|---|---|---|---|---|---|
| pass 1 | 23 | 95 | 72 | 58 | 46 | 35 | 12 | 130 |

**Step 3.** 調整堆積樹；將原本位於頂端的節點「23」向下一層，與節點「95」對調；由於不符合堆積樹的要求，節點「23」再下降一層，與節點「58」互換。

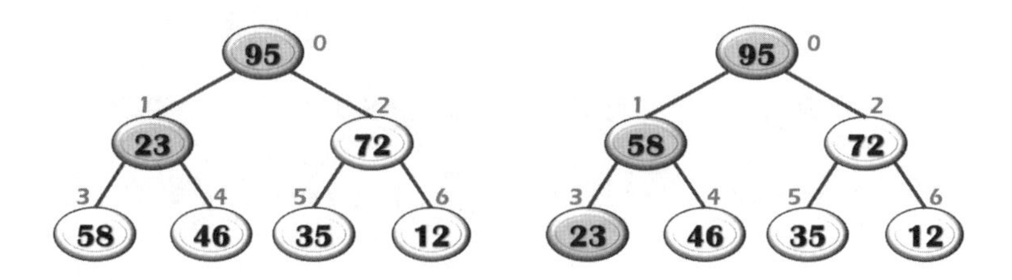


| pass 1 | 23 | 95 | 72 | 58 | 46 | 35 | 12 | 130 |
|---|---|---|---|---|---|---|---|---|
| pass 1 | 95 | 23 | 72 | 58 | 46 | 35 | 12 | 130 |
| pass 1 | 95 | 58 | 72 | 23 | 46 | 35 | 12 | 130 |

**Step 4.** 繼續將根節點「95」與最後一個節點「12」互換並移除了節點「95」。

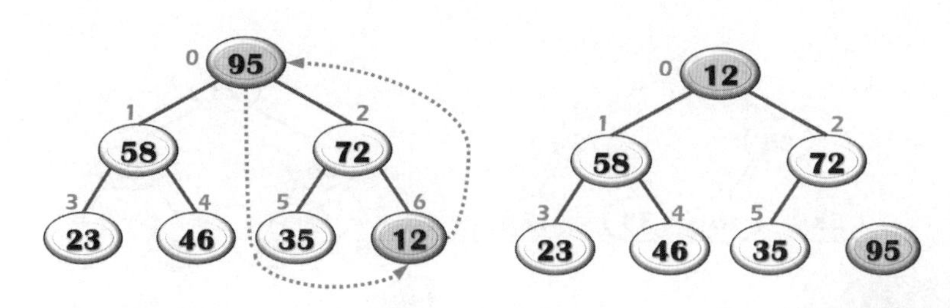


| pass 2 | 12 | 58 | 72 | 23 | 46 | 35 | 95 | 130 |
|---|---|---|---|---|---|---|---|---|
| pass 2 | 12 | 58 | 72 | 23 | 46 | 35 | 95 | 130 |

**Step 5.** 調整堆積樹；將原本位於頂端的節點「12」與節點「72」對調而下移一層，由於不符合堆積樹的要求，節點「12」、「35」再互換而再調降一層。

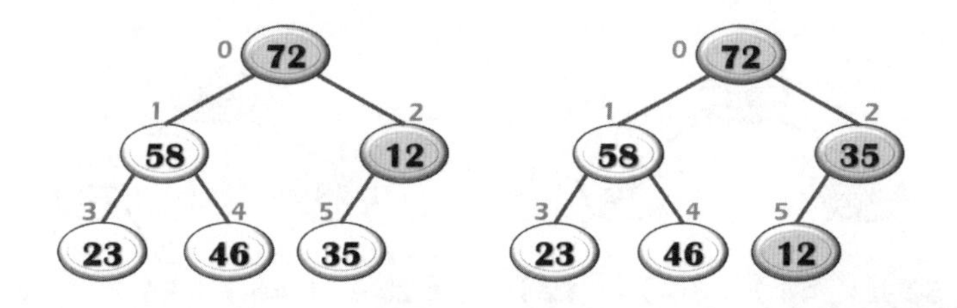


| pass 2 | 72 | 58 | 12 | 23 | 46 | 35 | 95 | 130 |
|---|---|---|---|---|---|---|---|---|
| pass 2 | 72 | 58 | 35 | 23 | 46 | 12 | 95 | 130 |

**補給站**

觀察堆積排序法，是否看出它的變化？要產生最大堆積，就是把數值小的節點由下往上，再由右到左，將每個「非終端節點」以根節點來處理，利用其子節點來調整爲最大堆積。

**Step 6.** 依照此模式，將節點「72」與最後一個節點「12」互換，本身自末端移除，再重新產生堆積樹。

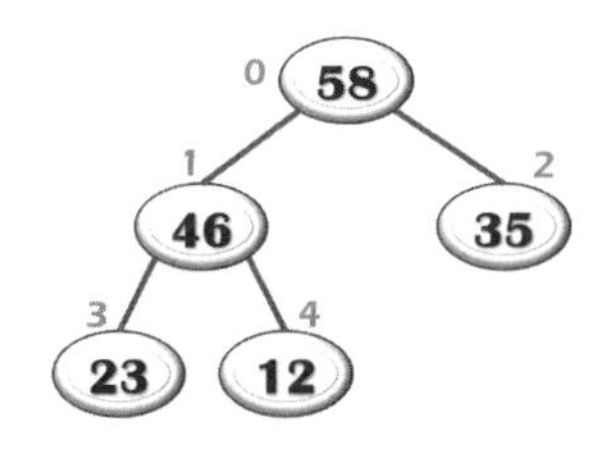


| pass 3 | 58 | 46 | 35 | 23 | 12 | 72 | 95 | 130 |
|---|---|---|---|---|---|---|---|---|

**Step 7.** 依照此模式，將節點「58」與最後一個節點「12」互換後，本身自末端移除，再重新產生堆積樹。

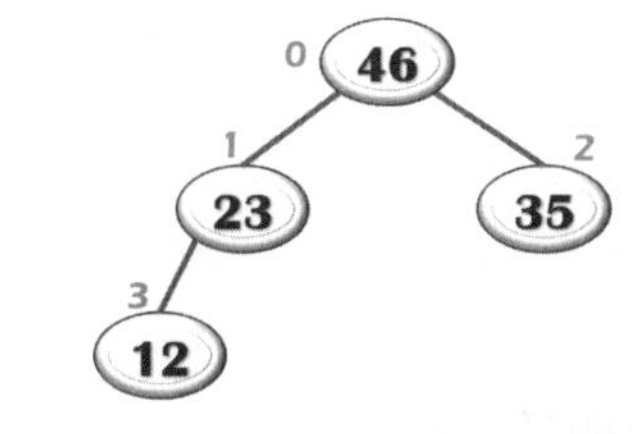


| pass 4 | 46 | 23 | 35 | 12 | 58 | 72 | 95 | 130 |
|---|---|---|---|---|---|---|---|---|

**Step 8.** 依照此模式，將節點「46」與最後一個節點「12」互換，本身自末端移除，重新產生G1堆積樹；將最後一個節點「35」與「12」互換，然後自末端移除，再重新產生G2堆積樹，最後完成堆積排序。

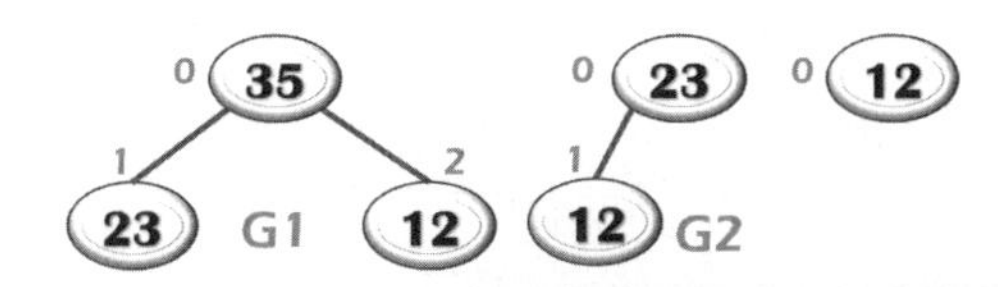


| pass 5 | 35 | 23 | 12 | 46 | 58 | 72 | 95 | 130 |
|---|---|---|---|---|---|---|---|---|
| pass 6 | 23 | 12 | 35 | 46 | 58 | 72 | 95 | 130 |
| pass 7 | 12 | 23 | 35 | 46 | 58 | 72 | 95 | 130 |

### 9.4.5 實作堆積排序法

數列「58、46、72、23、130、35、12、95」以HeapDown()靜態方法將二元樹轉爲最大推積樹，再以堆積排序法進行遞增排序。

範例CH09/CH0908.java

```
01    package selectionSort;
02    public class CH0908 {
03    static void heapSort(int[] ary){
04       int length, index, k;
05       length = ary.Length - 1;
06       index = length / 2;   //取得有子節點的父節點位置
07       for (k = index; k >= 0; k--)
08          heapDown(ary, k, length);
09       for (k = length; k > 0; k--){
10          if (ary[0] > ary[k]) {
11             //呼叫靜態方法將兩個元素置換
12             Swap(ref ary, 0, k);
13             heapDown(ary, 0, k - 1);
14          }
15       }
16    }
17    static void heapDown(int[] ary, int first,
18          int last) {
19       int large;
20       //從子樹找出最大值並記錄其位置
21       large = 2 * first + 1;
22       while (large <= last){    //找出大兒子並向上移一層
23          if (large < last && ary[large] <
24                ary[large + 1])
```

```
25              large++;
26           //若大兒子大於父節點，兩者互換
27           if (ary[large] < ary[first])    //遞增
28              break;
29           else {
30              Swap(ref ary, first, large);
31              first = large;
32              large = 2 * first + 1;
33           }
34        }
35     }
36     static void Swap(ref int[] ary, int item1,
37           int item2) {
38        int tmp = ary[item1];
39        ary[item1] = ary[item2];
40        ary[item2] = tmp;
41     }
42  }
```



## 程式解說

- 第3~16行：定義靜態方法heapSort()，將轉爲堆積樹的陣列，由小而大進行排序。
- 第7~8行：將目前待排序數列築成一個最大堆積，以for迴圈找到含有兒子的最後一個父節點，並呼叫靜態方法heapDown()將數值最大者向上堆積。
- 第9~15行：以for迴圈走訪整個陣列，逐步把根節點（最大者）與最後一個節點互換來建立最大堆積樹。
- 第17~35行：定義靜態方法heapDown()依傳入陣列，先假定它就是兒子，再與其他的大兒子做比較，有找到大兒子，就上一移一層；目前沒有找到就下移一層。

- ◈ 第22~34行：透過while迴圈先想法子找出兩個子節點的大兒子，再來就是找出子節點大於父節點就把兩者進行位置的互換。
- ◈ 第36~41行：定義靜態方法Swap()，將陣列中傳入的兩個元素予以互換。



# 9.5 合併排序法

什麼是合併排序法（Merge Sort）？焦點放在「合併」，它的基本作法就是針對兩個已完成排序的數列合併成一個數列。雖然我們把焦點放在內部排序，但合併排序法也支援外部排序，所以是重要的排序方法之一。

## 9.5.1 合併排序法的運作

「合併排序法」採分而治之（Divide and Conquer）方式進行排序；焦點先放在「分」而後轉為「併」。就像同年級的隊伍先以身高分為多列，再依同年級者變成一支隊伍。它的運作原理是先把原始數列分解成兩大陣營，不斷分割到無法分割為止；元素為「偶數」的話，例如8個元素可分成兩個各含4個元素的陣列。「奇數」時，可把陣列中11個元素分成一個有5個元素，而另一個含6個元素，一直分到不能再分為止。然後呢？依據合併排序的運作，將兩兩項目朝分割反方向合併，直到完成排序為止。

合併排序法最重要的一個用途是外部排序，當資料量大到無法全部讀入主記憶體裡進行排序時，可以先讀入部分資料，例如針對已排序好的二個或二個以上的檔案，經由合併的方式，將其組合成一個大的且已排序好的檔案。執行程序如下：

(1) 將一組未排序含有N個項目的數列，以「N/2」方式分割其長度，所以數列會先分割成兩組，每一組繼續分割，直到不能分割為止。

(2) 將分割後長度「1」的數列成對地合併並進行排序。

(3) 將鍵值組成對地合併，直到合併成一組長度的鍵值為止。

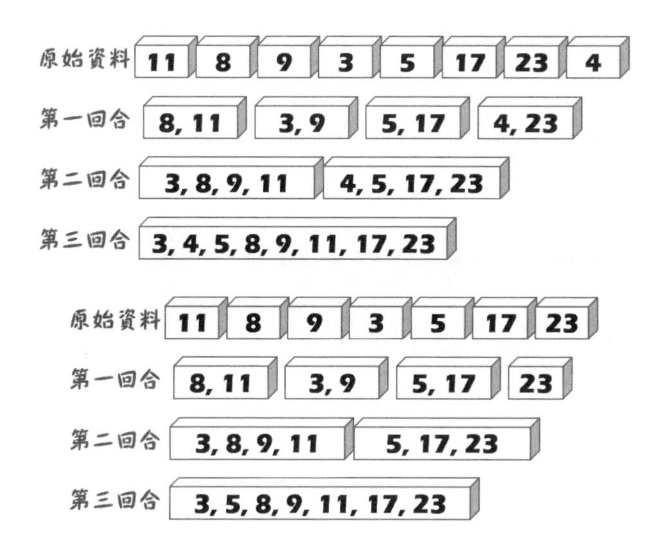




茲將數列「197、226、514、413、128、372、311、645、270」以合併排序法進行由小而大的排序。

**Step 1.** 一開始採「Divide」作法，先將資料分割成左「197、226、514、413、128」、右「372、311、645、270」兩組。

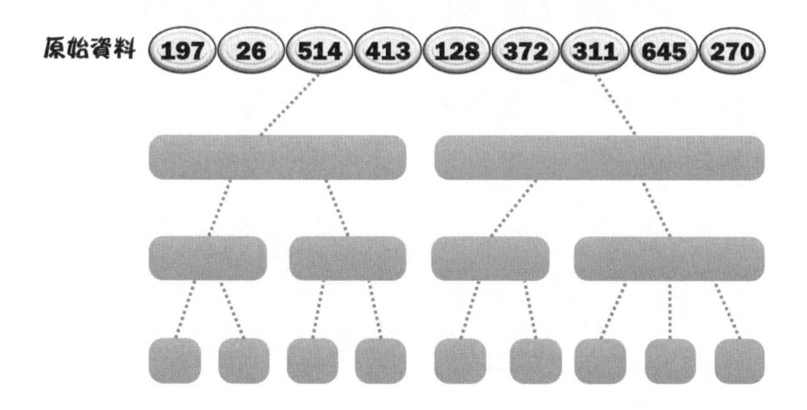


**Step 2.** 把左邊的數列「197、226、514、413」先做分割，直到無法分割爲止。

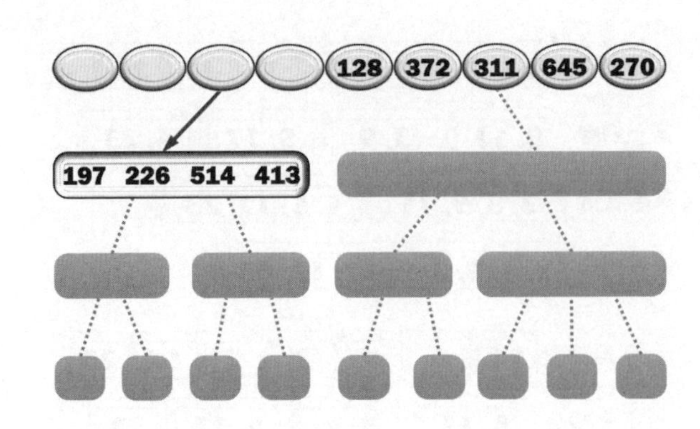


**Step 3.** 左半部數列再分割成「197、226」和「514、413」兩組。

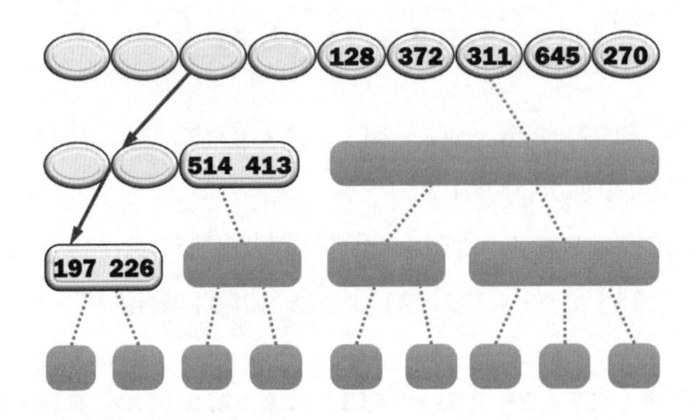


**Step 4.** 數列「197、226」被分割爲「197」和「226」；由於是最小單位無法再做分割。

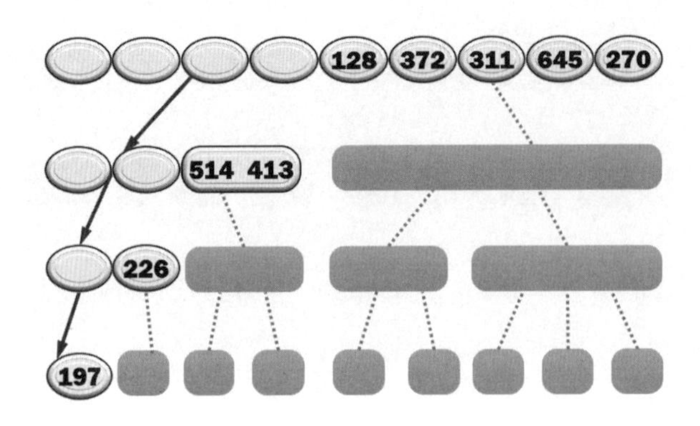

**Step 5.** 無法分割的197和226準備「Conquer」（合併），依據「左小右大」原則，而「197 < 226」兩個不互換。

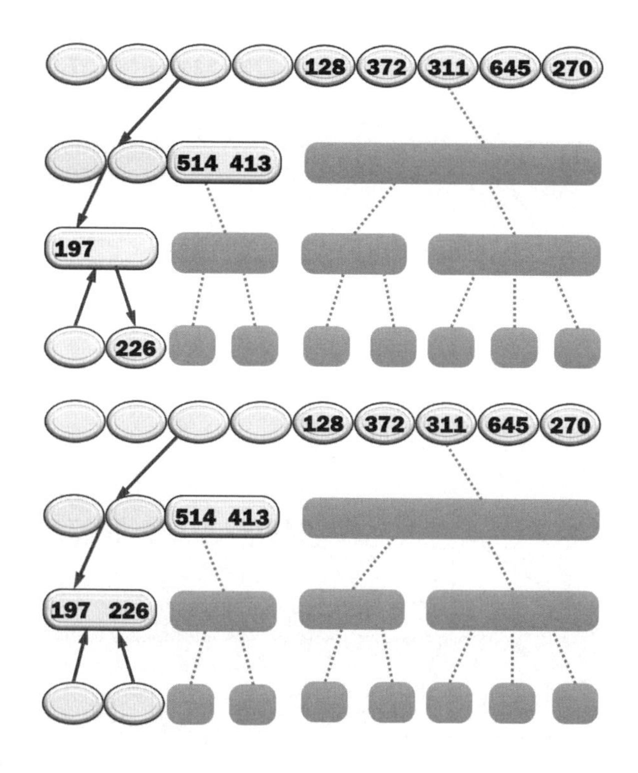


**Step 6.** 將197、226向上合併為一組。

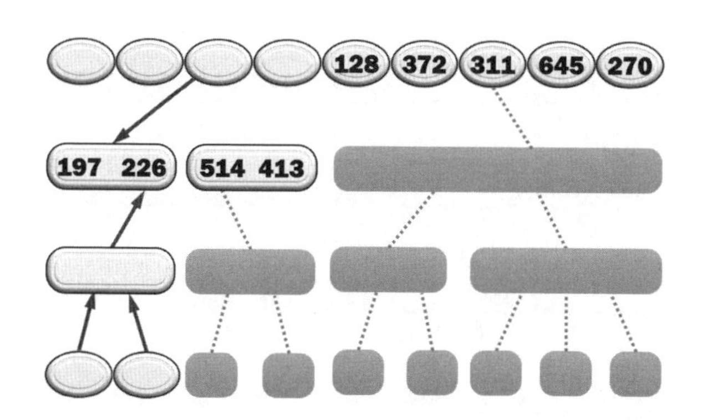

**Step 7.** 將另一組「514、413」分割為「514」和「413」兩組，無法再分割。

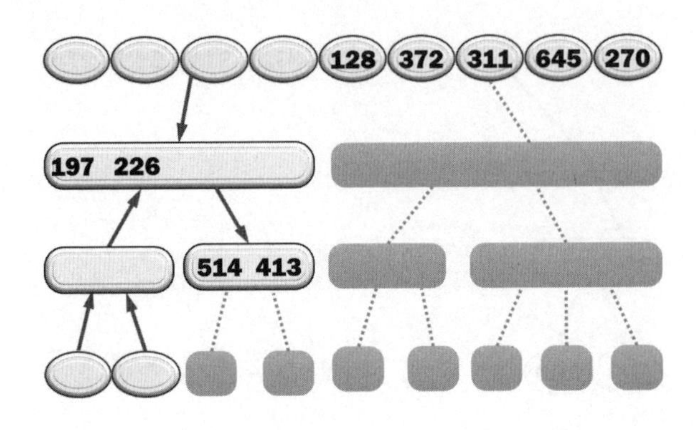


**Step 8.** 將數列「514」、「413」依然以「左小右大」原則做兩兩交換。

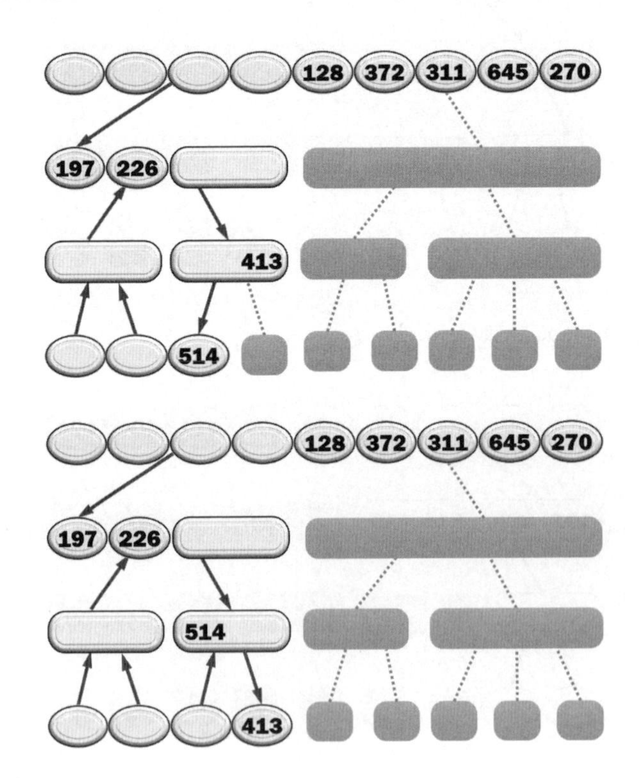

**Step 9.** 由於「514 > 413」兩個互換後向上合併成一組。

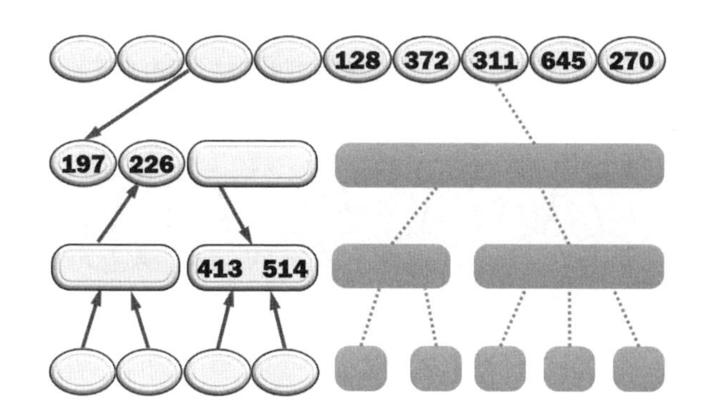


**Step 10.** 數列「413、514」再與另一組「197、226」合併爲一組並完成左半邊的排序。

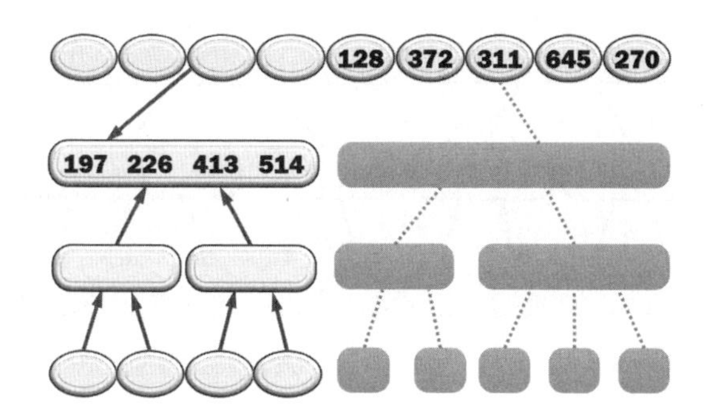


**Step 11.** 以相同操作，將右半部的數列「128、372、311、645、70」分割到最小單位，然後再進行合併。

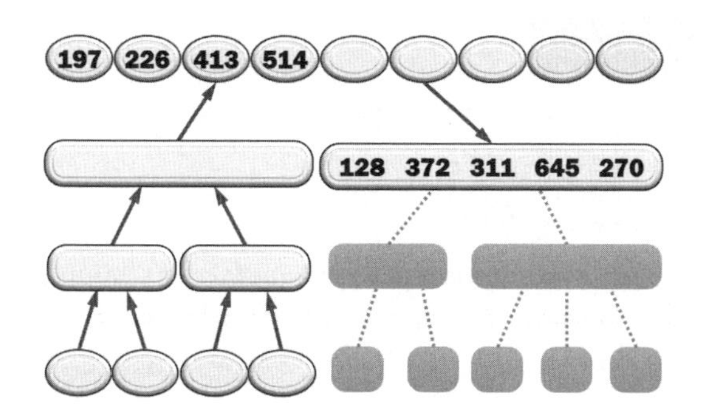

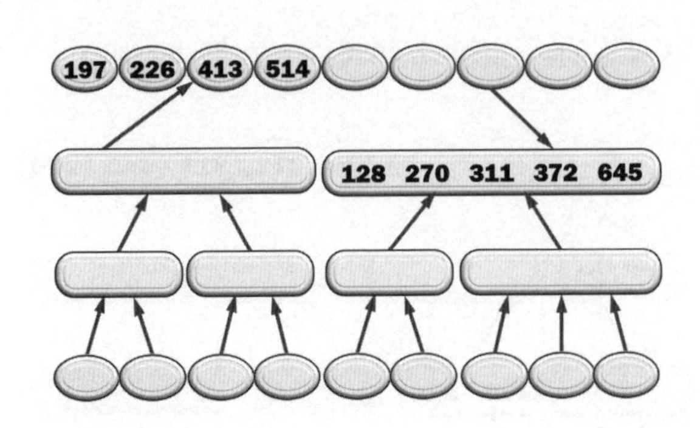


**Step 12.** 最後，把相鄰的兩組比較大小，數值小在前，數值大在後面，然後順序合併完成數列的排序。

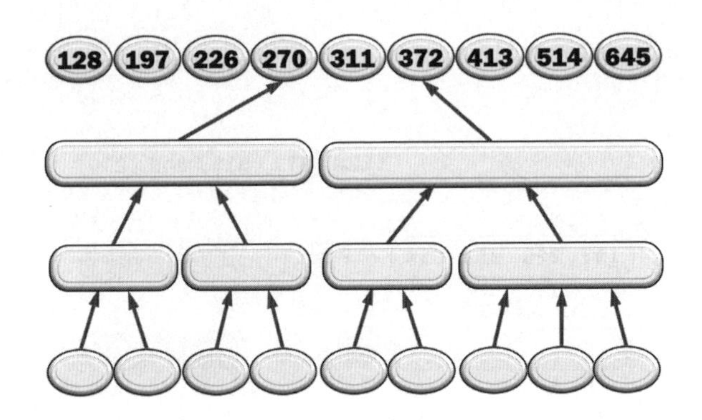


## 9.5.2 實作合併排序法

茲將數列「797、126、51、413、218、64、372、313、645、570」以程式碼進行實作。

**範例CH09/CH0909.java**

```
01    package mergeSort;
02    public class CH0910 {
03    static void mergeSort(int[] ary, int first, int last){
```

```
04      int j, k, item, mid, count;
05      int len = ary.Length;
06      int[] data = new int[len]; //暫存合併的資料
07      if (first < last){
08        mid = (first + last) / 2;   //分割陣列
09        Sorting(ary, first, mid);    //以遞迴處理陣列的前半部
10        Sorting(ary, mid + 1, last);//以遞迴處理陣列的後半部
11         //j取前半部, item是陣列data第一個資料
12         j = item = first;
13         k = mid + 1;               //取得後半部的第一個資料
14         count = last - first + 1;//合併的資料個數
15         while (j <= mid && k <= last){
16            if (ary[j] <= ary[k])
17               data[item++] = ary[j++];
18            else
19            data[item++] = ary[k++];
20         }
21         while (j <= mid)
22            data[item++] = ary[j++];
23         while (k <= last)
24            data[item++] = ary[k++];
25         //將陣列data內容複製到陣列ary
26         for (j = 0; j < count; j++, last--)
27            ary[last] = data[last];
28      }
29   }
30}
```

CHAPTER 9

**程式解說**

◈ 以靜態方法定義合併排序mergeSort()，採取先分割後合併方式，利用迴圈來讀取陣列分割後的左、右半部並暫存於陣列data，合併時比較大小，數值小在前面，數值大在後面。

◈ 第15~20行：while迴圈中以if/else敘述判斷分割後的陣列，若左半部的索引小於陣列的右半部，就把左、右半部的數值依照大小合併後放入陣列data。

◈ 第21~22、23~24行：while迴圈分別讀取陣列左半部、右半部的元素並複製到陣列data。

那麼範例CH0909.java的數列是如何先分割後合併，下表說明之。

| | 797 | 126 | 51 | 413 | 218 | 64 | 372 | 313 | 645 | 570 | 說明 |
|---|---|---|---|---|---|---|---|---|---|---|---|
| 1 | 797 | 126 | 51 | 413 | 218 | 64 | 372 | 313 | 645 | 570 | 分成左、右2組 |
| 2 | 797 | 126 | 51 | 413 | 218 | 64 | 372 | 313 | 645 | 570 | 左邊分成2組 |
| 3 | 797 | 126 | 51 | 413 | 218 | 64 | 372 | 313 | 645 | 570 | 最左邊分成2組 |
| 4 | 126 | 797 | 51 | 413 | 218 | 64 | 372 | 313 | 645 | 570 | 合併最左邊2組 |
| 5 | 126 | 797 | 51 | 413 | 218 | 64 | 372 | 313 | 645 | 570 | 分割左中2組 |
| 6 | 126 | 797 | 51 | 218 | 413 | 64 | 372 | 313 | 645 | 570 | 合併左中2組 |
| 7 | 51 | 126 | 218 | 413 | 797 | 64 | 372 | 313 | 645 | 570 | 合併左邊2組 |
| 8 | 51 | 126 | 218 | 413 | 797 | 64 | 372 | 313 | 645 | 570 | 右邊分成2組 |
| 9 | 51 | 126 | 218 | 413 | 797 | 64 | 372 | 313 | 645 | 570 | 右中分2組 |
| 10 | 51 | 126 | 218 | 413 | 797 | 64 | 372 | 313 | 645 | 570 | 合併右中2組 |
| 11 | 51 | 126 | 218 | 413 | 797 | 64 | 372 | 313 | 645 | 570 | 最右邊分成2組 |
| 12 | 51 | 126 | 218 | 413 | 797 | 64 | 372 | 313 | 570 | 645 | 合併最右組2組 |
| 13 | 51 | 126 | 218 | 413 | 797 | 64 | 372 | 313 | 570 | 645 | 合併右邊2組 |
| 14 | 51 | 64 | 126 | 218 | 313 | 372 | 413 | 570 | 646 | 797 | 合併成一組 |

討論合併排序法：

由於合併排序法以遞迴來呼叫函數，需要額外的記憶體空間來堆疊，處理遞迴呼叫並配置記憶體空間儲存合併後的數列。屬合併時才會交換元素，但相同鍵值的元素並不會交換，屬於穩定性的排序法。

- 時間複雜度：合併排序法每次分割N筆資料時爲N/2，其處理次數大約爲(log n)次完成排序，所以合併排序法的最佳、最壞及平均情況的複雜度爲O(n $\log_2$(n))。
- 空間複雜度：合併排序法的執行效率分成「分割」、「合併」兩個部分。合併時和排序鍵值數成正比，其執行效率是O(n)。



# 9.6 基數排序法

基數排序法（Radix Sort）屬於「分配式排序」（Distribution Sort）；它的特別之處是不做任何比較。若使用連結資料結構，不需要移動元素，屬於一種分配模式排序方式。

## 9.6.1 基數排序法的運作

基數排序法也稱「多鍵排序」（Multi-Key Sort）或「箱子排序法」（Bucket Sort）。它依據每個記錄的鍵值劃分爲若干單元，把相同的單元放置在同一箱子，常用於卡片或信件的分類。基數排序法依比較方向分爲LSD和MSD兩種，簡介如下：

- 最低位數優先（Least Significant Digit First, LSD）：從最右邊的低位數開始，只須採用分配（Distribution）和合併兩個步驟。
- 最高位數優先（Most Significant Digit First, MSD）：是從最左邊的高位數開始，採用分配、檢測、合併等三個步驟進行，檢測時可呼叫遞迴再做分配。

一般來說，基數排序「LSD」適用於位數較少的數列；以MSD處理位數較多的資料會有比較好的效率。要留意的地方是MSD是由高位數爲基底做爲分配的開始。合併資料時，其「遞增」是由左而右來收集桶子的資料；「遞減」恰好相反，它會由右而左來合併桶子的資料。

LSD（最低位數優先）的運作程序如下：

(1) 依十進制，表示得準備編號「0～9」的10個桶子（Bucket）。
(2) 找出最大數值的位數，例如「566」是三個位數，說明得進行3回合才能完成排序。
(3) 第一回合：從最低位數（個位數）開始；先將資料「分配」到對應的桶子；再「合併」10個桶子的資料。
(4) 第二回合：依據中間位數（十位數）來進行；同樣把資料「分配」到對應的桶子；再「合併」10個桶子的資料。
(5) 第三回合：以最高位數（百位數）執行；資料「分配」到對應的桶子；再「合併」10個桶子的資料。

那麼，LSD究竟如何運作？下述簡例說分明。未排序的原始數列如下：

```
59, 93, 17, 24, 70, 8, 185, 264, 566, 1155, 86, 1351
```

**Step 1.** 依十進制準備10個桶子（編號0～9），最大數「1351」是四位數，表示以4回合才能完成排序。

**Step 2.** 第1回合從「個位數」開始；把每個整數依其個位數字「分配」到10個桶子裡；例如數字「70」，個數位是「0」就放入「0」號桶子。

| 桶子 | 0 | 1 | 2 | 3 | 4 | 5 | 6 | 7 | 8 | 9 |
|---|---|---|---|---|---|---|---|---|---|---|
| 資料 | 70 | 1351 | | 93 | 24 | 185 | 566 | 17 | 8 | 59 |
| | | | | | 264 | 1155 | 86 | | | |

**Step 3.** 把桶子內的資料由左而右「合併」如下：

| 70 | 1351 | 93 | 24 | 264 | 185 | 1155 | 566 | 86 | 17 | 8 | 59 |
|---|---|---|---|---|---|---|---|---|---|---|---|

**Step 4.** 第2回合依據「十位數」，依序把資料「分配」到10個桶子；例如數字「264」，其十位數是「6」就存放「6」號桶。

| 桶子 | 0 | 1 | 2 | 3 | 4 | 5 | 6 | 7 | 8 | 9 |
|---|---|---|---|---|---|---|---|---|---|---|
| 資料 | 8 | 17 | 24 | | | 1351 | 264 | 70 | 185 | 93 |
| | | | | | | 1155 | 566 | | 86 | |
| | | | | | | 59 | | | | |

**Step 5.** 把桶子內的資料「合併」如下：

| 8 | 17 | 24 | 1351 | 1155 | 59 | 264 | 566 | 70 | 185 | 86 | 93 |
|---|---|---|---|---|---|---|---|---|---|---|---|

**Step 6.** 第3回合以「百位數」，依序把資料「分配」到10個桶子內；例如數字「185」，其百位數是「1」就存放「1」號桶，小於百位數就放到「0」號桶。

| 桶子 | 0 | 1 | 2 | 3 | 4 | 5 | 6 | 7 | 8 | 9 |
|---|---|---|---|---|---|---|---|---|---|---|
| 資料 | 8 | 1155 | 264 | 1351 | | 566 | | | | |
| | 17 | 185 | | | | | | | | |
| | 24 | | | | | | | | | |
| | 59 | | | | | | | | | |
| | 70 | | | | | | | | | |
| | 86 | | | | | | | | | |
| | 93 | | | | | | | | | |

**Step 7.** 繼續由左而右「合併」資料，結果如下：

| 8 | 17 | 24 | 59 | 70 | 86 | 93 | 1155 | 185 | 264 | 1351 | 566 |
|---|---|---|---|---|---|---|---|---|---|---|---|

**Step 8.** 第4回合以「千位數」，依序把資料「分配」到10個桶子內；例如數字「1351」，其千位數是「1」就存放「1」號桶，小於千位數就放到「0」號桶。

| 桶子 | 0 | 1 | 2 | 3 | 4 | 5 | 6 | 7 | 8 | 9 |
|---|---|---|---|---|---|---|---|---|---|---|
| 資料 | 8 | 1155 | | | | | | | | |
| | 17 | 1351 | | | | | | | | |
| | 24 | | | | | | | | | |
| | 59 | | | | | | | | | |
| | 70 | | | | | | | | | |
| | 86 | | | | | | | | | |
| | 93 | | | | | | | | | |
| | 185 | | | | | | | | | |
| | 264 | | | | | | | | | |
| | 566 | | | | | | | | | |

**Step 9.** 由左而右合併（遞增），完成由小而大的排序如下：

| 8 | 17 | 24 | 59 | 70 | 86 | 93 | 185 | 264 | 566 | 1155 | 1351 |
|---|---|---|---|---|---|---|---|---|---|---|---|

## 9.6.2 以MSD進行排序

MSD以分配、檢測和分配來完成排序動作。繼續了解MSD的運作，未排序的原始數列如下。

| 59 | 93 | 17 | 24 | 70 | 156 | 185 | 264 | 566 | 55 | 86 | 123 |
|---|---|---|---|---|---|---|---|---|---|---|---|

**Step 1.** 把每個數值依其百位數分配到10個桶子裡，未達百位數的數值就歸到索引為「0」的位置。

| 桶子 | 0 | 1 | 2 | 3 | 4 | 5 | 6 | 7 | 8 | 9 |
|---|---|---|---|---|---|---|---|---|---|---|
| 資料 | 59 | 156 | 264 | | | 566 | | | | |
| | 93 | 185 | | | | | | | | |
| | 17 | 123 | | | | | | | | |
| | 24 | | | | | | | | | |
| | 70 | | | | | | | | | |
| | 55 | | | | | | | | | |
| | 86 | | | | | | | | | |

**Step 2.** 與LSD不同，要針對每個桶子進行檢測，項目大於「1」還得進一步「分配」；例如百位數的「1」號桶子，須依「拾位」再做分配。

| 桶子 | 0 | 1 | 2 | 3 | 4 | 5 | 6 | 7 | 8 | 9 |
|---|---|---|---|---|---|---|---|---|---|---|
| 1號 | | | 123 | | | 156 | | | 185 | |

**Step 3.** 繼續針對百位數的「0」號桶子，依「拾位」進行排序。

| 桶子 | 0 | 1 | 2 | 3 | 4 | 5 | 6 | 7 | 8 | 9 |
|---|---|---|---|---|---|---|---|---|---|---|
| 0號 | | 17 | 24 | | | 59 | | 70 | 86 | 93 |
| | | | | | | 55 | | | | |

**Step 4.** 每個桶子同樣要進行檢測，只有「5」桶子項目大於「1」，還依「個位」進行「分配」。

| 桶子 | 0 | 1 | 2 | 3 | 4 | 5 | 6 | 7 | 8 | 9 |
|---|---|---|---|---|---|---|---|---|---|---|
| 5號 | | | | | | 55 | | | | 59 |

**Step 5.** 這些經過分配的資料要放回原來的桶子，將步驟4的「5」號桶子（以十位為主）放回步驟1的「0」號桶子，準備資料的「合併」。

| 桶子 | 0 | 1 | 2 | 3 | 4 | 5 | 6 | 7 | 8 | 9 |
|---|---|---|---|---|---|---|---|---|---|---|
| 收集資料 | | 17 | 24 | | | 55<br>59 | | 70 | 86 | 93 |

**Step 6.** 再進一步把步驟2的「1」號桶子，繼續資料的「合併」。

| 桶子 | 0 | 1 | 2 | 3 | 4 | 5 | 6 | 7 | 8 | 9 |
|---|---|---|---|---|---|---|---|---|---|---|
| 準備資料合併 | 17<br>24<br>55<br>59<br>70<br>86<br>93 | 123<br>156<br>185 | 264 | | | 566 | | | | |

**Step 7.** 由右而左合併（遞減），完成由大而小的排序如下：

| 566 | 264 | 185 | 156 | 123 | 93 | 86 | 70 | 59 | 55 | 24 | 17 |
|---|---|---|---|---|---|---|---|---|---|---|---|

將基數排序法以MSD做資料排序時，利用下圖了解各個位數「桶子」的分配狀況；當桶子內的項目大於「1」就會繼續往低位數再做「分配」。

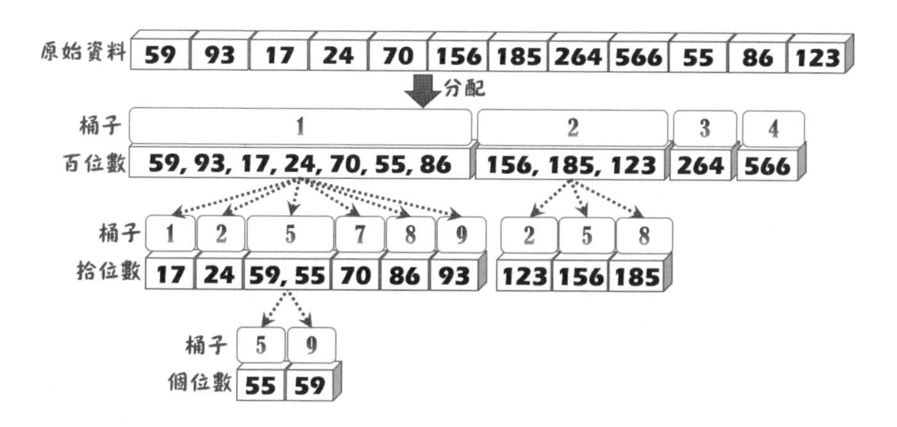


當MSD完成分配時，各個位數的桶子只會有1個項目，它會繼續「合併」來回到上一層桶子，直到完成排序。

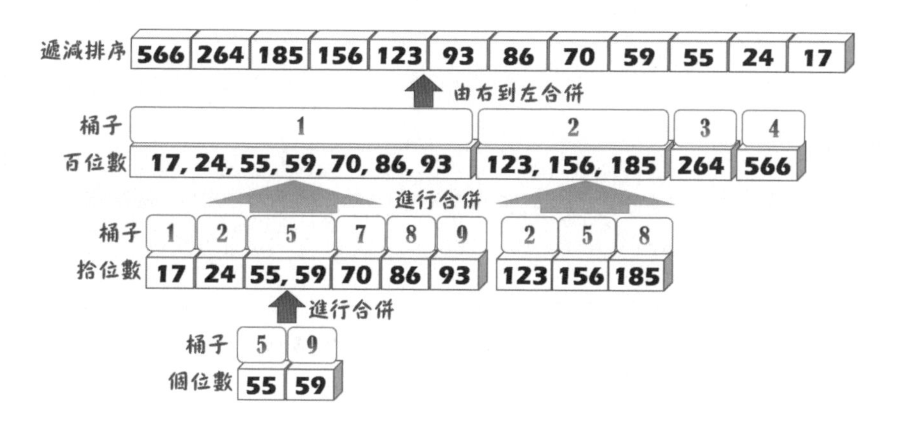


## 9.6.3 實作基數排序法

數列「59、93、17、24、70、8、185、264、566、1155、86、1351」以LSD方式，由個位、十位、百位、仟位產生遞增排序。

CHAPTER 9

範例CH09/CH0910.java

```
01   package radixSort;
02   public class CH0910 {
03   static void radixSort(int[] ary, int len){
04      int j, num, amass, bucket, max, round;
05      //產生桶子data, count存放鍵值出現的次數
06      int[][] data = new int[BASE][len];
07      int[] count = new int[len];
08      int efn = 0, figure = 1;
09      max = BigValue(ary, len); //呼叫靜態方法取得最大值
10      while(max > 0){    //取得最大位數
11         efn++;
12         max /= BASE;
13      }
14      for(round = 0; round < efn; round++){//初始化桶子
15         for(j = 0; j < BASE; j++)    //清空桶子
16            count[j] = 0;
17         for(j = 0; j<len; j++){//依據個、十、百、千位數分配
18            bucket = (ary[j] / figure) % BASE;
19            data[bucket][count[bucket]] = ary[j];
20            count[bucket] += 1; //統計累計的元素
21         }
22         j = 0;
23         for(num = 0; num < BASE; num++){//依位數做合併
24            for(amass = 0; amass < count[num]; amass++){
25               ary[j] = data[num, amass];
26               //查看個、拾、百、仟合併結果
```

```
27                  out.printf("ary[%2d] = %4d, ", j, ary[j]);
28                  j++;
29                  out.printf("data[%d][%d] = %4d%n",
30                            num, amass, data[num][amass]);
31               }
32            }
33            figure *= BASE;   //取得位數
34         }
35      }
36}
```



### 程式解說

- 定義靜態方法radixSort()，以LSD法做基數排序。
- 第14~34行：外層for迴圈將桶子初始化，當變數「round = 0」表示進入LSD方式的第一回合，處理個位數；而「round = 1（代表十位數）」依此累推。
- 第17~21行：for迴圈依序讀取陣列，陣列count統計累積的元素；依LSD方式將元素依個、十、百、千位數，將計算所得餘數分別放入0~9的桶子，例如「count[3] = 2」表示3號桶子有2個元素。
- 第18行：同樣以個、十、百、千位數，配合十進制（BASE）計算取得之餘數，把陣列元素分配到0~9桶子中。例如：十位數時，元素17，計算「(17 /10) % 10」得到餘數爲「1」就是分配到「1」號桶子。
- 第23~32行：for迴圈讀取桶子的元素，由左而右進行合併，其中「ary[9] = 17，data[7][0]」表示元素17分配在[7]號桶子第[0]個位置，目前只累積1個項目。

討論基數排序法：

基數排序法是屬於穩定排序，基數排序法的執行效率和快速排序法相同，以n個鍵值來說，在二層巢狀迴圈的內層是O(n)，外層最多執行log n位數次，所以執行效率是O(n log n)。

- 空間複雜度：基數排序法需要額外記憶體空間「p」來記錄基數，所需時間是「O(n*p)」。
- 時間複雜度：在所有情況下，均為$O(n \log_p(k))$，k是原始資料最大值。

# 課後習作

## 一、選擇題

(　　) 1. 對於氣泡排序法的描述，何者有誤？

(A) 由第一個元素開始比較

(B) 時間複雜度的最佳狀況爲$O(n^2)$

(C) 適用於資料量較小的排序

(D) 屬於不穩定排序演算法

(　　) 2. 下列哪一種排序法是改良後的氣泡排序法？

(A) 基數排序法

(B) Shaker排序法

(C) 快速排序法

(D) 插入排序法

(　　) 3. 下列排序中，大部分的鍵值資料都相同，或大部分的資料已完成排序的檔案來說，哪一種方法排序速度最快？

(A) 氣泡排序法

(B) 快速排序法

(C) 選擇排序法

(D) 謝耳排序法

(　　) 4. 排序時將資料分成「已排序」和「未排序」的排序法是哪一種？

(A) 氣泡排序法

(B) Shaker排序法

(C) 快速排序法

(D) 插入排序法

(　　) 5. 哪一種排序法可視爲插入排序法的改良版？

(A) 雙向氣泡排序法

(B) 謝耳排序法

(C) 堆積排序法

(D) 選擇排序法

(　) 6. 下列排序法中，有哪幾種使用分而治之（Divide-and-Conquer）策略。

(A) 氣泡排序法

(B) 合併排序法

(C) 快速排序法

(D) 插入排序法

(E) 以上皆是。

(　) 7. 下列哪一種排序可以在數列設一個虛擬的中間值，把陣列分割成兩部份，再呼叫遞迴來分別處理？

(A) 合併排序法

(B) 氣泡排序法

(C) 快速排序法

(D) 選擇排序法

(　) 8. 將數列「80、66、55、77、43、36」由小而大進行排序，在第二回合之後可能的順序為「55、66、80、77、42、36」，請問哪一種排序法最有可能？

(A) 插入排序法

(B) 氣泡排序法

(C) 謝耳排序法

(D) 選擇排序法

(　) 9. 下列哪一種排序法可以依據數列的長度設定間隔值，進行排序？

(A) 選擇排序法

(B) 氣泡排序法

(C) 插入排序法

(D) 謝耳排序法

(　) 10. 數列「112、75、136、91、57、84、328、53、621、49、33、166、23、17」在第2回合得「33、57、23、53、75、49、84、91、166、127、112、621、136、328」，最有可能是哪一種排序法？

(A) 謝耳排序法

(B) 選擇排序法

(C) 氣泡排序法

(D) 插入排序法

(　) 11. 將數列「39、8、64、51、32、17」依快速排序法，以第一個元素「39」爲基準點k，依左小右大方式，最有可能把資料分成的情形？

(A)「32、39、8、17、51、64」

(B)「32、8、17、51、39、64」

(C)「32、8、17、39、51、64」

(D)「32、8、39、17、51、64」

(　) 12. 對於合併排序法的描述，何者不正確？

(A) 排序時先將數列分割成左、右兩半部，分割到無法分割爲止

(B) 無法支援外部排序

(C) 爲穩定的排序演算法

(D) 時間複雜度爲(n log (n))。

(　) 13. 對於基數排序法的描述，何者正確？

(A) 最有效優先MSD表示排序方向由右邊開始

(B) 排序時需要額外的記憶體空間

(C) 最無有效優先LSD表示排序方向由左邊開始

(D) 排序時，資料間不做任何比較，也不做任何移動。

## 二、實作與問答

1. 請參考範例CH0901.java，完成排序後提早結束，程式碼如何修改？
2. 數列「55、234、78、37、165、23、81、46、69、37」繪製出氣泡排序法每一回合由大而小的交換過程，利用程式碼輸出並完成排序。
3. 數列「185、625、134、47、731、125、42、416」以插入排序法做遞減排序並程式碼完成，進一步手工繪製插入排序法每回合的排序結果。
4. 將下列資料「185、625、134、47、731、125、42、416」以選擇排序法做遞減排序並繪製出排序過程，此外第幾回合就完成排序？
5. 試將下列數列「185、625、134、47、731、125、42、416、84、67」由二元樹轉爲最小堆積樹，請填寫下圖空白圓圈中各節點的值。

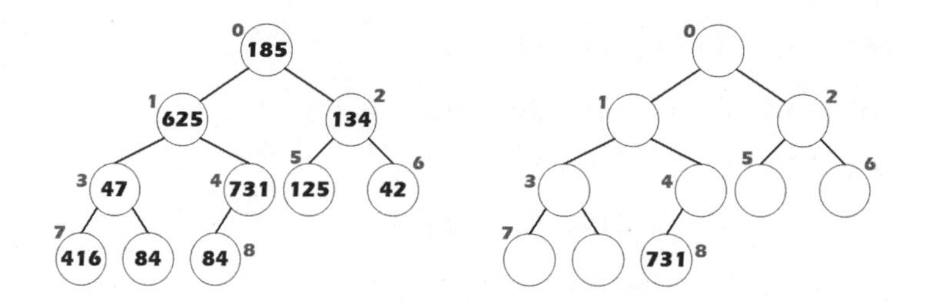


6. 將數列「519、286、93、1285、1651、34、527、71、156、264、578、4123、55」以基數排序法的MSD完成遞減排序。

# 第十章

# 覓資料話搜尋

## ★學習導引★

- 從常見的搜尋開始，認識循序搜尋、二元搜尋到內插搜尋法
- 費氏搜尋法以費氏數列來分割，配合費氏樹能加快搜尋
- 雜湊搜尋法要有雜湊函數來產生雜湊表，過程中要避免碰撞和溢位

# 10.1 常見搜尋法

搜尋這件事可大可小。例如從自己的手機上找出同學的電話號碼，或者從資料庫裡找出某個指定的資料（可能需要一些技巧）。或者更簡單地說，只要開啓電腦，搜尋就無處不在；以視窗作業系統來說，檔案總管配有搜尋窗格，方便我們搜尋電腦中的檔案。

使用瀏覽器輸入「關鍵字」（Key）擊點搜尋按鈕後，類似蜘蛛網的搜尋會把網路上「登錄有案」的伺服器，配合網頁技術檢索相關資料再以搜尋熱度進行排序，最後以網頁呈現在我們面前。以下圖來說，輸入「資料結構」關鍵字後，谷歌大神會告訴我們，它只花「0.32」秒就給了我們搜尋結果。

這樣的過程可稱它為「資料搜尋」；搜尋時要有「關鍵字」（Key）或稱「鍵值」，利用它來識別某個資料項目的值，而搜尋所取得的集合可能儲存以資料表、網頁形式呈現。不過我們要探討的重點是以某個特定資料為對象，一窺搜尋的運作方式。

搜尋和排序的運作有些相像，若依據搜尋資料量的大小，可以把搜尋概分兩類：

- 內部搜尋法：查找這些資料時，可以把它們一一放入記憶體中，再依據鍵值做搜尋。
- 外部搜尋法：當搜尋的資料量太大而主記憶體無法處理時，就得藉助輔助記憶體（例如硬碟空間）來分擔工作，將資料做分批處理；所以稱為外部搜尋法。

如果搜尋過程是以被搜尋表格或資料是否有異動來分類，同樣也有兩類：

- 靜態搜尋（Static Search）：查訪某項特定的資料是否存在，或者取得它的相關屬性。例如去氣象局網站取得明天的預報資料。

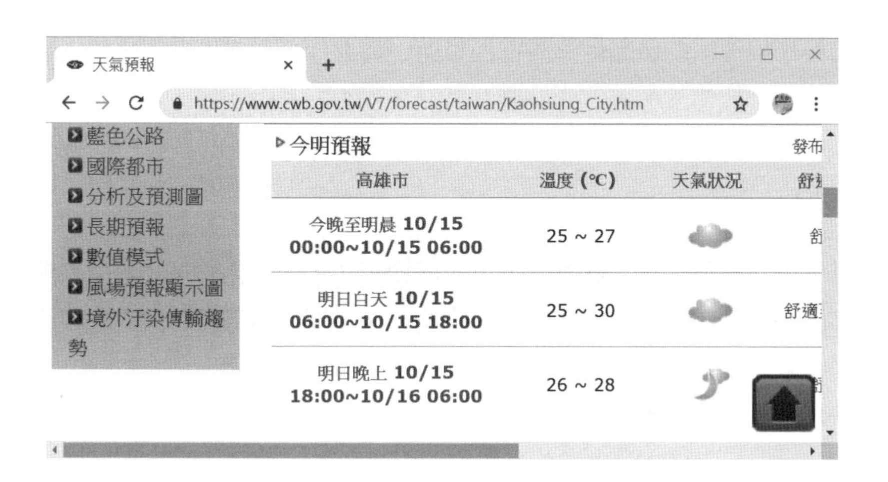


➢ 動態搜尋（Dynamic Search）：所搜尋的資料，搜尋過程中會經常性地增加、刪除、或更新。例如B-Tree搜尋就屬於一種動態搜尋。

## 10.1.1 循序搜尋法

生活中，翻箱倒櫃找一件東西的經驗一定是有的；例如找一本書，可能從書架上一一查找，或者從抽屜逐層翻動。這種簡易的搜尋方式就是「循序搜尋法」（Sequential search），也稱爲線性搜尋（Linear Searching）。一般而言，會把欲搜尋的值設成「Key」，欲搜尋的對象是事先未按鍵值排序的數列；所以，欲尋找的Key若是存放在第一個位置（索引爲零），第一次就會找到；若Key是存放在數列的最後一個位置，就得依照資料儲存的順序從第一個項目逐一比對到最後一個項目，從頭到尾走訪過一次。

循序搜尋法的優點是資料在搜尋前不需要作任何的處理與排序，缺點是搜尋速度較慢。假設已存在數列「117、325、54、19、63、749、41、213」，若欲搜尋63需要比較5次；搜尋117僅需比較1次；搜尋749則需搜尋6次。

當資料量很大時，就不適合用循序搜尋法，但可估計每一筆資料所要搜尋的機率，將機率高的放在檔案的前端，以減少搜尋的時間。如果資料沒有重覆，找到資料就可中止搜尋的話，最差狀況是未找到資料，需作n次比較，最好狀況則是一次就找到，只需1次比較。

```
// 範例CH10/CH1001.java
package baseSearch;
public static int sequential(int key, int[] ary){
   for (int pos = 0; pos < ary.length; pos++){
     if (ary[pos] == key)   //比對陣列元素是否等於欲搜尋的鍵值
        return pos;          //回傳索引
   }
   return -1;                //沒有找到以0回傳
}
```

◈ 定義靜態方法sequential()從ary陣列中搜尋指定的值；for迴圈讀取陣列，參數Key若與陣列中某個元素相等則回傳此元素的索引（pos）。

## 10.1.2 改善循序搜尋

循序搜尋法優點是檔案或資料事前是不需經過任何處理與排序，在應用上適合於各種情況；更好的狀況是欲搜尋資料若落在數列前端則能減少搜尋的時間。不過，使用循序搜尋時還是可能發生欲搜尋的鍵值並沒有在數列裡，例如下列數列中找不到Key「28」但依然要把資料項查找一遍。

當然可以進一步循序搜尋加以改善；例如：搜尋key爲「117」的資料；將數列由小而大排序，查找時若搜尋值已大於目標值就停止查找。

```
// 範例CH10/CH1002.java
static int linearSearch(int[] ary, int key){
    //讀取陣列查找鍵值key
    for (index = 0; index < ary.length; index++){
      if (ary[index] == key)//陣列元素的值等於key, 回傳其位置
         return index;
      else if (ary[index] > key)//搜尋值大於目標值就停止查找
         return -1;
    }
    return -1;
  }
```

當然，循序搜尋法也有缺點，當資料量很大時就不適用此搜尋法。那麼循序搜尋法的效率如何？以N筆資料爲來說，利用循序搜尋法來找尋資料，有可能在第1筆就找到，如果資料在第2筆、第3筆…第n筆，則其需要的比較次數分別爲2、3、4…n次的比較動作。平均狀況下，假設資料出現的機率相等，則需(n + 1)/2次比較，例如有10萬個鍵值，則需要做50000次的比較。

從時間複雜度的角度來看：如果資料沒有重覆，找到資料就可中止搜尋的話，在最差狀況是未找到資料，逐一比對後沒有找到資料，則必須花費n次，其最壞狀況（Worst Case）的時間複雜度爲O(n)。

## 10.1.3 二元搜尋法

換個作法，假如這一串資料已完成排序，搜尋時把資料分成一分爲二，能否加快搜尋動作？這種從資料的一半展開搜尋的方法叫做「二元搜尋」（Binary search）或稱「折半搜尋」法。二元搜尋法的原理是將欲進行搜尋的Key，與所有資料的中間值做比對，利用二等分法則，將資料分割成兩等份，再比較鍵值、中間值兩者何者爲大。如果鍵值小於中間值，要找的鍵值就屬於前半段的資料項，反過來鍵值就在後半部裡。

可別忘了！二元搜尋法所查找對象必須是一個依照鍵值完成排序的資料，搜尋時由中間開始查找，不斷地把資料分割直到找到或確定不存在爲止。可以把搜尋範圍的前端設爲「low」，末端是「high」，中間項爲「mid」（Middle），中間項的計算公式如下：

$$\text{mid} = \frac{low + high}{2}$$

既然是利用鍵值「K」與中間項「Km」做比對，會有三種比較結果可得：

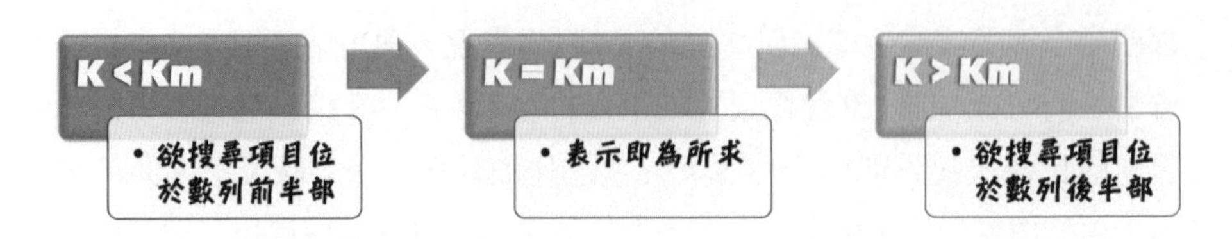

當鍵值「K」不等於中間項「Km」就得把數列再做分割，依比對後情形繼續搜尋。

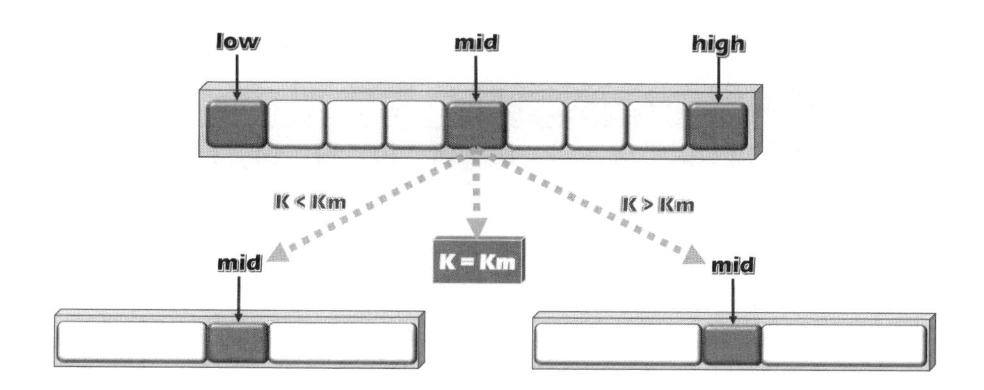


當鍵值「K」大於中間項「Km」，繼續搜尋數列的後半部（向右移動），則前端「low = mid + 1」。當鍵值「K」小於中間項「Km」，繼續搜尋數列的前半部（向左移動），則後端「high = mid − 1」。

例如：從下列已排序數列中搜尋鍵值「101」，要如何做？

```
5、13、18、24、35、56、89、101、118、123、157
```

**Step 1.** 首先利用公式「mid = (low + high)/2」求得數列的中間項爲「(0 + 10 ) % 2 = 5」（取得整數商），也就是串列的第6筆記錄「Ary[5] = 56」；由於搜尋值101大於56，因此向數列的右邊繼續搜尋。

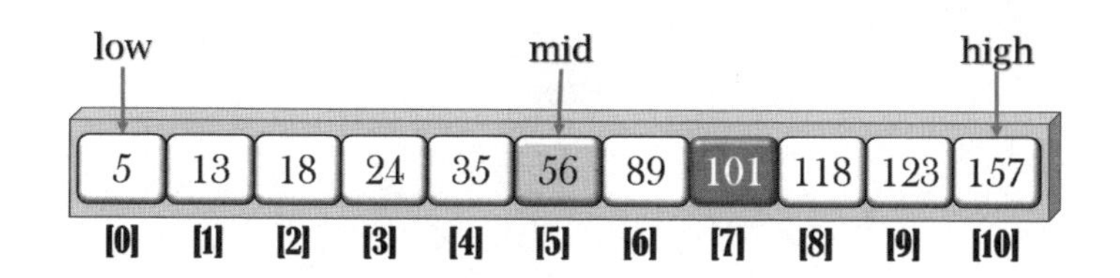


**Step 2.** 繼續把數列右邊做分割；同樣算出「mid = (6 + 10) % 2 = 8」，

爲「Ary[8] = 118」；由於搜尋值101小於118，「high = 8 – 1 = 7」，繼續往數列的左邊查找。

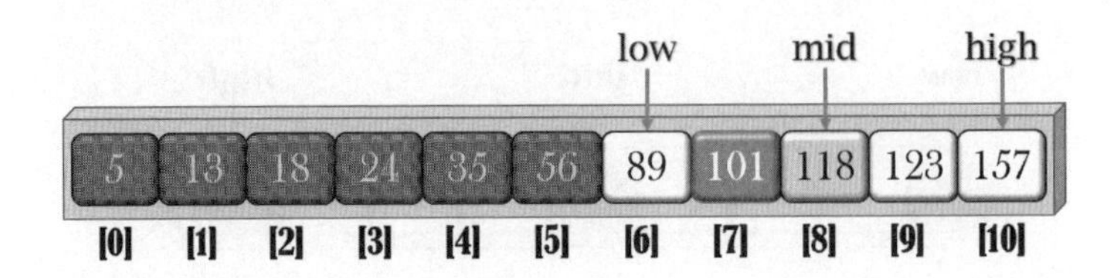


**Step 3.** 第三次搜尋，算出中間項「(6 + 7) % 2 = 6」，得到「Ary[6] = 89」，中間項等於「low」；搜尋值101大於89，繼續向右查找。

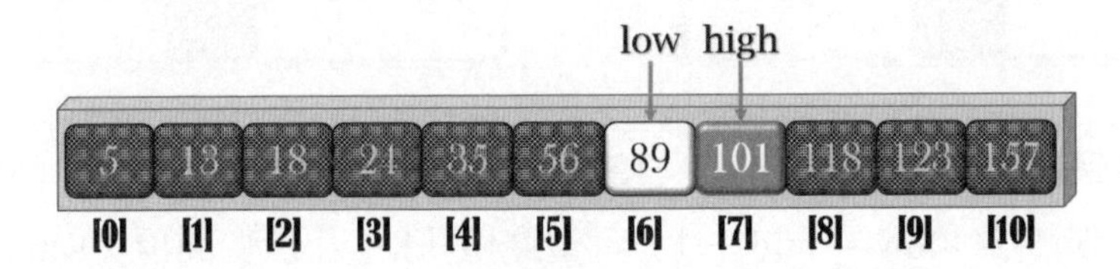


**Step 4.** 「low = 6 + 1 = 7」，中間項「(7 + 7) % 2 = 7」，中間項等於「low」也等於「high」，表示找到搜尋值101了。

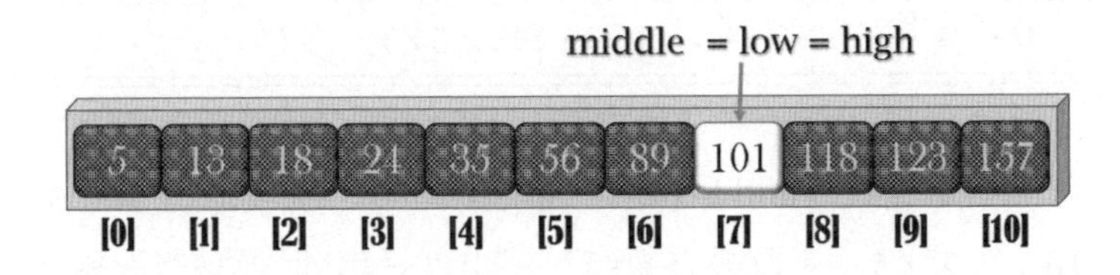


二元搜尋法的搜尋過程把它轉換爲二元搜尋樹會更清楚。

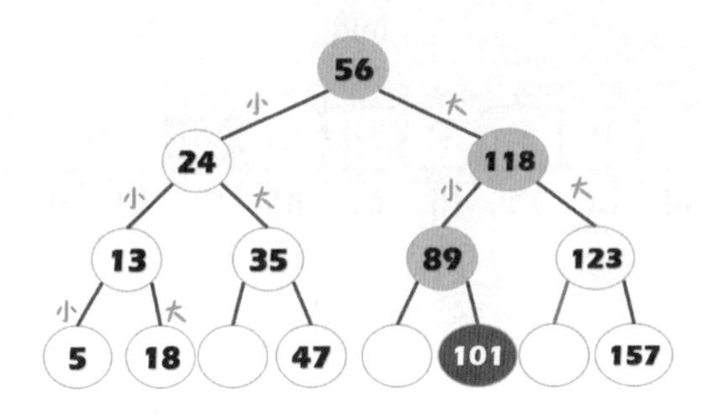

範例CH10/CH1003.java

```
01    package baseSearch;
02    import static java.lang.System.*;
03    import java.util.Arrays;
04    import java.util.Scanner;
05    public class CH1003 {
06    public static void main(String[] args) {
07       Scanner key = new Scanner(in);
08       int target, find;
09       int[] number = {
10          5, 13, 18, 24, 35, 56, 89, 101,
11          118, 123, 157};
12       out.print("輸入欲搜尋的值 -> ");
13       find = key.nextInt();
14       target = Searching(number, find, 0, 10);
15       if (target != -1)
16          out.printf("找到鍵值，索引:  %3d%n", target);
17       else
18          out.println("無此鍵值");
19       int item = Arrays.binarySearch(number, find);
20       out.printf(
21             "binarySearch()方法搜尋值索引: %3d%n",
22             item);
23       key.close();
24    }
25
26    static int Searching(int[] ary, int key, int low,
27          int high){    //以靜態方法做二元搜尋
28       int mid;
```

```
29          if (low <= high){
30              mid = (low + high) / 2;//取得陣列中間項mid
31              //中間項有符合者就回傳其值
32              if (key == ary[mid])
33                  return mid;
34              //K > Km 欲查找的key大於中間項，向右繼續
35              else if (key > ary[mid]) {
36                  low = mid + 1;
37                  //遞迴呼叫
38                  return Searching(ary, key, low, high);
39              }
40              Else    //K < Km 欲查找的key大於中間項，向左繼續
41                  high = mid - 1;
42              return Searching(ary, key, low, high);
43          }
44          return -1;
45      }
46  }
```

## 執行結果

```
輸入欲搜尋的值 -> 123
找到鍵值，索引:  9
binarySearch()方法，搜尋值索引:  9
```

## 程式解說

◈ 第19行：主程式中，呼叫Arrays類別的binarySearch()方法做搜尋，它會依據變數find取得的鍵值做搜尋。

◈ 第26~45行：定義靜態方法Searching()，傳入4個參數：搜尋值

(target)、陣列(Ary)、設定搜尋的開頭(low)和結尾(high),並以遞迴呼叫自身方法後繼續搜尋。

◈ 第29~43行:第一層if敘述確認變數low小於high,依據計算所得中間項(變數mid)之值往第二層if/else if/else敘述繼續搜尋。當中間項等於欲搜尋Key,表示找到了;第二種情形「key > 中間項」,搜尋的值大於中間項,向右邊移動,以遞迴呼叫本身函式;第三種情形「key < 中間項」,搜尋的值小於中間項,向左邊移動,繼續以遞迴呼叫本身函式。



使用二元搜尋法必須事先經過排序,且資料量必須能直接在記憶體中執行,此法較適合不會再進行插入與刪除動作的靜態資料。

若從時間複雜度的解度來看,二分搜尋法每次搜尋時,都會將搜尋區間分爲一半,若是有N筆資料,最差情況下,下一次搜尋範圍就可以縮減爲前一次搜尋範圍的一半,二分搜尋法總共需要比較「$[\log_2 n] + 1$」或「$[\log_2 (n + 1)]$」次,時間複雜度爲「$O(\log_2 n)$」。

## 10.1.4 內插搜尋法

使用二元搜尋法能把數列一分爲二來加快搜尋的速度,那麼可不可把數列一分爲二,再二爲四或者切割更多讓搜尋的效率更好些?因此,可以把「內插搜尋法」(Interpolation Search)又叫做插補搜尋法,能把它看成二元搜尋法的改版。它是依照資料位置的分佈,利用公式預測資料的所在位置,再以二分法的方式漸漸逼近。例如字典裡找「telephone」,通常先翻到「t」部字頭,再逐步往前或往後找,特別是在均匀分布,且n值愈大時,插補搜尋法甚至比二元法更好。使用二元搜尋法的能預測key的落點,如下圖所示,它能在數列中快速找到資料。

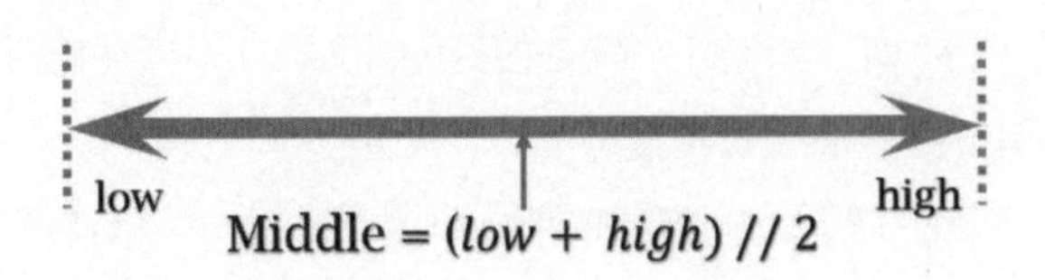


由於內插法中無法以單純以「1/2」來預測；將原來的公式改良如下：

$$\text{mid} = \frac{low + high}{2} = low + \frac{1}{2}(high - low)$$

想要以公式來預測其落點，要改善的是「1/2」，假設數列中的鍵值平均分布在可能範圍，則「1/2」改善後可得X預測落點的公式如下：

$$X = \frac{key - data[low]}{data[high] - data[low]}$$

◈ key是要尋找的鍵。

◈ data[high]、data[low]是數列中的要查找的最大值及最小值。

依據X的預測落點，得到內插法公式：

$$\text{mid} = \text{low} + \frac{key - data[low]}{data[high] - data[low]} * (\text{high} - \text{low})$$

為什麼要把「1/2」做改善？例一：如果有一個數列data如下。

| [0] | [1] | [2] | [3] | [4] | [5] | [6] | [7] | [8] | [9] | [10] |
|---|---|---|---|---|---|---|---|---|---|---|
| 5 | 13 | 18 | 24 | 35 | 56 | 89 | 101 | 118 | 123 | 157 |
| low | | | | | | | | | | high |

$$X = \frac{101 - 5}{157 - 5} \approx 0.632$$

$$\text{mid} = 0 + 0.632 * 10 \fallingdotseq 6$$

要查找鍵值「101」，使用二元搜尋法的話要第四次才會找到；所以使用內插法只需搜索兩次就能找到。

| 次數 | low | high | mid | key與A[mid]比較 | 範圍 |
|---|---|---|---|---|---|
| 1 | 0 | 10 | 6 | 101 > 89 | 向右 |
| 2 | 6 + 1 = 7 | 10 | $7 + \frac{101-101}{157-101} * 10 = 7$ | 101 = 101 | 找到 |

例二：有一數列如下，欲搜尋鍵值爲「74」的位置。

| 49 | 54 | 69 | 74 | 91 | 113 | 135 | 147 | 155 | 163 |
|---|---|---|---|---|---|---|---|---|---|
| [0] | [1] | [2] | [3] | [4] | [5] | [6] | [7] | [8] | [9] |

使用「內插法」的搜尋過程如下：

| 次數 | low | high | mid | key與A[mid]比較 | 範圍 |
|---|---|---|---|---|---|
| 1 | 0 | 9 | $0 + \frac{74-49}{163-49} * 9 = 1$ | 74 > 54 | 向右 |
| 2 | 1 + 1 = 2 | 9 | $2 + \frac{74-69}{163-69} * 7 = 2$ | 74 > 49 | 向右 |
| 3 | 2 + 1 = 3 | 9 | $3 + \frac{74-74}{163-74} * 6 = 0$ | mid = low = 74 | 找到 |

**範例CH10/CH1004.java**

```
01    package baseSearch;
02    public class CH1004 {
03    static int SearchInterpolation (int[] ary,
04            int key, int low, int high) {
05       int point, mid;
06       while (low <= high){
```

```
07          if ((ary[high] - ary[low]) != 0)
08             point = (key - ary[low]) / (ary[high]
09                - ary[low]);
10          else
11             point = 0;
12          //求取中間項
13          mid = low + (point * (high - low));
14          if (key == ary[mid])//情形一：兩者相等表示找到
15             return mid;
16          else if (key > ary[mid])//情形二：向右繼續找
17             low = mid + 1;
18          else                          //情形三：向左繼續找
19             high = mid - 1;
20       }
21       return -1;
22    }
23 }
```

## 程式解說

- 定義靜態方法SearchInterpolation ()並傳入4個參數，分別是傳入的數列、搜尋值key、儲存數列的開始和結束範圍。
- 第8~9行：使用公式來預測搜尋值key的位置落點。
- 第14~15行：key與中間項做比較的第一種情形：兩者相等，表示找到key。
- 第16~17行：key與中間項做比較的第二種情形：搜尋值大於中間項，向右移動繼續比對。
- 第18~19行：key與中間項做比較的第三種情形：搜尋值小於中間項，向左邊移動繼續比對。

一般而言，內插搜尋法優於循序搜尋法，此法的時間複雜度取決於資料分佈的情況而定。平均而言，N筆資料的情況下，內插搜尋法只需要進行log(log(n))次比對就可以找到資料。

使用內插搜尋法資料需先經過排序。如果資料的分佈愈平均，則搜尋速度愈快，甚至可能第一次就找到資料。但是，在資料並非分布均匀的最差情況下，內插搜尋法則是需要進行N次比對才能夠找到資料。這種情況，內插法的搜尋效率就比二分搜尋法差很多。



# 10.2 費氏搜尋法

費氏搜尋法（Fibonacci Search）又稱費伯那搜尋法，和二元搜尋法十分類似，都是以切割範圍來進行搜尋；只是將二元搜尋的中分方式，改變成費氏級數來切割。這樣的切割方式在搜尋過程中，只需用到加減法而不必用到除法，如果以電腦運算的過程來看，會比循序搜尋法、二元搜尋法有更大的效率。

## 10.2.1 定義費氏級數

費氏搜尋法是以「費氏級數」為比較對象進行分割。費氏級數F(n)定義如下：

$$F_n = \begin{cases} F_0 = 0, & \text{if n} = 0 \\ F_2 = 1, & \text{if n} = 1 \\ F_n = F_{n-1} + F_{n-2}, & \text{if n} \geqq 2 \end{cases}$$

費氏級數中除了第0及1個外，每個值都是前兩個值的加總；數列如下：

| 數列 | 1 | 1 | 2 | 3 | 5 | 8 | 13 | 21 | 34 | 55 | 89 | 144 | 233 | … |
|---|---|---|---|---|---|---|---|---|---|---|---|---|---|---|
| K值 | 1 | 2 | 3 | 4 | 5 | 6 | 7 | 8 | 9 | 10 | 11 | 12 | 13 | … |

程式碼如何撰寫費氏級數？簡例如下：這樣的查找過程，必須依據數列的長度來產生費氏級數。

```
// 範例CH10/CH1005.csproj.java
package fibonacciSearch;
int fiboNums(int num){   //產生費氏級數
    if(num == 1 || num == 0)
        return num;
    return fiboNums(num - 1) + fiboNums(num - 2);
}
```

◈ 定義函式fiboNums()，依據參數num來產生費氏級數。

◈ 以if敘述配合邏輯運算子「||」排除數值「0」或「1」之後，並以遞迴運算回傳費氏級數。

## 10.2.2 產生費氏搜尋樹

要以費氏搜尋法查找資料，必須依據費氏級數來建立費氏搜尋樹。費氏搜尋樹以二元樹爲基底，若將其節點視爲鍵值，它也是一棵二元搜尋樹；也就是某一個節點的左子樹鍵值都比它小，由右子樹鍵值都大於或等於它。每一對兄弟節點與其父親節點之差均相等，而其差值亦是一個費氏數；它可分成根節點、左子樹及右子樹三部分，具有下列特徵：

➢ 費氏樹含有N個節點，要決定費氏樹的階層k值，得找到一個最小的k值，得費氏級數「Fib(k) = n + 1」。

➢ 若「k >= 2」，費氏樹的根節點「Fib(k)」，左子樹根爲「Fib(k –

2)」，右子樹根爲「Fib(k – 1) + Fib(k – 3)」。

➢ 費式搜尋樹的左、右子樹也必須是費氏樹：左子樹的節點數爲「Fib(k – 1) – 1」，而右子樹的節點數爲「Fib(k – 2) – 1」，而且各子樹仍爲「n – 1」級和「n – 2」級的費氏樹。

例一：產生一個「N = 7」（節點數）的費氏樹。

```
Fib(k) = 7 + 1, Fib(k) = 8, 得k = 6
根節點   Fib(k-1) = Fib(5), 得費氏級數5
左子樹根 Fib(k-2) = Fib(4), 得費氏級數3
右子樹根 Fib(k-1) + Fib(k-3) = Fib(5) + Fib(3),
費氏級數5 + 2 = 7
```

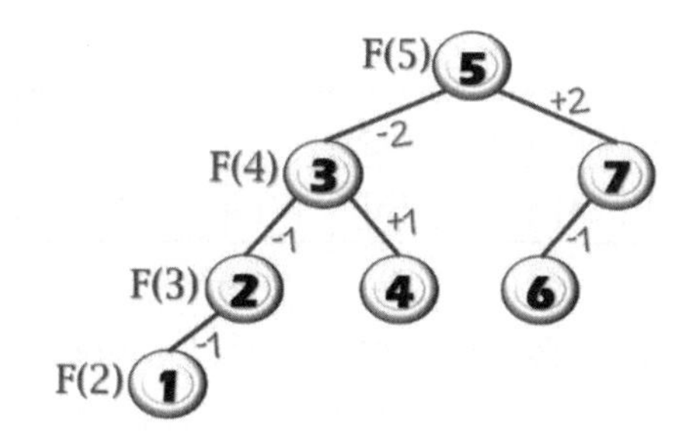


例二：產生一個「N = 20」（節點數）的費氏樹。

```
Fib(k) = 20 + 1, Fib(k) = 21, k = 8
根節點   Fib(k-1) = Fib(7), 得費氏級數13
左子樹根 Fib(k-2) = Fib(6), 得費氏級數8
右子樹根 Fib(k-1) + Fib(k-3) = Fib(7) + Fib(5),
費氏級數13 + 5 = 18
```

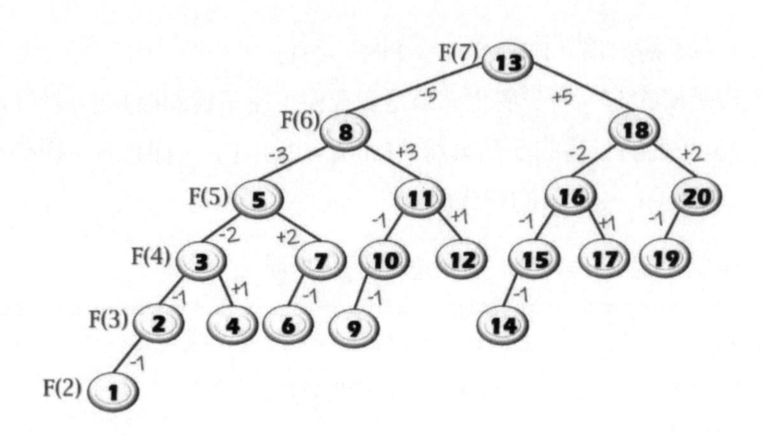


## 10.2.3 以費氏樹做搜尋

費氏搜尋法是以費氏搜尋樹來找尋資料；例一：經過排序的數列如下。

| 數列 | 25 | 49 | 54 | 69 | 74 | 118 | 130 | 141 | 152 | 163 | 186 | 432 |
|---|---|---|---|---|---|---|---|---|---|---|---|---|
| 位置 | [1] | [2] | [3] | [4] | [5] | [6] | [7] | [8] | [9] | [10] | [11] | [12] |

此費氏樹含有的節點爲「N = 12」，所以「Fib(k) = 12 + 1, Fib(k) = 13」，得「k = 7」，所以取得的根節點、左子樹和右子樹如下：

```
根節點    Fib(k-1) = Fib(6), 得費氏級數8
左子樹根 Fib(k-2) = Fib(5), 得費氏級數5
右子樹根 Fib(k-1) + Fib(k-3) = Fib(7) + Fib(5), 得費氏級數11
```

以費氏搜尋樹查找key「130」的過程如下：

| 次數 | 樹根(r) | 子樹(s) | 差值(d) | 比較 | 範圍 |
|---|---|---|---|---|---|
| 開始 | Fib(7 – 1) = 8 | Fib(7 – 2) = F(5) = 5 | Fib(7 – 3) = F(3) = 3 | 130 < 141 | 向左 |
| 2 | r – d = 8 – 3 = 5 | s = d = 3 | s – d = 5 – 3 = 2 | 130 > 74 | 向右 |
| 3 | r + d = 5 + 2 = 7 | s – d = 3 – 2 = 1 | s – d = 2 – 1 = 1 | 130 = 130 | 找到 |

將數列轉化爲費氏樹，能更清楚它的搜尋過程。

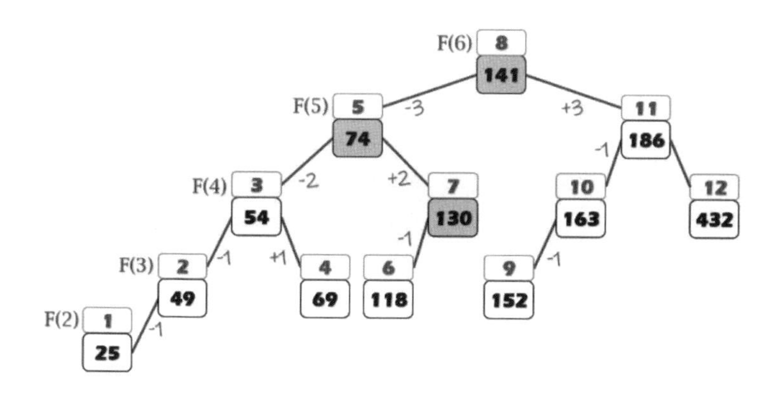


從數列中尋找key的方式，還可以再簡化；依據費氏級數的特性，從樹根開始找起，將key和費氏樹的樹根做比較後，此時可以有下列三種比較情況：

- key值小於第一個搜尋值，費氏樹降一級向左子樹查找。
- key值大於第一個搜尋值，費氏樹加一級向右子樹查找。
- 如果鍵值與陣列索引Fib(k)的值相等，表示成功搜尋到所要的資料。

**範例CH10/CH1005.java**

```
01    package fibonacciSearch;
02    static int searchFibon(int[] ary, int key, int len){
03    int root, rtLeft, fn2, tmp;
04    int index = RootNode(2, len); //回傳費氏樹根節點
05    root = fiboNums(index);
06    rtLeft = fiboNums(index - 1);
07    fn2 = root - rtLeft;
08    root--;             //配合陣列索引從零開始儲存資料
```

```
09   while(true) {    //依據鍵值開始查找
10      if (key == ary[root])
11         return root;
12      else {
13         if (index == 2)
14            return len;
15         if (key < ary[root]) {    //向左子樹繼續查找
16            root -= fn2;
17            tmp = rtLeft;
18            rtLeft = fn2;
19            fn2 = tmp - fn2;
20            index -= 1;
21         }
22         else {    //向右子樹繼續查找
23            if (index == 3) return len;
24            root += fn2;     //右子樹根節點
25            rtLeft -= fn2;   //右子樹右子節點
26            fn2 -= rtLeft;   //右子樹右右子節點
27            index -= 2;
28         }
29      }
30   }
31}
```

### 執行結果

```
輸入欲搜尋的值，以空白鍵隔開，按 0 結束 -> 69 112 163 130 0
鍵值 [69] 的位置是 3
*** 鍵值[112]沒有找到 ***
鍵值 [163] 的位置是 9
鍵值 [130] 的位置是 6
```

### 程式解說

- ◈ 定義靜態方法searchFibon()依傳入陣列來搜尋其鍵值。
- ◈ 第4行：呼叫函式RootNode()，讓費氏級數從「2」開始來取得建立費氏搜尋樹的根節點並回傳。
- ◈ 第5~7行：呼叫函式fiboNums()，回傳費氏樹左子樹的根節點和左子樹的左子節點，且進一步取得右子樹根節點。
- ◈ 第9~30行：while迴圈依輸入鍵值查找其位置。
- ◈ 第10~11行：若是根節點被找到就回傳其位置。
- ◈ 第15~21行：若鍵值不是根節點就繼續往左子樹查找。

## 10.3 雜湊搜尋法

雜湊法又稱「赫序法」或「散置法」，任何透過雜湊搜尋的檔案皆不須經過事先的排序，也就是說這種搜尋可以直接且快速的找到鍵值所放的地址。要判斷一個搜尋法的好壞主得由比較次數及搜尋時間來決定；透過搜尋技巧的比較方式來取得所要的資料項目。由於雜湊法直接以數學函數來取得對應的位址，因此可以快速找到所要的資料。也就是說，未發生任何碰撞的情況下，其比較時間只需O(1)的時間複雜度，在有限的記憶體中，使用雜湊函數可快速的建檔、插入、搜尋及更新。

## 10.3.1 認識雜湊技術

認識「雜湊法搜尋法」（Hashing Search）之前，先認識一下雜湊技術。如果去拜訪某個城市，想要品嘗某家美食店，如何尋得？通常會取得兩項基本訊息：「名稱」和「位置」，有了名稱才能利用地址找到它。當然美食店並非只一家，隨著我們移動的腳步，增添的記錄就會愈來愈多家。

所謂的雜湊表就是把上述的美食店記錄依據名稱和所在位置來產生一張對應表。只要輸入名稱就能獲取所在位置；也就是搜尋時，利用「鍵」（Key）從對應表中取得符合訊息的「值」（Value，也就是儲存位置）。所謂的「雜湊技術」就是把儲存的值（位置）和鍵（名稱）之間產生對應關係，每一個鍵只能對應一個值，以數學公式表達如下：

```
儲存的值 = f(鍵)
```

公式中的「f」為「雜湊函數」（Hash function）；依據雜湊函數將「鍵」、「值」產生對應的表格稱為「雜湊表」（Hash table）；先探索雜湊技術的基本用法。

## 10.3.2 雜湊相關名詞

使用雜湊函數之前，先對雜湊函數有關的名詞做一番認識。

| 相關名詞 | 說明 |
|---|---|
| 桶（Bucket） | 雜湊表中儲存資料的立置，每一個位置對應到唯一的位址，稱為bucket address<br>一個bucket（桶）就好比是一筆記錄 |
| 槽（Slot） | 每個桶子能有多個儲存區，儲存區就是slot<br>每個槽代表記錄中的某個欄位 |

| 相關名詞 | 說明 |
| --- | --- |
| 碰撞（Collision） | 兩筆不同資料，經過雜湊函數運算後，桶子對應到相同位址所發生 |
| 溢位（Overflow） | 資料經由雜湊函數運算後，所對應的桶子已經滿了，無法再存入其他的資料 |
| 同義字（Synonym） | 當兩個識別字I及J的雜湊函數值經過運算後是相同的，則稱I及J爲同義字 |
| 載入密度（Loading Factor） | 雜湊空間的載入密度是指識別字的使用數目除以雜湊表內槽的總數 |



雜湊法是利用雜湊函數來計算一個鍵值所對應的位址，進而建立雜湊表格，且依賴雜湊函數來搜尋找到各鍵值存放在表格中的位址。此外，搜尋速度與資料多少無關，在沒有碰撞和溢位下，一次讀取即可，更有保密性高，事先不知道雜湊函數就無法搜尋的優點。選擇雜湊函數時，要特別注意不宜過於複雜，設計原則上至少必須符合計算速度快與碰撞頻率儘量小兩項特點。設計雜湊函數應該遵循底下幾個原則：

- 降低碰撞及溢位的產生。
- 雜湊函數不宜過於複雜，以容易計算爲佳。
- 儘量把文字的鍵值轉換成數字的鍵值，以利雜湊函數的運算。
- 雜湊函數計算所得的值，儘量能均勻地分落在每一桶中，不過於集中在某些桶子，就可以降低碰撞。

## 10.3.3 雜湊函數─除法、中間平方法

正式進入主題，介紹雜湊函數所用的四個方法：除法、中間平方法、折疊法和數位分析法、簡單來說，選擇雜湊函數時，要特別注意不宜過於複雜，以縮短找尋位址的時間。同時，也要注意所選擇的雜湊函數是否會經常發生碰撞，因爲每發生一次碰撞，都必須浪費時間成本去進行溢位處理。常見的雜湊法有除法、中間平方法、折疊法及數位分析法。

以「除法」（Division）產生雜湊函數最簡單。它將資料除以某一個常數後，取得餘數來當索引。Java語言中可以利用「%」運算子將資料項X除以某數M，取其餘數當做X的位址，它應介於「0～M-1」之間，計算公式如下：

```
hash(X) = X % M
```

◈ 運算子「%」取得「X / M」所得的餘數。

◈ X代表某一鍵值；M代表某個長度的儲存空間，以質數較佳。

使用除法產生雜湊函數時，M數應避免某些數值，例如2的次方；一般建議質數會有較佳的效果。例一：將數值63除以儲存空間為11所得餘數為存放位置。

```
hash(63) = 63 % 11, hash(63) = 8, 索引值 = 8
```

**範例說明**

有一個陣列「4、13、21、34、42、63」，它使用到6個位址，把它放入有11個位置的雜湊表中。把陣列元素除以11，並以餘數當做索引，計算如下：

| 陣列元素 | 除法 | 餘數 | 陣列元素 | 除法 | 餘數 |
|---|---|---|---|---|---|
| 4 | 4 % 11 | 4 | 13 | 13 % 11 | 2 |
| 21 | 21 % 11 | 10 | 34 | 34 % 11 | 1 |
| 42 | 42 % 11 | 9 | 63 | 63 % 11 | 8 |

範例CH10/CH1006.java

```
01    package hashSearch;
02    static void Main(string[] args){
03    int[] number = { 4, 13, 21, 34, 42, 63 };
04    runHash(number);
05}
06
07static void runHash(int[] ary){    //定義靜態方法
08    final int PRIME = 11;
09    int pos, j;
10    int[] hash = new int[PRIME];
11    out.print("取得餘數：");
12    for (j = 0; j < 6; j++){     //讀取陣列並以除法取得餘數
13       pos = ary[j] % PRIME;
14       out.print($"%3d", pos);  //得餘數4 2 10 1 9 8
15       hash[pos] = ary[j];      //餘數爲索引，存入雜湊函數
16    }
17    out.println();
18    for(pos = 0; pos < PRIME; pos++)    //讀取雜湊函數
19       out.printf($"Hash[%2d] = %3d%n", pos, hash[pos]);
20    out.println();
21}
```

執行結果

| 索引 | 0 | 1 | 2 | 3 | 4 | 5 | 6 | 7 | 8 | 9 | 10 |
|---|---|---|---|---|---|---|---|---|---|---|---|
| 陣列元素 | | 34 | 13 | | 4 | | | | 63 | 42 | 21 |

**程式解說**

◈ 第7~21行：定義靜態方法runHash()將傳入的陣列元素依除法計算其餘數，所得結果存入另一個陣列hash（雜湊表）。

◈ 第12~16行：for迴圈讀取陣列ary的元素並取得餘數存入另一個變數「pos」（索引或位置），再放入雜湊表hash。

再來認識產生雜湊函數的第二個方法「中間平方法」（Mid-square）。它和除法相當類似，它是把資料平方後，取中間的某段數字爲索引。

例一：將下列數值以中間平方法來處理，並放在100位址空間。

**Step 1.** 資料先做平方。

```
33, 87, 65, 38, 72平方得1089, 7569, 4225, 1444, 5184
```

**Step 2.** 取佰位數及十位數作爲鍵值。

```
08、56、22、44、18
```

**Step 3.** 步驟2的鍵值與步驟1形成對應後如下：

```
f(08) = 33
f(56) = 87
f(22) = 65
f(44) = 38
f(18) = 72
```

### 10.3.4 雜湊函數—折疊、數位分析法

使用「折疊法」（Folding）有兩種作法：移動折疊法（Shift Folding）和邊界折疊法。移動折疊法是將資料轉換成一串數字後，再把這串數字拆成數個，最後把它們加起來，計算出鍵值的「儲存位址」（Bucket Address）。

**例一**：資料轉換成數字，若每4個數字為一個區隔，得如下拆解。

| 1234290325013215 | 1234 | 2903 | 2501 | 3215 |
|---|---|---|---|---|

將四組數字相加所得的值即為「儲存位址」。

|  |  |  |
|---|---|---|
|  | 1234 |  |
|  | 2903 |  |
|  | 2501 |  |
| + | 3215 |  |
|  | 9853 | bucket address |

雜湊法的設計原則之一就是降低碰撞，還可以進一步將上述簡例採用的「移動折疊法」予以改善；每一組數字中的奇數位段或偶數位段反轉，相加後才取得儲存位址，這種改良式作法稱為「邊界折疊法」（Folding at the boundaries）。

➢ 第一種狀況：將偶數位段反轉。

|  |  |  |
|---|---|---|
|  | 1234 | 第1位段屬於奇數位段，所以不反轉 |
|  | 3092 | 第2位段屬於偶數位段要反轉 |
|  | 2051 | 第3位段屬於奇數位段，所以不反轉 |
| + | 5123 | 第4位段屬於偶數位段要反轉 |
|  | 11950 | bucket address |

➢將奇數位段反轉。

|   |   |   |
|---|---|---|
|   | 4321 | 第1位段屬於奇數位段，反轉 |
|   | 2903 | 第2位段屬於偶數位段，不反轉 |
|   | 1052 | 第3位段屬於奇數位段，反轉 |
| + | 3215 | 第4位段屬於偶數位段，不反轉 |
|   | 11491 | bucket address |

雜湊函數第四個方法是「數位分析法」（Digit Analysis）。它適用於資料不會更改，且爲數值型別的靜態表，主要用於十進位制的各個鍵值之位數比較，採用配置較均勻的若干個位數值做爲每一個鍵值的雜湊函數值。在決定雜湊函數時先逐一檢查資料的相對位置及分散情形，刪除若干重複性高的。

**例一**：下列電話表具有其規則性，除了區碼全部是06外，在中間三個數字的變化也不大；假設位址空間大小m=999，必須從下列數字擷取適當的數字，即數字比較不集中，分散範圍較爲平均（或稱亂度高），最後決定取最後四個數字的末三碼。故最後可得雜湊表爲：

| 電話 |
|---|
| 06-554-9876 |
| 06-554-4321 |
| 06-553-4222 |
| 06-554-5781 |
| 06-554-6666 |
| 06-553-8888 |
| 06-553-8123 |
| 06-554-4768 |

➡

| 索引 | 電話 |
|---|---|
| 876 | 06-554-9876 |
| 321 | 06-554-4321 |
| 222 | 06-553-4222 |
| 781 | 06-554-5781 |
| 666 | 06-554-6666 |
| 888 | 06-553-8888 |
| 123 | 06-553-8123 |
| 768 | 06-554-4768 |

# 10.4 雜湊法的碰撞問題

相信看完上面幾種雜湊函數之後，可以發現雜湊函數並沒有一定規則可尋，可能是其中的某一種方法，也可能同時使用好幾種方法，所以雜湊時常被用來處理資料的加密及壓縮。但是雜湊法常會遇到「碰撞」及「溢位」的情況。

雜湊法中，當資料要放入某個「桶子」（Bucket），若該桶子已經滿了，會發生「溢位」（Overflow）；另一方面雜湊法的理想狀況是所有資料經過雜湊函數運算後都得到不同的值，但現實情況是即使所有關鍵欄位的值都不相同，還是可能得到相同的位址，於是就發生了「碰撞」（Collision）問題。因此，如何在碰撞後處理溢位的問題就顯得相當的重要。

## 10.4.1 線性探測法

處理雜湊法的「碰撞」最簡單的作法就是以「開放循序定址法」（Linear Open Addressing）來處理，更通俗的說法就是產生碰撞時就去找下一個空的位置，它的公式如下：

```
h(key) = (h(key) + d_i % M, d_i = 1, 2, 3, …, M - 1
```

這種解決碰撞的開放位址法也稱為「線性探測」（Linear Probing），它能將表格的空間加大並以環狀方式來使用。也就是發生碰撞時，若該索引已有資料，則以線性方式往後找尋空的儲存位置，一旦找到位置就把資料放進去。

**例一**：雜湊表格的大小為13（M = 13，即位址空間），鍵值如下：

```
126, 432, 597, 459, 685, 106, 534, 659, 343, 680, 308, 372
```

依其雜湊函數「h(key) = key mod m」，將這些鍵值依照計算所得的位址存放於雜湊表中，並以線性探測方式來解決碰撞。

**Step 1.** 加入126，「h(126) = 126 % 13 = 9」。

| 索引 | 0 | 1 | 2 | 3 | 4 | 5 | 6 | 7 | 8 | 9 | 10 | 11 | 12 |
|---|---|---|---|---|---|---|---|---|---|---|---|---|---|
| 鍵值 | | | | | | | | | | 126 | | | |

**Step 2.** 加入432，「h(432) = 432 % 13 = 3」。

| 索引 | 0 | 1 | 2 | 3 | 4 | 5 | 6 | 7 | 8 | 9 | 10 | 11 | 12 |
|---|---|---|---|---|---|---|---|---|---|---|---|---|---|
| 鍵值 | | | | 432 | | | | | | 126 | | | |

**Step 3.** 加入597，「h(597) = 597 % 13 = 12」。

| 索引 | 0 | 1 | 2 | 3 | 4 | 5 | 6 | 7 | 8 | 9 | 10 | 11 | 12 |
|---|---|---|---|---|---|---|---|---|---|---|---|---|---|
| 鍵值 | | | | 432 | | | | | | 126 | | | 597 |

**Step 4.** 加入459，「h(459) = 459 % 13 = 4」。

| 索引 | 0 | 1 | 2 | 3 | 4 | 5 | 6 | 7 | 8 | 9 | 10 | 11 | 12 |
|---|---|---|---|---|---|---|---|---|---|---|---|---|---|
| 鍵值 | | | | 432 | 459 | | | | | 126 | | | 597 |

**Step 5.** 加入685，「h(685) = 685 % 13 = 9」，由於位置9已有元素，移向位置「10」。

| 索引 | 0 | 1 | 2 | 3 | 4 | 5 | 6 | 7 | 8 | 9 | 10 | 11 | 12 |
|---|---|---|---|---|---|---|---|---|---|---|---|---|---|
| 鍵值 | | | | 432 | 459 | | | | | 126 | 685 | | 597 |

**Step 6.** 加入106，「h(106) = 106 % 13 = 2」。

| 索引 | 0 | 1 | 2 | 3 | 4 | 5 | 6 | 7 | 8 | 9 | 10 | 11 | 12 |
|---|---|---|---|---|---|---|---|---|---|---|---|---|---|
| 鍵值 | | | 106 | 432 | 459 | | | | | 126 | 685 | | 597 |

**Step 7.** 加入534，「h(534) = 534 % 13 = 1」。

| 索引 | 0 | 1 | 2 | 3 | 4 | 5 | 6 | 7 | 8 | 9 | 10 | 11 | 12 |
|---|---|---|---|---|---|---|---|---|---|---|---|---|---|
| 鍵值 | | 534 | 106 | 432 | 459 | | | | | 126 | 685 | | 597 |

**Step 8.** 加入659，「h(659) = 659 % 13 = 9」，由於位置9、10已被佔用，移到位置「11」。

| 索引 | 0 | 1 | 2 | 3 | 4 | 5 | 6 | 7 | 8 | 9 | 10 | 11 | 12 |
|---|---|---|---|---|---|---|---|---|---|---|---|---|---|
| 鍵值 | | 534 | 106 | 432 | 459 | | | | | 126 | 685 | 659 | 597 |

**Step 9.** 加入343，「h(343) = 343 % 13 = 5」。

| 索引 | 0 | 1 | 2 | 3 | 4 | 5 | 6 | 7 | 8 | 9 | 10 | 11 | 12 |
|---|---|---|---|---|---|---|---|---|---|---|---|---|---|
| 鍵值 | | 534 | 106 | 432 | 459 | 343 | | | | 126 | 685 | 659 | 597 |

**Step 10.** 加入680，「h(680) = 680 % 13 = 4」，由於位置4、5已被佔用，移向位置「6」。

| 索引 | 0 | 1 | 2 | 3 | 4 | 5 | 6 | 7 | 8 | 9 | 10 | 11 | 12 |
|---|---|---|---|---|---|---|---|---|---|---|---|---|---|
| 鍵值 | | 534 | 106 | 432 | 459 | 343 | 680 | | | 126 | 685 | 659 | 597 |

**Step 11.** 加入308，「h(308) = 308 % 13 = 9」，由於位置9 ~ 12已被佔用，移向位置「0」。

| 索引 | 0 | 1 | 2 | 3 | 4 | 5 | 6 | 7 | 8 | 9 | 10 | 11 | 12 |
|---|---|---|---|---|---|---|---|---|---|---|---|---|---|
| 鍵值 | 308 | 534 | 106 | 432 | 459 | 343 | 680 | | | 126 | 685 | 659 | 597 |

**Step 12.** 加入372，「h(372) = 372 % 13 = 8」。

| 索引 | 0 | 1 | 2 | 3 | 4 | 5 | 6 | 7 | 8 | 9 | 10 | 11 | 12 |
|---|---|---|---|---|---|---|---|---|---|---|---|---|---|
| 鍵值 | 308 | 534 | 106 | 432 | 459 | 343 | 680 | | 372 | 126 | 685 | 659 | 597 |

範例CH10/CH1007.java

```
01    package hashSearch;
02    import java.util.Scanner;
03    import static java.lang.System.*;
04    public class CH1007 {
05    static final int PRIME = 13; //設定質數
06    //儲存雜湊值的雜湊表
07    static int[] hash = new int[PRIME];
08    public static void main(String[] args) {
09       Scanner key = new Scanner(in);
10       int[] number = {
11          126, 432, 597, 459, 685, 106, 534,
12          659, 343, 680, 308, 372};
13       int j, item, target;
14       out.println("--雜湊表--");
15       //讀取陣列得雜湊表
16       for (j = 0; j < number.length; j++)
17          LinearProb(hash, number[j]);
18       for (j = 0; j < PRIME; j++){    //輸出雜湊表
19          if (hash[j] != -1)
20             out.printf("[%2d] = %3d%n", j, hash[j]);
21          else
22             out.print(j);
23       }
24       out.print(
25          "輸入欲搜尋的值，以空白鍵分隔，按-1結束-> ");
26       while(true){
27          item = key.nextInt();
28          if (item != -1){
29             target = searchHash(item);
```

```
30              if (target != -1)
31                 out.printf("鍵值[%d]的索引%2d",
32                    item, target);
33              else
34                 out.printf("無此鍵值 [%d] !", item);
35              out.println();
36           }
37           else
38              break;
39        }
40        key.close();
41     }
42
43     static int runHash(int num) {    //建立雜湊函數
44        int result = num % PRIME;
45        return result;
46     }
47     //定義靜態方法查找鍵值
48     static int searchHash(int key) {
49        int pos = runHash(key);    //產生雜湊函數
50        // 查找雜湊表的元素，有找到的話就回傳位置pos
51        while (hash[pos] != key){
52           pos = (pos + 1) % PRIME;
53           if (hash[pos] == 0 || pos == runHash(key))
54              return -1;     //沒有找到就回傳-1
55        }
56       return pos;
57     }
58     static void LinearProb(int[] hash, int key){
59        int pos = runHash(key);    //產生雜湊函數
```

```
60          //讀取陣列求得餘數，碰撞時以線性探測處理
61          while (hash[pos] != 0)
62             pos = (pos + 1) % PRIME;
63          hash[pos] = key; //存入雜湊表
64       }
65 }
```

## 執行結果

```
--雜湊表--
[ 0] = 308
[ 1] = 534
[ 2] = 106
[ 3] = 432    輸入欲搜尋的值，以空白鍵分隔，按-1結束->
[ 4] = 459    308 55 659 106 -1
[ 5] = 343    鍵值 [308] 的索引 0
[ 6] = 680    無此鍵值 [55] ！
[ 7] =   0    鍵值 [659] 的索引 11
[ 8] = 372    鍵值 [106] 的索引 2
[ 9] = 126
[10] = 685
[11] = 659
[12] = 597
```

## 程式解說

◈ 範例先以「線性探測法」產生雜湊表之後，再加入鍵值的搜尋動作。

◈ 第7行：在類別CH1007之下宣告靜態成員來儲存雜湊值的雜湊表。

◈ 第16~17行：呼叫方法LinearProb()來讀取陣列number產生雜湊表。

◈ 第26~39行：主程式中，使用while迴圈來查找鍵值

◈ 第48~57行：定義靜態方法searchHash()，依據傳入鍵值配合雜湊函數來查找它是否存在。

◈ 第58~64行：定義函式LinearProb()配合線性探測法來產生雜湊表；以while迴圈來處理撞碰，找出下一個空位。

## 10.4.2 平方探測

使用線性探測法的缺失，就是相近似的鍵值會聚集在一起，因此可以考慮使用「平方探測法」（Quadratic Probe）來獲得改善。在平方探測中，發生溢位時，下一次搜尋的位址是「$(f(x) + i^2) \bmod M$」或「$(f(x) - i^2) \bmod M$」，即讓資料值加或減i的平方，例如資料值key，雜湊函數f：

```
第一次尋找：f(key)
第二次尋找：(f(key)+1²) % M
第三次尋找：(f(key)-1²) % M
第四次尋找：(f(key)+2²) % M
第五次尋找：(f(key)-2²) % M
第n次尋找：(f(key)±((M-1)/2)²)% M
```

◈ M必須為4j+3型的質數，且1≦i≦(B-1)/2。

例一：雜湊表格的大小「m = 13」（即位址空間），鍵值如下：

```
765, 431, 96, 142, 579, 226, 903, 388
```

**Step 1.** 依其雜湊函數「h(key) = key % m」，所得雜湊位址如下：

| 索引 | 0 | 1 | 2 | 3 | 4 | 5 | 6 | 7 | 8 | 9 | 10 | 11 | 12 |
|---|---|---|---|---|---|---|---|---|---|---|---|---|---|
| 鍵值 | | | 431 | | | 96 | | 579 | | | | 765 | 142 |

**Step 2.** 加入226，「h(226) = 226 % 13 = 5」，發生第一次碰撞，依平方測探公式處理「$(5 + 1^2)$ % 13 = 6」。

| 索引 | 0 | 1 | 2 | 3 | 4 | 5 | 6 | 7 | 8 | 9 | 10 | 11 | 12 |
|---|---|---|---|---|---|---|---|---|---|---|---|---|---|
| 鍵值 | | | 431 | | | 96 | 226 | 579 | | | | 765 | 142 |

CHAPTER 10

**Step 3.** 加入903，「h(903) = 903 % 13 = 6」，發生第一次碰撞，依平方測探公式處理「$(6 + 1^2)$ % 13 = 7」，第二次碰撞，依公式「$(6 + 2^2)$ % 13 = 10」。

| 索引 | 0 | 1 | 2 | 3 | 4 | 5 | 6 | 7 | 8 | 9 | 10 | 11 | 12 |
|---|---|---|---|---|---|---|---|---|---|---|---|---|---|
| 鍵值 | | | 431 | | | 96 | 226 | 579 | | | 903 | 765 | 142 |

**Step 4.** 加入338，「h(338) = 388 % 13 = 11」，發生第一次碰撞，依平方測探公式處理「$(11 + 1^2)$ % 13 = 12」，第二次碰撞，依公式「$(11 + 2^2)$ % 13 = 2」，第三次碰撞，依公式「$(11 + 3^2)$ % 13 = 7」，第四次碰撞，依公式「$(11 + 4^2)$ % 13 = 1」。

| 索引 | 0 | 1 | 2 | 3 | 4 | 5 | 6 | 7 | 8 | 9 | 10 | 11 | 12 |
|---|---|---|---|---|---|---|---|---|---|---|---|---|---|
| 鍵值 | | 338 | 431 | | | 96 | 226 | 579 | | | 903 | 765 | 142 |

## 10.4.3 再雜湊

再雜湊（Rehashing）就是一開始就先設置一系列的雜湊函數，如果使用第一種雜湊函數出現溢位時就改用第二種，如果第二種也出現溢位則改用第三種，直到沒有發生溢位爲止。

例一：請利用再雜湊處理下列資料碰撞的問題（M = 13）。

```
681, 467, 633, 511, 100, 164, 472, 438, 445, 366, 118
f1 = h(key) = key % M
f2 = h(key) = (key + 2) % M
f3 = h(key) = (key + 4) % M
```

**Step 1.** 所得的雜湊表如下：

| 索引 | 0 | 1 | 2 | 3 | 4 | 5 | 6 | 7 | 8 | 9 | 10 | 11 | 12 |
|---|---|---|---|---|---|---|---|---|---|---|---|---|---|
| 鍵值 | 438 | 118 | 366 | 445 | 511 | 681 | 472 | | 164 | 633 | | 100 | 467 |

**Step 2.** 其中100，472，438皆發生碰撞，利用「再雜湊」函數h(key) = (key + 2) % 13，進行資料的位址安排。

```
f1 = h(100) = 100 % 13 = 9
f2 = h(100 + 2) = 102 % 13 = 11
```

```
f1 = h(472) = 472 % 13 = 4
f2 = h(472 + 2) = 474 % 13 = 6
```

```
f1 = h(438) = 438 % 13 = 9
f2 = h(438 + 2) % 13 = 11
f3 = h(438 + 4) % 13 = 0
```

## 10.4.4 分隔鏈結法

分隔鏈結（Separate Chaining）是將所有的雜湊表空間建立n個串列，一開始只有n個首串列，當碰撞發生時，就將資料儲存到鏈結串列中，直到所有的空間全部用完爲止。此方法的優點是不需要因爲碰撞而需要重新計算資料的儲存位置，而其缺點是當碰撞次數較多時，使用鏈結串列來儲存這些鍵值發生碰撞的資料會較無效率。

例一：利用「分隔鏈結」處理下列資料碰撞的問題（m = 13）。

```
156, 681, 467, 633, 511, 100, 57, 164, 472, 438, 445,
366, 118
```

產生的鏈結串列，其鏈結指標會指向NULL，如下圖所示。

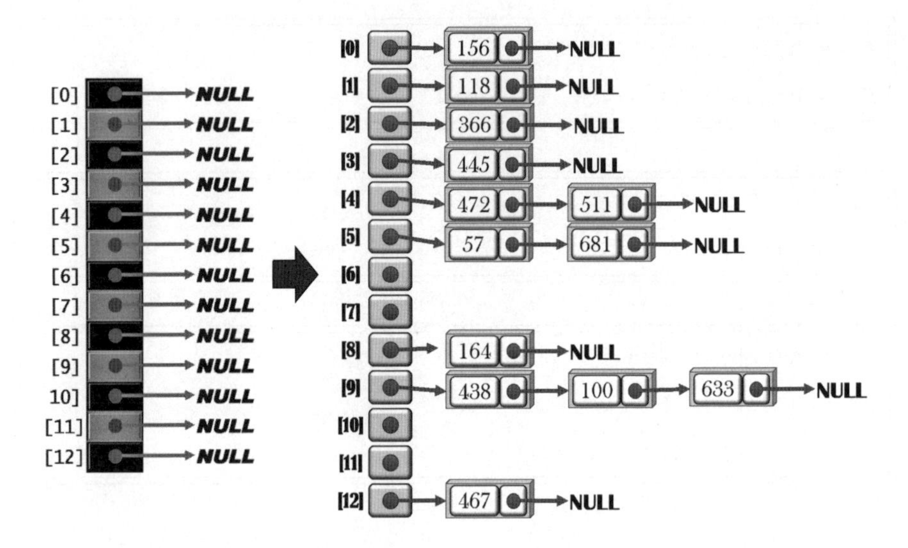


依據數列的讀入順序，依公式「f = h(key) = key % m」計算「f = h(156) = 156 % 13 = 0」，由於餘數為「0」，所以數列「156」放到鏈結串列索引[0]的位置，所得結果參考上方圖。

範例CH10/Chaining.java

```
01    package separateChaining;
02    public class Chaining {
03    final static int PRIME = 13; //設定質數為常數
04    //儲存雜湊值的雜湊表
```

```
05    static Node[] hash = new Node[PRIME];
06    Chaining(){    //清空雜湊表，將串列的節點初始化爲null
07       for (int j = 0; j < PRIME; j++)
08          hash[j] = null;
09    }
10    //建立雜湊函數--依值取得餘數
11    public int runHash(int num) {
12       int result = num % PRIME;
13       return result;
14    }
15    //定義方法-產生雜湊表
16    public void createHT(int key) {
17       Node ptr = new Node();    //目前節點參考ptr
18       Node newNode = new Node();//初始化start節點
19          newNode.item = key;
20          newNode.next = null;
21       int pos = runHash(key);   //呼叫雜湊函數取得位置
22       ptr = hash[pos];
23       if (ptr != null){
24          newNode.next = ptr;//ptr指向新節點的下一個節點
25          hash[pos] = newNode;//新節點資料存入hast陣列
26       }
27       else
28          hash[pos] = newNode; //以新節點爲首節點
29    }
30    //查找鍵值回傳位置pos
31    public int searchHash(int key) {
32       Node ptr;
33       int pos = runHash(key);
```

```
34        ptr = hash[pos];
35        if (ptr == null) //沒有找到就回傳-1
36           return -1;
37        while (ptr.next != null && ptr.item != key)
38           ptr = ptr.next;
39        return pos;
40     }
41     //程式碼省略
42 }
```

### 執行結果

```
輸入欲搜尋的值, 按<-1>結束->
467 100 472 -1
鍵值 |467| 位於串列 [12] 的位置
鍵值 |100| 位於串列 [ 9] 的位置
鍵值 |472| 位於串列 [ 4] 的位置
```

### 程式解說

- 定義類別Chaining，以鏈結串列來解決雜湊表碰撞問題。
- 第6~9行：以預設建構式清空雜湊表，將串列的節點初始化爲null。
- 第16~29行：定義成員方法createHT()依傳入鍵值key產生雜湊表。設定兩個參考ptr、start，分別指向雜湊表的起始位置和鏈結串列的第一個節點。
- 第23~28行：if/else敘述判斷鏈結串列產生的雜湊表，節點參考ptr是否指向空節點？如果串列已有節點，移動ptr指向向下一個節點來存入資料，如果節點沒有資料就直接以新節點爲首節點。
- 第31~40行：定義成員方法searchHash()依傳入鍵值查找其位置。以while迴圈搜尋整個雜湊壞，配合參考ptr移向下一個節點；沒有找到的話回傳「-1」，有找到的話就以變數pos回傳其位置。

# 課後習作

## 一、選擇題

(　　) 1. 循序搜尋法的另一個名稱是什麼？

(A) 雜湊搜尋法

(B) 線性搜尋法

(C) 費氏搜尋法

(D) 二元搜尋法

(　　) 2. 對於循序搜尋法的描述，何者有誤？

(A) 適用於資料量較大

(B) 資料本身未經過排序

(C) 欲搜尋的項目若不在數列裡，還是從頭到尾走訪一次

(D) 時間複雜度「O(n)」

(　　) 3. 使用二元搜尋法查找鍵值時，從哪裡開始進行資料的搜尋？

(A)最後一個項目

(B) 第一個項目

(C) 任何位置皆可以

(D) 從中間的項目開始

(　　) 4. 對於二元搜尋法的描述，何者正確？

(A) 資料事先不用排序

(B) 搜尋時將資料一分為四

(C) 搜尋時，若「K」大於「Km」表示要往資料的後半部繼續查找

(D) 時間複雜度「$O(\log_2 n)$」

(　　) 5. 使用字典查詢英文單字時，以漸近方式來逼近資料，較接近下列哪一個搜尋法？

(A) 內插搜尋法

(B) 費氏搜尋法

(C) 二元搜尋法

(D) 循序搜尋法

(　 ) 6. 對於內插搜尋法的描述，何者有誤？

(A) 如果資料的分布愈平均，則搜尋速度愈快

(B) 內插搜尋法的資料要事先經過排序

(C) 可以把它視爲循序搜尋法的改良版

(D) 資料分布不均勻的情況下，搜尋效率就會變差

(　 ) 7. 使用費氏級數來產生切割範圍進行資料的搜尋，是哪一種搜尋法？

(A) 二元搜尋法

(B) 費氏搜尋法

(C) 循序搜尋法

(D) 內插搜尋法

(　 ) 8. 對於費氏搜尋樹的描述，何者正確？

(A) 非二元搜尋樹

(B) 資料N爲7，得費氏數列的K值爲7

(C) 搜尋時若鍵值大於第一個搜尋值，費氏樹降一級向左子樹查找

(D) 以二元樹爲基底

(　 ) 9. 對於雜湊函數中的名詞「bucket address」，哪一個解釋才正確？

(A) 槽的總數

(B) 雜湊表中儲存資料的立置，每一個位置對應到唯一的位址

(C) 每個資料的儲存區

(D) 雜湊空間的載入密度

(　 ) 10. 下列方法中哪一個才是處理雜湊函數的方法？

(A) 折疊平方法

(B) 線性探測法

(C) 平方測探法

(D) 再雜湊法

## 二、實作與問答

1. 利用循序搜尋的作法，撰寫未排序數列中找出最小值的程式碼。
2. 將數列以非遞迴方式撰寫二元搜尋法程式碼來找出Key「325」，搜尋的過程請以二元樹繪製並簡單說明查找過程的中間項、最低、最高值的變化。

```
117, 325, 513, 119, 89, 163, 749, 41, 213, 833
```

3. 找出數列中Key「513」，以「內插法」配合公式說明查找過程。

```
41, 92, 117, 125, 223, 264, 325, 478, 513, 692, 787
```

4. 找出數列中Key「223」，以「費氏搜尋法」繪製費氏樹並以樹根、子樹和差值來說明查找過程。

```
92, 108, 154, 223, 264, 335, 428, 513, 581, 692, 707, 765
```

5. 以除法作為雜湊函數，將下列數字儲存於11個空間：345、348,80、119、83、89、297，以11為質數值，請問其雜湊表外觀為何？
6. 如果有一鍵值為743280321，利用折疊法將它分成三個區塊「743、280、321」，算出它的儲存位址？
7. 雜湊表格的大小「m = 11」（即位址空間），鍵值如下，請以平方測探來改善碰撞情形：

```
365, 431, 597, 459, 128, 534, 583, 343, 680, 385
```

國家圖書館出版品預行編目(CIP)資料

資料結構：使用Java／數位新知著. -- 初版.
-- 臺北市：五南圖書出版股份有限公司,
2023.11
面； 公分
ISBN 978-626-366-781-5(平裝)

1.CST: 資料結構
2.CST: Java(電腦程式語言)

312.73 112019068

5R52

# 資料結構：使用Java

作　　者 — 數位新知（526）
發 行 人 — 楊榮川
總 經 理 — 楊士清
總 編 輯 — 楊秀麗
副總編輯 — 王正華
責任編輯 — 張維文
封面設計 — 封怡彤
出 版 者 — 五南圖書出版股份有限公司
地　　址：106台北市大安區和平東路二段339號4樓
電　　話：(02)2705-5066　　傳　　真：(02)2706-6100
網　　址：https://www.wunan.com.tw
電子郵件：wunan@wunan.com.tw
劃撥帳號：01068953
戶　　名：五南圖書出版股份有限公司

法律顧問　林勝安律師

出版日期　2023年11月初版一刷
定　　價　新臺幣600元